U0271808

中国植胶区林下植物
（广东卷）

兰国玉　吴志祥　谢贵水　著

中国农业科学技术出版社

图书在版编目（CIP）数据

中国植胶区林下植物. 广东卷 / 兰国玉等著. —北京：
中国农业科学技术出版社，2017.4
ISBN 978－7－5116－2834－3

Ⅰ. ①中… Ⅱ. ①兰… Ⅲ. ①橡胶树－林区－植物－分布－广东
Ⅳ. ①Q948.52

中国版本图书馆 CIP 数据核字（2016）第275569号

责任编辑	徐 毅 姚 欢
责任校对	贾海霞
出 版 者	中国农业科学技术出版社
	北京市海淀区中关村南大街12号　　邮编：100081
电 话	（010）8210 6636（编辑室）　　（010）8210 9702（发行部）
	（010）8210 9709（读者服务部）
传 真	（010）8210 6636
网 址	http://www.castp.cn
经 销 者	各地新华书店
印 刷 者	北京东方宝隆印刷有限公司
开 本	889mm×1194mm　1/16
印 张	21.75
字 数	600 千字
版 次	2017年4月第1版　2017年4月第1次印刷
定 价	360.00 元

《中国植胶区林下植物》（广东卷）

著 作 委 员 会

主　　著　兰国玉　吴志祥　谢贵水
副 主 著　陈帮乾　杨　川　孙　瑞　黄先寒　王　军
著者成员　兰国玉　吴志祥　谢贵水　陈帮乾　杨　川　黄先寒
　　　　　孙　瑞　陶忠良　曹建华　王纪坤　祁栋灵　王　军
摄　　影　杨　川　谷　峰

前　言

广东省陆地面积 17.97 万平方千米，约占全国陆地面积的 1.85%，森林覆盖率达 58.69%，植物种类丰富，约有维管束植物 289 科、2 051 属、7 717 种，其中含 6 135 种野生植物和 1 582 种栽培植物。广东人工林生态系统种类较多，其中橡胶人工林生态系统为广东重要的人工林生态系统之一，据统计，截至 2013 年末全国橡胶林种植面积达 1 710 万亩（1 亩≈667 米^2，全书同），其中广东省有 69 万亩。

橡胶树（*Hevea brasiliensis*）属于大戟科（Euphorbiaceae）橡胶树属植物，是典型的热带经济作物。橡胶林则是以橡胶树为唯一优势种的热带地区重要人工林生态系统。多年的植胶生产实践和研究证明，橡胶林为世界上开发于热带地区并建立在旱地上最好的生态系统之一。橡胶人工林作为广东省重要的森林植被类型之一，在热带陆地生态系统中起着重要的作用。目前，有关广东胶园林下种子植物区系组成成分的研究已有初步报道，但是，系统研究广东胶园林下资源植物的相关报道较少。为了更系统地掌握广东胶园林下资源植物种类及分布，我们于 2014 年 7 月至 2015 年 6 月，对广东省阳江、茂名、高州、化州和雷州等市县的胶园林下资源植物进行了系统调查。实地调查结果表明，广东胶园林下共有维管束植物 274 种，隶属 76 科、198 属，其中，蕨类植物 20 种，双子叶植物 208 种，单子叶植物 46 种。在这些植物资源中，存在大量具有开发价值的植物。按照用途可划分为经济植物、食用植物、药用植物、生态植物和观赏植物等 5 种类型。

在广东植胶区进行资源植物的调查和生物多样性的研究，具有重大意义，一方面不仅可以清楚地了解广东橡胶林林下植物状况，进而保护橡胶人工林林下植物的物种多样性；另一方面，还可以为广东省天然橡胶产业的可持续发展和环境友好生态胶园建设提供理论依据。

本书介绍广东胶园林下植物情况，通过原色图谱、名称、鉴别特征、产地与地理分布以及用途等对林下植物进行描述。其中，植物的科排序依次按照下列系统：蕨类植物按秦仁昌 1978 年的系统，被子植物按恩格勒系统，但均略有改动，属、种均按拉丁文字母顺序排序。希望本书能为胶农以及基地工作人员提高植物识别能力和保护意识提供帮助，同时，为植物爱好者提供参考。

由于时间、精力和水平所限，书中错误和疏漏之处在所难免，恳请批评指正。

著　者

2016 年

目　录

第一部分　植胶区概况与调查方法……………………………………………… 1

　一、自然条件概述 ……………………………………………………………… 3

　二、研究方法 …………………………………………………………………… 4

　　1. 调查地点 ………………………………………………………………… 4

　　2. 调查方法 ………………………………………………………………… 4

　　3. 分析方法 ………………………………………………………………… 6

第二部分　植胶区林下植物调查结果与用途分类…………………………… 7

　一、调查结果 …………………………………………………………………… 9

　二、用途分类 …………………………………………………………………… 14

　　1. 经济植物 ………………………………………………………………… 15

　　2. 食用植物 ………………………………………………………………… 15

　　3. 药用植物 ………………………………………………………………… 16

　　4. 生态植物 ………………………………………………………………… 16

　　5. 观赏植物 ………………………………………………………………… 16

　三、建议 ………………………………………………………………………… 17

　　1. 构建橡胶林复合生态系统，增加胶农收入 …………………………… 17

　　2. 实行近自然管理，提高橡胶林生物多样性 …………………………… 17

第三部分　植物组成与多样性………………………………………………… 19

　一、物种组成 …………………………………………………………………… 21

　　1. 物种组成概况 …………………………………………………………… 21

　　2. 科与属的组成统计 ……………………………………………………… 21

　　3. 优势科（属）和中等科（属） ………………………………………… 21

　　4. 讨论 ……………………………………………………………………… 22

　二、植物区系组成成分分析 …………………………………………………… 23

　　1. 科的区系成分分析 ……………………………………………………… 23

　　2. 属的区系成分分析 ……………………………………………………… 24

　　3. 种的区系成分分析 ……………………………………………………… 24

　　4. 讨论 ……………………………………………………………………… 25

　三、植物多样性分析 …………………………………………………………… 26

1. 不同林龄橡胶林灌草物种多样性 ………………………………………………… 26

2. 不同坡向橡胶林灌草物种多样性 ………………………………………………… 26

3. 不同坡度橡胶林灌草物种多样性 ………………………………………………… 27

4. 不同郁闭度橡胶林灌草物种多样性 ……………………………………………… 27

5. 不同林型的林下植物物种多样性比较 …………………………………………… 28

6. 讨论 ………………………………………………………………………………… 28

第四部分　植物分述 …………………………………………………………… 31

第一章　蕨类植物 ………………………………………………………………… 33

一、石松科 ……………………………………………………………………………… 33

　　垂穗石松属 ………………………………………………………………………… 33

　　　　垂穗石松 ……………………………………………………………………… 33

二、里白科 ……………………………………………………………………………… 34

　　铁芒萁属 …………………………………………………………………………… 34

　　　　铁芒萁 ………………………………………………………………………… 34

三、海金沙科 …………………………………………………………………………… 35

　　海金沙属 …………………………………………………………………………… 35

　　　　1. 掌叶海金沙 ………………………………………………………………… 35

　　　　2. 曲轴海金沙 ………………………………………………………………… 36

　　　　3. 海金沙 ……………………………………………………………………… 37

四、鳞始蕨科 …………………………………………………………………………… 38

　　（一）双唇蕨属 …………………………………………………………………… 38

　　　　1. 双唇蕨 ……………………………………………………………………… 38

　　　　2. 异叶双唇蕨 ………………………………………………………………… 39

　　（二）乌蕨属 ……………………………………………………………………… 40

　　　　乌蕨 …………………………………………………………………………… 40

五、姬蕨科 ……………………………………………………………………………… 41

　　鳞盖蕨属 …………………………………………………………………………… 41

　　　　热带鳞盖蕨 …………………………………………………………………… 41

六、凤尾蕨科 …………………………………………………………………………… 42

　　凤尾蕨属 …………………………………………………………………………… 42

　　　　1. 剑叶凤尾蕨 ………………………………………………………………… 42

　　　　2. 傅氏凤尾蕨 ………………………………………………………………… 43

　　　　3. 全缘凤尾蕨 ………………………………………………………………… 44

　　　　4. 半边旗 ……………………………………………………………………… 44

　　　　5. 蜈蚣草 ……………………………………………………………………… 45

七、中国蕨科 …………………………………………………………………………… 47

　　碎米蕨属 …………………………………………………………………………… 47

　　　　薄叶碎米蕨 …………………………………………………………………… 47

八、铁线蕨科 …………………………………………………………………… 48
　铁线蕨属 …………………………………………………………………… 48
　　1. 扇叶铁线蕨 …………………………………………………………… 48
　　2. 半月形铁线蕨 ………………………………………………………… 49
九、金星蕨科 …………………………………………………………………… 50
　毛蕨属 ……………………………………………………………………… 50
　　华南毛蕨 ………………………………………………………………… 50
十、乌毛蕨科 …………………………………………………………………… 51
　乌毛蕨属 …………………………………………………………………… 51
　　乌毛蕨 …………………………………………………………………… 51
十一、肾蕨科 …………………………………………………………………… 52
　肾蕨属 ……………………………………………………………………… 52
　　长叶肾蕨 ………………………………………………………………… 52

第二章　被子植物 ……………………………………………………………… 53
　第一节　双子叶植物 ………………………………………………………… 53
　一、胡椒科 …………………………………………………………………… 53
　　胡椒属 …………………………………………………………………… 53
　　　假蒟 …………………………………………………………………… 53
　二、榆科 ……………………………………………………………………… 54
　　山黄麻属 ………………………………………………………………… 54
　　　山黄麻 ………………………………………………………………… 54
　三、桑科 ……………………………………………………………………… 55
　　（一）构属 ……………………………………………………………… 55
　　　藤构 …………………………………………………………………… 55
　　（二）榕属 ……………………………………………………………… 55
　　　1. 粗叶榕 ……………………………………………………………… 55
　　　2. 对叶榕 ……………………………………………………………… 56
　　　3. 琴叶榕 ……………………………………………………………… 57
　　　4. 全缘琴叶榕 ………………………………………………………… 57
　　　5. 羊乳榕 ……………………………………………………………… 58
　　（三）鹊肾树属 ………………………………………………………… 59
　　　鹊肾树 ………………………………………………………………… 59
　四、荨麻科 …………………………………………………………………… 59
　　雾水葛属 ………………………………………………………………… 59
　　　雾水葛 ………………………………………………………………… 59
　五、蓼科 ……………………………………………………………………… 60
　　蓼属 ……………………………………………………………………… 60
　　　1. 火炭母 ……………………………………………………………… 60
　　　2. 水蓼 ………………………………………………………………… 61

3.杠板归 ·· 62

六、苋科 ·· 63

（一）莲子草属 ·· 63

莲子草 ·· 63

（二）苋属 ·· 64

凹头苋 ·· 64

（三）杯苋属 ·· 65

杯苋 ·· 65

七、紫茉莉科 ·· 66

紫茉莉属 ·· 66

紫茉莉 ·· 66

八、防己科 ·· 66

千金藤属 ·· 66

粪箕笃 ·· 66

九、番荔枝科 ·· 67

（一）皂帽花属 ·· 67

喙果皂帽花 ·· 67

（二）暗罗属 ·· 68

细基丸 ·· 68

（三）紫玉盘属 ·· 69

紫玉盘 ·· 69

十、樟科 ·· 69

（一）无根藤属 ·· 69

无根藤 ·· 69

（二）樟属 ·· 70

樟 ·· 70

（三）山胡椒属 ·· 71

1.乌药 ·· 71

2.山胡椒 ·· 72

（四）木姜子属 ·· 74

1.山鸡椒 ·· 74

2.潺槁木姜子 ···································· 75

3.假柿木姜子 ···································· 75

4.木姜子 ·· 76

十一、景天科 ·· 77

落地生根属 ·· 77

落地生根 ·· 77

十二、金缕梅科 ·· 78

蚊母树属 ·· 78

蚊母树 ·· 78

十三、蔷薇科 ……………………………………………………………… 79
　　悬钩子属 ………………………………………………………………… 79
　　　粗叶悬钩子 ………………………………………………………… 79
十四、含羞草科 ……………………………………………………………… 80
　　（一）金合欢属 ………………………………………………………… 80
　　　1. 大叶相思 ………………………………………………………… 80
　　　2. 台湾相思 ………………………………………………………… 80
　　（二）银合欢属 ………………………………………………………… 81
　　　银合欢 ………………………………………………………………… 81
　　（三）含羞草属 ………………………………………………………… 82
　　　1. 无刺含羞草 ……………………………………………………… 82
　　　2. 含羞草 ……………………………………………………………… 82
　　　3. 光荚含羞草 ……………………………………………………… 83
十五、蝶形花科 ……………………………………………………………… 84
　　（一）杭子梢属 ………………………………………………………… 84
　　　杭子梢 ………………………………………………………………… 84
　　（二）山蚂蝗属 ………………………………………………………… 85
　　　1. 显脉山绿豆 ……………………………………………………… 85
　　　2. 绒毛山蚂蝗 ……………………………………………………… 86
　　（三）排钱树属 ………………………………………………………… 86
　　　排钱树 ………………………………………………………………… 86
　　（四）葛属 ……………………………………………………………… 87
　　　葛 ……………………………………………………………………… 87
　　（五）葫芦茶属 ………………………………………………………… 88
　　　葫芦茶 ………………………………………………………………… 88
　　（六）灰毛豆属 ………………………………………………………… 90
　　　1. 白灰毛豆 ………………………………………………………… 90
　　　2. 灰毛豆 ……………………………………………………………… 90
十六、酢浆草科 ……………………………………………………………… 91
　　酢酱草属 ………………………………………………………………… 91
　　　1. 大花酢浆草 ……………………………………………………… 91
　　　2. 酢浆草 ……………………………………………………………… 92
十七、芸香科 ………………………………………………………………… 93
　　（一）酒饼簕属 ………………………………………………………… 93
　　　酒饼簕 ………………………………………………………………… 93
　　（二）黄皮属 …………………………………………………………… 94
　　　光滑黄皮 ……………………………………………………………… 94
　　（三）吴茱萸属 ………………………………………………………… 95
　　　三桠苦 ………………………………………………………………… 95
　　（四）山小橘属 ………………………………………………………… 96

光叶山小橘 ·· 96

（五）小芸木属 ··· 96

大管 ·· 96

（六）枳属 ·· 97

枳 ··· 97

（七）花椒属 ··· 98

簕欓花椒 ··· 98

十八、苦木科 ·· 99

（一）鸦胆子属 ··· 99

鸦胆子 ··· 99

（二）牛筋果属 ··· 100

牛筋果 ··· 100

十九、楝科 ·· 101

楝属 ·· 101

楝 ··· 101

二十、远志科 ·· 102

齿果草属 ··· 102

齿果草 ··· 102

二十一、大戟科 ··· 103

（一）铁苋菜属 ··· 103

铁苋菜 ··· 103

（二）山麻杆属 ··· 104

红背山麻杆 ··· 104

（三）五月茶属 ··· 105

方叶五月茶 ··· 105

（四）银柴属 ··· 106

1.银柴 ··· 106

2.毛银柴 ··· 107

（五）黑面神属 ··· 108

黑面神 ··· 108

（六）土蜜树属 ··· 109

1.禾串树 ··· 109

2.土蜜树 ··· 109

（七）大戟属 ··· 110

飞扬草 ··· 110

（八）算盘子属 ··· 111

1.毛果算盘子 ·· 111

2.厚叶算盘子 ·· 112

3.算盘子 ··· 113

4.圆果算盘子 ·· 114

（九）野桐属 …………………………………………………… 115
　　1. 白背叶 ………………………………………………… 115
　　2. 白楸 …………………………………………………… 116
　　3. 石岩枫 ………………………………………………… 116
（十）木薯属 ……………………………………………………… 117
　木薯 ……………………………………………………… 117
（十一）叶下珠属 ………………………………………………… 118
　　1. 崖县叶下珠 …………………………………………… 118
　　2. 越南叶下珠 …………………………………………… 119
　　3. 珠子草 ………………………………………………… 120
　　4. 小果叶下珠 …………………………………………… 121
　　5. 叶下珠 ………………………………………………… 122
（十二）乌桕属 …………………………………………………… 123
　　1. 白木乌桕 ……………………………………………… 123
　　2. 乌桕 …………………………………………………… 123
（十三）白树属 …………………………………………………… 125
　白树 ……………………………………………………… 125
二十二、漆树科 …………………………………………………… 125
　（一）盐肤木属 ………………………………………………… 125
　　盐肤木 …………………………………………………… 125
　（二）漆属 ……………………………………………………… 127
　　野漆 ……………………………………………………… 127
二十三、冬青科 …………………………………………………… 128
　冬青属 …………………………………………………… 128
　　秤星树 …………………………………………………… 128
二十四、无患子科 ………………………………………………… 129
　（一）龙眼属 …………………………………………………… 129
　　龙眼 ……………………………………………………… 129
　（二）赤才属 …………………………………………………… 130
　　赤才 ……………………………………………………… 130
　（三）荔枝属 …………………………………………………… 130
　　荔枝 ……………………………………………………… 130
二十五、鼠李科 …………………………………………………… 131
　（一）勾儿茶属 ………………………………………………… 131
　　铁包金 …………………………………………………… 131
　（二）雀梅藤属 ………………………………………………… 132
　　雀梅藤 …………………………………………………… 132
二十六、葡萄科 …………………………………………………… 133
　（一）蛇葡萄属 ………………………………………………… 133
　　蓝果蛇葡萄 ……………………………………………… 133

（二）白粉藤属 ………………………………………………… 134

　　白粉藤 …………………………………………………………… 134

（三）葡萄属 …………………………………………………… 135

　　1. 小果葡萄 ……………………………………………………… 135

　　2. 葛藟葡萄 ……………………………………………………… 136

二十七、椴树科 ……………………………………………………… 137

（一）破布叶属 ………………………………………………… 137

　　破布叶 …………………………………………………………… 137

（二）刺蒴麻属 ………………………………………………… 138

　　刺蒴麻 …………………………………………………………… 138

二十八、锦葵科 ……………………………………………………… 138

（一）赛葵属 …………………………………………………… 138

　　赛葵 ……………………………………………………………… 138

（二）黄花稔属 ………………………………………………… 139

　　1. 黄花稔 ………………………………………………………… 139

　　2. 白背黄花稔 …………………………………………………… 140

　　3. 刺黄花稔 ……………………………………………………… 140

（三）梵天花属 ………………………………………………… 141

　　1. 地桃花 ………………………………………………………… 141

　　2. 梵天花 ………………………………………………………… 142

二十九、梧桐科 ……………………………………………………… 142

（一）山芝麻属 ………………………………………………… 142

　　山芝麻 …………………………………………………………… 142

（二）马松子属 ………………………………………………… 143

　　马松子 …………………………………………………………… 143

三十、山茶科 ………………………………………………………… 144

（一）柃木属 …………………………………………………… 144

　　1. 米碎花 ………………………………………………………… 144

　　2. 细齿叶柃 ……………………………………………………… 145

（二）厚皮香属 ………………………………………………… 146

　　小叶厚皮香 ……………………………………………………… 146

三十一、藤黄科 ……………………………………………………… 147

　黄牛木属 ……………………………………………………… 147

　　黄牛木 …………………………………………………………… 147

三十二、大风子科 …………………………………………………… 148

（一）刺篱木属 ………………………………………………… 148

　　刺篱木 …………………………………………………………… 148

（二）柞木属 …………………………………………………… 149

　　柞木 ……………………………………………………………… 149

三十三、瑞香科 ……………………………………………………… 149

荛花属 ·· 149
　　了哥王 ·· 149
三十四、千屈菜科 ·· 150
　萼距花属 ·· 150
　　香膏萼距花 ·· 150
三十五、红树科 ·· 151
　竹节树属 ·· 151
　　竹节树 ·· 151
三十六、八角枫科 ·· 152
　八角枫属 ·· 152
　　八角枫 ·· 152
三十七、桃金娘科 ·· 153
　（一）岗松属 ·· 153
　　岗松 ·· 153
　（二）番石榴属 ·· 154
　　番石榴 ·· 154
　（三）桃金娘属 ·· 155
　　桃金娘 ·· 155
三十八、野牡丹科 ·· 156
　（一）野牡丹属 ·· 156
　　1. 野牡丹 ·· 156
　　2. 地菍 ·· 157
　　3. 毛菍 ·· 158
　　4. 宽萼毛菍 ·· 159
　（二）谷木属 ·· 159
　　黑叶谷木 ·· 159
　（三）金锦香属 ·· 160
　　金锦香 ·· 160
　（四）锦香草属 ·· 161
　　海南锦香草 ·· 161
三十九、五加科 ·· 162
　（一）五加属 ·· 162
　　白簕 ·· 162
　（二）楤木属 ·· 163
　　楤木 ·· 163
　（三）鹅掌柴属 ·· 164
　　鹅掌柴 ·· 164
四十、伞形科 ·· 165
　积雪草属 ·· 165
　　积雪草 ·· 165

四十一、紫金牛科 ……………………………………………………… 166
　　（一）紫金牛属 ……………………………………………………… 166
　　　雪下红 ……………………………………………………………… 166
　　（二）酸藤子属 ……………………………………………………… 167
　　　1. 酸藤子 …………………………………………………………… 167
　　　2. 长叶酸藤子 ……………………………………………………… 168
　　（三）杜茎山属 ……………………………………………………… 169
　　　1. 拟杜茎山 ………………………………………………………… 169
　　　2. 鲫鱼胆 …………………………………………………………… 169
　　（四）密花树属 ……………………………………………………… 170
　　　密花树 ……………………………………………………………… 170
四十二、白花丹科 ……………………………………………………… 171
　　白花丹属 ……………………………………………………………… 171
　　　白花丹 ……………………………………………………………… 171
四十三、柿科 …………………………………………………………… 172
　　柿属 …………………………………………………………………… 172
　　　毛柿 ………………………………………………………………… 172
四十四、山矾科 ………………………………………………………… 173
　　山矾属 ………………………………………………………………… 173
　　　1. 华山矾 …………………………………………………………… 173
　　　2. 白檀 ……………………………………………………………… 174
　　　3. 山矾 ……………………………………………………………… 175
四十五、木犀科 ………………………………………………………… 176
　　素馨属 ………………………………………………………………… 176
　　　1. 扭肚藤 …………………………………………………………… 176
　　　2. 青藤仔 …………………………………………………………… 177
四十六、夹竹桃科 ……………………………………………………… 178
　　倒吊笔属 ……………………………………………………………… 178
　　　广东倒吊笔 ………………………………………………………… 178
四十七、旋花科 ………………………………………………………… 178
　　（一）银背藤属 ……………………………………………………… 178
　　　白鹤藤 ……………………………………………………………… 178
　　（二）菟丝子属 ……………………………………………………… 179
　　　菟丝子 ……………………………………………………………… 179
　　（三）猪菜藤属 ……………………………………………………… 180
　　　猪菜藤 ……………………………………………………………… 180
　　（四）番薯属 ………………………………………………………… 181
　　　小心叶薯 …………………………………………………………… 181
　　（五）鱼黄草属 ……………………………………………………… 182
　　　1. 山猪菜 …………………………………………………………… 182

2. 掌叶鱼黄草 ……………………………………………………………… 183
四十八、紫草科 …………………………………………………………… 184
　（一）基及树属 ………………………………………………………… 184
　　基及树 ………………………………………………………………… 184
　（二）厚壳树属 ………………………………………………………… 185
　　宿苞厚壳树 …………………………………………………………… 185
　（三）天芥菜属 ………………………………………………………… 185
　　大尾摇 ………………………………………………………………… 185
四十九、马鞭草科 ………………………………………………………… 186
　（一）大青属 …………………………………………………………… 186
　　1. 大青 ………………………………………………………………… 186
　　2. 白花灯笼 …………………………………………………………… 187
　　3. 赪桐 ………………………………………………………………… 188
　（二）马缨丹属 ………………………………………………………… 189
　　马缨丹 ………………………………………………………………… 189
　（三）豆腐柴属 ………………………………………………………… 190
　　豆腐柴 ………………………………………………………………… 190
五十、唇形科 ……………………………………………………………… 191
　（一）广防风属 ………………………………………………………… 191
　　广防风 ………………………………………………………………… 191
　（二）紫苏属 …………………………………………………………… 192
　　紫苏 …………………………………………………………………… 192
五十一、茄科 ……………………………………………………………… 193
　　茄属 …………………………………………………………………… 193
　　1. 少花龙葵 …………………………………………………………… 193
　　2. 海南茄 ……………………………………………………………… 193
　　3. 牛茄子 ……………………………………………………………… 194
　　4. 水茄 ………………………………………………………………… 195
五十二、玄参科 …………………………………………………………… 196
　（一）母草属 …………………………………………………………… 196
　　母草 …………………………………………………………………… 196
　（二）野甘草属 ………………………………………………………… 197
　　野甘草 ………………………………………………………………… 197
　（三）蝴蝶草属 ………………………………………………………… 198
　　单色蝴蝶草 …………………………………………………………… 198
五十三、紫葳科 …………………………………………………………… 199
　　菜豆树属 ……………………………………………………………… 199
　　菜豆树 ………………………………………………………………… 199
五十四、爵床科 …………………………………………………………… 200
　（一）楠草属 …………………………………………………………… 200

楠草 ……………………………………………………………………………… 200

（二）山牵牛属 …………………………………………………………………… 200

1. 海南山牵牛 ………………………………………………………………… 200

2. 山牵牛 ……………………………………………………………………… 201

五十五、茜草科 …………………………………………………………………… 202

（一）丰花草属 …………………………………………………………………… 202

1. 阔叶丰花草 ………………………………………………………………… 202

2. 丰花草 ……………………………………………………………………… 203

（二）耳草属 ……………………………………………………………………… 203

1. 耳草 ………………………………………………………………………… 203

2. 伞房花耳草 ………………………………………………………………… 204

3. 牛白藤 ……………………………………………………………………… 205

4. 长节耳草 …………………………………………………………………… 206

（三）龙船花属 …………………………………………………………………… 207

龙船花 …………………………………………………………………………… 207

（四）巴戟天属 …………………………………………………………………… 208

鸡眼藤 …………………………………………………………………………… 208

（五）玉叶金花属 ………………………………………………………………… 209

海南玉叶金花 …………………………………………………………………… 209

（六）鸡矢藤属 …………………………………………………………………… 209

白毛鸡矢藤 ……………………………………………………………………… 209

（七）九节属 ……………………………………………………………………… 210

九节 ……………………………………………………………………………… 210

五十六、葫芦科 …………………………………………………………………… 211

（一）丝瓜属 ……………………………………………………………………… 211

丝瓜 ……………………………………………………………………………… 211

（二）栝楼属 ……………………………………………………………………… 212

长萼栝楼 ………………………………………………………………………… 212

五十七、菊科 ……………………………………………………………………… 213

（一）藿香蓟属 …………………………………………………………………… 213

藿香蓟 …………………………………………………………………………… 213

（二）鬼针草属 …………………………………………………………………… 215

1. 鬼针草 ……………………………………………………………………… 215

2. 白花鬼针草 ………………………………………………………………… 216

（三）蓟属 ………………………………………………………………………… 217

蓟 ………………………………………………………………………………… 217

（四）白酒草属 …………………………………………………………………… 218

1. 小蓬草 ……………………………………………………………………… 218

2. 苏门白酒草 ………………………………………………………………… 218

（五）野茼蒿属 …………………………………………………………………… 219

野茼蒿 ……………………………………………………………………… 219

（六）地胆草属 …………………………………………………………… 220

　1. 地胆草 ……………………………………………………………… 220

　2. 白花地胆草 ………………………………………………………… 221

（七）一点红属 …………………………………………………………… 222

一点红 ……………………………………………………………………… 222

（八）菊芹属 ……………………………………………………………… 222

　1. 梁子菜 ……………………………………………………………… 222

　2. 败酱叶菊芹 ………………………………………………………… 223

（九）泽兰属 ……………………………………………………………… 224

　1. 假臭草 ……………………………………………………………… 224

　2. 飞机草 ……………………………………………………………… 225

（十）菊三七属 …………………………………………………………… 225

山芥菊三七 ………………………………………………………………… 225

（十一）假泽兰属 ………………………………………………………… 226

微甘菊 ……………………………………………………………………… 226

（十二）银胶菊属 ………………………………………………………… 227

银胶菊 ……………………………………………………………………… 227

（十三）苦苣菜属 ………………………………………………………… 228

　1. 苣荬菜 ……………………………………………………………… 228

　2. 苦苣菜 ……………………………………………………………… 229

（十四）金钮扣属 ………………………………………………………… 230

金钮扣 ……………………………………………………………………… 230

（十五）金腰箭属 ………………………………………………………… 231

金腰箭 ……………………………………………………………………… 231

（十六）斑鸠菊属 ………………………………………………………… 232

夜香牛 ……………………………………………………………………… 232

（十七）蟛蜞菊属 ………………………………………………………… 233

蟛蜞菊 ……………………………………………………………………… 233

（十八）黄鹌菜属 ………………………………………………………… 234

黄鹌菜 ……………………………………………………………………… 234

第二节　单子叶植物 ……………………………………………………… 235

一、露兜树科 ……………………………………………………………… 235

露兜树属 …………………………………………………………………… 235

露兜草 ……………………………………………………………………… 235

二、禾本科 ………………………………………………………………… 236

（一）地毯草属 …………………………………………………………… 236

地毯草 ……………………………………………………………………… 236

（二）酸模芒属 …………………………………………………………… 237

酸模芒 ……………………………………………………………………… 237

（三）弓果黍属 ………………………………………………………………… 237

弓果黍 ……………………………………………………………………… 237

（四）马唐属 …………………………………………………………………… 238

1. 升马唐 …………………………………………………………………… 238

2. 红尾翎 …………………………………………………………………… 239

（五）穇属 ……………………………………………………………………… 239

牛筋草 ……………………………………………………………………… 239

（六）牛鞭草属 ………………………………………………………………… 240

扁穗牛鞭草 ………………………………………………………………… 240

（七）淡竹叶属 ………………………………………………………………… 241

淡竹叶 ……………………………………………………………………… 241

（八）芒属 ……………………………………………………………………… 242

芒 ………………………………………………………………………… 242

（九）露籽草属 ………………………………………………………………… 243

露籽草 ……………………………………………………………………… 243

（十）黍属 ……………………………………………………………………… 244

1. 短叶黍 …………………………………………………………………… 244

2. 大黍 ……………………………………………………………………… 244

（十一）雀稗属 ………………………………………………………………… 245

1. 两耳草 …………………………………………………………………… 245

2. 双穗雀稗 ………………………………………………………………… 246

3. 雀稗 ……………………………………………………………………… 246

（十二）红毛草属 ……………………………………………………………… 247

红毛草 ……………………………………………………………………… 247

（十三）狗尾草属 ……………………………………………………………… 248

棕叶狗尾草 ………………………………………………………………… 248

（十四）钝叶草属 ……………………………………………………………… 249

钝叶草 ……………………………………………………………………… 249

（十五）棕叶芦属 ……………………………………………………………… 250

棕叶芦 ……………………………………………………………………… 250

三、莎草科 ………………………………………………………………………… 251

（一）莎草属 …………………………………………………………………… 251

碎米莎草 …………………………………………………………………… 251

（二）飘拂草属 ………………………………………………………………… 252

两歧飘拂草 ………………………………………………………………… 252

（三）水蜈蚣属 ………………………………………………………………… 252

单穗水蜈蚣 ………………………………………………………………… 252

（四）砖子苗属 ………………………………………………………………… 253

砖子苗 ……………………………………………………………………… 253

（五）珍珠茅属 ……………………………………………………… 254
　　华珍珠茅 ………………………………………………………… 254
四、天南星科 …………………………………………………………… 255
　（一）海芋属 …………………………………………………………… 255
　　1. 尖尾芋 ………………………………………………………… 255
　　2. 海芋 …………………………………………………………… 256
　（二）魔芋属 …………………………………………………………… 257
　　魔芋 ……………………………………………………………… 257
　（三）芋属 ……………………………………………………………… 258
　　1. 野芋 …………………………………………………………… 258
　　2. 紫芋 …………………………………………………………… 259
　（四）合果芋属 ………………………………………………………… 260
　　合果芋 …………………………………………………………… 260
　（五）犁头尖属 ………………………………………………………… 260
　　犁头尖 …………………………………………………………… 260
五、鸭跖草科 …………………………………………………………… 261
　（一）鸭跖草属 ………………………………………………………… 261
　　1. 饭包草 ………………………………………………………… 261
　　2. 鸭跖草 ………………………………………………………… 262
　（二）水竹叶属 ………………………………………………………… 263
　　牛轭草 …………………………………………………………… 263
六、百合科 ……………………………………………………………… 264
　（一）山菅属 …………………………………………………………… 264
　　山菅 ……………………………………………………………… 264
　（二）沿阶草属 ………………………………………………………… 264
　　间型沿阶草 ……………………………………………………… 264
　（三）菝葜属 …………………………………………………………… 265
　　1. 菝葜 …………………………………………………………… 265
　　2. 土茯苓 ………………………………………………………… 266
七、薯蓣科 ……………………………………………………………… 267
　薯蓣属 ………………………………………………………………… 267
　　1. 参薯 …………………………………………………………… 267
　　2. 黄独 …………………………………………………………… 268
　　3. 山薯 …………………………………………………………… 269
八、姜科 ………………………………………………………………… 270
　（一）山姜属 …………………………………………………………… 270
　　红豆蔻 …………………………………………………………… 270
　（二）豆蔻属 …………………………………………………………… 271
　　砂仁 ……………………………………………………………… 271
　（三）闭鞘姜属 ………………………………………………………… 272

闭鞘姜 ……………………………………………………………………………… 272

（四）姜属 ………………………………………………………………………… 273

襄荷 ………………………………………………………………………………… 273

参考文献 …………………………………………………………………………… 274

附录 ………………………………………………………………………………… 275

附录1：中国植胶区广东胶园林下植物名录 ……………………………………… 276

附录2：各个调查样地中林下植物的分布情况 …………………………………… 286

致谢 ………………………………………………………………………………… 325

第 一 部 分

植胶区概况与调查方法

一、自然条件概述

位置与地形：广东省位于20°09′~25°31′N、109°45′~117°20′E，东、北和西三面依次与福建、江西、湖南和广西相邻，南濒南海，与香港、澳门特别行政区接壤，并与海南省隔琼州海峡相望。全省陆地总面积约达18万平方千米，海岸线长3 368千米。广东地势整体呈北高南低，北部以山地和高丘陵为主，南部则以平原和台地居多。广东植胶区大体分布于南部的平原和台地。

气候：广东省处于东亚季风区，受季风影响较大，雨热同期明显，且存在自北向南的中亚热带、南亚热带和热带气候等气候类型。广东年平均气温19~24℃，1月平均气温约16~19℃，7月平均气温约28~29℃，年平均日照时数1 745.8小时，年太阳总辐射量4 200~5 400兆焦耳/平方米；年平均降水量1 300~2 500毫米，降水量充沛，在空间上呈南高北低的趋势，且时间上表现为年内分配不均和年际变化较大等特征。广东为洪涝、干旱和台风高发地区，另外还存在低温阴雨、寒露风、寒潮和霜冻等灾害性天气。

土壤：广东省最主要的成土母岩为花岗岩，约占总面积的2/5；其次为砂岩和石灰岩约占总面积的2/5；另外还存在变质岩和玄武岩等。广东由于受湿热气候条件的影响，矿物质和有机质化学风化和分解以及淋溶作用都很强烈，导致绝大多数地方土壤呈酸性甚至强酸性。全省土壤水平地带性较明显，自南向北依次表现为砖红壤、赤红壤和红壤，另外水稻土广布于全省各地（广东省土壤普查办公室，1993）。

水文：广东省河流众多，河网密布，以珠江流域、韩江流域、粤东沿海和粤西沿海的河流为主，其中独流入海的河流达93条。广东降水量充足，水资源丰富，但时空分布不均。在时间上，本省常出现夏秋洪涝，冬春干旱；在空间上，则易出现沿海台地和低丘陵区缺水以及部分河流中下游河段的水质性缺水等。

植被：广东省地处热带与亚热带的过渡地带，植物区系丰富，具有大量的热带分布区类型的科，如木兰科、番荔枝科、樟科、莲叶桐科、肉豆蔻科、防己科和猪笼草科等。基于不同的地质构造、气候条件、人为干扰等因素影响，广东地区存在很多的特有种，如水松、四药门花、观光木、厚叶木莲等（张宏达，1962）。

目前，广东省约有维管束植物289科、2 051属、7 717种，包括6 135种野生植物和1 582种栽培植物。其中，国家一级保护野生植物有苏铁、南方红豆杉等7种；二级的有桫椤、广东松、白豆杉、樟、凹叶厚朴、土沉香、丹霞梧桐等48种；另外还拥有四大经济价值可观的岭南名果，即香蕉、荔枝、龙眼和菠萝。

广东省植被类型较多，有属于地带性植被的北热带季雨林、南亚热带季风常绿阔叶林、中亚热带典型常绿阔叶林和沿海的热带红树林，还有非纬度地带性的常绿—落叶阔叶混交林、常绿针—阔叶混交林、常绿针叶林、竹林、灌丛和草坡，以及水稻、甘蔗和茶园等栽培植被。

二、研究方法

1. 调查地点

广东省胶园林下植物调查工作集中于2014年7月至2015年6月进行开展。调查样地分布在广东植胶区，包括阳江、茂名、高州、化州和雷州等市县。同时，还调查了桉树林等对照林的林下植物。调查地点详见图1-1。

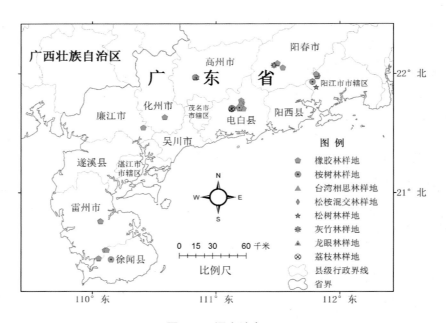

图 1-1　调查地点

2. 调查方法

采用典型取样的样地调查法，在阳江市、茂名市、高州市、化州市和雷州市等市县共设41个20米 × 20米样地，其中包括30个橡胶林样地和11个对照样地（5个桉树林样地、1个灰竹林样地、1个台湾相思林样地、1个松树林样地、1个荔枝林样地、1个龙眼林样地和1个松桉混交林样地），取样总面积达16 400米^2。各样地的信息详细见表1-1。

记录样地所在位置和生态因子，包括经纬度、海拔、坡向、坡度及样方周围情况等（表1-1）。在样地内调查所有乔木，记录林龄、平均树高、平均胸径、林分郁闭度和群落的外貌；对于样地内的灌木、草本和藤本，记录其物种名、高度和盖度等。其中，基于广东橡胶林调查样地的坡度的特征，将坡度分别记录为0°～2°、2°～15°、15°～25°和 > 25°等四类；依据橡胶树的生命周期和割胶时间，将林龄分别记录为 < 8年（幼龄林）、8～30年（中龄林）和 > 30年（老龄林）等3类，而其他林型的林龄则为估值；根据广东橡胶林调查样地的郁闭度的特征，将郁闭度分别记录为 < 70%、70%～80%、80%～90%和 > 90%等4类。

现场鉴定植物并对每种植物拍摄照片，其中不认识或不清楚的植物，回到室内鉴定。物种命名参考了《中国植物志》（电子版），《中国高等植物图鉴》（中国科学院植物研究所，2001）、《广东植物志》（陈封怀，1994）、《海南植物志》（陈焕镛，1964）等工具书。

表 1-1 广东植胶区林下植物调查样地概况

样地编号	林分类型	地点	纬度（N）	经度（E）	海拔（米）	坡向	坡度（度）	林龄（年）	平均树高（米）	平均郁闭度（%）	平均胸径（厘米）
1	橡胶林	阳江	21°58′39.4″	111°49′09.0″	21	西	>25	>30	16~17	<70	30.8
2	橡胶林	阳江	21°58′38.6″	111°49′06.5″	23	东	2~15	<8	13~14	70~80	12.4
3	橡胶林	阳江	21°59′42.0″	111°48′43.2″	20	北	>25	8~30	16~17	>90	22.3
4	橡胶林	阳江	21°59′44.9″	111°48′39.9″	30	西	15~25	8~30	17~20	>90	23.4
5	橡胶林	阳江	21°59′44.9″	111°48′37.6″	34	北	2~15	8~30	14~15	80~90	27.8
6	橡胶林	阳江	22°03′00.9″	111°32′24.8″	65	东	2~15	>30	16~17	70~80	22.1
7	橡胶林	阳江	22°05′07.4″	111°29′43.0″	69	东	>25	<8	10~12	80~90	9.7
8	橡胶林	阳江	22°05′07.4″	111°29′43.0″	71	南	>25	<8	10~12	80~90	9.2
9	橡胶林	阳江	22°05′19.2″	111°29′49.6″	72	北	>25	>30	18~20	>90	29.2
10	橡胶林	茂名	21°41′57.5″	111°07′37.1″	56	西	2~15	>30	14~15	80~90	25.5
11	橡胶林	茂名	21°42′28.3″	111°08′23.0″	46	南	2~15	>30	16~17	80~90	18.7
12	橡胶林	茂名	21°42′25.9″	111°12′20.9″	83	西	2~15	>30	16~17	80~90	21.5
13	橡胶林	茂名	21°42′10.2″	111°13′20.2″	58	西	2~15	<8	5~6	<70	5.3
14	橡胶林	茂名	21°45′10.4″	111°12′38.9″	66	南	2~15	<8	5~6	<70	4.6
15	橡胶林	茂名	21°42′14.2″	111°11′18.2″	85	西	2~15	8~30	14~15	>90	17.6
16	橡胶林	茂名	21°42′14.2″	111°11′18.3″	85	西	2~15	8~30	15~16	>90	20.1
17	橡胶林	茂名	21°46′20.9″	111°12′14.5″	50	平地	0~2	>30	15~16	80~90	24.4
18	橡胶林	茂名	21°44′07.9″	111°12′19.4″	68	西	2~15	>30	16~17	80~90	20.5
19	橡胶林	高州	21°58′02.4″	110°49′57.0″	76	东	15~25	>30	17~20	>90	28.7
20	橡胶林	高州	21°57′59.8″	110°49′58.8″	94	西	15~25	>30	17~20	>90	26.2
21	橡胶林	高州	21°58′04.5″	110°49′57.9″	88	东	2~15	<8	12~15	80~90	11.7
22	橡胶林	高州	21°58′13.2″	110°50′20.4″	69	东	2~15	<8	12~15	80~90	14.7
23	橡胶林	化州	21°37′49.5″	110°35′12.9″	51	西	15~25	<8	12~13	>90	13.9
24	橡胶林	化州	21°32′30.9″	110°24′48.4″	57	北	2~15	<8	10~12	>90	14.3
25	橡胶林	雷州	20°45′32.8″	110°03′54.7″	52	平地	0~2	8~30	17~20	70~80	24.0
26	橡胶林	雷州	20°45′26.5″	110°04′01.3″	55	平地	0~2	>30	17~18	70~80	28.5
27	橡胶林	雷州	20°30′51.8″	110°06′06.8″	103	平地	0~2	>30	17~20	>90	32.8
28	橡胶林	雷州	20°30′51.9″	110°06′57.2″	132	平地	0~2	>30	17~20	80~90	24.3
29	橡胶林	雷州	20°26′07.4″	110°08′02.2″	110	平地	0~2	>30	17~20	80~90	29.8
30	橡胶林	雷州	20°26′41.5″	110°03′02.9″	121	平地	0~2	>30	17~20	>90	28.9
31	桉树林	阳江	21°55′43.3″	111°46′52.3″	23	南	2~15	5~10	15~17	<70	9.4
32	桉树林	茂名	21°42′23.9″	111°07′45.2″	39	南	2~15	5~10	15~17	70~80	9.2
33	桉树林	茂名	21°42′39.8″	111°11′22.8″	62	西	2~15	15~20	19~21	<70	14.8
34	桉树林	高州	21°57′58.6″	110°49′57.3″	102	北	>25	5~10	20~21	70~80	8.7
35	桉树林	雷州	20°26′07.4″	110°09′08.2″	110	平地	0~2	5~10	16~17	<70	8.7
36	松树林	阳江	21°52′59.6″	111°48′39.1″	105	西	2~15	20~30	20~25	<70	16.5
37	灰竹林	阳江	22°04′15.3″	111°47′05.0″	74	南	2~15	5~10	16~17	>90	5.2
38	松桉混交林	阳江	22°04′18.7″	111°28′03.4″	79	西	15~25	25~30	17~20	<70	12.3
39	荔枝林	茂名	21°41′57.5″	111°07′37.1″	50	平地	0~2	5~10	2~3	70~80	—
40	台湾相思林	茂名	21°45′14.7″	111°12′01.7″	55	东	0~2	15~20	17~20	70~80	15.7
41	龙眼林	高州	21°58′16.6″	110°50′21.4″	95	南	0~2	5~10	4~6	70~80	—

注："—"表示未作记录

3. 分析方法

（1）植物区系分析

样地数据经过整理后，物种科与属的分布区类型分别依据吴征镒先生的论著《中国种子植物属的分布区类型》《种子植物分布区类型及其起源和分化》《世界种子植物科的分布区类型系统》及其修订（吴征镒，1991，吴征镒等，2003a，吴征镒等，2003b，吴征镒等，2006）。

（2）重要值、多样性指数计算

本文根据调查数据，计算重要值（IV）、物种丰富度指数（S）、Simpson指数（D）和Shannon-Wiener指数（H）等，各公式的计算方法如下：

1）重要值（IV）

$$IV = （相对高度 + 相对盖度 + 相对频度）/ 3$$

2）物种丰富度指数（S）

S为样方中出现的物种总数

3）Simpson指数（D）

$$D = 1 - \sum_{i=1}^{s} P_i^2$$

4）Shannon-Wiener指数（H）

$$H = - \sum_{i=1}^{s} P_i In.P_i$$

式中：$i = 1, 2, \cdots, S$，S为物种数目；

$P_i = N_i / N$，N_i为样地中第i种物种的重要值。

采用EXCEL2013作图，SASV8 for windows进行数据统计，对不同林龄、立地条件和郁闭度的广东橡胶林灌草物种多样性采用单因素方差分析（One way ANOVA）。

第 二 部 分

植胶区林下植物调查结果与用途分类

一、调查结果

在广东植胶区林下植物调查中，设立30个橡胶林样地，共有维管束植物65科、157属、211种。表2-1为广东橡胶林林下211种植物重要值排序的具体情况。重要值排名前10物种分别为阔叶丰花草［*Borreria latifolia* (Aubl.) K. Schum.］、弓果黍［*Cyrtococcum patens* (L.) A. Camus］、铁芒萁［*Dicranopteris linearis* (Burm.) Underw.］、热带鳞盖蕨［*Microlepia speluncae* (Linn.) Moore］、银柴［*Aporusa dioica* (Roxb.) Muell. Arg.］、假蒟［*Piper sarmentosum* Roxb.］、火炭母［*Polygonum chinense* L.］、飞机草［*Eupatorium odoratum* L.］、白背叶［*Mallotus apelta* (Lour.) Muell. Arg.］、大青［*Clerodendrum cytophyllum* Turcz.］。

表 2-1 广东植胶区橡胶林林下植物重要值排序

序号	中文名	拉丁学名	高度（厘米）	相对高度 (%)	盖度 (%)	相对盖度 (%)	频度	相对频度 (%)	重要值 (%)
1	阔叶丰花草	*Borreria latifolia* (Aubl.) K. Schum.	420	1.54	953	23.64	22	2.66	9.28
2	弓果黍	*Cyrtococcum patens* (L.) A. Camus	267	0.98	440	10.92	18	2.18	4.69
3	铁芒萁	*Dicranopteris linearis* (Burm.) Underw.	410	1.51	183	4.54	15	1.81	2.62
4	热带鳞盖蕨	*Microlepia speluncae* (Linn.) Moore	570	2.09	123	3.05	18	2.18	2.44
5	银柴	*Aporusa dioica* (Roxb.) Muell. Arg.	990	3.64	35	0.87	20	2.42	2.31
6	假蒟	*Piper sarmentosum* Roxb.	130	0.48	235	5.83	4	0.48	2.26
7	火炭母	*Polygonum chinense* L.	517	1.9	79	1.96	24	2.9	2.25
8	飞机草	*Eupatorium odoratum* L.	990	3.64	38	0.94	16	1.93	2.17
9	白背叶	*Mallotus apelta* (Lour.) Muell. Arg.	960	3.53	39	0.97	16	1.93	2.14
10	大青	*Clerodendrum cytophyllum* Turcz.	780	2.87	36	0.89	22	2.66	2.14
11	白花灯笼	*Clerodendrum fortunatum* L.	730	2.68	35	0.87	20	2.42	1.99
12	短叶黍	*Panicum brevifolium* L.	210	0.77	137	3.4	14	1.69	1.95
13	乌毛蕨	*Blechnum orientale* L.	572	2.1	64	1.59	17	2.06	1.91
14	地桃花	*Urena lobata* Linn. var. *lobata*	530	1.95	28	0.69	23	2.78	1.81
15	两耳草	*Paspalum conjugatum* Berg.	350	1.29	69	1.71	17	2.06	1.68
16	藿香蓟	*Ageratum conyzoides* L.	380	1.4	46	1.14	14	1.69	1.41
17	野牡丹	*Melastoma candidum* D.Don	480	1.76	30	0.74	14	1.69	1.4
18	白花鬼针草	*Bidens pilosa* L. var. *radiata* Sch.-Bip.	460	1.69	43	1.07	11	1.33	1.36
19	海南玉叶金花	*Mussaenda hainanensis* Merr.	430	1.58	36	0.89	13	1.57	1.35
20	杠板归	*Polygonum perfoliatum* L.	160	0.59	92	2.28	7	0.85	1.24
21	小蓬草	*Conyza canadensis* (L.) Cronq.	455	1.67	18	0.45	13	1.57	1.23
22	酸藤子	*Embelia laeta* (L.) Mez	415	1.52	19	0.47	14	1.69	1.23
23	鬼针草	*Bidens pilosa* L.	230	0.85	80	1.98	7	0.85	1.23
24	海金沙	*Lygodium japonicum* (Thunb.) Sw.	265	0.97	43	1.07	12	1.45	1.16
25	地菍	*Melastoma dodecandrum* Lour.	145	0.53	47	1.17	13	1.57	1.09
26	黄牛木	*Cratoxylum cochinchinense* (Lour.) Bl.	440	1.62	15	0.37	10	1.21	1.07
27	菝葜	*Smilax china* L.	325	1.19	21	0.52	12	1.45	1.06
28	粗叶榕	*Ficus hirta* Vahl	410	1.51	35	0.87	6	0.73	1.03
29	葛	*Pueraria lobata* (Willd.) Ohwi	150	0.55	84	2.08	3	0.36	1

序号	中文名	拉丁学名	高度（厘米）	相对高度(%)	盖度(%)	相对盖度(%)	频度	相对频度(%)	重要值(%)
30	半边旗	*Pteris semipinnata*	270	0.99	21	0.52	12	1.45	0.99
31	芒	*Miscanthus sinensis* Anderss.	300	1.1	17	0.42	9	1.09	0.87
32	黑面神	*Breynia fruticosa* (Linn.) Hook. f.	360	1.32	11	0.27	8	0.97	0.85
33	叶下珠	*Phyllanthus urinaria* L.	170	0.62	13	0.32	13	1.57	0.84
34	掌叶海金沙	*Lygodium digitatum* Presl	230	0.85	18	0.45	10	1.21	0.83
35	假臭草	*Eupatorium catarium* Veldkamp	255	0.94	17	0.42	8	0.97	0.78
36	马缨丹	*Lantana camara* L.	330	1.21	13	0.32	6	0.73	0.75
37	梵天花	*Urena procumbens* Linn.	275	1.01	11	0.27	8	0.97	0.75
38	含羞草	*Mimosa pudica* Linn.	182	0.67	16	0.4	9	1.09	0.72
39	华南毛蕨	*Cyclosorus parasiticus* (L.) Farwell.	200	0.73	21	0.52	7	0.85	0.7
40	银合欢	*Leucaena leucocephala* (Lam.) de Wit	260	0.96	21	0.52	4	0.48	0.65
41	山菅	*Dianella ensifolia* (L.) DC.	225	0.83	11	0.27	7	0.85	0.65
42	蟛蜞菊	*Wedelia chinensis* (Osbeck.) Merr.	40	0.15	62	1.54	2	0.24	0.64
43	露籽草	*Ottochloa nodosa* (Kunth) Dandy	80	0.29	45	1.12	4	0.48	0.63
44	少花龙葵	*Solanum photeinocarpum* Nakamura et S. Odashima	240	0.88	7	0.17	6	0.73	0.59
45	长叶肾蕨	*Nephrolepis biserrata* (Sw.) Schott	80	0.29	53	1.31	1	0.12	0.58
46	算盘子	*Glochidion puberum* (L.) Hutch.	200	0.73	9	0.22	6	0.73	0.56
47	丰花草	*Borreria stricta* (L.f.) G.Mey.	100	0.37	22	0.55	6	0.73	0.55
48	粗叶悬钩子	*Rubus alceaefolius* Poir.	150	0.55	15	0.37	6	0.73	0.55
49	光荚含羞草	*Mimosa sepiaria* Benth.	120	0.44	33	0.82	3	0.36	0.54
50	扭肚藤	*Jasminum elongatum* (Bergius) Willd.	160	0.59	11	0.27	6	0.73	0.53
51	鹅掌柴	*Schefflera octophylla* (Lour.) Harms	300	1.1	5	0.12	3	0.36	0.53
52	对叶榕	*Ficus hispida* Linn.	170	0.62	24	0.6	3	0.36	0.53
53	山黄麻	*Trema tomentosa* (Roxb.) Hara	230	0.85	9	0.22	3	0.36	0.48
54	地胆草	*Elephantopus scaber* L.	100	0.37	9	0.22	7	0.85	0.48
55	白楸	*Mallotus paniculatus* (Lam.)Muell. Arg.	220	0.81	11	0.27	3	0.36	0.48
56	楤木	*Aralia chinensis* L.	200	0.73	8	0.2	4	0.48	0.47
57	长叶酸藤子	*Embelia longifolia* (Benth.) Hemsl.	230	0.85	5	0.12	3	0.36	0.44
58	水茄	*Solanum torvum* Swartz	223	0.82	6	0.15	3	0.36	0.44
59	酢浆草	*Oxalis corniculata* L.	90	0.33	10	0.25	6	0.73	0.43
60	长节耳草	*Hedyotis uncinella* Hook. et Arn.	30	0.11	40	0.99	1	0.12	0.41
61	扇叶铁线蕨	*Adiantum flabellulatum* L.	110	0.4	7	0.17	5	0.6	0.39
62	单色蝴蝶草	*Torenia concolor* Lindl.	80	0.29	6	0.15	6	0.73	0.39
63	母草	*Lindernia crustacea* (L.) F. Muell	60	0.22	6	0.15	6	0.73	0.36
64	梁子菜	*Erechtites hieracifolia* (L.) Raf. ex DC.	125	0.46	5	0.12	4	0.48	0.36
65	积雪草	*Centella asiatica* (L.) Urban	60	0.22	6	0.15	6	0.73	0.36
66	簕欓花椒	*Zanthoxylum avicennae* (Lam.) DC.	120	0.44	5	0.12	4	0.48	0.35
67	杭子梢	*Campylotropis macrocarpa* (Bge.) Rehd.	110	0.4	5	0.12	4	0.48	0.34
68	酸模芒	*Centotheca lappacea*	75	0.28	9	0.22	4	0.48	0.33

序号	中文名	拉丁学名	高度（厘米）	相对高度(%)	盖度(%)	相对盖度(%)	频度	相对频度(%)	重要值(%)
69	蓟	*Cirsium japonicum* Fisch. ex DC.	180	0.66	4	0.1	2	0.24	0.33
70	山芝麻	*Helicteres angustifolia* L.	180	0.66	2	0.05	2	0.24	0.32
71	异叶双唇蕨	*Schizoloma heterophyllum* (Dry.) J. Sm.	80	0.29	5	0.12	4	0.48	0.3
72	土蜜树	*Bridelia tomentosa* Bl.	170	0.62	5	0.12	1	0.12	0.29
73	野漆	*Toxicodendron succedaneum* (L.) O. Kuntze	180	0.66	2	0.05	1	0.12	0.28
74	潺槁木姜子	*Litsea glutinosa* (Lour.) C. B. Rob.	140	0.51	3	0.07	2	0.24	0.28
75	台湾相思	*Acacia confusa* Merr.	170	0.62	2	0.05	1	0.12	0.27
76	楝	*Melia azedarach* L.	170	0.62	2	0.05	1	0.12	0.27
77	参薯	*Dioscorea alata* L.	70	0.26	8	0.2	3	0.36	0.27
78	红背山麻杆	*Alchornea trewioides* (Benth.) Muell. Arg.	80	0.29	15	0.37	1	0.12	0.26
79	白背黄花稔	*Sida rhombifolia* Linn.	90	0.33	4	0.1	3	0.36	0.26
80	微甘菊	*Mikania micrantha* H. B. K.	70	0.26	5	0.12	3	0.36	0.25
81	方叶五月茶	*Antidesma ghaesembilla* Gaertn.	120	0.44	3	0.07	2	0.24	0.25
82	单穗水蜈蚣	*Kyllinga monocephala* Rottb.	80	0.29	4	0.1	3	0.36	0.25
83	刺篱木	*Flacourtia indica* (Burm. f.) Merr.	80	0.29	4	0.1	3	0.36	0.25
84	乌桕	*Sapium sebiferum* (L.) Roxb.	150	0.55	2	0.05	1	0.12	0.24
85	假柿木姜子	*Litsea monopetala* (Roxb.) Pers.	120	0.44	2	0.05	2	0.24	0.24
86	黄花稔	*Sida acuta* Burm. f.	70	0.26	4	0.1	3	0.36	0.24
87	华珍珠茅	*Scleria chinensis* Kunth	80	0.29	3	0.07	3	0.36	0.24
88	白檀	*Symplocos paniculata* (Thunb.) Miq.	110	0.4	3	0.07	2	0.24	0.24
89	枳	*Poncirus trifoliata* (L.) Raf.	100	0.37	3	0.07	2	0.24	0.23
90	野茼蒿	*Crassocephalum crepidioides* (Benth.) S. Moore	70	0.26	3	0.07	3	0.36	0.23
91	显脉山绿豆	*Desmodium reticulatum* Champ. ex Benth.	100	0.37	2	0.05	2	0.24	0.22
92	白灰毛豆	*Tephrosia candida* DC.	90	0.33	3	0.07	2	0.24	0.22
93	砂仁	*Amomum villosum* Lour.	120	0.44	3	0.07	1	0.12	0.21
94	大管	*Micromelum falcatum* (Lour.) Tanaka	90	0.33	2	0.05	2	0.24	0.21
95	琴叶榕	*Ficus pandurata* Hance	60	0.22	6	0.15	2	0.24	0.2
96	饭包草	*Commelina bengalensis*	35	0.13	4	0.1	3	0.36	0.2
97	赛葵	*Malvastrum coromandelianum* (Linn.) Gurcke	60	0.22	4	0.1	2	0.24	0.19
98	喙果皂帽花	*Dasymaschalon rostratum* Merr. et Chun	100	0.37	3	0.07	1	0.12	0.19
99	钝叶草	*Stenotaphrum helferi* Munro ex Hook. f.	31	0.11	4	0.1	3	0.36	0.19
100	野甘草	*Scoparia dulcis* L.	70	0.26	2	0.05	2	0.24	0.18
101	铁包金	*Berchemia lineata* (L.) DC.	60	0.22	3	0.07	2	0.24	0.18
102	升马唐	*Digitaria ciliaris* (Retz.) Koel.	60	0.22	3	0.07	2	0.24	0.18
103	魔芋	*Amorphophallus rivieri* Durieu	80	0.29	5	0.12	1	0.12	0.18
104	禾串树	*Bridelia insulana* Hance	70	0.26	2	0.05	2	0.24	0.18

序号	中文名	拉丁学名	高度（厘米）	相对高度(%)	盖度(%)	相对盖度(%)	频度	相对频度(%)	重要值(%)
105	光滑黄皮	*Clausena lenis* Drake	60	0.22	3	0.07	2	0.24	0.18
106	葛藟葡萄	*Vitis flexuosa* Thunb.	90	0.33	3	0.07	1	0.12	0.18
107	小果葡萄	*Vitis balanseana* Planch.	50	0.18	3	0.07	2	0.24	0.17
108	碎米莎草	*Cyperus iria* L.	60	0.22	2	0.05	2	0.24	0.17
109	水蓼	*Polygonum hydropiper* L.	60	0.22	2	0.05	2	0.24	0.17
110	米碎花	*Eurya chinensis* R. Br.	60	0.22	2	0.05	2	0.24	0.17
111	鸡眼藤	*Morinda parvifolia* Bartl. ex DC.	50	0.18	3	0.07	2	0.24	0.17
112	耳草	*Hedyotis auricularia* L.	50	0.18	3	0.07	2	0.24	0.17
113	败酱叶菊芹	*Erechtites valeianifolia* (Link ex Wolf) Less. ex DC.	60	0.22	2	0.05	2	0.24	0.17
114	乌药	*Lindera aggregata* (Sims) Kosterm	90	0.33	1	0.02	1	0.12	0.16
115	剑叶凤尾蕨	*Pteris ensiformis* Burm.	45	0.17	3	0.07	2	0.24	0.16
116	紫芋	*Colocasia tonoimo* Nakai	70	0.26	3	0.07	1	0.12	0.15
117	野芋	*Colocasia antiquorum* Schott	40	0.15	2	0.05	2	0.24	0.15
118	苦苣菜	*Sonchus oleraceus* L.	80	0.29	1	0.02	1	0.12	0.15
119	金腰箭	*Synedrella nodiflora* (L.) Gaertn.	40	0.15	3	0.07	2	0.24	0.15
120	垂穗石松	*Palhinhaea cernua* (L.) Vasc. et Franco	40	0.15	2	0.05	2	0.24	0.15
121	厚叶算盘子	*Glochidion hirsutum* (Roxb.) Voigt	70	0.26	2	0.05	1	0.12	0.14
122	宿苞厚壳树	*Ehretia asperula* Zool. et Mor.	70	0.26	1	0.02	1	0.12	0.13
123	细齿叶柃	*Eurya nitida* Korthals	70	0.26	1	0.02	1	0.12	0.13
124	山鸡椒	*Litsea cubeba* (Lour.) Pers.	60	0.22	2	0.05	1	0.12	0.13
125	光叶山小橘	*Glycosmis craibii* Tanaka var. glabra (Craib) Tanaka	70	0.26	1	0.02	1	0.12	0.13
126	飞扬草	*Euphorbia hirta* L.	30	0.11	2	0.05	2	0.24	0.13
127	八角枫	*Alangium chinense* (Lour.) Harms	50	0.18	3	0.07	1	0.12	0.13
128	紫苏	*Perilla frutescens* (L.) Britt.	30	0.11	5	0.12	1	0.12	0.12
129	了哥王	*Wikstroemia indica* (Linn.) C. A. Mey	60	0.22	1	0.02	1	0.12	0.12
130	灰毛豆	*Tephrosia purpurea* (Linn.) Pers. Syn.	50	0.18	2	0.05	1	0.12	0.12
131	红豆蔻	*Alpinia galanga* (L.) Willd.	60	0.22	1	0.02	1	0.12	0.12
132	海芋	*Alocasia macrorrhiza*	50	0.18	2	0.05	1	0.12	0.12
133	齿果草	*Salomonia cantoniensis* Lour.	20	0.07	2	0.05	2	0.24	0.12
134	羊乳榕	*Ficus sagittata* Vahl	40	0.15	2	0.05	1	0.12	0.11
135	盐肤木	*Rhus chinensis* Mill.	50	0.18	1	0.02	1	0.12	0.11
136	蘘荷	*Zingiber mioga* (Thunb.) Rosc.	40	0.15	3	0.07	1	0.12	0.11
137	无刺含羞草	*Mimosa invisa* Mart.ex Colla var. *inermis* Adelh	40	0.15	3	0.07	1	0.12	0.11
138	鹊肾树	*Streblus asper* Lour.	40	0.15	2	0.05	1	0.12	0.11
139	曲轴海金沙	*Lygodiunm flexuosum* (L.)Sw.	40	0.15	2	0.05	1	0.12	0.11
140	毛银柴	*Aporusa villosa* (Lindl.) Baill.	50	0.18	1	0.02	1	0.12	0.11
141	酒饼簕	*Atalantia buxifolia* (Poir.) Oliv.	40	0.15	2	0.05	1	0.12	0.11
142	闭鞘姜	*Costus speciosus*	50	0.18	1	0.02	1	0.12	0.11

序号	中文名	拉丁学名	高度（厘米）	相对高度(%)	盖度(%)	相对盖度(%)	频度	相对频度(%)	重要值(%)
143	越南叶下珠	*Phyllanthus cochinchinensis* (Lour.) Spreng.	40	0.15	1	0.02	1	0.12	0.1
144	山牵牛	*Thunbergia grandiflora* (Rottl. ex Willd.) Roxb.	30	0.11	3	0.07	1	0.12	0.1
145	三桠苦	*Evodia lepta*	35	0.13	2	0.05	1	0.12	0.1
146	全缘凤尾蕨	*Pteris insignis* Mett. Ex kuhn	40	0.15	1	0.02	1	0.12	0.1
147	牛茄子	*Solanum surattense* Burm. f.	40	0.15	1	0.02	1	0.12	0.1
148	牛白藤	*Hedyotis hedyotidea* (DC.) Merr.	40	0.15	1	0.02	1	0.12	0.1
149	马松子	*Melochia corchorifolia* L.	40	0.15	1	0.02	1	0.12	0.1
150	九节	*Psychotria rubra* (Lour.) Poir.	40	0.15	1	0.02	1	0.12	0.1
151	红尾翎	*Digitaria radicosa* (Presl) Miq.	40	0.15	1	0.02	1	0.12	0.1
152	黑叶谷木	*Memecylon nigrescens* Hook. et Arn.	40	0.15	1	0.02	1	0.12	0.1
153	豆腐柴	*Premna microphylla* Turcz.	40	0.15	1	0.02	1	0.12	0.1
154	棕叶狗尾草	*Setaria palmifolia* (Koen.) Stapf	30	0.11	1	0.02	1	0.12	0.09
155	珠子草	*Phyllanthus niruri* L.	30	0.11	2	0.05	1	0.12	0.09
156	掌叶鱼黄草	*Merremia vitifolia* (Burm. f.) Hall. f.	30	0.11	2	0.05	1	0.12	0.09
157	圆果算盘子	*Glochidion sphaerogynum* (Muell. Arg.)	30	0.11	1	0.02	1	0.12	0.09
158	崖县叶下珠	*Phyllanthus annamensis* Beille	30	0.11	2	0.05	1	0.12	0.09
159	雾水葛	*Pouzolzia zeylanica* (L.) Benn.	30	0.11	1	0.02	1	0.12	0.09
160	乌蕨	*Stenoloma chusanum* Ching	30	0.11	2	0.05	1	0.12	0.09
161	山猪菜	*Merremia umbellata* (L.) Hall. f. subsp. *orientalis* (Hall. f.) v. Ooststr.	30	0.11	1	0.02	1	0.12	0.09
162	山矾	*Symplocos sumuntia* Buch.-Ham. ex D. Don	30	0.11	1	0.02	1	0.12	0.09
163	青藤仔	*Jasminum nervosum* Lour.	30	0.11	1	0.02	1	0.12	0.09
164	莲子草	*Alternanthera sessilis* (L.) DC.	30	0.11	1	0.02	1	0.12	0.09
165	鲫鱼胆	*Maesa perlarius* (Lour.) Merr.	30	0.11	2	0.05	1	0.12	0.09
166	基及树	*Carmona microphylla* (Lam.) G. Don	30	0.11	1	0.02	1	0.12	0.09
167	黄鹌菜	*Youngia japonica*	30	0.11	1	0.02	1	0.12	0.09
168	海南锦香草	*Phyllagathis hainanensis* (Merr. et Chun) C. Chen	30	0.11	1	0.02	1	0.12	0.09
169	淡竹叶	*Lophatherum gracile*	30	0.11	1	0.02	1	0.12	0.09
170	刺蒴麻	*Triumfetta rhomboidea* Jack.	30	0.11	1	0.02	1	0.12	0.09
171	白毛鸡矢藤	*Paederia pertomentosa* Merr. ex Li	30	0.11	2	0.05	1	0.12	0.09
172	白簕	*Acanthopanax trifoliatus* (L.) Merr.	30	0.11	1	0.02	1	0.12	0.09
173	凹头苋	*Amaranthus lividus*	30	0.11	2	0.05	1	0.12	0.09
174	紫茉莉	*Mirabilis jalapa* L.	20	0.07	2	0.05	1	0.12	0.08
175	猪菜藤	*Hewittia sublobata* (L. f.) O. Ktze.	10	0.04	3	0.07	1	0.12	0.08
176	长萼栝楼	*Trichosanthes laceribractea* Hayata	20	0.07	2	0.05	1	0.12	0.08
177	毛果算盘子	*Glochidion eriocarpum* Champ. ex Benth.	20	0.07	2	0.05	1	0.12	0.08
178	两歧飘拂草	*Fimbristylis dichotoma* (L.) Vahl	15	0.06	2	0.05	1	0.12	0.08
179	犁头尖	*Typhonium divaricatum* (L.) Decne.	20	0.07	2	0.05	1	0.12	0.08

续表

序号	中文名	拉丁学名	高度（厘米）	相对高度 (%)	盖度 (%)	相对盖度 (%)	频度	相对频度 (%)	重要值 (%)
180	葫芦茶	*Tadehagi triquetrum* (L.) Ohashi	20	0.07	2	0.05	1	0.12	0.08
181	海南茄	*Solanum procumbens* Lour.	20	0.07	2	0.05	1	0.12	0.08
182	傅氏凤尾蕨	Pteris fauriei	20	0.07	2	0.05	1	0.12	0.08
183	地毯草	*Axonopus compressus* (Sw.) Beauv.	20	0.07	2	0.05	1	0.12	0.08
184	白鹤藤	*Argyreia acuta* Lour.	20	0.07	2	0.05	1	0.12	0.08
185	樟	*Cinnamomum camphora* (L.) presl	20	0.07	1	0.02	1	0.12	0.07
186	银胶菊	*Parthenium hysterophorus* L.	20	0.07	1	0.02	1	0.12	0.07
187	夜香牛	*Vernonia cinerea* (L.) Less.	20	0.07	1	0.02	1	0.12	0.07
188	鸭趾草	*Commelina communis* L.	20	0.07	1	0.02	1	0.12	0.07
189	小叶厚皮香	*Ternstroemia microphylla*	20	0.07	1	0.02	1	0.12	0.07
190	小心叶薯	*Ipomoea obscura* (L.) Ker-Gawl.	20	0.07	1	0.02	1	0.12	0.07
191	细基丸	*Polyalthia cerasoides*	20	0.07	1	0.02	1	0.12	0.07
192	蚊母树	*Distylium racemosum*	20	0.07	1	0.02	1	0.12	0.07
193	全缘琴叶榕	*Ficus pandurata* Hance var. *holophylla* Migo	20	0.07	1	0.02	1	0.12	0.07
194	破布叶	*Microcos paniculata* L.	20	0.07	1	0.02	1	0.12	0.07
195	木姜子	*Litsea pungens* Hemsl.	20	0.07	1	0.02	1	0.12	0.07
196	毛菍	*Melastoma sanguineum* Sims	15	0.06	1	0.02	1	0.12	0.07
197	蓝果蛇葡萄	*Ampelopsis bodinieri* (Levl. et Vant.) Rehd.	20	0.07	1	0.02	1	0.12	0.07
198	尖尾芋	*Alocasia cucullata*	20	0.07	1	0.02	1	0.12	0.07
199	华山矾	*Symplocos chinensis* (Lour.) Druce	20	0.07	1	0.02	1	0.12	0.07
200	海南山牵牛	*Thunbergia fragrans* Roxb. subsp. *hainanensis*	20	0.07	1	0.02	1	0.12	0.07
201	大花酢浆草	*Oxalis bowiei* Lindl.	20	0.07	1	0.02	1	0.12	0.07
202	白花地胆草	*ELephantopus tomentosus* L.	20	0.07	1	0.02	1	0.12	0.07
203	一点红	*Emilia sonchifolia* (L.) DC.	10	0.04	1	0.02	1	0.12	0.06
204	香膏萼距花	*Cuphea alsamona* Cham. et Schlechtend.	10	0.04	1	0.02	1	0.12	0.06
205	丝瓜	*Luffa cylindrica* (L.) Roem.	10	0.04	1	0.02	1	0.12	0.06
206	双穗雀稗	*Paspalum paspaloides* (Michx.) Scribn.	10	0.04	1	0.02	1	0.12	0.06
207	金钮扣	*Spilanthes paniculata* Wall. ex DC.	10	0.04	1	0.02	1	0.12	0.06
208	间型沿阶草	*Ophiopogon intermedius*	10	0.04	1	0.02	1	0.12	0.06
209	合果芋	*Syngonium podophyllum* Schott	10	0.04	1	0.02	1	0.12	0.06
210	粪箕笃	*Stephania longa* Lour.	10	0.04	1	0.02	1	0.12	0.06
211	薄叶碎米蕨	*Cheilosoria tenuifolia* (Burm.) Trev.	10	0.04	1	0.02	1	0.12	0.06

注：重要值＝（相对高度＋相对盖度＋相对频度）／3

二、用途分类

广东植胶区橡胶林下的植物资源中，存在大量具有开发价值的植物。按照用途可划分为经济植物、食用植物、药用植物、生态植物和观赏植物等5种类型，表2-2为5类资源植物概况的介绍。其中经济植物82种，占总比例的29.93%；食用植物31种，占11.31%；药用植物188种，占68.61%；生态植物（具有生态功能的植物）13种，占4.74%；观赏植物31种，占11.31%。

表2-2 广东橡胶林林下资源植物概况

序号	类型	种数	百分比（%）
1	经济植物	82	29.93
2	食用植物	31	11.31
3	药用植物	188	68.61
4	生态植物	13	4.74
5	观赏植物	31	11.31

注：部分植物可能具有不同的用途，如紫苏既属于经济植物、食用植物，也属于药用植物，因此表中各种类型的植物种数之和大于274

1. 经济植物

经济植物主要包括：细基丸（*Polyalthia cerasoides*）、山胡椒［*Lindera glauca* (Sieb. et Zucc.) Bl］、大叶相思（*Acacia auriculaeformis* A.(Cunn.)ex Benth）、银合欢［*Leucaena leucocephala* (Lam.) de Wit］、灰毛豆［*Tephrosia purpurea* (Linn.) Pers. Syn.］、禾串树（*Bridelia insulana* Hance,）、厚叶算盘子［*Glochidion hirsutum* (Roxb.) Voigt］、木薯（*Manihot esculenta* Crantz）、乌桕［*Sapium sebiferum* (L.) Roxb.］、野漆［*Toxicodendron succedaneum* (L.) O. Kuntze］、龙眼（*Dimocarpus longan* Lour.）、赤才［*Erioglossum rubiginosum* (Roxb.) Bl.］、地桃花（*Urena lobata* Linn. var. *lobata*）、山芝麻（*Helicteres angustifolia* L.）、细齿叶柃（*Eurya nitida* Korthals）、黄牛木［*Cratoxylum cochinchinense* (Lour.) Bl.］、刺篱木［*Flacourtia indica* (Burm. f.) Merr.］、柞木［*Xylosma racemosum* (Sieb. et Zucc.) Miq.］、八角枫［*Alangium chinense* (Lour.) Harms］、密花树［*Rapanea neriifolia* (Sieb. et Zucc.) Mez］等。

2. 食用植物

食用植物主要包括：乌毛蕨（*Blechnum orientale* L.）、山鸡椒［*Litsea cubeba* (Lour.) Pers.］、木薯（*Manihot esculenta* Crantz）、龙眼（*Dimocarpus longan* Lour.）、赤才［*Erioglossum rubiginosum* (Roxb.) Bl.］、荔枝（*Litchi chinensis* Sonn.）、雀梅藤［*Sageretia thea* (Osbeck) Johnst.］、刺篱木［*Flacourtia indica* (Burm. f.) Merr.］、番石榴（*Psidium guajava* Linn.）、地菍（*Melastoma dodecandrum* Lour.）、白簕［*Acanthopanax trifoliatus* (L.) Merr.］、酸藤子［*Embelia laeta* (L.) Mez］、长叶酸藤子［*Embelia longifolia* (Benth.) Hemsl.］、白檀［*Symplocos paniculata* (Thunb.) Miq.］、紫苏［*Perilla frutescens* (L.) Britt.］、少花龙葵（*Solanum photeinocarpum* Nakamura et S. Odashima）、水茄（*Solanum torvum* Swartz）、丝瓜［*Luffa cylindrica* (L.) Roem.］、野茼蒿［*Crassocephalum crepidioides* (Benth.) S. Moore］、梁子菜［*Erechtites hieracifolia* (L.) Raf. ex DC.］、苣荬菜（*Sonchus arvensis* L.）、魔芋（*Amorphophallus rivieri* Durieu）、参薯（*Dioscorea alata* L.）等。

3. 药用植物

药用植物主要包括：垂穗石松［*Palhinhaea cernua* (L.) Vasc. et Franco］、铁芒萁［*Dicranopteris linearis* (Burm.) Underw.］、曲轴海金沙［*Lygodiunm flexuosum* (L.)Sw.］、海金沙［*Lygodium japonicum* (Thunb.) Sw.］、异叶双唇蕨［*Schizoloma heterophyllum* (Dry.) J. Sm.］、乌蕨（*Stenoloma chusanum* Ching）、剑叶凤尾蕨（*Pteris ensiformis* Burm.）、全缘凤尾蕨（*Pteris insignis* Mett. ex kuhn）、半边旗（*Pteris semipinnata*）、扇叶铁线蕨（*Adiantum flabellulatum* L.）、半月形铁线蕨（*Adiantum philippense* L.）、华南毛蕨［*Cyclosorus parasiticus* (L.) Farwell.］、乌毛蕨（*Blechnum orientale* L.）、假蒟（*Piper sarmentosum* Roxb.）、山黄麻［*Trema tomentosa* (Roxb.) Hara］、粗叶榕（*Ficus hirta* Vahl）、对叶榕（*Ficus hispida* Linn.）、琴叶榕（*Ficus pandurata* Hance）、鹊肾树（*Streblus asper* Lour.）、雾水葛［*Pouzolzia zeylanica* (L.) Benn.］、火炭母（*Polygonum chinense* L.）、水蓼（*Polygonum hydropiper* L.）、杠板归（*Polygonum perfoliatum* L.）、莲子草［*Alternanthera sessilis* (L.) DC.］、凹头苋（*Amaranthus lividus*）、杯苋［*Cyathula prostrata* (L.) Blume］、紫茉莉（*Mirabilis jalapa* L.）、粪箕笃（*Stephania longa* Lour.）、紫玉盘（*Uvaria microcarpa*）、无根藤（*Cassytha filiformis* L.）、樟［*Cinnamomum camphora* (L.) presl］、乌药［*Lindera aggregata* (Sims) Kosterm］、山胡椒［*Lindera glauca* (Sieb. et Zucc.) Bl］、山鸡椒［*Litsea cubeba* (Lour.) Pers.］、潺槁木姜子［*Litsea glutinosa* (Lour.) C. B. Rob.］、假柿木姜子［*Litsea monopetala* (Roxb.) Pers.］等。

4. 生态植物

生态植物主要包括：大叶相思（*Acacia auriculaeformis* A.Cunn.ex Benth）、台湾相思（*Acacia confusa* Merr.）、银合欢［*Leucaena leucocephala* (Lam.) de Wit］、杭子梢［*Campylotropis macrocarpa* (Bge.) Rehd.］、葛［*Pueraria lobata* (Willd.) Ohwi］、灰毛豆［*Tephrosia purpurea* (Linn.) Pers. Syn.］、刺篱木［*Flacourtia indica* (Burm. f.) Merr.］、白檀［*Symplocos paniculata* (Thunb.) Miq.］、马缨丹（*Lantana camara* L.）、地毯草［*Axonopus compressus* (Sw.) Beauv.］、牛筋草［*Eleusine indica* (L.) Gaertn.］、棕叶狗尾草［*Setaria palmifolia* (Koen.) Stapf］、海芋（*Alocasia macrorrhiza*）等。

5. 观赏植物

观赏植物主要包括：垂穗石松［*Palhinhaea cernua* (L.) Vasc. et Franco］、乌蕨（*Stenoloma chusanum* Ching）、剑叶凤尾蕨（*Pteris ensiformis* Burm.）、乌毛蕨（*Blechnum orientale* L.）、琴叶榕（*Ficus pandurata* Hance）、紫茉莉（*Mirabilis jalapa* L.）、紫玉盘（*Uvaria microcarpa*）、落地生根［*Bryophyllum pinnatum* (L. f.) Oken］、蚊母树（*Distylium racemosum*）、枳［*Poncirus trifoliata* (L.) Raf.］、乌桕［*Sapium sebiferum* (L.) Roxb.］、柞木［*Xylosma racemosum* (Sieb. et Zucc.) Miq.］、桃金娘（*Vitis balanseana* Planch.］、野牡丹（*Melastoma candidum* D.Don）、地菍（*Melastoma dodecandrum* Lour.）、鹅掌柴［*Schefflera octophylla* (Lour.) Harms］、白檀［*Symplocos paniculata* (Thunb.) Miq.］、基及树［*Carmona microphylla* (Lam.) G. Don］、牛茄子（*Solanum surattense* Burm. f.）、菜豆树［*Radermachera sinica* (Hance) Hemsl.］、龙船花（*Ixora chinensis* Lam.）、一点红［*Emilia sonchifolia* (L.) DC.］、尖尾芋（*Alocasia cucullata*）等。

三、建议

1. 构建橡胶林复合生态系统，增加胶农收入

橡胶树在我国一般35年左右为一个周期，其中前1～7年为非生产期，而非生产期的前3年橡胶林郁闭度较小，大多可以通过间作来充分利用其时间与空间生态位。但是随着郁闭度增加和进入第8年开始割胶生产以后，胶园林下空间基本上没有被利用，资源应有的潜力没有得到挖掘。考虑到目前比较成功的农林复合种植模式仍很少，仅有的一些模式也缺少总结、提高和推广，因此在胶园复合农林系统种植模式方面仍具有巨大的研究潜力。发展合理的胶园间作，可以增加单位面积的生产总量和产品产出率，同时，可以提高土地利用率，提高胶园土壤肥力，改善林间小气候，减少水土流失，使胶园建成一个比较稳定的人工群落，形成一个良性循环系统，使主间作物均能够良好的持续生长和生产，具有很好的经济效益、生态效益和社会效益。例如我们在广东垦区调查发现，粗叶榕在林下分布比较广泛，这在一定程度上说明了橡胶林林下的环境适合这一物种的生存。粗叶榕的根部入药，中药名为五指毛桃，味甘，性平，有祛风除湿、去瘀消肿、健脾补肺、舒筋活络等之效，主治风湿痿痹、脾虚浮肿、腰腿痛、食少无力、肺虚咳嗽等症状。因此可以有效开发利用橡胶林下的资源植物，一方面增加了林下植被的覆盖度，另一方面在一定程度上可增加胶农收入。

依据近自然林理论，利用潜自然植被的乡土树种、模拟橡胶林所在区域内自然林的物种组成，营造混交林，构建接近自然植被的以橡胶树为主的混交林，充分利用自然力，促进生态系统的和谐发展，以达到产量的最大化。同样依据生态平衡理论，构建多种、多层且与橡胶树长期互惠共生的复合栽培新模式，增加生物的种类和数量，保持胶园生态系统的生物链平衡，最终实现橡胶园生态效益、经济效益和社会效益共同提高的发展目标。例如，我们调查发现在橡胶林下分布山胡椒和白檀，这说明山胡椒和白檀是该地区的乡土树种。山胡椒的木材可作家具；叶、果皮可提芳香油；种仁油可提取月桂酸，还可作肥皂和润滑油；根、枝、叶、果可入药，其中叶具温中散寒、破气化滞、祛风消肿的功效，根治劳伤脱力、水湿浮肿、四肢酸麻、风湿性关节炎、跌打损伤，果治胃痛。白檀耐干旱瘠薄，根系发达、萌发力强，易繁殖等优点，是优良的水土保持树种之一。因此可以考虑山胡椒与橡胶树的间作，以构建混交林；同时在坡度较大的区域构建白檀和橡胶的混交林，以达到水土保持的效益。

2. 实行近自然管理，提高橡胶林生物多样性

从资源植物的角度来讲，任何植物都是可以作为资源植物，但从生态系统的角度来看，外来入侵物种对生态系统的破坏及威胁是长期的、持久的。当人类停止对某一环境的污染后，该环境会逐渐恢复，而当外来物种入侵后，即使停止继续引入，已传入的个体并不会自动消失，而会继续大肆繁殖和扩散，这时要控制或清除往往十分困难。同时，由于外来物种的排斥、竞争导致灭绝的本地特有物种也是不可恢复的。通过调查发现，橡胶林的植物多样性并不是很低，只是由于受人为干扰，如除草剂的使用，林下植物的种类才会减少。因此，在橡胶林经营管理中，要尽量避免采取林下植被全面清除的措施，尽量实行"近自然管理"方式管理橡胶林林下植被，不仅可以提高橡胶林植物资源的物种多样性，还可以有效防止外来入侵植物的入侵。

Gayer的近自然林业理论主要强调人与自然的和谐，提倡后期"少管"，甚至"不管"，充分利用自然规律和自然力量，促进潜自然植被的生长。潜自然植被大多是由乡土树种构成的，乡土树种是经过长期自然选择、优胜劣汰的结果，是最适宜本地生境的树种。在橡胶林开割后允许群落内部优胜劣汰的自然选择，促进橡胶林的自然进展演替。后期少管或不管，其目的就是在多种生物共存的基础上，维持系统的稳定，达到生产力的最大化。任何的干扰都会影响生态系统的结构和功能，同时也会造成人力和资源的浪费。营造环境友好型生态胶园还要注意橡胶林生态系统的景观多样性。如中国科学院西双版纳热带植物园陈进主任认为让橡胶林成为环境友好型，首先要分散橡胶林的种植，形成橡胶林与热带次生林、热带季节雨林等其他热带森林交错分布的格局景观，以增加其区域内生态系统的复杂性。同时，也可根据植胶地块实际，做到"山顶上戴帽，沟谷、峭坡还林，中间系带"，通过多树种搭配构建不同的胶园生态系统，形成区域内生态系统的多样性，恢复或改善植胶区域的生态环境，实现产业和环境保护的双赢。

第三部分

植物组成与多样性

一、物种组成

1. 物种组成概况

广东胶园林下植物物种较丰富，在12 000 米²的调查面积（含补充调查）中，共有维管束植物274种，隶属76科、198属。其中，蕨类植物20种、双子叶植物208种和单子叶植物46种，分别占总种数的7.30%、75.91%、16.79%（表3-1）。

表 3-1　广东胶园林下维管束植物的组成

类群	科数	百分比（%）	属数	百分比（%）	种数	百分比（%）
蕨类植物	11	14.47	12	6.06	20	7.30
双子叶植物	57	75.00	150	75.76	208	75.91
单子叶植物	8	10.53	36	18.18	46	16.79
合计	76	100.00	198	100.00	274	100.00

2. 科与属的组成统计

广东省热带橡胶林群落样地中（调查面积为12 000 米²）种子植物共包括51个科，156个种。鉴于科的组成特征和科内的物种数量，将科分为单种科（仅含1种）、寡种科（2～4种）、中等科（5～11种）和优势科（>11种）。经过统计分析，样地优势科有2个，占总科数的3.92%；中等科有5个，占总科数的9.80%；寡种科和单种科的数量较多，均为22个，占总数的43.14%（表3-2）。

表 3-2　广东橡胶林种子植物科与属的统计

序号	科类型	科数	属类型	属数
1	单种科（仅1种）	22（43.14）	单种属（仅1种）	97（78.86）
2	寡种科（2～4种）	22（43.14）	寡种属（2种）	20（16.26）
3	中等科（5～11种）	5（9.80）	中等属（3种）	5（4.07）
4	优势科（>11种）	2（3.92）	优势属（4种）	1（0.81）
	合计	51（100.00）		123（100.00）

注：括号内数值为百分比

另外，依据属的组成特征和属内的物种数量，将属分为单种属（仅含1种）、寡种属（2种）、中等属（3种）和优势属（4种）。经过统计分析，样地优势属仅有1个，占总属数的0.81%；中等属有5个，占总属数的4.07%；寡种科和单种科的数量较多，分别为20个和97个，分别占总数的16.26%和78.86%。

3. 优势科（属）和中等科（属）

群落中优势科（属）与中等科（属）的分析有助于深层次剖析群落的组成特征。按照表3-2，广东省橡胶林群落中共包含7个优势科和中等科，此7个科的总物种数达71个，占总种数的45.51%。群落中包含2个优势科，即菊科（Compositae）和大戟科（Euphorbiaceae），其中，菊科为最大的科，有19个物种，占总物种数的12.18%。群落中包含5个中等科，依次为禾本科

（Gramineae）、茜草科（Rubiaceae）、芸香科（Rutaceae）、天南星科（Araceae）和桑科（Moraceae），分别包含11个、8个、5个、5个和5个种（表3-3）。

表3-3　广东橡胶林群落中的优势科（属）和中等科（属）

序号	优势科名	物种数	序号	优势属名	物种数
1	菊科（Compositae）	19（12.18）	1	算盘子属（Glochidion）	4（2.56）
2	大戟科（Euphorbiaceae）	18（11.54）	2	蓼属（Polygonum）	3（1.92）
3	禾本科（Gramineae）	11（7.05）	3	叶下珠属（Phyllanthus）	3（1.92）
4	茜草科（Rubiaceae）	8（5.13）	4	素馨属（Jasminum）	3（1.92）
5	芸香科（Rutaceae）	5（3.21）	5	酸藤子属（Embelia）	3（1.92）
6	天南星科（Araceae）	5（3.21）	6	丰花草属（Borreria）	3（1.92）
7	桑科（Moraceae）	5（3.21）		合计	19（12.18）
	合计	71（45.51）			

注：括号内数值为百分比

同样，按照表3-2，广东省橡胶林群落中共包含6个优势属和中等属，此6个属总物种数为19个，占总种数的12.18%。群落中仅有1个优势属，是算盘子属（Glochidion）；群落中包含5个中等属，依次为蓼属（Polygonum）、叶下珠属（Phyllanthus）、素馨属（Jasminum）、酸藤子属（Embelia）和丰花草属（Borreria）。

4. 讨论

广东省橡胶林和海南岛橡胶林的优势科和中等科表现出一定的相似性（表3-4）。两地橡胶林中的优势科和中等科中有4个科是相同的，且均处于物种数最多的前5个科。其中，相同的4个科分别是菊科、大戟科、禾本科和茜草科。海南岛橡胶林的蝶形花科、马鞭草科和锦葵科虽然不在广东省橡胶林的优势科和中等科中，但也均有4个物种。另外，广东省橡胶林的芸香科、天南星科和桑科也在海南岛橡胶林中分别有7个、4个和8个物种。表明了广东省橡胶林和海南岛橡胶林在植物区系组成上有一定的相似性。

表3-4　广东省与海南岛橡胶林优势科和中等科的比较

序号	广东省橡胶林		海南岛橡胶林	
	科名	物种数	科名	物种数
1	菊科（Compositae）	19（12.18）	大戟科（Euphorbiaceae）*	36（8.0）
2	大戟科（Euphorbiaceae）	18（11.54）	禾本科（Gramineae）*	34（7.6）
3	禾本科（Gramineae）	11（7.05）	茜草科（Rubiaceae）*	23（5.1）
4	茜草科（Rubiaceae）	8（5.13）	蝶形花科（Fabaceae（Papilionaceae））	22（4.9）
5	芸香科（Rutaceae）	5（3.21）	菊科（Compositae）*	21（4.7）
6	天南星科（Araceae）	5（3.21）	莎草科（Cyperaceae）	17（3.8）
7	桑科（Moraceae）	5（3.21）	马鞭草科（Verbenaceae）	17（3.8）
8			梧桐科（Sterculiaceae）	16（3.6）
9			锦葵科（Malvaceae）	11（2.4）

注："*"表示广东省橡胶林含有的科

尽管广东省橡胶林和海南岛橡胶林在科组成上有很大的相似性，但是广东省橡胶林的菊科有19个种，占总物种数的12.18%，远远超过海南岛橡胶林菊科占总物种数的4.7%。另外，海南岛橡胶林的莎草科和梧桐科分别有17个和16个种，而在广东省橡胶林分别仅有2个和1个种。

通过调查广东省橡胶林群落，不同地区、不同林龄的广东省橡胶林群落物种数量差异较大，人为干扰不同也在很大程度上影响着群落的物种组成。较海南岛橡胶林相比，广东省橡胶林的群落结构也同样简单，主要包括以橡胶树为上层、灌木层为中间层、草本层为下层的3个层次。其中，广东省橡胶林在菊科、禾本科和茜草科等科的草本植物种类繁多。

二、植物区系组成成分分析

1. 科的区系成分分析

依据吴征镒先生的论著《世界种子植物科的分布区类型系统》及其修订，本区的51科种子植物可以分为5种类型（表3-5）。

表3-5 广东橡胶林种子植物分布区类型

分布型代码	分布区类型	科		属		种	
		物种数	%	物种数	%	物种数	%
1	世界广布	20	39.22	9	7.32	7	4.49
2	泛热带分布	26	50.98	42	34.15	23	14.74
3	热带亚洲和热带美洲间断分布	3	5.88	10	8.13	9	5.77
4	旧世界热带分布			21	17.07	5	3.21
5	热带亚洲至热带大洋洲分布	1	1.96	10	8.13	11	7.05
6	热带亚洲至热带非洲分布			7	5.69	7	4.49
7	热带亚洲（印度—马来西亚）分布			13	10.57	67	42.95
8	北温带分布	1	1.96	3	2.44	1	0.64
9	东亚和北美洲间断分布			4	3.25		
10	旧世界温带分布					1	0.64
11	温带亚洲分布					1	0.64
14	东亚分布			3	2.44	5	3.21
15	中国特有分布			1	0.81	19	12.18
	合计	51	100.00	123	100.00	156	100.00

世界广布科有20个，如菊科（Compositae）（19种）、禾本科（Gramineae）（11种）、茜草科（Rubiaceae）（8种）、桑科（Moraceae）（5种）、蝶形花科［Fabaceae (Papilionaceae)］（4种）、旋花科（Covolvulaceae）（4种）、蓼科（Polygonaceae）（3种）等，占总科数的39.22%。

泛热带分布有26个科，分别为大戟科（Euphorbiaceae）（18种）、天南星科（Araceae）（5种）、芸香科（Rutaceae）（5种）、锦葵科（Malvaceae）（4种）、野牡丹科

（Melastomataceae）（4种）、紫金牛科（Myrsinaceae）（4种）、含羞草科（Mimosaceae）（3种）、樟科（Lauraceae）（3种）等，占总科数的50.98%。

热带亚洲和热带美洲间断分布有3个科，为马鞭草科（Verbenaceae）（4种）、五加科（Araliaceae）（2种）和紫茉莉科（Nyctaginaceae）（1种），占总科数的5.88%。

另外，热带亚洲至热带大洋洲与北温带也各1个科，各占总科数的1.96%。

2. 属的区系成分分析

依据吴征镒先生的论著《中国种子植物属的分布区类型》，本区的123个属种子植物可以分为11种类型（表3-5）。

世界广布属有9个，分别为苋属（Amaranthus）、鬼针草属（Bidens）、莎草属（Cyperus）、马唐属（Digitaria）、酢浆草属（Oxalis）等，占总属数的7.32%。

泛热带分布有42个属，依次为丰花草属（Borreria）、积雪草属（Centella）、白花菜属（Cleome）、大青属（Clerodendrum）、鸭跖草属（Commelina）、白酒草属（Conyza）、薯蓣属（Dioscorea）、菊芹属（Erechtites）等，占总属数的34.15%。

热带亚洲和热带美洲间断分布有10个属，依次为藿香蓟属（Ageratum）、地毯草属（Axonopus）、萼距花属（Cuphea）、山芝麻属（Helicteres）、木姜子属（Litsea）等，占总属数的8.13%。

旧世界热带分布有21个属，分别为山姜属（Alpinia）、豆蔻属（Amomum）、五月茶属（Antidesma）、鸦胆子属（Brucea）、无根藤属（Cassytha）、酸模芒属（Centotheca）、黄皮属（Clausena）等，占总属数的17.07%。

热带亚洲至热带大洋洲分布有10个属，依次为银背藤属（Argyreia）、酒饼簕属（Atalantia）、黑面神属（Breynia）、山菅属（Dianella）、淡竹叶属（Lophatherum）等，占总属数的8.13%。

热带亚洲至热带非洲分布有7个属，分别为土蜜树属（Bridelia）、野茼蒿属（Crassocephalum）、刺篱木属（Flacourtia）等，占总属数的5.69%。

热带亚洲（印度—马来西亚）分布有13个属，依次为海芋属（Alocasia）、鸡骨常山属（Alstonia）、银柴属（Aporusa）、构属（Broussonetia）、基及树属（Carmona）、芋属（Colocasia）等，占总属数的10.57%。

北温带分布有3个属，为苦苣菜属（Sonchus）、葡萄属（Vitis）和茜草属（Rubia），占总属数的2.44%；东亚和北美洲间断分布有4个属，为蛇葡萄属（Ampelopsis）、楤木属（Aralia）、勾儿茶属（Berchemia）和漆属（Toxicodendron），占总属数的3.25%；东亚分布有3个属，为沿阶草属（Ophiopogon）、紫苏属（Perilla）和黄鹌菜属（Youngia），占总属数的2.44%；中国特有分布有1个属，即枳属（Poncirus），占总属数的0.81%。

3. 种的区系成分分析

依据吴征镒先生的《中国种子植物属的分布区类型》的概念及范围，本区156个种的种子植物可以分为12种类型（表3-5）。

世界分布种有7个，如小蓬草（Conyza canadensis）、酢浆草（Oxalis corniculata）、苣荬菜（Sonchus arvensis）等，占总种数的4.49%。

热带分布（包括分布型为2-7）共122种，占总种数的78.21%。其中以热带亚洲分布占优势。泛热带分布有23个种，如升马唐（*Digitaria ciliaris*）、白花地胆草（*Elephantopus tomentosus*）、飞扬草（*Euphorbia hirta*）、银合欢（*Leucaena leucocephala*）、母草（*Lindernia crustacea*）等，占总种数的14.74%。热带亚洲和热带美洲间断分布有9个种，如鬼针草（*Bidens pilosa*）、珠子草（*Phyllanthus niruri*）等，占总种数的5.77%。旧世界热带分布有5个种，如无根藤（*Cassytha filiformis*）、山猪菜（*Merremia umbellata* subsp. *orientalis*）等，占总种数的3.21%。热带亚洲至热带大洋洲分布有11个种，如糖胶树（*Alstonia scholaris*）、鸦胆子（*Brucea javanica*）、耳草（*Hedyotis auricularia*）等，占总种数的7.05%。热带亚洲至热带非洲分布有7个种，如丰花草（*Borreria stricta*）、饭包草（*Commelina bengalensis*）等，占总种数的4.49%。

热带亚洲种，此分布类型是广东橡胶林的主体部分，共67个种，占总种数的42.95%。其中，主要包括禾串树（*Bridelia insulana*）、光滑黄皮（*Clausena lenis*）、黄牛木（*Cratoxylum cochinchinense*）、白花酸藤果（*Embelia ribes*）、粗叶榕（*Ficus hirta*）、毛果扁担杆（*Grewia eriocarpa*）、厚叶算盘子（*Glochidion hirsutum*）、山芝麻（*Helicteres angustifolia*）、野牡丹（*Melastoma candidum*）、露籽草（*Ottochloa nodosa*）、桃金娘（*Rhodomyrtus tomentosa*）、金钮扣（*Spilanthes paniculata*）等。

温带分布（包括分布型为8~14）共8种，占总种数的5.13%。此分布类型为广东橡胶林的基本成分之一。其中，北温带分布有1个种，即水蓼（*Polygonum hydropiper*），占总种数的0.64%。旧世界温带分布有1个种，即大花酢浆草（*Oxalis bowiei*），占总种数的0.64%。温带亚洲分布有1个种，即茜草（*Rubia cordifolia*），占总种数的0.64%。东亚分布有5个种，如薯蓣（*Dioscorea opposita*）、豆腐柴（*Premna microphylla*）、蘘荷（*Zingiber mioga*）等，占总种数的3.21%。

中国特有分布共19种，占总种数的12.18%。其中，较典型的代表有蓝果蛇葡萄（*Ampelopsis bodinieri*）、广花耳草（*Hedyotis ampliflora*）、毛萼素馨（*Jasminum pilosicalyx*）、海南锦香草（*Phyllagathis hainanensis*）、壮丽玉叶金花（*Mussaenda antiloga*）、粪箕笃（*Stephania longa*）、华山矾（*Symplocos chinensis*）等。

4. 讨论

广东省橡胶林群落内种子植物的区系成分剖析显示：在科的水平上，样地中包含30个热带分布科，占总科数的58.82%，广东省橡胶林群落中热带科的比例较大，凸显出广东省橡胶林群落的热带性质。但是，相对于海南岛橡胶林样地的58个热带分布科（占总科数的63.73%）而言，广东橡胶林群落的热带性质较低。在属的水平上，广东省橡胶林包含13个热带亚洲分布的属，占总属数的10.57%，广东省橡胶林群落存在一定的热带亚洲成分，与海南岛橡胶林样地热带亚洲分布属占总属数的11.9%的热带亚洲成分特征相差不大。在种的水平上，样地中有122个热带分布种（占总种数的78.21%）和67个热带亚洲种（占总种数的42.95%），再次表明了广东省橡胶林群落的热带性质和热带亚洲成分。样地中存在19个中国特有种，占总种数的12.18%，表明了广东省橡胶林群落种子植物存在特有现象。另外，广东省橡胶林群落中包含19个世界分布的科，占总科数的37.25%，其中菊科和禾本科等植物较多，反映出群落性质上的过渡性。相对高于海南岛橡胶林群落内世界分布科占总科数的比例，表明广东橡胶林群落性质上的过渡性更强。

通过对比分析广东省和海南岛橡胶林优势科和中等科组成，广东省橡胶林和海南岛橡胶林在植物区系组成上存在很大的相同之处，广东省橡胶林包含的一些优势科和中等科在海南岛橡胶林也有，如大戟科、锦葵科、芸香科在这两个群落中都占有非常重要的地位，说明这两个群落在植物区系成分组成的亲缘性。但由于地理位置存在差异，广东省位于海南岛北侧，处于热带的北部边缘地区，这决定了广东省橡胶林与海南岛橡胶林在区系组成成分上存在一定的差异。如广东省橡胶林菊科的物种数占总物种数的比例高于海南岛，莎草科和梧桐科反之。

三、植物多样性分析

1. 不同林龄橡胶林灌草物种多样性

在单因素方差分析下，广东橡胶林中＜8年（幼龄林）、8~30年（中龄林）和＞30年（老龄林）的灌草物种多样性在物种丰富度指数、Shannon-Wiener指数和Simpson指数上差异均不显著（$P > 0.05$）。在多重比较分析下，物种丰富度指数在幼龄林和老龄林间差异显著。虽然橡胶林灌草物种多样性的差异性大体出现不显著，但是仍呈现出了随橡胶林林龄变化的规律性（图3-1）。在物种丰富度指数和Shannon-Wiener指数方面，橡胶林灌草物种多样性整体呈现出随林龄的增加而增加的趋势。其中，这两个多样性指数均在橡胶林的老龄林上表现出最高，而在幼龄林上表现出最低。另外，在Simpson指数方面，虽然橡胶林总体上表现出幼龄林的灌草物种多样性最高，老龄林的多样性次之，中龄林的多样性最低，但3种林分的多样性相差较小。

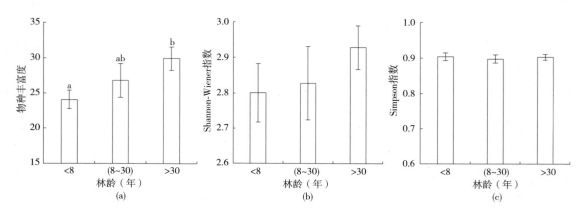

图 3-1　广东不同林龄橡胶林灌草物种多样性

注：数据为均值±标准误；不同小写字母表示不同处理间差异显著（$P < 0.05$）

2. 不同坡向橡胶林灌草物种多样性

在东、南、西、北和平地等5个坡向上，广东橡胶林灌草物种多样性于物种丰富度指数、Shannon-Wiener指数和Simpson指数上大体呈现出一致的变化趋势（图3-2）。经单因素方差分析，不同坡向的橡胶林灌草物种多样性在这3个指数上差异均不显著（$P > 0.05$）。在多重比较分析下，物种丰富度指数在西坡和平地上差异显著，Shannon-Wiener指数在东坡、西坡和北坡上均与平地上差异显著，Simpson指数在东坡和北坡上均与平地上差异显著。在3个多样性指数上，橡胶林灌草物种多样性整体均表现出北坡最高，但这个多样性总体最低的坡向却不尽相同。在物种丰富度指数方面，橡胶林灌草物种多样性整体最低的坡向为南坡；而在Shannon-Wiener指数和Simpson指数方面，灌草物种多样性总体最低的坡向均为平地。

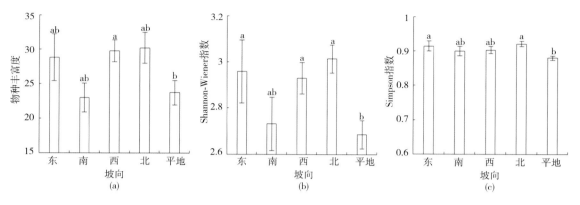

图 3-2 广东不同坡向橡胶林灌草物种多样性

注：数据为均值±标准误；不同小写字母表示不同处理间差异显著($P < 0.05$)

3. 不同坡度橡胶林灌草物种多样性

在0°～2°、2°～15°、15°～25°和＞25°的坡度上，广东橡胶林灌草物种多样性于物种丰富度指数、Shannon-Wiener指数和Simpson指数上呈现出的变化趋势几乎一致（图3-3）。在单因素方差分析下，不同坡度的广东橡胶林灌草物种多样性在Shannon-Wiener指数和Simpson指数上差异均显著（$P < 0.05$），但在物种丰富度指数上差异不显著（$P > 0.05$）。在多重比较分析下，Shannon-Wiener指数和Simpson指数在2°～15°与15°～25°的坡度上差异显著和15°～25°、＞25°也与0°～2°的坡度上差异显著，物种丰富度指数在0°～2°和15°～25°的坡度上出现差异显著。在3个多样性指数上，橡胶林灌草物种多样性整体表现出：平地上最低，接着随着坡度增加而增加，在15°～25°的坡度上达到最高，之后出现下降。

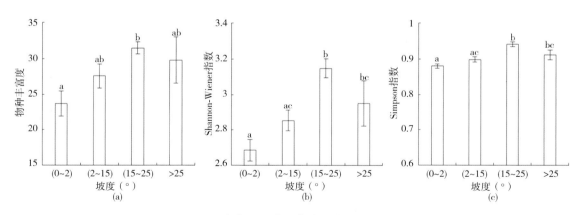

图 3-3 广东不同坡度橡胶林灌草物种多样性

注：数据为均值±标准误；不同小写字母表示不同处理间差异显著（$P < 0.05$）

4. 不同郁闭度橡胶林灌草物种多样性

在郁闭度为＜70%、70%～80%、80%～90%和＞90%的广东橡胶林中，灌草物种多样性于物种丰富度指数、Shannon-Wiener指数和Simpson指数上大体呈现出一致的变化趋势（图3-4）。

经单因素方差分析，不同郁闭度的橡胶林灌草物种多样性在这3个指数上差异也均不显著（$P >$ 0.05）。在多重比较分析下，Simpson指数在80% ~ 90%和 > 90%的郁闭度上差异显著。在3个多样性指数上，橡胶林灌草物种多样性整体表现出在郁闭度 > 90%的橡胶林最高，但这个多样性总体最低的郁闭度却均不相同。橡胶林灌草物种多样性整体最低的郁闭度，在物种丰富度指数上为（70% ~ 80%），在Shannon-Wiener指数上为 < 70%，而在Simpson指数上为（80% ~ 90%）。

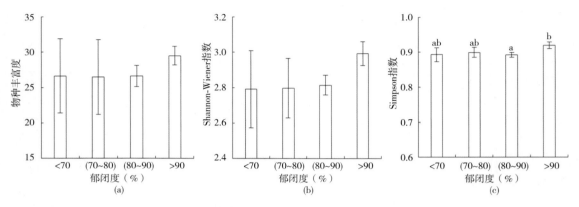

图3-4　广东不同郁闭度橡胶林灌草物种多样性

注：数据为均值±标准误；不同小写字母表示不同处理间差异显著（$P < 0.05$）

5. 不同林型的林下植物物种多样性比较

根据表3-6可知，在广东不同林型的林下植物物种多样性中，灰竹林的林下植物物种多样性为最高，台湾相思林和橡胶林的林下植物物种多样性次之，而龙眼林和松树林的林下植物物种多样性最低。尽管橡胶林的林下植物物种多样性较高，但在橡胶林中仍需要尽可能地避免使用除草剂、过量施肥等人为干扰，以期能更好恢复林下植物多样性和建设环境友好型生态胶园。

表3-6　不同林型的林下植物物种多样性比较

林型	物种丰富度	Shannon-Wiener 指数	Simpson 指数
橡胶林	28	2.87	0.90
桉树林	20	2.56	0.89
松树林	16	2.18	0.80
灰竹林	38	3.47	0.96
松桉混交林	17	2.28	0.83
荔枝林	18	2.45	0.86
台湾相思林	26	3.05	0.94
龙眼林	13	2.14	0.81

6. 讨论

在广东的12 000 米^{2}橡胶林调查样地中，林下植物共出现维管束植物65科、157属、211种，其中包含蕨类植物11科、12属、17种和被子植物54科、145属、194种。较西双版纳640 米^{2}橡胶林调查样地的87科242属的340余种植物和海南10 400 米^{2}橡胶林调查样地的116科314属的472种植物而言，广东橡胶林林下植物物种相对较少（周会平等，2012；王纪坤等，2012）。但广东橡胶林灌草多样性，在Shannon-Wiener指数和Simpson指数上的变化范围分别为2.47～3.28和0.86～0.95，由此可见该多样性并不低。另外，广东橡胶林林下植物中有阔叶丰花草、弓果黍、铁芒萁、热带鳞盖蕨、银柴和假蒟等优势种，与海南橡胶林中禾草、芒萁、蕨类、假蒟等代表性植被群落和西双版纳橡胶林中禾本科、蕨类和莎草科等最常见植物存在很大相似之处，但也存在一定差异（Liu等，2006；周会平等，2012）。

广东不同林龄橡胶林的灌草物种多样性在物种丰富度指数、Shannon-Wiener指数和Simpson指数上差异不显著，但呈现出了一定的规律性。随着橡胶林林龄的增加，橡胶林灌草物种多样性除了在Simpson指数上变化较小外，在物种丰富度指数和Shannon-Wiener指数上表现出增加趋势。这个结论与Liu等（2006）和周会平等（2012）的研究结果存在差异，但同邢慧等（2012）指出的海南橡胶林物种多样性在物种丰富度指数和Shannon-Wiener指数上老龄林大于幼龄林观点，存在相似之处。这种规律的出现很可能源于，一方面橡胶林在幼龄林阶段部分物种优势明显，导致其他物种生长受限，而随林龄的增加，新物种的不断入侵，以及中老龄林阶段林下生态系统趋于稳定，各物种生长逐步趋向相对均衡；另一方面橡胶林在幼龄林与中龄林阶段，经营管理措施较多，人为干扰较大，而老龄林阶段，割胶工作人员对橡胶树割胶越来越少甚至停割，与此同时橡胶林经营管理措施减少，人为干扰也变小等共同影响所致。

广东不同坡度橡胶林的灌草物种多样性在物种丰富度指数、Shannon-Wiener指数和Simpson指数上均呈现出：随坡度增加，多样性先增加，在15°～25°的坡度达到最高，之后减少，并且在后两个指数上分别达到差异显著和极显著。在坡度增加，尤其在种植人工林坡度增加的情况下，水土流失等问题趋于严重，因此坡度越大，土壤中水分、养分等流失会越严重，在一定程度上影响林下灌草物种多样性。另外，作为人工林的橡胶林，其种植的坡度越小，受人为干扰的程度却越严重，所以橡胶林灌草物种多样性会呈现随坡度先增加再减少的趋势。此结论也同李成俊等人指出道路边坡植被群落的恢复效果在＜35°坡度上较好，而在＞35°坡度上植物多样性呈下降趋势和郑世群指出福建戴云山国家自然保护区植物多样性在20°～40°坡度上较高等观点有相似之处，但基于橡胶林作为人工林，所以也存在一定差异（李成俊等，2013；郑世群等，2013）。对于不同坡向而言，广东橡胶林灌草物种多样性在3个指数上的最高值均出现在北坡，而最低值在物种丰富度指数上出现在南坡，在Shannon-Wiener指数和Simpson指数上出现在平地，并且差异性均不显著。橡胶林灌草物种多样性在北坡整体最高，可能是由于北坡较其他坡向的水分等条件较好，更适宜植物生长，而平地和南坡上较低在一定程度上也是受人为干扰等影响较大。

广东不同郁闭度橡胶林的灌草物种多样性在物种丰富度指数、Shannon-Wiener指数和Simpson指数上差异虽然也不显著，但同样还是表现出了一定的规律性。在3个多样性指数上，橡胶林灌草多样性整体呈现出随郁闭度增加而增加的趋势，其中，郁闭度＞90%的橡胶林的多样性明显高于其他郁闭度橡胶林的多样性。林分郁闭度主要影响林地的光照条件以及间接影响其他生态条件，其中广东橡胶林灌草物种多样性随郁闭度变化的规律，有可能是林下环境比较适宜耐阴性植物生长所导致。该结论同Liu等（2006）指出的海南橡胶林植物多样性随郁闭度增加而出现减少的观点存在差异，这在很大程度上可能受调查样地的地理位置、气候等自然环境的不同以及人为干扰的差异所影响。

第四部分

植物分述

广东胶园林下植物调查主要集中在2014年7月至2015年6月，完成采集林下植物图片数据3 000多份。通过分析与研究，表明广东橡胶园林下资源植物较为丰富，共有274种，隶属76科、198属。

通过调查广东省橡胶林群落，结论显示不同地区、不同林龄的广东省橡胶林群落物种数量差异较大，人为干扰不同也在很大程度上影响着群落的物种组成。与海南岛橡胶林相比，广东省橡胶林的群落结构同样简单，主要包括以橡胶树为上层、灌木层为中间层、草本层为下层的3个层次。其中，广东省橡胶林在菊科、禾本科和茜草科等科的草本植物种类繁多。

广东省热带橡胶林群落样地中（调查面积为12 000米^2）种子植物共包括51个科、156个种。基于科内物种数量不同，科可分为单种科（仅含1种）、寡种科（2～4种）、中等科（5～11种）和优势科（>11种）。经过统计分析，样地优势科有2个，占总科数的3.92%；中等科有5个，占总科数的9.80%；寡种科和单种科的数量较多，均为22个，占总数的43.14%。基于属内的物种数量，属可分为单种属（仅含1种）、寡种属（2种）、中等属（3种）和优势属（4种）。经过统计分析，样地优势属仅有1个，占总属数的0.81%；中等属有5个，占总属数的4.07%；寡种属和单种属的数量较多，分别为20个和97个，分别占总数的16.26%和78.86%。

广东省橡胶林群落中包含优势科和中等科共7个，总物种数达71个，占总种数的45.51%。群落中包含2个优势科，即菊科（Compositae）和大戟科（Euphorbiaceae）。其中，菊科为最大的科，有19个物种，占总物种数的12.18%。群落中包含5个中等科，依次为禾本科（Gramineae）、茜草科（Rubiaceae）、芸香科（Rutaceae）、天南星科（Araceae）和桑科（Moraceae），分别包含11个、8个、5个、5个和5个种。另外，广东省橡胶林群落中共包含6个优势属和中等属，此6个属总物种数为19个，占总种数的12.18%。群落中仅有1个优势属，是算盘子属（*Glochidion*）；群落中包含5个中等属，依次为蓼属（*Polygonum*）、叶下珠属（*Phyllanthus*）、素馨属（*Jasminum*）、酸藤子属（*Embelia*）和丰花草属（*Borreria*）。

第一章 蕨类植物

一、石松科

石松科

垂穗石松属

垂穗石松

名称：**垂穗石松**［*Palhinhaea cernua* (L.) Vasc. et Franco］

中文异名：过山龙、灯笼草

鉴别特征：中型至大型土生植物，主茎直立，高达60厘米，圆柱形，中部直径1.5～2.5毫米，光滑无毛，多回不等位二叉分枝；主茎上的叶螺旋状排列，稀疏，钻形至线形，长约4毫米，宽约0.3毫米，通直或略内弯，基部圆形，下延，无柄，先端渐尖，边缘全缘，中脉不明显，纸质。侧枝上斜，多回不等位二叉分枝，有毛或光滑无毛；侧枝及小枝上的叶螺旋状排列，密集，略上弯，钻形至线形，长3～5毫米，宽约0.4毫米，基部下延，无柄，先端渐尖，边缘全缘，表面有纵沟，光滑，中脉不明显，纸质。孢子囊穗单生于小枝顶端，短圆柱形，成熟时通常下垂，长3～10毫米，直径2.0～2.5毫米，淡黄色，无柄；孢子叶卵状菱形，覆瓦状排列，长约0.6毫米，宽约0.8毫米，先端急尖，尾状，边缘膜质，具不规则锯齿；孢子囊生于孢子叶腋，内藏，圆肾形，黄色。

产地与地理分布：产浙江、江西、福建、台湾、湖南、广东、香港、广西、海南、四川、重庆、贵州、云南等地，生于海拔100～1 800米的林下、林缘及灌丛下荫处或岩石上。亚洲其他热带地区及亚热带地区、大洋洲、中南美洲有分布。模式标本采自印度。

用途：【药用价值】全草入药，具舒筋活络、消肿解毒、收敛止血的功效，主治风湿骨痛、四肢麻木、跌打损伤、小儿麻痹后遗症、小儿疳积、吐血、血崩、瘰疬、痈肿疮毒。【观赏价值】主要用作切花，其枝叶密集、蓬松，是良好的散状花材。

垂穗石松

二、里白科

铁芒萁属

铁芒萁

名称：铁芒萁［*Dicranopteris linearis* (Burm.) Underw.］

中文异名：芒萁骨、里白

鉴别特征：植株高达3～5米，蔓延生长。根状茎横走，粗约3毫米，深棕色，被锈毛。叶远生；柄长约60厘米，粗约6毫米，深棕色，幼时基部被棕色毛，后变光滑；叶轴5～8回两叉分枝，一回叶轴长13～16厘米，粗约3.4毫米，二回以上的羽轴较短，末回叶轴长3.5～6厘米，粗约1毫米，上面具1纵沟；各回腋芽卵形，密被锈色毛，苞片卵形，边缘具三角形裂片，叶轴第一回分叉处无侧生托叶状羽片，其余各回分叉处两侧均有一对托叶状羽片，斜向下，下部的长12～18厘米，宽3.2～4厘米，上部的变小，末回的长仅3厘米，披针形或宽披针形；末回羽片形似托叶状的羽片，长5.5～15厘米，宽2.5～4厘米，篦齿状深裂几达羽轴；裂片平展，15～40对，披针形或线状披针形，通常长10～19毫米，宽2～3毫米，顶端钝，微凹，基部上侧的数对极小，三角形，长4～6毫米，全缘，中脉下面凸起，侧脉上面相当明显，下面不太明显，斜展每组有，小脉3条。叶坚纸质，上面绿色，下面灰白色，无毛。孢子囊群圆形，细小，一列，着生于基部上侧小脉的弯弓处，由5～7个孢子囊组成。

产地与地理分布：产于我国热带：广东南部（高安，鼎湖山）、海南岛、云南东南部（河口）。生于疏林下，或成密不可入的钝群，生火烧迹地上。本种广泛分布于南洋群岛、斯里兰卡、泰国、越南、印度南部。

用途：【经济价值】可以提取色素做天然染料；叶柄可以用来编织成各式各样的篮子或其他精巧的手工艺品。【药用价值】全草入药，具清热解毒、祛瘀消肿、散淤止血的功效，主治痔疮、血崩、鼻衄、小儿高热、跌打损伤、痈肿、风湿搔痒、毒蛇咬伤、烫火伤、外伤出血、毒虫咬伤等。亦具有较好的观赏价值。【观赏价值】具有一定的观赏用途。

铁芒萁

三、海金沙科

海金沙属

1. 掌叶海金沙

名称：掌叶海金沙（*Lygodium digitatum* Presl）

鉴别特征：植株高攀达6米。羽片多数，相距约11～23厘米，对生于叶轴的短距上，向两侧平展，距端有一丛红棕色短柔毛。羽片二型；不育羽片柄长2.5厘米，两侧有狭边，一般生于叶轴下部，掌状深裂几达基部，基部近平截或阔楔形，裂片6个，阔披针形，长10～15厘米，宽2～2.3厘米，先端渐尖，侧面各一片常水平开展，其余指向上方，叶缘有细锯齿。中脉明显，侧脉纤细明显，分离，二回二叉分歧，直达锯齿。叶草质，干后棕褐色，两面光滑。沿中肋及小脉偶有一二短毛。能育羽片柄长5厘米，常为2～3回二叉掌状分裂，一回小羽片柄长5～12毫米，无关节，两侧有狭翅；末回小羽片有短柄或基部合生三狭长披针形，长20厘米左右，宽1～1.8厘米，短尖头。孢子囊穗有规则地沿叶边排列，长2～4毫米，线形，褐色。

产地与地理分布：产于海南岛南部及西南部（三亚、陵水、乐平、儋州等地），台湾也产。生于密林中，海拔1 200～1 700米。菲律宾、马来西亚等地均有分布。

掌叶海金沙

2. 曲轴海金沙

名称：曲轴海金沙［*Lygodiunm flexuosum* (L.) Sw.］

鉴别特征：植株高达7米。三回羽状；羽片多数，相距9～15厘米，对生于叶轴上的短距上，向两侧平展，距端有一丛淡棕色柔毛。羽片长圆三角形，长16～25厘米，宽15～20厘米，羽柄长约2.5厘米，羽轴多少向左右弯曲，上面两侧有狭边，奇数二回羽状，一回小羽片3～5对，互生或对生，相距3～4厘米，开展，基部一对最大，长三角状披针形或戟形，长尾头，长9～10.5厘米，宽5～9.5厘米，有长3～7厘米的小柄，顶端无关节，下部羽状；末回裂片1～3对，有短柄或无柄，无关节，基部一对三角状卵形或阔披针形，基部深心脏形，短尖头或钝头，长1.2～5厘米，宽1～1.5厘米，距上面一对5～8毫米，向上的末回羽片渐短，顶端一片特长，披针形，钝头，长5～9厘米，宽1.2～1.5厘米，单生或有时和下面1～2片在基部连合；自第二对或第三对的一回小羽片起不分裂，披针形，基部耳状。顶生的一回小羽片披针形，基部近圆形，钝头，长6～10厘米，宽1.5～3厘米，有时基部有一汇合裂片。叶缘有细锯齿。中脉明显，侧脉纤细且明显，自中脉斜上，三回二叉分歧，达于小锯齿。叶草质，干后暗绿褐色，下面光滑，小羽轴两侧有狭翅和棕色短毛，叶面沿中脉及小脉略被刚毛。孢子囊穗长3～9毫米，线形，棕褐色，无毛，小羽片顶部通常不育。

产地与地理分布：产于广东、海南、广西、贵州、云南等省区南部。生于疏林中，海拔
100～800米。越南、泰国、印度、马来西亚、菲律宾、澳大利亚东北部（昆士兰）都有分布。

用途：【药用价值】全草入药，具舒经活络、清热、利尿、解毒、消肿的功效，主治风湿麻
木、尿路感染、泌尿系结石、肾炎水肿、跌打损伤、疮脓肿毒。

曲轴海金沙

3. 海金沙

名称：海金沙 ［*Lygodium japonicum* (Thunb.) Sw.］

鉴别特征：植株高攀达1～4米。叶轴上面有两条狭边，羽片多数，相距9～11厘米，对生
于叶轴上的短距两侧，平展。距长达3毫米。端有一丛黄色柔毛覆盖腋芽。不育羽片尖三角形，
长宽几相等，约10～12厘米或较狭，柄长1.5～1.8厘米，同羽轴一样多少被短灰毛，两侧并有狭
边，二回羽状；一回羽片2～4对，互生，柄长4～8毫米，和小羽轴都有狭翅及短毛，基部一对卵
圆形，长4～8厘米。宽3～6厘米，一回羽状；二回小羽片2～3对，卵状三角形，具短柄或无柄，
互生，掌状三裂；末回裂片短阔，中央一条长2～3厘米，宽6～8毫米，基部楔形或心脏形，先端
钝，顶端的二回羽片长2.5～3.5厘米，宽8～10毫米，波状浅裂；向上的一回小羽片近掌状分裂
或不分裂，较短，叶缘有不规则的浅圆锯齿。主脉明显，侧脉纤细，从主脉斜上，1～2回二叉分
歧，直达锯齿。叶纸质，干后绿褐色。两面沿中肋及脉上略有短毛。能育羽片卵状三角形，长宽
几相等，12～20厘米，或长稍过于宽，二回羽状；一回小羽片4～5对，互生，相距约2～3厘米，
长圆披针形，长5～10厘米，基部宽4～6厘米、一回羽状，二回小羽片3～4对。卵状三角形，羽状
深裂。孢子囊穗长2～4毫米，往往长远超过小羽片的中央不育部分，排列稀疏，暗褐色，无毛。

产地与地理分布：产于江苏、浙江、安徽南部、福建、台湾、广东、香港、广西、湖南、贵

州、四川、云南、陕西南部。日本、斯里兰卡、爪哇、菲律宾、印度、热带澳洲都有分布。

用途：【药用价值】干燥成熟孢子入药，具清利湿热、通淋止痛的功效，主治热淋、石淋、血淋、膏淋、尿道涩痛。

海金沙

四、鳞始蕨科

（一）双唇蕨属

1. 双唇蕨

名称：双唇蕨［*Schizoloma ensifolium* (Sw.) J. Sm.］

鉴别特征：植株高40厘米。根状茎横走，粗2～3毫米，密被赤褐色的钻形鳞片。叶近生；叶柄长15厘米，禾秆色至褐色，四棱，上面有沟，稍有光泽，通体光滑，叶片长圆形，长约25厘米，宽11厘米，一回奇数羽状；羽片4～5对，基部近对生，上部互生，相距4厘米，斜展，有短柄或几无柄，线状披针形，长7～11.5厘米，宽8毫米，基部广楔形，先端渐尖，全缘，或在不育羽片上有锯齿，向上的各羽片略缩短，顶生羽片分离，与侧生羽片相似。中脉显著，细脉沿中脉联结成2行网眼，网眼斜长，为不整齐的四边形至多边形，向叶缘分离。叶草质，两面光滑。孢子囊群线形，连续，沿叶缘连结各细脉着生；囊群盖两层，灰色，膜质，全缘，里层较外层的叶边稍狭，向外开口。

产地与地理分布：产于台湾、广东、海南岛及云南南部。热带亚洲各地、波利尼西亚、澳洲至西南非洲及马达加斯加都有分布。

双唇蕨

2. 异叶双唇蕨

名称：异叶双唇蕨［*Schizoloma heterophyllum* (Dry.) J. Sm.］

鉴别特征：植株高36厘米。根状茎短而横走，直径约2毫米，密被赤褐色的钻形鳞片。叶近生；叶柄长12～22厘米，有四棱，暗栗色，光滑；叶片阔披针形或长圆三角形，向先端渐尖，长15～30厘米，宽5～15厘米，一回羽状或下部常为二回羽状；羽片11对左右，基部近对生，上部互生，远离，相距约2厘米，斜展，披针形，长3～5厘米，宽约1厘米，渐尖，基部为阔楔形而斜截形，近对称，边缘有啮蚀状的锯齿，向上部的羽片逐渐缩短，但不合生；基部一二对羽片常为一回羽状，较长，达7厘米，宽2.3厘米，先端渐尖，不分裂，其下有2～5对小羽片，下部的卵圆形、斜方形或三角状披针形。叶脉可见，中脉显著，侧脉羽状二叉分枝，沿中脉两边各有一行不整齐的多边形斜长网眼。叶草质，干后淡灰绿色，两面光滑；叶轴有四棱，禾秆色，下部栗色，光滑。孢子囊群线形，从顶端至基部连续不断，囊群盖线形，棕灰色，连续不断，全缘，较啮蚀锯齿状的叶缘为狭。

产地与地理分布：产于台湾、福建、广东、海南岛、香港、广西及云南（河口县）。生于林下溪边湿地，海拔120～600米。菲律宾、马来西亚、越南、缅甸南部至斯里兰卡及印度等地也有分布。

用途：【药用价值】全草入药，具活血止血、祛瘀止痛的功效，主治各种内外出血症、跌打损伤的瘀滞疼痛。

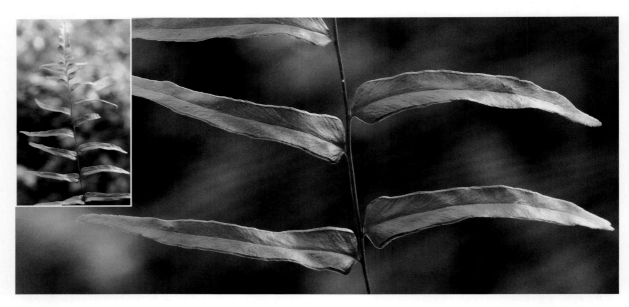

异叶双唇蕨

（二）乌蕨属

乌蕨

名称：乌蕨（*Stenoloma chusanum* Ching）

中文异名：乌韭

鉴别特征：植株高达65厘米。根状茎短而横走，粗壮，密被赤褐色的钻状鳞片。叶近生，叶柄长达25厘米，禾秆色至褐禾秆色，有光泽，直径2毫米，圆，上面有沟，除基部外，通体光滑；叶片披针形，长20～40厘米，宽5～12厘米，先端渐尖，基部不变狭，四回羽状；羽片15～20对，互生，密接，下部的相距4～5厘米，有短柄，斜展，卵状披针形，长5～10厘米，宽2～5厘米，先端渐尖，基部楔形，下部三回羽状；一回小羽片在一回羽状的顶部下有10～15对，连接，有短柄，近菱形，长1.5～3厘米，先端钝，基部不对称，楔形，上先出，一回羽状或基部二回羽状；二回（或末回）小羽片小，倒披针形，先端截形，有齿牙，基部楔形，下延，其下部小羽片常再分裂成具有1～2条细脉的短而同形的裂片。叶脉上面不显，下面明显，在小裂片上为二叉分枝。叶坚草质，干后棕褐色，通体光滑。孢子囊群边缘着生，每裂片上一枚或二枚，顶生1～2条细脉上；囊群盖灰棕色，革质，半杯形，宽，与叶缘等长，近全缘或多少啮蚀，宿存。

产地与地理分布：产于浙江南部、福建、台湾、安徽南部、江西、广东、海南岛、香港、广西、湖南、湖北、四川、贵州及云南。热带亚洲各地如日本、菲律宾、波利尼西亚，向南至马达加斯加等地也有。生于林下或灌丛中阴湿地，海拔200～1 900米。

用途：【经济价值】可提取红色染料。【药用价值】全草入药，具清热解毒、利湿、止血的功效，主治感冒发热、咳嗽、咽喉肿痛、肠炎、痢疾、肝炎、湿热带下、痈疮肿毒、口疮、烫火伤、毒伤、狂犬咬伤、皮肤湿疹、吐血、尿血、便血、外伤出血。【观赏价值】叶常绿而多回分裂，形似羽扇，孢子囊群生于裂片顶端如瓶，奇丽可爱，观赏价值较高。

乌蕨

五、姬蕨科

鳞盖蕨属

热带鳞盖蕨

名称：热带鳞盖蕨［*Microlepia speluncae* (Linn.) Moore］

鉴别特征：植株高可达2米，根状茎横走。叶疏生，柄长约50厘米，坚实，禾秆色，上面有棱沟，疏被灰棕色节状短毛。叶片长60～90厘米，宽30～40厘米，卵状长圆形，先端渐尖，三回羽状；羽片10～15对，下部的长28～30厘米，宽约10厘米，阔披针形，先端长渐尖，柄长1～1.5厘米，互生，斜向上，相距10～15厘米，二回羽状；一回小羽片15～20对，基部上侧一片略长，约4厘米，与叶轴并行，自第二片以上长2.5～3厘米，宽8～10毫米，阔披针形，渐尖头，基部不等宽，上侧近平截，下侧楔形，下延，无柄，相距1～1.5厘米，几开展，羽状深裂几达小羽轴；末回裂片6～8对，基部上侧一片略长，与羽轴并行，其余长7～8毫米，宽约4毫米，长圆形，先端圆而有尖锯齿，基部上侧平截，下侧直楔形，基部多少汇合，有缺刻分开，边缘浅裂；小裂片全缘或先端有2～3个矮钝齿。羽片向上渐短。叶脉下面稍隆起，羽状分枝。叶薄草质，干后黄绿色，上面有灰白细毛贴生，下面有灰白短柔毛密生。叶轴及羽轴禾秆色，有柔毛疏生。孢子囊群近末回裂片边缘着生，1～3对或1个，生于基部上侧近缺刻处；囊群盖小，半杯形，淡棕色，有柔毛。

产地与地理分布：产于台湾、海南岛、云南（河口），生于山峡中。泛热带种，广泛分布于越南、柬埔寨、斯里兰卡、印度、菲律

热带鳞盖蕨

宾、马来群岛、波利尼西亚、澳大利亚东北部（昆士兰）、西印度群岛、巴西南部及热带非洲等地。分类学家对本种的认识各执其词，应进一步加以明确。

六、凤尾蕨科

凤尾蕨属

1. 剑叶凤尾蕨

名称：剑叶凤尾蕨（*Pteris ensiformis* Burm.）

中文异名：井边茜

鉴别特征：植株高30～50厘米。根状茎细长，斜升或横卧，粗4～5毫米，被黑褐色鳞片。叶密生，二型；柄长10～30厘米（不育叶的柄较短），粗1.5～2毫米，与叶轴同为禾秆色，稍光泽，光滑；叶片长圆状卵形，长10～25厘米（不育叶远比能育叶短），宽5～15厘米羽状，羽片3～6对，对生，稍斜向上，上部的无柄，下部的有短柄；不育叶的下部羽片相距1.5～2（3）厘米，三角形，尖头，长2.5～3.5（8）厘米，宽1.5～2.5（4）厘米，常为羽状，小羽片2～3对，对生，密接，无柄，斜展，长圆状倒卵形至阔披针形，先端钝圆，基部下侧下延下部全缘，上部及先端有尖齿；能育叶的羽片疏离（下部的相距5～7厘米），通常为2～3叉，中央的分叉最长，顶生羽片基部不下延，下部两对羽片有时为羽状，小羽片2～3对，向上，狭线形，先端渐尖，基部下侧下延，先端不育的叶缘有密尖齿，余均全缘主脉禾秆色，下面隆起；侧脉密接，通常分叉。叶干后草质，灰绿色至褐绿色，无毛。

产地与地理分布：产于浙江南部（平阳）、江西南部、福建、台湾、广东、广西、贵州西南部（安龙）、四川（峨眉山、重庆、雅安）、云南南部（富宁、麻栗坡、河口、勐腊、景洪）。生于林下或溪边潮湿的酸性土壤上，海拔150～1 000米。也分布于日本（琉球群岛）、越南、老挝、柬埔寨、缅甸、印度北部、斯里兰卡、马来西亚、波利尼西亚、斐济群岛及澳大利亚。模式标本采自斯里兰卡。

用途：【药用价值】全草入药，具止痢的功效。【观赏价值】多年生常绿草本植物，具有较高的观赏价值。

剑叶凤尾蕨

2. 傅氏凤尾蕨

名称：傅氏凤尾蕨（*Pteris fauriei*）

鉴别特征：植株高50～90厘米。根状茎短，斜升，粗约1厘米，先端密被鳞片；鳞片线状披针形长约3毫米，深褐色，边缘棕色。叶簇生；柄长30～50厘米，下部粗2～4毫米，暗褐色并被鳞片，向上与叶轴均为禾秆色，光滑，上面有狭纵沟；叶片卵形至卵状三角形，长25～45厘米，宽17～24（30）厘米，二回深羽裂（或基部三回深羽裂）；侧生羽片3～6（9）对，下部的对生，相距4～8厘米，斜展，偶或略斜向上，基部一对无柄或有短柄，向上的无柄，镰刀状披针形，长13～23厘米，宽3～4厘米，先端尾状渐尖，具2～3（4.5）厘米长的线状尖尾，基部渐狭，阔楔形，篦齿状深羽裂达到羽轴两侧的狭翅，顶生羽片的形状、大小及分裂度与中部的侧生羽片相似，但较宽，且有2～4厘米长的柄，最下一对羽片的基部下侧有1片篦齿状深羽裂的小羽片，形状和上侧的羽片相同而略短；裂片20～30对，互生或对生，毗连或间隔宽约1毫米（通常能育裂片的间隔略较宽，达2毫米），斜展，镰刀状阔披针形，中部的长1.5～2.2厘米，宽4～6毫米，通常下侧的裂片比上侧的略长，基部一对或下部数对缩短，顶部略狭，先端钝，基部略扩大，全缘。羽轴下面隆起，禾秆色，光滑，上面有狭纵沟两旁有针状扁刺，裂片的主脉上面有少数小刺。侧脉两面均明显，斜展，自基部以上二叉，裂片基部下侧一脉出自羽轴，上侧一脉出自主脉基部，基部相对的两脉斜向上到达缺刻上面的边缘。叶干后纸质，浅绿色至暗绿色，无毛（幼时偶为近无毛）。孢子囊群线形，沿裂片边缘延伸，仅裂片先端不育；囊群盖线形，灰棕色，膜质，全缘，宿存。

产地与地理分布：产于台湾、浙江（天台山、南汇）、福建（崇安、邵武）、江西（会昌、大余、寻乌、安远、崇义、宁都）、湖南南部（宜章）、广东（广州、高要、英德、蕉岭、大埔）、广西（都安）、云南东南部（河口）。生于林下沟旁的酸性土壤上，海拔50～800米。越南北部及日本均有分布。模式标本采自日本南部。

傅氏凤尾蕨

3. 全缘凤尾蕨

名称：全缘凤尾蕨（*Pteris insignis* Mett. ex Kuhn）

鉴别特征：植株高1～1.5米。根状茎斜升，木质，粗壮，粗约3厘米，先端被黑褐色鳞片。叶簇生；柄坚硬，长60～90厘米，基部粗5～7毫米，深禾秆色而稍有光泽，近基部栗褐色并疏被脱落的黑褐色鳞片；叶片卵状长圆形，长50～80厘米，宽20～30厘米，一回羽状；羽片6～14对，对生或有时近互生，向上斜出，线状披针形，先端渐尖，基部楔形，全缘，稍呈状，并有软骨质的边，长16～20厘米，下部的羽片不育，宽约2.5厘米，有长约1厘米的柄，各羽片相距4～6厘米，基部一对有时具一短小的分叉，中部以上的羽片能育，宽1～1.5厘米，仅有短柄，顶生羽片同形，有柄。叶脉明显，主脉下面隆起，深禾秆色，侧脉斜展，两面均隆起，稀疏，单一或从下部分叉。叶干后厚纸质，灰绿色至褐绿色，无光泽，无毛；叶轴浅褐色。孢子囊群线形，着生于能育羽片的中上部，羽片的下部及先端不育；囊群盖线形，灰白色或灰棕色，全缘。

产地与地理分布：产于浙江南部（泰顺）、江西（德兴、玉山、萍乡、石城、瑞金、安远、全南）、福建（宁洋、建阳、武夷山、龙岩）、湖南（宜章、黔阳、江永）、广东（大埔、新丰、翁源、英德、乐昌、乳源、连山、怀集、封川、信宜）、海南（陵水）、广西（兴安、阳朔、瑶山、龙胜、大苗山、苍梧、明江）、贵州（江口、独山）、云南（红河）。生于山谷中阴湿的密林下或水沟旁，海拔250～800米。越南及马来西亚也有分布。模式标本采自广东。

用途：【药用价值】全草入药，具清热解毒、活血祛瘀功效，主治痢疾、咽喉肿痛、瘰疬诸症、黄疸、风湿、血尿及各种出血症。

全缘凤尾蕨

4. 半边旗

名称：半边旗（*Pteris semipinnata*）

鉴别特征：植株高35～80（120）厘米。根状茎长而横走，粗1～1.5厘米，先端及叶柄基部被褐色鳞片。叶簇生，近一型；叶柄长15～55厘米，粗

1.5～3毫米，连同叶轴均为栗红有光泽，光滑；叶片长圆披针形，长15～40（60）厘米，宽6～15（18）厘米，二回半边深裂；顶生羽片阔披针形至长三角形，长10～18厘米，基部宽3～10厘米，先端尾状，篦齿状，深羽裂几达叶轴，裂片6～12对，对生，开展，间隔宽3～5毫米，镰刀状阔披针形，长2.5～5厘米，向上渐短，宽6～10毫米，先端短渐尖，基部下侧呈倒三角形的阔翅沿叶轴下延达下一对裂片；侧生羽片4～7对，对生或近对生，开展，下部的有短柄，向上无柄，半三角形而略呈镰刀状，长5～10（18）厘米，基部宽4～7厘米，先端长尾头，基部偏斜，两侧极不对称，上侧仅有一条阔翅，宽3～6毫米，不分裂或很少在基部有一片或少数短裂片，下侧篦齿状深羽裂几达羽轴，裂片3～6片或较多，镰刀状披针形，基部一片最长，1.5～4（8.5）厘米，宽3～6（11）毫米，向上的逐渐变短，先端短尖或钝，基部下侧下延，不育裂片的叶：有尖锯齿，能育裂片仅顶端有一尖刺或具2～3个尖锯齿。羽轴下面隆起，下部栗色，向上禾秆色，上面有纵沟，纵沟两旁有啮蚀状的浅灰色狭翅状的边。侧脉明显，斜上，二叉或回二叉，小脉通常伸达锯齿的基部。叶干后草质，灰绿色，无毛。

半边旗

产地与地理分布：产于台湾、福建（福州、厦门、南靖、华安、延平）、江西南部（安远、寻乌）、广东、广西、湖南（衡山、黔阳、会同、城步、宜章）、贵州南部（册亨、三都）、四川（乐山）、云南南部（富宁、河口、西双版纳）。生于疏林下阴处、溪边或岩石旁的酸性土壤上，海拔850米以下。见于日本（琉球群岛）、菲律宾、越南、老挝、泰国、缅甸、马来西亚、斯里兰卡及印度北部。模式标本采自广东。

用途：【药用价值】全草入药，具止血、生肌、解毒、消肿的功效，主治吐血、外伤出血、发背、疔疮、跌打损伤、目赤肿痛。

5. 蜈蚣草

名称：蜈蚣草（*Pteris vittata* L.）

鉴别特征：植株高（20）30～100（150）厘米。根状茎直立，短而粗健，粗2～2.5厘米，木质，密蓬松的黄褐色鳞片。叶簇生；柄坚硬，长10～30厘米或更长，基部粗3～4毫米，深禾秆色至浅褐色，幼时密被与根状茎上同样的鳞片，以后渐变稀疏；叶片倒披针状长圆形，长20～90厘米或更长，宽5～25厘米或更宽，一回羽状；顶生羽片与侧生羽片同形，侧生羽多数（可达40对），互生或有时近对生，下部羽片较疏离，相距3～4厘米，斜展，无柄，不与叶轴合生，向下羽片逐渐缩短，基部羽片仅为耳形，中部羽片最长，狭线形，长6～15厘米，宽5～10毫米，先端渐尖，基部扩大并为浅心脏形，其两侧稍呈耳形，上侧耳片较大并常覆盖叶轴，各羽片间的间隔宽1～1.5厘米，不育的叶缘有微细而均匀的密锯齿，不为软骨质。主脉下面隆起并为浅禾秆色，侧脉纤细，密接，斜展，单一或分叉。叶干后薄革质，暗绿色，无光泽，无毛；叶轴禾秆色，疏被鳞片。在成熟的植株上除下部缩短的羽片不育外，几乎全部羽片均能育。

产地与地理分布：广布于我国热带和亚热带，以秦岭南坡为其在我国分布的北方界线。北起陕西（秦岭以南）、甘肃东南部（康县）及河南西南部（卢氏、西峡、内乡、镇平），东自浙江，经福建、江西、安徽、湖北、湖南，西达四川、贵州、云南及西藏，南到广西、广东及台湾。生于钙质土或石灰岩上，达海拔2 000米以下，也常生于石隙或墙壁上，在不同的生境下，形体大小变异很大。在旧大陆其他热带及亚热带地区也分布很广。模式标本采自广东。

蜈蚣草

七、中国蕨科

碎米蕨属

薄叶碎米蕨

名称：薄叶碎米蕨［*Cheilosoria tenuifolia* (Burm.) Trev.］

中文异名：狭叶蕨

鉴别特征：植株高10～40厘米。根状茎短而直立，连同叶柄基部密被棕黄色柔软的钻状鳞片叶簇生，柄长6～25厘米，栗色，下面圆形，上面有沟，下部略有一二鳞片，向上光滑；叶片远较叶柄为短，长4～18厘米，宽4～12厘米，五角状卵形。三角形或阔卵状披针形，渐尖头，三回羽状；羽片6～8对，基部一对最大，卵状三角形或卵状披针形，长2～9厘米，宽2.5～4.5厘米，先端渐尖，基部上侧与叶轴并行，下侧斜出，柄长0.3～1厘米，二回羽状；小羽片5～6对，具有狭翅的短柄，下侧的较上侧的为长，下侧基部一片最大，长1～3厘米一回羽状；末回小羽片以极狭翅相连，羽状半裂；裂片椭圆形。小脉单一或分叉。叶干后薄草质，褐绿色，上面略有一二短毛，叶轴及各回羽轴下面圆形，上面有纵沟。孢子囊群生裂片上半部的叶脉顶端；囊群盖连续或断裂。

产地与地理分布：产于广东（汕头、恩平、罗浮山、广州及东南沿海岛屿）、海南、广西（横县、百色、南宁）、云南（镇康、河口、麻栗坡）、湖南南部、江西（安远、大余、会昌）、福建（福州、永春、武夷山）。生于溪旁、田边或林下石上，海拔50～1 000米。也广布于热带亚洲其他各地，以及波利尼西亚、澳大利亚（塔斯马尼亚）等地。

薄叶碎米蕨

八、铁线蕨科

铁线蕨属

1. 扇叶铁线蕨

扇叶铁线蕨

名称：扇叶铁线蕨（*Adiantum flabellulatum* L.）

中文异名：铁线蕨、过坛龙

鉴别特征：植株高20～45厘米。根状茎短而直立，密被棕色、有光泽的钻状披针形鳞片。叶簇生；柄长10～30厘米，粗2.5毫米，紫黑色，有光泽，基部被有和根状上同样的鳞片，向上光滑，上面有纵沟1条，沟内有棕色短硬毛；叶片扇形，长10～25厘米，二至三回不对称的二叉分枝，通常中央的羽片较长，两侧的与中央羽片同形而略短，长可达5厘米，中央羽片线状披针形，长6～15厘米，宽1.5～2厘米，奇数一回羽状；小羽片8～15对，互生，平展，具短柄（长1～2毫米），相距5～12毫米，彼此接近或稍疏离，中部以下的小羽片大小几相等，长6～15毫米，宽5～10毫米，对开式的半圆形（能育的），或为斜方形（不育的），内缘及下缘直而全缘，基部为阔楔形或扇状楔形，外缘和上缘近圆形或圆截形，能育部分具浅缺刻，裂片全缘，不育部分具细锯齿，顶部小羽片与下部的同形而略小，顶生，小羽片倒卵形或扇形，与其下的小羽片同大或稍大。叶脉多回二歧分叉，直达边缘，两面均明显。叶干后近革质，绿色或常为褐色，两面均无毛；各回羽轴及小羽柄均为紫黑色，有光泽，上面均密被红棕色短刚毛，下面光滑。孢子囊群每羽片2～5枚，横生于裂片上缘和外缘，以缺刻分开；囊群盖半圆形或长圆形，上缘平直，革质，褐黑色，全缘，宿存。孢子具不明显的颗粒状纹饰。

产地与地理分布：产于我国台湾（台北）、福建（南靖、南平、长汀、宁化、建阳、建欧、连城、沙县、武夷山、福州、厦门）、江西（瑞金、兴国、会昌、安远、广昌、大余、寻乌、遂川）、广东（大埔、惠阳、增城、花县、平远、连南、蕉岭、南雄、德庆、封川、和平、饶平、仁化、阳山、防城、高要、新兴、丰顺、乐昌、广州、电白、信宜、珠江口沿海岛屿）、海南、湖南（江永、黔阳）、浙江（雁荡山、青田）、广西（南宁、桂林、兴安、邕宁、平乐、阳朔、横县、百色、凭祥、梧州、苍梧）、贵州（三都、册亨、望谟）、四川（缙云山、乐山、江北）、云南（麻栗坡、屏边、允景洪、河口、思茅、勐海、普洱）。生于阳光充足的酸性红、黄壤上，海拔100～1 100米。日本（九州及琉球群岛）、越南、缅甸、印度、斯里兰卡及马来群岛均有分布。模式标本采自我国珠江口岛屿。

用途：【药用价值】全草入药，具清热解毒、舒筋活络、利尿、化痰、消肿、止血、止痛的功效，主治跌打内伤、烫火伤、毒蛇与蜈蚣咬伤、疮痛初起、乳猪下痢、猪丹毒及牛瘟。

2. 半月形铁线蕨

名称：半月形铁线蕨（*Adiantum philippense* L.）

中文异名：菲岛铁线蕨

鉴别特征：植株高15～50厘米。根状茎短而直立，被褐色披针形鳞片。叶簇生；柄长6～15厘米，粗可达2毫米，栗色，有光泽，基部被相同的鳞片，向上光滑；叶片披针形，长12～25厘米，宽3～6.5厘米，奇数一回羽状；羽片8～12对，互生，斜展，相距1.5～2.5厘米，彼此疏离，中部以下各对羽片大小几乎相等，长2～4厘米，中部宽1～2.3厘米，对开式的半月形或半圆肾形，先端圆钝或向下弯，上缘圆形，能育叶的边缘近全缘或具2～4浅缺刻，或为微波状，不育叶的边缘具波状浅裂，裂片先端圆钝，具细锯齿，下缘全缘，截形或略向下弯，罕为阔楔形，两侧不对称，具长柄（长1～1.5厘米），着生于羽片下缘的中下部或1/3处，常与下缘以锐角相交，柄端具关节，老时羽片易从关节脱落而柄宿存，上部羽片与下部羽片同形而略变小，顶生羽片扇形，略大于其下的侧生羽片。叶脉多回二歧分叉，直达边缘，两面均明显。叶干后草质，草绿色或棕绿色，两面均无毛；羽轴、羽柄均与叶柄同色，有光泽，无毛，叶轴先端往往延长

半月形铁线蕨

成鞭状，着地生根，行无性繁殖。孢子囊群每羽片2～6枚，以浅缺刻分开；囊群盖线状长圆形，上缘平直或微凹，膜质，褐色或棕绿色，全缘，宿存。孢子周壁具明显的细颗粒状纹饰，处理后易破裂和脱落。

产地与地理分布：产于台湾（台北）、广东（乐昌、惠阳、罗浮山、花县、广州、阳春、高州）、海南、广西（百色、德保、横县、容县）、贵州（册亨、安龙）、四川（屏山、米易、冕宁、盐边）、云南（临沧、大姚、漾濞、禄劝、河口、凤仪、莲山、思茅、允景洪、勐海、麻栗坡、富宁、新平、景东、版纳易武）。群生于较阴湿处或林下酸性土上，海拔240～2 000米。也广布于亚洲其他热带及亚热带的越南、缅甸、泰国、马来西亚、印度、印度尼西亚、菲律宾，并达热带非洲及大洋洲。模式标本采自菲律宾。

用途：【药用价值】全草入药，具活血散淤，利尿，止咳的功效，主治乳痈，小便涩痛，淋

证，发热咳嗽，产后瘀血，血崩。

九、金星蕨科

毛蕨属

华南毛蕨

名称：华南毛蕨［*Cyclosorus parasiticus* (L.) Farwell.］

中文异名：密毛毛蕨

鉴别特征：植株高达70厘米。根状茎横走，粗约4毫米，连同叶柄基部有深棕色披针形鳞片。叶近生；叶柄长达40厘米，粗约2毫米，深禾秆色，基部以上偶有一二柔毛；叶片长35厘米，长圆披针形，先端羽裂，尾状渐尖头，基部不变狭，二回羽裂；羽片12~16对，无柄，顶部略向上弯弓或斜展，中部以下的对生，相距2~3厘米，向上的互生，彼此接近，相距约1.5厘米，中部羽片长10~11厘米，中部宽1.2~1.4厘米，披针形，先端长渐尖，基部平截，略不对称，羽裂达1/2或稍深；裂片20~25对，斜展，彼此接近，基部上侧一片特长，长6~7毫米，其余的长4~5毫米，长圆形，钝头或急尖头，全缘。叶脉两面可见，侧脉斜上，单一，每裂片6~8对（基部上侧裂片有9对，偶有二叉），基部一对出自主脉基部以上，其先端交接成一钝三角形网眼，并自交接点伸出一条外行小脉直达缺刻，第二对侧脉均伸达缺刻以上的叶边。叶草质，干后褐绿色，上面除沿叶脉有一二伏生的针状毛外，脉间

华南毛蕨

疏生短糙毛，下面沿叶轴、羽轴及叶脉密生具一二分隔的针状毛，脉上并饰有橙红色腺体。孢子囊群圆形，生侧脉中部以上，每裂片(1~2) 4~6对；囊群盖小，膜质，棕色，上面密生柔毛，宿存。

产地与地理分布：产于浙江南部及东南部、福建（崇安、福州）、台湾（台北、新竹、台中、南投、台南、高雄、台东、屏东）、广东（罗浮山、惠阳、怀集、信宜、鼎湖、大埔、徐闻、云浮）、海南（昌江、三亚）、湖南（宜章）、江西（井冈山、寻乌、定南）、重庆（缙云山）、广西（武鸣、大明山；龙州、百色、梧州）、云南东南部（河口）。生于山谷密林下或溪边湿地，海拔90~1 900米。日本、韩国、尼泊尔、缅甸、印度南部、斯里兰卡、越南、泰国、印度尼西亚（爪哇）、菲律宾均有分布。模式标本采自中国广东。

毛。花果期6—7月。

产地与地理分布：产于广东、海南、广西、云南（西部和南部，海拔120～1 600米），贵州。尼泊尔、锡金、不丹、印度、泰国、越南、马来西亚至澳大利亚也有分布。喜生于沟谷潮湿地带。

用途：【药用价值】根、树皮、叶、果实入药，根、树皮、叶具疏风解热、消积化痰、行气散淤的功效，可治感冒发热、支气管炎、消化不良、痢疾、跌打肿痛，而果实可治腋疮。

3. 琴叶榕

名称：琴叶榕（*Ficus pandurata* Hance）

鉴别特征：小灌木，高1～2米；小枝。嫩叶幼时被白色柔毛。叶纸质，提琴形或倒卵形，长4～8厘米，先端急尖有短尖，基部圆形至宽楔形，中部缢缩，表面无毛，背面叶脉有疏毛和小瘤点，基生侧脉2，侧脉3～5对；叶柄疏被糙毛，长3～5毫米；托叶披针形，迟落。榕果单生叶腋，鲜红色，椭圆形或球形，直径6～10毫米，顶部脐状突起，基生苞片3，卵形，总梗长4～5毫米，纤细，雄花有柄，生榕果内壁口部，花被片4，线形，雄蕊3，稀为2，长短不一；瘿花有柄或无柄，花被片3～4，倒披针形至线形，子房近球形，花柱侧生，很短；雌花花被片3～4，椭圆形，花柱侧生，细长，柱头漏斗形。花期6—8月。

琴叶榕

产地与地理分布：产于广东、海南、广西、福建、湖南、湖北、江西、安徽（南部）、浙江。生于山地，旷野或灌丛林下。越南也有分布。

用途：【药用价值】根、叶入药，具行气活血、舒筋活络、调经的功效、主治腰背酸痛、跌打损伤、乳痈、痛经、疟疾。【观赏价值】株型高大挺拔，叶片奇特，叶先端膨大呈提琴形状，具有较高的观赏价值。

4. 全缘琴叶榕

名称：全缘琴叶榕（*Ficus pandurata* Hance var. *holophylla* Migo）

中文异名：全叶榕

鉴别特征：小灌木，高1～2米；小枝。嫩叶幼时被白色柔毛。叶纸质，倒卵状披针形或披针形，长4～8厘米，先端渐尖，基部圆形至宽楔形，中部不收缢，表面无毛，背面叶脉有疏毛和小瘤点，基生侧脉2，侧脉3～5对；叶柄疏被糙毛，长3～5毫米；托叶披针形，迟落。榕果单生叶腋，鲜红色，椭圆形，直径4～6毫米，顶部微脐状，基生苞片3，卵形，总梗长4～5毫米，纤细，雄花有柄，生榕果内壁口部，花被片4，线形，雄蕊3，稀为2，长短不一；瘿花有柄或无柄，花被片3～4，倒披针形至线形，子房近球形，花柱侧生，很短；雌花花被片3～4，椭圆形，花柱侧生，细长，柱头漏斗形。花期6—8月。

产地与地理分布：我国东南部各省常见，广东、广西偶见，并向var. *pandurata*过渡。

全缘琴叶榕

5. 羊乳榕

名称：羊乳榕（*Ficus sagittata* Vahl）

鉴别特征：幼时为附生藤本，成长为独立乔木；幼时被柔毛，后脱落；节上附生短根。叶革质，卵形至卵状椭圆形，长7～13（20）厘米，宽(3）5～10（14)厘米，先端急尖至短渐尖，基部（圆形）微心形，至心形，全缘或略呈波状，幼时背面中脉和小脉被毛，后脱落，基生侧脉3或5条，侧脉5～6对；叶柄长约15毫米，微被柔毛；托叶卵状披针形，被柔毛，早落。榕果成对或单生叶腋，偶有成束生于瘤状短枝或无叶枝上，近球形，直径8～15毫米，幼时被毛，成熟橙红色，顶生苞片脐状，基部收狭成短柄，苞片3，脱落；总梗短；花间无刚毛；雄花生榕果内壁近口部，花被片3，雄蕊2，花丝联合，花药有短尖，瘿花，花被片与雄花相似，子房倒卵形，花柱侧生，短；雌花，生于另一植株榕果内，花被3裂，基部合生。瘦果椭圆形，花柱侧生，长，柱头柱状。花期12月至翌年3月。

产地与地理分布：产于广东、海南（白沙、三亚）、广西（扶绥）、云南（西双版纳）。锡金、不丹、印度（东北部的阿萨姆）、缅甸、泰国、越南、印度尼西亚、菲律宾、密克罗尼西亚也有。

羊乳榕

（三）鹊肾树属

鹊肾树

名称：鹊肾树（*Streblus asper* Lour.）

中文异名：鸡子

鉴别特征：乔木或灌木；树皮深灰色，粗糙；小枝被短硬毛，幼时皮孔明显。叶革质，椭圆状倒卵形或椭圆形，长2.5～6厘米，宽2～3.5厘米，先端钝或短渐尖，全缘或具不规钝锯齿，基部钝或近耳状，两面粗糙，侧脉4～7对；叶柄短或近无柄；托叶小，早落。花雌雄异株或同株；雄花序头状，单生或成对腋生，有时在雄花序上生有雌花1朵，总花梗长8～10毫米，表面被细柔毛；苞片长椭圆形；雄花近无梗，花丝在花芽时内折，退化雌蕊圆锥状至柱形，顶部有瘤状凸体；雌花具梗，下部有小苞片，顶部有2～3个苞片，花被片4，交互对生，被微柔毛；子房球形，花柱在中部以上分枝，果时增长6～12毫米。核果近球形，直径约6毫米，成熟时黄色，不开裂，基部一侧不为肉质，宿存花被片包围核果。花期2—4月，果期5—6月。

产地与地理分布：产于广东、海南、广西、云南南部（思茅至西双版纳，河口、金平），常生于海拔200～950米林内或村寨附近。斯里兰卡、印度、尼泊尔、不丹、越南、泰国、马来西亚、印度尼西亚、菲律宾也有分布。

用途：【经济价值】茎皮纤维可以织麻袋，并可作人造棉和造纸原料。【药用价值】树皮、根入药，树皮具止泻功效，可治痢疾、腹泻，而根具消炎、解毒功效，可治溃疡、毒蛇咬伤。

四、荨麻科

雾水葛属

雾水葛

名称：雾水葛［*Pouzolzia zeylanica* (L.) Benn.］

鉴别特征：多年生草本；茎直立或渐升，高12～40厘米，不分枝，通常在基部或下部有1～3

对对生的长分枝，枝条不分枝或有少数极短的分枝，有短伏毛，或混有开展的疏柔毛。叶全部对生，或茎顶部的对生；叶片草质，卵形或宽卵形，长1.2～3.8厘米，宽0.8～2.6厘米，短分枝的叶很小，长约6毫米，顶端短渐尖或微钝，基部圆形，边缘全缘，两面有疏伏毛，或有时下面的毛较密，侧脉1对；叶柄长0.3～1.6厘米。团伞花序通常两性，直径1～2.5毫米；苞片三角形，长2～3毫米，顶端骤尖，背面有毛。雄花：有短梗，花被片4，狭长圆形或长圆状倒披针形，长约1.5毫米，基部稍合生，外面有疏毛；雄蕊4，长约1.8毫米，花药长约0.5毫米；退化雌蕊狭倒卵形，长约0.4毫米。雌花：花被椭圆形或近菱形，长约0.8毫米，顶端有2小齿，外面密被柔毛，果期呈菱状卵形，长约1.5毫米；柱头长1.2～2毫米。瘦果卵球形，长约1.2毫米，淡黄白色，上部褐色或全部黑色，有光泽。花期秋季。

产地与地理分布：产于云南南部和东部、广西、广东、福建、江西、浙江西部、安徽南部（黄山）、湖北、湖南、四川、甘肃南部。生于平地的草地上或田边，丘陵或低山的灌丛中或疏林中、沟边，海拔300～800米，在云南南部可达1300米。亚洲热带地区广布。

用途：【药用价值】全草入药，具清热解毒、健脾、止血的功效，主治疔疮、痈肿、瘰疬、痢疾、妇女白带、小儿疳积、吐血、外伤出血。

雾水葛

五、蓼科

蓼属

1. 火炭母

名称：火炭母（*Polygonum chinense* L.）

鉴别特征：多年生草本，基部近木质。根状茎粗壮。茎直立，高70～100厘米，通常无毛，具纵棱，多分枝，斜上。叶卵形或长卵形，长4～10厘米，宽2～4厘米，顶端短渐尖，基部截形或宽心形，边缘全缘，两面无毛，有时下面沿叶脉疏生短柔毛，下部叶具叶柄，叶柄长1～2厘米，通常基部具叶耳，上部叶近无柄或抱茎；托叶鞘膜质，无毛，长1.5～2.5厘米，具脉纹，顶端偏斜，无缘毛。花序头状，通常数个排成圆锥状，顶生或腋生，花序梗被腺毛；苞片宽卵形，每苞内具1～3花；花被5深裂，白色或淡红色，裂片卵形，果时增大，呈肉质，蓝黑色；雄蕊8，比花被短；花柱3，中下部合生。瘦果宽卵形，具3棱，长3～4毫米，黑色，无光泽，包于宿存的花被。花期7—9月，果期8—10月。

产地与地理分布：产于陕西南部、甘肃南部、华东、华中、华南和西南。生于山谷湿地、山坡草地，海拔30～2 400米。日本、菲律宾、马来西亚、印度、喜马拉雅山也有。模式标本采自广东。

用途：【药用价值】干燥地上部分入药，具清热解毒、利湿消滞、凉血止痒，明目退翳的功效，主治痢疾、消化不良、肝炎、感冒、扁桃体炎、咽喉炎、白喉、百日咳、角膜云翳、乳腺炎、霉菌性阴道炎、白带、疖肿、小儿脓疱、湿疹、毒蛇咬伤。

火炭母

2. 水蓼

名称：水蓼（*Polygonum hydropiper* L.）

中文异名：辣蓼

鉴别特征：一年生草本，高40～70厘米。茎直立，多分枝，无毛，节部膨大。叶披针形或椭圆状披针形，长4～8厘米，宽0.5～2.5厘米，顶端渐尖，基部楔形，边缘全缘，具缘毛，两面无毛，被褐色小点，有时沿中脉具短硬伏毛，具辛辣味，叶腋具闭花受精花；叶柄长4～8毫米；托叶鞘筒状，膜质，褐色，长1～1.5厘米，疏生短硬伏毛，顶端截形，具短缘毛，通常托叶鞘内藏有花簇。总状花序呈穗状，顶生或腋生，长3～8厘米，通常下垂，花稀疏，下部间断；苞片漏斗状，长2～3毫米，绿色，边缘膜质，疏生短缘毛，每苞内具3～5花；花梗比苞片长；花被5深裂，稀4裂，绿色，上部白色或淡红色，被黄褐色透明腺点，花被片椭圆形，长3～3.5毫米；雄蕊6，稀8，比花被短；花柱2～3，柱头头状。瘦果卵形，长2～3毫米，双凸镜状或具3棱，密被小点，黑褐色，无光泽，包于宿存花被内。花期5—9月，果期6—10月。

产地与地理分布：分布于我国南北各省区。生于河滩、水沟边、山谷湿地，海拔50～3 500米。朝鲜、日本、印度尼西亚、印度、欧洲及北美也有。

用途：【药用价值】全草入药，具化湿、行滞、祛风、消肿的功效，主治痧秽腹痛、吐泻转筋、泄泻、痢疾、风湿、脚气、痈肿、疥癣、跌打损伤。

水蓼

3. 杠板归

名称：杠板归（*Polygonum perfoliatum* L.）

中文异名：刺犁头、贯叶蓼

鉴别特征：一年生草本。茎攀援，多分枝，长1～2米，具纵棱，沿棱具稀疏的倒生皮刺。叶三角形，长3～7厘米，宽2～5厘米，顶端钝或微尖，基部截形或微心形，薄纸质，上面无毛，下面沿叶脉疏生皮刺；叶柄与叶片近等长，具倒生皮刺，盾状着生于叶片的近基部；托叶鞘叶状，草质，绿色，圆形或近圆形，穿叶，直径1.5～3厘米。总状花序呈短穗状，不分枝顶生或腋生，长1～3厘米；苞片卵圆形，每苞片内具花2～4朵；花被5深裂，白色或淡红色，花被片椭圆形，长约3毫米，果时增大，呈肉质，深蓝色；雄蕊8，略短于花被；花柱3，中上部合生；柱头头状。瘦果球形，直径3～4毫米，黑色，有光泽，包于宿存花被内。花期6—8月，果期7—10月。

产地与地理分布：产于黑龙江、吉林、辽宁、河北、山东、河南、陕西、甘肃、江苏、浙江、安徽、江西、湖南、湖北、四川、贵州、福建、台湾、广东、海南、广西、云南。生于田边、路旁、山谷湿地，海拔80～2 300米。朝鲜、日本、印度尼西亚、菲律宾、印度及俄罗斯（西伯利亚）也有。

用途：【药用价值】干燥地上部分入药，具清热解毒、利水消肿、止咳的功效，主治咽喉肿痛、肺热咳嗽、小儿顿咳、水肿尿少、湿热泻痢、湿疹、疖肿、蛇虫咬伤。

杠板归

六、苋科

（一）莲子草属

莲子草

名称：莲子草［*Alternanthera sessilis* (L.) DC.］

中文异名：满天星、虾钳菜、白花仔、节节花、膨蜞菊、水牛膝

鉴别特征：多年生草本，高10～45厘米；圆锥根粗，直径可达3毫米；茎上升或匍匐，绿色或稍带紫色，有条纹及纵沟，沟内有柔毛，在节处有一行横生柔毛。叶片形状及大小有变化，条状披针形、矩圆形、倒卵形、卵状矩圆形，长1～8厘米，宽2～20毫米，顶端急尖、圆形或圆钝，基部渐狭，全缘或有不显明锯齿，两面无毛或疏生柔毛；叶柄长1～4毫米，无毛或有柔毛。头状花序1～4个，腋生，无总花梗，初为球形，后渐成圆柱形，直径3～6毫米；花密生，花轴密生白色柔毛；苞片及小苞片白色，顶端短渐尖，无毛；苞片卵状披针形，长约1毫米，小苞片钻形，长1～1.5毫米；花被片卵形，长2～3毫米，白色，顶端渐尖或急尖，无毛，具1脉；雄蕊3，花丝长约0.7毫米，基部连合成杯状，花药矩圆形；退化雄蕊三角状钻形，比雄蕊短，顶端渐尖，全缘；花柱极短，柱头短裂。胞果倒心形，长2～2.5毫米，侧扁，翅状，深棕色，包在宿存花被片内。种子卵球形。花期5—7月，果期7—9月。

产地与地理分布：产于安徽、江苏、浙江、江西、湖南、湖北、四川、云南、贵州、福建、台湾、广东、广西。生于在村庄附近的草坡、水沟、田边或沼泽、海边潮湿处。印度、缅甸、越南、马来西亚、菲律宾等地也有分布。

用途：【经济价值】嫩叶作为野菜食用，又可作饲料。【药用价值】全草入药，具散淤消毒、清火退热的功效，主治牙痛、痢疾、疗肠风、下血。

莲子草

（二）苋属

凹头苋

名称：凹头苋（*Amaranthus lividus*）

中文异名：野苋

鉴别特征：一年生草本，高10～30厘米，全体无毛；茎伏卧而上升，从基部分枝，淡绿色或紫红色。叶片卵形或菱状卵形，长1.5～4.5厘米，宽1～3厘米，顶端凹缺，有1芒尖，或微小不显，基部宽楔形，全缘或稍呈波状；叶柄长1～3.5厘米。花成腋生花簇，直至下部叶的腋部，生在茎端和枝端者成直立穗状花序或圆锥花序；苞片及小苞片矩圆形，长不及1毫米；花被片矩圆形或披针形，长1.2～1.5毫米，淡绿色，顶端急尖，边缘内曲，背部有1隆起中脉；雄蕊比花被片稍短；柱头3或2，果熟时脱落。胞果扁卵形，长3毫米，不裂，微皱缩而近平滑，超出宿存花被片。种子环形，直径约12毫米，黑色至黑褐色，边缘具环状边。花期7—8月，果期8—9月。

产地与地理分布：除内蒙古、宁夏、

凹头苋

青海、西藏外，全国广泛分布。生在田野、村庄附近的杂草地上。分布于日本、欧洲、非洲北部及南美。

用途：【经济价值】茎叶可作猪饲料。【药用价值】全草入药，用作缓和止痛、收敛、利尿、解热剂；种子有明目、利大小便、去寒热的功效；鲜根有清热解毒作用。

（三）杯苋属

杯苋

名称：杯苋［*Cyathula prostrata* (L.) Blume］

鉴别特征：多年生草本，高30～50厘米；根细长；茎上升或直立，钝四棱形，具分枝，有灰色长柔毛，节部带红色，加粗，基部数节生不定根。叶片菱状倒卵形或菱状矩圆形，长1.5～6厘米，宽6～30毫米，顶端圆钝，微凸，中部以下骤然变细，基部圆形，上面绿色，幼时带红色，下面苍白色，两面有长柔毛，具缘毛；叶柄长1～7毫米，有长柔毛。总状花序由多数花丛而成，顶生和最上部叶腋生，直立，长4～35厘米；总梗延伸，不分枝，密生灰色柔毛；花丛具长约1毫米的花梗，在花序下部的花丛间距离较远，愈向上距离愈近，初直立，后开展，最后反折，下部花丛由2～3朵两性花及数朵不育花而成，愈向花序上部，花丛内的不育花数目愈减少，最上部花丛仅有1朵两性花，而无不育花，果实成熟时整个花丛脱落；苞片长1～2毫米，顶端长渐尖，授粉后反折；两性花的花被片卵状矩圆形，长2～3毫米，淡绿色，顶端渐尖，具凸尖，外面有白色长柔毛，内面无毛，具3～5脉；雄蕊花丝长3～4毫米，基部连合部分仅长1毫米；退化雄蕊长方形，长0.5毫米，顶端截形，具2浅裂或凹缺。胞果球形，直径约0.5毫米，无毛，带绿色；不育花的花被片及苞片黄色，长约1.5毫米，花后稍延长，顶端钩状，基部有长柔毛。种子卵状矩圆形，极小，褐色，光亮。花果期6—11月。

产地与地理分布：产于台湾、广东、广西、云南。生于山坡灌丛或小河边。越南、印度、泰国、缅甸、马来西亚、菲律宾、非洲、大洋洲均有分布。

用途：【药用价值】全草入药，主治跌打、驳骨。

杯苋

七、紫茉莉科

紫茉莉属

紫茉莉

名称：紫茉莉（*Mirabilis jalapa* L.）

中文异名：胭脂花、粉豆花、夜饭花、状元花、丁香叶、苦丁香、野丁香

鉴别特征：一年生草本，高可达1米。根肥粗，倒圆锥形，黑色或黑褐色。茎直立，圆柱形，多分枝，无毛或疏生细柔毛，节稍膨大。叶片卵形或卵状三角形，长3～15厘米，宽2～9厘米，顶端渐尖，基部截形或心形，全缘，两面均无毛，脉隆起；叶柄长1～4厘米，上部叶几无柄。花常数朵簇生枝端；花梗长1～2毫米；总苞钟形，长约1厘米，5裂，裂片三角状卵形，顶端渐尖，无毛，具脉纹，果时宿存；花被紫红色、黄色、白色或杂色，高脚碟状，筒部长2～6厘米，檐部直径2.5～3厘米，5浅裂；花午后开放，有香气，次日午前凋萎；雄蕊5，花丝细长，常伸出花外，花药球形；花柱单生，线形，伸出花外，柱头头状。瘦果球形，直径5～8毫米，革质，黑色，表面具皱纹；种子胚乳白粉质。花期6—10月，果期8—11月。

产地与地理分布：原产于热带美洲。我国南北各地常栽培，为观赏花卉，有时逸为野生。

用途：【药用价值】根、叶可供药用，有清热解毒、活血调经、滋补的功效；种子白粉可去面部癍痣粉刺。【观赏价值】中国南北各地常栽培，观赏价值较高。

紫茉莉

八、防己科

千金藤属

粪箕笃

名称：粪箕笃（*Stephania longa* Lour.）

鉴别特征：草质藤本，长1～4米或稍过之，除花序外全株无毛；枝纤细，有条纹。叶纸质，

（三）紫玉盘属

紫玉盘

名称：紫玉盘（*Uvaria microcarpa*）

中文异名：油椎、蕉藤、牛老头、山芭豆、广肚叶、行蕉果、草乌、缸瓷树、牛苍子、牛刀树、山梗子、酒饼木、石龙叶、小十八风藤

鉴别特征：直立灌木，高约2米，枝条蔓延性；幼枝、幼叶、叶柄、花梗、苞片、萼片、花瓣、心皮和果均被黄色星状柔毛，老渐无毛或几无毛。叶革质，长倒卵形或长椭圆形，长10～23厘米，宽5～11厘米，顶端急尖或钝，基部近心形或圆形；侧脉每边约13条，在叶面凹陷，叶背凸起。花1～2朵，与叶对生，暗紫红色或淡红褐色，直径2.5～3.5厘米；花梗长2厘米以下；萼片阔卵形，长约5毫米，宽约10毫米；花瓣内外轮相似，卵圆形，长约2厘米，宽约1.3厘米，顶端圆或钝；雄蕊线形，长约9毫米，药隔卵圆形，无毛，最外面的雄蕊常退化为倒披针形的假雄蕊；心皮长圆形或线形，长约5毫米，柱头马蹄形，顶端2

紫玉盘

裂而内卷。果卵圆形或短圆柱形，长1～2厘米，直径1厘米，暗紫褐色，顶端有短尖头；种子圆球形，直径6.5～7.5毫米。花期3—8月，果期7月至翌年3月。

产地与地理分布：产于广西、广东和台湾。生于低海拔灌木丛中或丘陵山地疏林中。越南和老挝也有。模式标本采自广东南部岛屿。

用途：【经济价值】茎皮纤维坚韧，可编织绳索或麻袋。【药用价值】根可药用，治风湿、跌打损伤、腰腿痛等；叶可止痛消肿。兽医用作治牛瘤胃膨胀，可健胃、促进反刍。【观赏价值】花色美丽，果实紫色，果花期长达半年以上，具有较高的观赏价值。

十、樟科

（一）无根藤属

无根藤

名称：无根藤（*Cassytha filiformis* L.）

中文异名：无头草、无爷藤、罗网藤

鉴别特征：寄生缠绕草本，借盘状吸根攀附于寄主植物上。茎线形，绿色或绿褐色，稍木质，幼嫩部分被锈色短柔毛，老时毛被稀疏或变无毛。叶退化为微小的鳞片。穗状花序长2～5厘米，密被锈色短柔毛；苞片和小苞片微小，宽卵圆形，长约1毫米，褐色，被缘毛。花小，白色，长不及2毫米，无梗。花被裂片6，排成两轮，外轮3枚小，圆形，有缘毛，内轮3枚较大，卵形，外面有短柔毛，内面几无毛。能育雄蕊9，第一轮雄蕊花丝近花瓣状，其余的为线状，第一、二轮雄蕊花丝无腺体，花药2室，室内向，第三轮雄蕊花丝基部有一对无柄腺体，花药2室，室外向。

69

产地与地理分布：产于南方及西南各省区。常生于山坡或沟谷中，但常有栽培的。越南、朝鲜、日本也有分布，其他各国常有引种栽培。

用途：【经济价值】木材及根、枝、叶可提取樟脑和樟油，樟脑和樟油供医药及香料工业用；果核含脂肪，含油量约40%，油供工业用；木材又为造船、橱箱和建筑等用材。【药用价值】根、木材、树皮、叶及果入药，具祛风散寒、理气活气、止痛止痒、强心镇痉和杀虫等功效，其中根和木材可治感冒头痛、风湿骨痛、跌打损伤、克山病，皮和叶外用治慢性下肢溃疡、皮肤瘙痒、熏烟可驱蚊，果可治胃腹冷痛、食滞、腹胀、胃肠炎。

樟

（三）山胡椒属

1. 乌药

名称：乌药［*Lindera aggregata* (Sims) Kosterm］

退化雄蕊3，位于最内轮，三角形，具柄。子房卵珠形，几无毛，花柱短，略具棱，柱头小，头状。果小，卵球形，包藏于花后增大的肉质果托内，但彼此分离，顶端有宿存的花被片。花果期5—12月。

产地与地理分布：产于云南、贵州、广西、广东、湖南、江西、浙江、福建及台湾等省（区）。生于山坡灌木丛或疏林中，海拔980～1 600米。热带亚洲、非洲和澳大利亚也有。

用途：【经济价值】可作造纸用的糊料。【药用价值】全草入药，具化湿消肿、通淋利尿的功效，主治肾炎水肿、尿路结石、尿路感染、跌打疮肿及湿疹。

无根藤

（二）樟属

樟

名称：樟［*Cinnamomum camphora* (L.) Presl］

中文异名：香樟、芳樟、油樟、樟木、乌樟、瑶人柴、栳樟、臭樟、乌樟

鉴别特征：常绿大乔木，高可达30米，直径可达3米，树冠广卵形；枝、叶及木材均有樟脑气味；树皮黄褐色，有不规则的纵裂。顶芽广卵形或圆球形，鳞片宽卵形或近圆形，外面略被绢状毛。枝条圆柱形，淡褐色，无毛。叶互生，卵状椭圆形，长6～12厘米，宽2.5～5.5厘米，先端

苦，有刺激性清凉感。幼枝青绿色，具纵向细条纹，密被金黄色绢毛，后渐脱落，老时无毛，干时褐色。顶芽长椭圆形。叶互生，卵形，椭圆形至近圆形，通常长2.7～5厘米，宽1.5～4厘米，有时可长达7厘米，先端长渐尖或尾尖，基部圆形，革质或有时近革质，上面绿色，有光泽，下面苍白色，幼时密被棕褐色柔毛，后渐脱落，偶见残存斑块状黑褐色毛片，两面有小凹窝，三出脉，中脉及第一对侧脉上面通常凹下，少有凸出，下面明显凸出；叶柄长0.5～1厘米，有褐色柔毛，后毛被渐脱落。伞形花序腋生，无总梗，常6～8花序集生于一个1～2毫米长的短枝上，每花序有一苞片，一般有花7朵；花被片6，近等长，外面被白色柔毛，内面无毛，黄色或黄绿色，偶有外乳白内紫红色；花梗长约0.4毫米，被柔毛。雄花花被片长约4毫米，宽约2毫米；雄蕊长3～4毫米，花丝被疏柔毛，第三轮的有2个宽肾形具柄腺体，着生花丝基部，有时第二轮的也有腺体1～2枚；退化雌蕊坛状。雌花花被片长约2.5毫米，宽约2毫米，退化雄蕊长条片状，被疏柔毛，长约1.5毫米，第三轮基部着生2个具柄腺体；子房椭圆形，长约1.5毫米，被褐色短柔毛，柱头头状。果卵形或有时近圆形，长0.6～1厘米，直径4～7毫米。花期3—4月，果期5—11月。

产地与地理分布：产于浙江、江西、福建、安徽、湖南、广东、广西、台湾等省（区）。生于海拔200～1 000米向阳坡地、山谷或疏林灌丛中。越南、菲律宾也有分布。

用途：【经济价值】果实、根、叶均可提芳香油制香皂；根、种子磨粉可杀虫。【药用价值】干燥块根入药，具行气止痛、温肾散寒的功效，主治寒凝气滞、胸腹胀痛、气逆喘急、膀胱虚冷、遗尿尿频、疝气疼痛、经寒腹痛。

中文异名：牛筋树、雷公子、假死柴、野胡椒、香叶子、油金条

鉴别特征：落叶灌木或小乔木，高可达8米；树皮平滑，灰色或灰白色。冬芽（混合芽）长角锥形，长约1.5厘米，直径4毫米，芽鳞裸露部分红色，幼枝条白黄色，初有褐色毛，后脱落成无毛。叶互生，宽椭圆形、椭圆形、倒卵形到狭倒卵形，长4~9厘米，宽2~4（6）厘米，上面深绿色，下面淡绿色，被白色柔毛，纸质，羽状脉，侧脉每侧（4）5~6条；叶枯后不落，翌年新叶发出时落下。伞形花序腋生，总梗短或不明显，长一般不超过3毫米，生于混合芽中的总苞片绿色膜质，每总苞有3~8朵花。雄花花被片黄色，椭圆形，长约2.2毫米，内、外轮几相等，外面在背脊部被柔毛；雄蕊9，近等长，花丝无毛，第三轮的基部着生2个具角突宽肾形腺体，柄基部与花丝基部合生，有时第二轮雄蕊花丝也着生一较小腺体；退化雌蕊细小，椭圆形，长约1毫米，上有一小突尖；花梗长约1.2厘米，密被白色柔毛。雌花花被片黄色，椭圆或倒卵形，内、外轮几相等，长约2毫米，外面在背脊部被稀疏柔毛或仅基部有少数柔毛；退化雄蕊长约1毫米，条形，第三轮的基部着生2个长约0.5毫米具柄不规则肾形腺体，腺体柄与退化雄蕊中部以下合生；子房椭圆形，长约1.5毫米，花柱长约0.3毫米，柱头盘状；花梗长3~6毫米，熟时黑褐色；果梗长1~1.5厘米。花期3—4月，果期7—8月。

产地与地理分布：产于山东昆嵛山以南、河南嵩县以南，陕西郧县以南以及甘肃、山西、江苏、安徽、浙江、江西、福建、台湾、广东、广西、湖北、湖南、四川等省（区）。生于海拔900米左右以下山坡、林缘、路旁。印度支那、朝鲜、日本也有分布。

用途：【经济价值】木材可作家具；叶、果皮可提芳香油；种仁油含月桂酸，油可作肥皂和润滑油。【药用价值】根、枝、叶、果入药，其中叶具温中散寒、破气化滞、祛风消肿的功效，根治劳伤脱力、水湿浮肿、四肢酸麻、风湿性关节炎、跌打损伤，果治胃痛。

山胡椒

（四）木姜子属

1. 山鸡椒

名称：山鸡椒［*Litsea cubeba* (Lour.) Pers.］

中文异名：山苍树、木姜子、毕澄茄、澄茄子、豆豉姜、山姜子、臭樟子、赛梓树、臭油果树、山胡椒

鉴别特征：落叶灌木或小乔木，高达8～10米；幼树树皮黄绿色，光滑，老树树皮灰褐色。小枝细长，绿色，无毛，枝、叶具芳香味。顶芽圆锥形，外面具柔毛。叶互生，披针形或长圆形，长4～11厘米，宽1.1～2.4厘米，先端渐尖，基部楔形，纸质，上面深绿色，下面粉绿色，两面均无毛，羽状脉，侧脉每边6～10条，纤细，中脉、侧脉在两面均突起；叶柄长6～20毫米，纤细，无毛。伞形花序单生或簇生，总梗细长，长6～10毫米；苞片边缘有睫毛；每一花序有花4～6朵，先叶开放或与叶同时开放，花被裂片6，宽卵形；能育雄蕊9，花丝中下部有毛，第3轮基部的腺体具短柄；退化雌蕊无毛；雌花中退化雄蕊中下部具柔毛；子房卵形，花柱短，柱头头状。果近球形，直径约5毫米，无毛，幼时绿色，成熟时黑色，果梗长2～4毫米，先端稍增粗。花期2—3月，果期7—8月。

产地与地理分布：产于广东、广西、福建、台湾、浙江、江苏、安徽、湖南、湖北、江西、贵州、四川、云南、西藏。生于向阳的山地、灌丛、疏林或林中路旁、水边，海拔500～3 200米。东南亚各国也有分布。

用途：【经济价值】木材材质中等，耐湿不蛀，但易劈裂，可供普通家具和建筑等用；花、叶和果皮主要提制柠檬醛的原料，供医药制品和配制香精等用；核仁含油率61.8%，油供工业上用。【食用价值】在湖北西部地区（比如宜昌地区）会将新鲜采摘的山鸡椒放入泡菜水中浸泡，待过半个月左右即可捞起食用，可单独作为泡菜食用，也可以在炒菜时当做调料；台湾原住民利用山鸡椒果实有刺激性以代食盐等。【药用价值】根、茎、叶和果实均可入药，具祛风散寒、消肿止痛的功效。

山鸡椒

2. 潺槁木姜子

名称：潺槁木姜子［*Litsea glutinosa* (Lour.) C. B. Rob.］

中文异名：潺槁树、油槁树、胶樟、青野槁

鉴别特征：常绿小乔木或乔木，高3～15米；树皮灰色或灰褐色，内皮有黏质。小枝灰褐色，幼时有灰黄色绒毛。顶芽卵圆形，鳞片外面被灰黄色绒毛。叶互生，倒卵形、倒卵状长圆形或椭圆状披针形，长6.5～10（26)厘米，宽5～11厘米，先端钝或圆，基部楔形，钝或近圆，革质，幼时两面均有毛，老时上面仅中脉略有毛，下面有灰黄色绒毛或近于无毛，羽状脉，侧脉每边8～12条，直展，中、侧脉在叶上面微突，在下面突起；叶柄长1～2.6厘米，有灰黄色绒毛。伞形花序生于小枝上部叶腋，单生或几个生于短枝上，短枝长达2～4厘米或更长；每一年形花序梗长1～1.5厘米，均被灰黄色绒毛；苞片4；每一花序有花数朵；花梗被灰黄色绒毛；花被不完全或缺；能育雄

潺槁木姜子

蕊通常15，或更多，花丝长，有灰色柔毛，腺体有长柄，柄有毛；退化雌蕊椭圆形，无毛；雌花中子房近于圆形，无毛，花柱粗大，柱头漏斗形；退化雄蕊有毛。果球形，直径约7毫米，果梗长5～6毫米，先端略增大。花期5—6月，果期9—10月。

产地与地理分布：产于广东、广西、福建及云南南部。生于山地林缘、溪旁、疏林或灌丛中，海拔500～1 900米。越南、菲律宾、印度也有分布。

用途：【经济价值】木材黄褐色，稍坚硬，耐腐，可供家具用材；树皮和木材含胶质，可作黏合剂；种仁含油率50.3%，供制皂及作硬化油。【药用价值】根皮和叶，民间入药，具清湿热、消肿毒功效，可治腹泻，外敷治疮痈。

3. 假柿木姜子

名称：假柿木姜子［*Litsea monopetala* (Roxb.) Pers.］

中文异名：毛腊树、毛黄木、水冬瓜、木浆子、假柿树、假沙梨、山菠萝树、山口羊、纳槁、猪母槁

鉴别特征：常绿乔木，高达18米，直径约15厘米；树皮灰色或灰褐色。小枝淡绿色，密被锈色短柔毛。顶芽圆锥形，外面密被锈色短柔毛。叶互生，宽卵形、倒卵形至卵状长圆形，长8～20厘米，宽4～12厘米，先端钝或圆，偶有急尖，基部圆或急尖，薄革质，幼叶上面沿中脉有锈色短柔毛，老时渐脱落变无毛，下面密被锈色短柔毛，羽状，侧脉每边8～12条，有近平行的横脉相连，侧脉较直，中脉、侧脉在叶上面均下陷，在下面突起；叶柄长1～3厘米，密被锈色短柔毛。

伞形花序簇生叶腋，总梗极短；每一花序有花4～6朵或更多；花序总梗长4～6毫米；苞片膜质；花梗长6～7毫米，有锈色柔毛；雄花花被片5～6，披针形，长2.5毫米，黄白色；能育雄蕊9，花丝纤细，有柔毛，腺体有柄；雌花较小；花被裂片长圆形，长1.5毫米，退化雄蕊有柔毛；子房卵形，无毛。果长卵形，长约7毫米，直径5毫米；果托浅碟状，果梗长1厘米。花期11月至翌年5—6月，果期6—7月。

产地与地理分布：产于广东、广西、贵州西南部、云南南部。生于阳坡灌丛或疏林中，海拔可至1 500米，但多见于低海拔的丘陵地区。东南亚各国及印度、巴基斯坦也有分布。

用途：【经济价值】木材可作家具等用；种仁含脂肪油30.33％，供工业用。【药用价值】叶，民间入药，外敷治关节脱臼。

假柿木姜子

4. 木姜子

名称：木姜子（*Litsea pungens* Hemsl.）

中文异名：木香子、山胡椒、猴香子、陈茄子、兰香树、生姜材、香桂子、黄花子、辣姜子

鉴别特征：落叶小乔木，高3～10米；树皮灰白色。幼枝黄绿色，被柔毛，老枝黑褐色，无毛。顶芽圆锥形，鳞片无毛。叶互生，常聚生于枝顶，披针形或倒卵状披针形，长4～15厘米，宽2～5.5厘米，先端短尖，基部楔形，膜质，幼叶下面具绢状柔毛，后脱落渐变无毛或沿中脉有稀疏毛，羽状脉，侧脉每边5～7条，叶脉在两面均突起；叶柄纤细，长1～2厘米，初时有柔毛，后脱落渐变无毛。伞形花序腋生；总花梗长5～8毫米，无毛；每一花序有雄花8～12朵，先叶开放；花梗长5～6毫米，被丝状柔毛；花被裂片6，黄色，倒卵形，长2.5毫米，外面有稀疏柔毛；能育雄蕊9，花丝仅基部有柔毛，第3轮基部有黄色腺体，圆形；退化雌蕊细小，无毛。果球形，直径7～10毫米，成熟时蓝黑色；果梗长1～2.5厘米，先端略增粗。花期3—5月，果期7—9月。

产地与地理分布：产于湖北、湖南、广东北部、广西、四川、贵州、云南、西藏、甘肃、陕西、河南、山西南部、浙江南部。生于溪旁和山地阳坡杂木林中或林缘，海拔800～2 300米。

用途：【经济价值】果含芳香油，据四川资料，干果含芳香油2%～6%，鲜果含3%～4%，主要成分为柠檬醛60%-90%，香叶醇5%～19%，可作食用香精和化妆香精，现已广泛利用于高级香料、紫罗兰酮和维生素A的原料；种子含脂肪油48.2%，可供制皂和工业用。

木姜子

十一、景天科

落地生根属

落地生根

名称：落地生根〔*Bryophyllum pinnatum* (L. f.) Oken〕

鉴别特征：多年生草本，高40～150厘米；茎有分枝。羽状复叶，长10～30厘米，小叶长圆形至椭圆形，长6～8厘米，宽3～5厘米，先端钝，边缘有圆齿，圆齿底部容易生芽，芽长大后落地即成一新植株；小叶柄长2～4厘米。圆锥花序顶生，长10～40厘米；花下垂，花萼圆柱形，长2～4厘米；花冠高脚碟形，长达5厘米，基部稍膨大，向上成管状，裂片4，卵状披针形，淡红色或紫红色；雄蕊8，着生花冠基部，花丝长；鳞片近长方形；心皮4。蓇葖包在花萼及花冠内；种子小，有条纹。花期1—3月。

产地与地理分布：产于云南、广西、广东、福建、台湾。原产于非洲。我国各地栽培，有逸为野生的。

用途：【药用价值】全草入药，具解毒消肿、活血止痛、拔毒生肌的功效。【观赏价值】叶片肥厚多汁，边缘长出整齐美观的不定芽，形似一群小蝴蝶，飞落于地，立即扎根繁育子孙后代，颇有奇趣，具较高的观赏价值。

落地生根

十二、金缕梅科

蚊母树属

蚊母树

名称：蚊母树（*Distylium racemosum*）

鉴别特征：常绿灌木或中乔木，嫩枝有鳞垢，老枝秃净，干后暗褐色；芽体裸露无鳞状苞片，被鳞垢。叶革质，椭圆形或倒卵状椭圆形，长3～7厘米，宽1.5～3.5厘米，先端钝或略尖，基部阔楔形，上面深绿色，发亮，下面初时有鳞垢，以后变秃净，侧脉5～6对，在上面不明显，在下面稍突起，网脉在上下两面均不明显，边缘无锯齿；叶柄长5～10毫米，略有鳞垢。托叶细小，早落。总状花序长约2厘米，花序轴无毛，总苞2～3片，卵形，有鳞垢；苞片披针形，长3毫米，花雌雄同在一个花序上，雌花位于花序的顶端；萼筒短，萼齿大小不相等，被鳞垢；雄蕊5～6个，花丝长约2毫米，花药长3.5毫米，红色；子房有星状绒毛，花柱长6～7毫米。蒴果卵圆形，长1～1.3厘米，先端尖，外面有褐色星状绒毛，上半部两片裂开，每片2浅裂，不具宿存萼筒，果梗短，长不及2毫米。种子卵圆形，长4～5毫米，深褐色、发亮，种脐白色。

产地与地理分布：分布于福建、浙江、台湾、广东、海南岛；亦见于朝鲜及日本琉球。

用途：【经济价值】树皮内含鞣质，可制栲胶；木材坚硬，可作家具、车辆等用材。【药用价值】根入药，主治水肿、手足浮肿、风湿骨节疼痛、跌打损伤。【观赏价值】蚊母树枝叶密集，树形整齐，叶色浓绿，经冬不凋，春日开细小红花也颇美丽，观赏价值较高。

十三、蔷薇科

悬钩子属

粗叶悬钩子

名称：粗叶悬钩子（*Rubus alceaefolius* Poir.）

鉴别特征：攀援灌木，高达5米。枝被黄灰色至锈色绒毛状长柔毛，有稀疏皮刺。单叶，近圆形或宽卵形，长6～16厘米，宽5～14厘米，顶端圆钝，稀急尖，基部心形，上面疏生长柔毛，并有囊泡状小突起，下面密被黄灰色至锈色绒毛，沿叶脉具长柔毛，边缘不规则3～7浅裂，裂片圆钝或急尖，有不整齐粗锯齿，基部有5出脉；叶柄长3～4.5厘米，被黄灰色至锈色绒毛状长柔毛，疏生小皮刺；托叶大，长1～1.5厘米，羽状深裂或不规则的撕裂，裂片线形或线状披针形。花成顶生狭圆锥花序或近总状，也成腋生头状花束，稀为单生；总花梗、花梗和花萼被浅黄色至锈色绒毛状长柔毛；花梗短，最长者不到1厘米；苞片大，羽状至掌状或梳齿状深裂，裂片线形至披针形，或裂片再次分裂；花直径1～1.6厘米；萼片宽卵形，有浅黄色至锈色绒毛和长柔毛，外萼片顶端及边缘掌状至羽状条裂，稀不分裂，内萼片常全缘而具短尖头；花瓣宽倒卵形或近圆形，白色，与萼片近等长；雄蕊多数，花丝宽扁，花药稍有长柔毛；雄蕊多数，子房无毛。果实近球形，直径达1.8厘米，肉质，红色；核有皱纹。花期7—9月，果期10—11月。

产地与地理分布：产于江西、湖南、江苏、福建、台湾、广东、广西、贵州、云南。生于海拔500～2 000米的向阳山坡、山谷杂木林内或沼泽灌丛中以及路旁岩石间。缅甸、东南亚、印度尼西亚、菲律宾、日本也有分布。

用途：【药用价值】根和叶入药，具活血去瘀、清热止血的功效。

粗叶悬钩子

十四、含羞草科

（一）金合欢属

1. 大叶相思

名称：大叶相思（*Acacia auriculaeformis* A.Cunn.ex Benth）

中文异名：耳叶相思

鉴别特征：常绿乔木，枝条下垂，树皮平滑，灰白色；小枝无毛，皮孔显著。叶状柄镰状长圆形，长 10 ~ 20 厘米，宽 1.5 ~ 4(6) 厘米，两端渐狭，比较显著的主脉有 3 ~ 7 条。穗状花序长 3.5 ~ 8 厘米，一至数枝簇生于叶腋或枝顶；花橙黄色；花萼长 0.5 ~ 1 毫米，顶端浅齿裂；花瓣长圆形，长 1.5 ~ 2 毫米；花丝长 2.5 ~ 4 毫米。荚果成熟时旋卷，长 5 ~ 8 厘米，宽 8 ~ 12 毫米，果瓣木质，每一个果内有种子约 12 颗；种子黑色，围以折叠的珠柄。

大叶相思

产地与地理分布：广东、广西、福建有引种。原产于澳大利亚北部及新西兰。

用途：【经济价值】木材结构细致，强度较大，可供作农具、家具、建筑、薪炭及纸浆之用，是兼用材、薪材、纸材、饲料和改土于一身的树种。【生态价值】耐旱适应力强，能于贫瘠土地上生长，可作防护树种。

2. 台湾相思

名称：台湾相思（*Acacia confusa* Merr.）

中文异名：相思树、台湾柳、相思仔

鉴别特征：常绿乔木，高 6 ~ 15 米，无毛；枝灰色或褐色，无刺，小枝纤细。苗期第一片真叶为羽状复叶，长大后小叶退化，叶柄变为叶状柄，叶状柄革质，披针形，长 6 ~ 10 厘米，宽 5 ~ 13 毫米，直或微呈弯镰状，两端渐狭，先端略钝，两面无毛，有明显的纵脉 3 ~ 5(8) 条。头状花序球形，单生或 2 ~ 3 个簇生于叶腋，直径约 1 厘米；总花梗纤弱，长 8 ~ 10 毫米；花金黄色，有微香；花萼长约为花冠之半；花瓣淡绿色，长约 2 毫米；雄蕊多数，明显超出花冠之外；子房被黄褐色柔毛，花柱长约 4 毫米。荚果扁平，长 4 ~ 9(12) 厘米，宽 7 ~ 10 毫米，干时深褐色，有光泽，于种子间微缢缩，顶端钝而有凸头，基部楔形；种子 2 ~ 8 颗，椭圆形，压扁，长 5 ~ 7 毫米。花期 3—10 月，果期 8—12 月。

产地与地理分布：产于我国台湾、福建、广东、广西、云南；野生或栽培。菲律宾、印度尼西亚、斐济亦有分布。

用途：【经济价值】材质坚硬，可为车轮、桨橹及农具等用；树皮含单宁；花含芳香油，可作调香原料。【药用价值】枝和叶入药，具祛腐生肌的功效，外洗治烂疮。【生态价值】耐干旱，为华南地区荒山造林、水土保持和沿海防护林的重要树种。

台湾相思

（二）银合欢属

银合欢

名称：银合欢［*Leucaena leucocephala* (Lam.) de Wit］

中文异名：白合欢

鉴别特征：灌木或小乔木，高2～6米；幼枝被短柔毛，老枝无毛，具褐色皮孔，无刺；托叶三角形，小。羽片4～8对，长5～9(16)厘米，叶轴被柔毛，在最下一对羽片着生处有黑色腺体1枚；小叶5～15对，线状长圆形，长7～13毫米，宽1.5～3毫米，先端急尖，基部楔形，边缘被短柔毛，中脉偏向小叶上缘，两侧不等宽。头状花序通常1～2个腋生，直径2～3厘米；苞片紧贴，被毛，早落；总花梗长2～4厘米；花白色；花萼长约3毫米，顶端具5细齿，外面被柔毛；花瓣狭倒披针形，长约5毫米，背被疏柔毛；雄蕊10枚，通常被疏柔毛，长约7毫米；子房具短柄，上部被柔毛，柱头凹下呈杯状。荚果带状，长10～18厘米，宽1.4～2厘米，顶端凸尖，基部有柄，纵裂，被微柔毛；种子6～25颗，卵形，长约7.5毫米，褐色，扁平，光亮。花期4—7月，果期8—10月。

产地与地理分布：产于我国台湾、福建、广

银合欢

东、广西和云南。生于低海拔的荒地或疏林中。原产于热带美洲，现广布于各热带地区。

用途：【经济价值】木质坚硬，为良好之薪炭材；叶可作绿肥及家畜饲料，但马、驴、骡及猪等不宜被大量饲喂。【生态价值】耐旱力强，适为荒山造林树种。

（三）含羞草属

1. 无刺含羞草

名称：无刺含羞草（*Mimosa invisa* Mart. ex Colla var.*inermis* Adelh）

鉴别特征：直立、亚灌木状草本；茎攀援或平卧，长达60厘米，五棱柱状，沿棱上无钩刺，其余被疏长毛，老时毛脱落。二回羽状复叶，长10～15厘米；总叶柄及叶轴有钩刺4～5列；羽片(4)7～8对，长2～4厘米；小叶(12)20～30对，线状长圆形，长3～5毫米，宽约1毫米，被白色长柔毛。头状花序花时连花丝直径约1厘米，1或2个生于叶腋，总花梗长5～10毫米；花紫红色，花萼极小，4齿裂；花冠钟状，长2.5毫米，中部以上4瓣裂，外面稍被毛；雄蕊8枚，花丝长为花冠的数倍；子房圆柱状，花柱细长。荚果长圆形，长2～2.5厘米，宽4～5毫米，边缘及荚节无刺毛。花果期3—9月。

产地与地理分布：我国广东、云南有栽培。原产于爪哇。

无刺含羞草

用途：【经济价值】茎叶纤细而茂密，耐旱、省水，节省能耗，可作胶园覆盖植物。【观赏价值】花与叶幽雅美丽，具有较高的观赏价值。

2. 含羞草

名称：含羞草（*Mimosa pudica* Linn.）

中文异名：知羞草、呼喝草、怕丑草

鉴别特征：披散、亚灌木状草本，高可达1米；茎圆柱状，具分枝，有散生、下弯的钩刺及倒生刺毛。托叶披针形，长5～10毫米，有刚毛。羽片和小叶触之即闭合而下垂；羽片通常2对，指状排列于总叶柄之顶端，长3～8厘米；小叶10～20对，线状长圆形，长8～13毫米，宽1.5～2.5毫米，先端急尖，边缘具刚毛。头状花序圆球形，直径约1厘米，具长总花梗，单生或2～3个生于叶腋；花小，淡红色，多数；苞片线形；花萼极小；花冠钟状，裂片4，外面被短柔毛；雄蕊4枚，伸出于花冠之外；子房有短柄，无毛；胚珠3～4颗，花柱丝状，柱头小。荚果长圆形，长1～2厘米，宽约5毫米，扁平，稍弯曲，荚缘波状，具刺毛，成熟时荚节脱落，荚缘宿存；种子卵形，长3.5毫米。花期3—10月，果期5—11月。

产地与地理分布：产于我国台湾、福建、广东、广西、云南等地。生于旷野荒地、灌木丛中，长江流域常有栽培供观赏。原产于热带美洲，现广布于世界热带地区。

用途：【药用价值】全草入药，具安神镇静的功效，其中鲜叶捣烂外敷治带状疱疹。【观赏价值】株形散落，羽叶纤细秀丽，叶片一碰即闭合，花多而清秀，楚楚动人，具有较高的观赏价值。

含羞草

3. 光荚含羞草

名称：光荚含羞草（*Mimosa sepiaria* Benth.）

鉴别特征：落叶灌木，高3～6米；小枝无刺，密被黄色茸毛。二回羽状复叶，羽片6～7对，长2～6厘米，叶轴无刺，被短柔毛，小叶12～16对，线形，长5～7毫米，宽1～1.5毫米，革质，先端具小尖头，除边缘疏具缘毛外，余无毛，中脉略偏上缘。头状花序球形；花白色；花萼杯状，极小；花瓣长圆形，长约2毫米，仅基部连合；雄蕊8枚，花

光荚含羞草

丝长4～5毫米。荚果带状，劲直，长3.5～4.5厘米，宽约6毫米，无刺毛，褐色，通常有5～7个荚节，成熟时荚节脱落而残留荚缘。

产地与地理分布：产于广东南部沿海地区。逸生于疏林下。原产于热带美洲。

十五、蝶形花科

（一）杭子梢属

杭子梢

名称：杭子梢［*Campylotropis macrocarpa* (Bge.) Rehd.］

鉴别特征：灌木，高1～2（3）米。小枝贴生或近贴生短或长柔毛，嫩枝毛密，少有具绒毛，老枝常无毛。羽状复叶具3小叶；托叶狭三角形、披针形或披针状钻形，长（2）3～6毫米；叶柄长（1）1.5～3.5厘米，稍密生短柔毛或长柔毛，少为毛少或无毛，枝上部（或中部）的叶柄常较短，有时长不及1厘米；小叶椭圆形或宽椭圆形，有时过渡为长圆形，长（2）3～7厘米，宽1.5～3.5（4）厘米，先端圆形、钝形或微凹，具小凸尖，基部圆形，稀近楔形，上面通常无毛，脉明显，下面通常贴生或近贴生短柔毛或长柔毛，疏生至密生，中脉明显隆起，毛较密。总状花序单一（稀二）腋生并顶生，花序连总花梗长4～10厘米或有时更长，总花梗长1～4（5）厘米，花序轴密生开展的短柔毛或微柔毛总花梗常斜生或贴生短柔毛，稀为具绒毛；苞片卵状披针形，长1.5～3毫米，早落或花后逐渐脱落，小苞片近线形或披针形，长1～1.5毫米，早落；花梗长（4）6～12毫米，具开展的微柔毛或短柔毛，极稀贴生毛；花萼钟形，

杭子梢

长3～4（5）毫米，稍浅裂或近中裂，稀稍深裂或深裂，通常贴生短柔毛，萼裂片狭三角形或三角形，渐尖，下方萼裂片较狭长，上方萼裂片几乎全部合生或少有分离；花冠紫红色或近粉红色，长10～12（13）毫米，稀为长不及10毫米，旗瓣椭圆形、倒卵形或近长圆形等，近基部狭窄，瓣柄长0.9～1.6毫米，翼瓣微短于旗瓣或等长，龙骨瓣呈直角或微钝角内弯，瓣片上部通常比瓣片下部（连瓣柄）短1～3（3.5）毫米。荚果长圆形、近长圆形或椭圆形，长（9）10～14（16）毫米，宽（3.5）4.5～5.5（6）毫米，先端具短喙尖，果颈长1～1.4（1.8）毫米，稀短于1毫米，无毛，具网脉，边缘生纤毛。花果期（5）6—10月。

产地与地理分布：产于河北、山西、陕西、甘肃、山东、江苏、安徽、浙江、江西、福建、河南、湖北、湖南、广西、四川、贵州、云南、西藏等省（区）。生于山坡、灌丛、林缘、山谷沟边及林中，海拔150～1 900米，稀达2 000米以上。朝鲜也有分布。模式标本采自河北省。

用途：【经济价值】茎皮纤维可作绳索；枝条可编制筐篓；嫩叶可作牲畜饲料及绿肥。【生态价值】作为很好的水土保持植物。【观赏价值】花序美丽，观赏价值较高。

（二）山蚂蝗属

1. 显脉山绿豆

名称：显脉山绿豆（*Desmodium reticulatum* Champ. ex Benth.）

中文异名：山地豆、假花生

鉴别特征：直立亚灌木，高30~60厘米，无毛或嫩枝被贴伏疏毛。叶为羽状三出复叶，小叶3，或下部的叶有时只有单小叶；托叶宿存，狭三角形，长约10毫米，先端长尖；叶柄长1.5~3厘米，被疏毛；小叶厚纸质，顶生小叶狭卵形、卵状椭圆形至长椭圆形，长3~5厘米，宽1~2厘米，侧生小叶较小，两端钝或先端急尖，基部微心形，上面无毛，有光泽，下面被贴伏疏柔毛，全缘，侧脉每边5~7条，近叶缘处弯曲连结，两面均明显；小托叶钻形，长约5毫米；小叶柄长1~2毫米，顶生小叶柄长约1厘米。总状花序顶生，长10~15厘米或更长，总花梗密被钩状毛；花小，每2朵生于节上，节疏离；苞片卵状披针形，被缘毛，脱落；花梗长约3毫米，无毛；花萼钟形，长约2毫米，膜质，4裂，疏被柔毛，裂片三角形，与萼筒等长，上部裂片先端微2裂；花冠粉红色，后变蓝色，长约6毫米，旗瓣卵状圆形，先端圆至微凹，翼瓣倒卵状长椭圆形，翼瓣与龙骨瓣明显弯曲，先端钝；雄蕊二体，长约5毫米，雌蕊长约6毫米，子房无毛或被毛，与花柱等长。荚果长圆形，长10~20毫米，宽约2.5毫米，腹缝线直，背缝线波状，近无毛或被钩状短柔毛，有荚节3-7。花期6—8月，果期9—10月。

产地与地理分布：产于广东、海南、广西、云南南部。生于山地灌丛间或草坡上，海拔250~1 300米。缅甸、泰国、越南亦有分布。

显脉山绿豆

2. 绒毛山蚂蝗

名称：绒毛山蚂蝗［*Desmodium velutinum* (Willd.) DC.］

中文异名：绒毛山绿豆、绒毛叶山蚂蝗

鉴别特征：小灌木或亚灌木。茎高达150厘米，被短柔毛或糙伏毛；枝稍呈之字形曲折，嫩时密被黄褐色绒毛。叶通常具单小叶，少有3小叶；托叶三角形，长5～7毫米，先端长渐尖，基部宽，被糙伏毛或近无毛；叶柄长1.5～1.8厘米，密被黄色绒毛；小叶薄纸质至厚纸质，卵状披针形、三角状卵形或宽卵形，长4～11厘米，宽2.5～8厘米，先端圆钝或渐尖，基部圆钝或截平，两面被黄色绒毛，

绒毛山蚂蝗

下面毛密而长，全缘侧脉每边8～10条，直达叶缘；小托叶钻形，长1.5～4毫米，毛被与托叶同；小叶柄极短，毛被与叶柄同。总状花序腋生和顶生，顶生者有时具少数分枝而成圆锥花序状，长4～10厘米，总花梗被黄色绒毛；花小，每2～5朵生于节上密集；苞片钻形，长2～3.5毫米，密被毛；花梗长约1.5毫米，结果时稍增长至2毫米，被毛；花萼宽钟形，长2～3毫米，外面密被小钩状毛和贴伏毛。4裂，裂片三角形，与萼筒等长或稍短，上部裂片先端微2裂；花冠紫色或粉红色，长约3毫米，旗瓣倒卵状近圆形，翼瓣长椭圆形，具耳，龙骨瓣狭窄，无耳；雄蕊二体，长约5毫米；雌蕊长5～6毫米，子房密被糙伏毛，有胚珠5～7个，花柱明显弯曲，无毛。荚果狭长圆形，长10～20毫米，宽2～3毫米，腹缝线几直，背缝线浅波状，有荚节5～7个，荚节近圆形，两面稍凸起，密被黄色直毛和混有钩状毛。花、果期9—11月。

产地与地理分布：产于广东、海南、广西西南部、贵州（贞丰）、云南南部及台湾南部。生于山地、丘陵向阳的草坡、溪边或灌丛中，海拔100～900米。热带非洲至印度、斯里兰卡、缅甸、泰国、越南、马来西亚等国也有分布。

用途：【经济价值】嫩枝叶富含蛋白质，适口性好，且干旱季节仍保持青绿，可供牲畜采食。

（三）排钱树属

排钱树

名称：排钱树［*Phyllodium pulchellum* (L.) Desv.］

中文异名：圆叶小槐花、龙鳞草、排钱草、尖叶阿婆钱、午时合、笠碗子树、亚婆钱

鉴别特征：灌木，高0.5～2米。小枝被白色或灰色短柔毛。托叶三角形，长约5毫米，基部宽2毫米；叶柄长5～7毫米，密被灰黄色柔毛；小叶革质，顶生小叶卵形，椭圆形或倒卵形，长6～10厘米，宽2.5～4.5厘米，侧生小叶约比顶生小叶小1倍，先端钝或急尖，基部圆或钝，侧生小叶基部偏斜，边缘稍呈浅波状，上面近无毛，下面疏被短柔毛，侧脉每边6～10条，在叶缘处相连接，下面网脉明显；小托叶钻形，长1毫米；小叶柄长1毫米，密被黄色柔毛。伞形花序有花5～6朵，藏于叶状苞片内，叶状苞片排列成总状圆锥花序状，长8～30厘米或更长；叶状苞片圆形，直径1～1.5厘米，两面略被短柔毛及缘毛，具羽状脉；花梗长2～3毫米，被短柔毛；花萼长约2毫米，被短柔毛；花冠白色或淡黄色旗瓣长5～6毫米，基部渐狭，具短宽的瓣柄，翼瓣长约5毫米，宽约1毫米，基部具耳，具瓣柄，龙骨瓣长约6毫米，宽约2毫米，基部无耳，但具瓣柄；雌蕊长6～7毫米，花柱长4.5～5.5毫米，近基部处有柔毛。荚果长6毫米，宽2.5毫米，腹、背两缝线均稍缢缩，通常有荚节2个，成熟时无毛或有疏短柔毛及缘毛；种子宽椭圆形或近圆形，长2.2～2.8毫米，宽2毫米。花期7—9月，果期10—11月。

产地与地理分布：产于福建、江西南部、广东、海南、广西、云南南部及台湾。生于丘陵荒地、路旁或山坡疏林中，海拔160～2 000米。印度、斯里兰卡、缅甸、泰国、越南、老挝、柬埔寨、马来西亚、澳大利亚北部也有分布。

用途：【药用价值】根和叶入药，具解表清热、活血散瘀的功效。

排钱树

（四）葛属

葛

名称：葛［*Pueraria lobata* (Willd.) Ohwi］

中文异名：葛藤、野葛

鉴别特征：粗壮藤本，长可达8米，全体被黄色长硬毛，茎基部木质，有粗厚的块状根。羽状复叶具3小叶；托叶背着，卵状长圆形，具线条；小托叶线状披针形，与小叶柄等长或较长；小叶三裂，偶尔全缘，顶生小叶宽卵形或斜卵形，长7～15（19）厘米，宽5～12（18）厘米，先端长渐尖，侧生小叶斜卵形，稍小，上面被淡黄色、平伏的疏柔毛。下面较密；小叶柄被黄褐色绒

毛。总状花序长15～30厘米，中部以上有颇密集的花；苞片线状披针形至线形，远比小苞片长，早落；小苞片卵形，长不及2毫米；花2～3朵聚生于花序轴的节上；花萼钟形，长8～10毫米，被黄褐色柔毛，裂片披针形，渐尖，比萼管略长；花冠长10～12毫米，紫色，旗瓣倒卵形，基部有2耳及一黄色硬痂状附属体，具短瓣柄，翼瓣镰状，较龙骨瓣为狭，基部有线形且向下的耳，龙骨瓣镰状长圆形，基部有极小、急尖的耳；对旗瓣的1枚雄蕊仅上部离生；子房线形，被毛。荚果长椭圆形，长5～9厘米，宽8～11毫米，扁平，被褐色长硬毛。花期9—10月，果期11—12月。

产地与地理分布：产于我国南北各地，除新疆、青海及西藏外，分布几遍全国。生于山地疏或密林中。东南亚至澳大利亚亦有分布。

用途：【经济价值】茎皮纤维供织布和造纸用。【药用价值】葛根入药，具解表退热、生津止渴、止泻的功效，能改善高血压病人的项强、头晕、头痛、耳鸣等症状。【生态价值】作为良好的水土保持植物。

葛

（五）葫芦茶属

葫芦茶

名称：葫芦茶［*Tadehagi triquetrum* (L.) Ohashi］

中文异名：百劳舌、牛虫草、懒狗舌

鉴别特征：灌木或亚灌木，茎直立，高1～2米。幼枝三棱形，棱上被疏短硬毛，老时渐变无。叶仅具单小叶；托叶披针形，长1.3～2厘米，有条纹；叶柄长1～3厘米，两侧有宽翅，翅宽4～8毫米，与叶同质；小叶纸质，狭披针形至卵状披针形，长5.8～13厘米，宽1.1～3.5厘米，先端急尖，基部圆形或浅心形，上面无毛，下面中脉或侧脉疏被短柔毛，侧脉每边8～14条，不达叶缘，叶下面网脉明显。总状花序顶生和腋生，长15～30厘米，被贴伏丝状毛和小钩状毛；花2～3朵簇生于每节上；苞片钻形或狭三角形，长5～10毫米；花梗开花时长2～6毫米，结果时延长到5～8毫米，被小钩状毛和丝状毛；花萼宽钟形，长约3毫米，萼筒长1.5毫米，上部裂片三角形，先端微2裂或有时全缘，侧裂片披针形，下部裂片线形；花冠淡紫色或蓝紫色，长5～6毫米，伸出萼外，旗瓣近圆形，先端凹入，翼瓣倒卵形，基部具耳，龙骨瓣镰刀形，弯曲，瓣柄与瓣片近等长；雄蕊二体；子房被毛，有5～8个胚珠，花柱无毛。荚果长2～5厘米，宽5毫米，全部密被黄色或白色糙伏毛，无网脉，腹缝线直，背缝线稍缢缩，有荚节5～8个，荚节近方形；种子宽椭圆形或椭圆形，长2～3毫米，宽1.5～2.5毫米。花期6—10月，果期10—12月。

产地与地理分布：产于福建、江西、广东、海南、广西、贵州及云南。生于荒地、山地林缘或路旁，海拔1 400米以下。印度、斯里兰卡、缅甸、泰国、越南、老挝、柬埔寨、马来西亚、太平洋群岛、新喀里多尼亚和澳大利亚北部也有分布。

用途：【药用价值】全株入药，具清热解毒、健脾消食和利尿的功效。

葫芦茶

（六）灰毛豆属

1. 白灰毛豆

名称：白灰毛豆（*Tephrosia candida* DC.）

中文异名：短萼灰叶

鉴别特征：灌木状草本，高1~3.5米。茎木质化，具纵棱，与叶轴同被灰白色茸毛，毛长0.75~1毫米。羽状复叶长15~25厘米；叶柄长1~3厘米，叶轴上面有沟；托叶三角状钻形，刚毛状直立，长4~7毫米，被毛，宿存；小叶8~12对，长圆形，长3~6厘米，宽6~1.4厘米，先端具细凸尖，上面无毛，下面密被平伏绢毛，侧脉30~50对，纤细，稍隆起；小叶柄长3~4毫米，密被茸毛；总状花序顶生或侧生，长15~20厘米，疏散多花，下部腋生的花序较短；苞片钻形，长约3毫米，脱落；花长约2厘米；花梗长约1厘米；花萼阔钟状，长宽各约5毫米，密被茸毛，萼齿近等长，三角形，圆头，长约1毫米；花冠色、淡黄色或淡红色，旗瓣外面密被白色绢毛，翼瓣和龙骨瓣无毛；子房密被绒毛，花柱扁平，直角上弯，内侧有稀疏柔毛，柱头点状，胚珠多数。荚果直，线形，密被褐色长短混杂细绒毛，长8~10厘米，宽7.5~8.5毫米，顶端截尖，喙直，长约1厘米，有种子10~15粒；种子橄榄色，具花斑，平滑，椭圆形，长约5毫米，宽约3.5毫米，厚约2毫米，种脐稍偏，种阜环形，明显。花期10—11月，果期12月。

产地与地理分布：原产于印度东部和马来半岛。我国福建、广东、广西、云南有种植，并逸生于草地、旷野、山坡。

白灰毛豆

2. 灰毛豆

名称：灰毛豆［*Tephrosia purpurea* (Linn.) Pers. Syn.］

中文异名：灰叶、假蓝靛、红花灰叶

鉴别特征：灌木状草本，高30～60(150)厘米；多分枝。茎基部木质化，近直立或伸展，具纵棱，近无毛或被短柔毛。羽状复叶长7～15厘米，叶柄短；托叶线状锥形，长约4毫米；小叶4～8(10)对，椭圆状长圆形至椭圆状倒披针形，长15～35毫米，宽4～14毫米，先端钝、截形或微凹，具短尖，基部狭圆，上面无毛，下面被平伏短柔毛，侧脉7～12对，清晰；小叶柄长约2毫米，被毛。总状花序顶生、与叶对生或生于上部叶腋，长10～15厘米，较细；花每节2(4)朵，疏散；苞片锥状狭披针形，长2～4毫米，花长约8毫米；花梗细，长2～4毫米，果期稍伸长，被柔毛；花萼阔钟状，长2～4毫米，宽约3毫米，被柔毛，萼齿狭三角形，尾状锥尖，近等长，长约2.5毫米；花冠淡紫色，旗瓣扁圆形，外面被细柔毛，翼瓣长椭圆状倒卵形，龙骨瓣近半圆形；子房密被柔毛，花柱线形，无毛，柱头点状，无毛或稍被画笔状毛，胚珠多数。荚果线形，长4～5厘米，宽0.4(0.6)厘米，稍上弯，顶端具短喙，被稀疏平伏柔毛，有种子6粒；种子灰褐色，具斑纹，椭圆形，长约3毫米，宽约1.5毫米，扁平，种脐位于中央。花期3—10月。

产地与地理分布：产于福建、台湾、广东、广西、云南。生于旷野及山坡。广布于全世界热带地区。

用途：【经济价值】枝叶可作绿肥。【生态价值】作为良好的固沙及堤岸保土植物。

灰毛豆

十六、酢浆草科

酢浆草属

1. 大花酢浆草

名称：大花酢浆草（*Oxalis bowiei* Lindl.）

鉴别特征：多年生草本，高10～15厘米。根茎匍匐，具肥厚的纺锤形根茎。茎短缩不明或无茎，基部围以膜质鳞片。叶多数，基生；叶柄细弱，长7～10厘米，被柔毛，基部具关节；小叶

3，宽倒卵形或倒卵圆形，长1.5～2厘米，宽2.5～3厘米，先端钝圆形、微凹，基部宽楔形，表面无毛，背面被疏柔毛。伞形花序基生或近基生，明显长于叶，具花4～10朵，总花梗被柔毛；苞片披针形，被柔毛；花梗不等长，长为苞片的3～4倍；萼披针形，长10～12毫米，宽4～5毫米，边缘具睫毛；花瓣紫红色，宽倒卵形，长为萼片的2.5～3倍，先端钝圆，基部具爪；雄蕊10，2轮，内轮长为外轮的2倍，花丝基部合生；子房被柔毛。花期5—8月，果期6—10月。

产地与地理分布：北京、江苏、陕西、新疆等地有栽培。原产于南非，我国引种作为观赏花卉。

大花酢浆草

2. 酢浆草

名称：酢浆草（*Oxalis corniculata* L.）

中文异名：酸味草、鸠酸、酸醋酱

鉴别特征：草本，高10～35厘米，全株被柔毛。根茎稍肥厚。茎细弱，多分枝，直立或匍匐，匍匐茎节上生根。叶基生或茎上互生；托叶小，长圆形或卵形，边缘被密长柔毛，基部与叶柄合生，或同一植株下部托叶明显而上部托叶不明显；叶柄长1～13厘米，基部具关节；小叶3，无柄，倒心形，长4～16毫米，宽4～22毫米，先端凹入，基部宽楔形，两面被柔毛或表面无毛，沿脉被毛较密，边缘具贴伏缘毛。花单生或数朵集为伞形花序状，腋生，总花梗淡红色，与叶近等长；花梗长4～15毫米，果后延伸；小苞片2，披针形，长2.5～4毫米，膜质；萼片5，披针形或长圆状披针形，长3～5毫米，背面和边缘被柔毛，宿存；花瓣5，黄色，长圆状倒卵形，长6～8毫米，宽4～5毫米；雄蕊10，花丝白色半透明，有时被疏短柔毛，基部合生，长、短互间，长者花药较大且早熟；子房长圆形，5室，被短伏毛，花柱5，柱头头状。蒴果长圆柱形，长1～2.5厘米，5棱。种子长卵形，长1～1.5毫米，褐色或红棕色，具横向肋状网纹。花、果期2—9月。

产地与地理分布：全国广布。生于山坡草池、河谷沿岸、路边、田边、荒地或林下阴湿处等。亚洲温带和亚热带、欧洲、地中海和北美皆有分布。

用途：【药用价值】全草入药，具解热利尿，消肿散淤的功效。

酢浆草

十七、芸香科

（一）酒饼簕属

酒饼簕

名称：酒饼簕 ［*Atalantia buxifolia* (Poir.) Oliv.］

中文异名：山柑仔、乌柑、东风橘、狗橘、蠔壳刺、儿针簕、山橘簕、牛屎橘、狗骨簕、梅橘、雷公簕、铜将军

鉴别特征：高达2.5米的灌木。分枝多，下部枝条披垂，小枝绿色，老枝灰褐色，节间稍扁平，刺多，劲直，长达4厘米，顶端红褐色，很少近于无刺。叶硬革质，有柑橘叶香气，叶面暗绿，叶背浅绿色，卵形、倒卵形、椭圆形或近圆形，长2～6厘米，很少达10厘米，宽1～5厘米，顶端圆或钝，微或明显凹入，中脉在叶面稍凸起，侧脉多，彼此近于平行，叶缘有弧形边脉，油点多；叶柄长1～7毫米，粗壮。花多朵簇生，稀单朵腋生，几无花梗；萼片及花瓣均5片；花瓣白色，长3～4毫米有油点；雄蕊10枚，花丝白色，分离，有时有少数在基部合生；花柱约与子房等长，绿色。果圆球形，略扁圆形或近椭圆形，直径8～12毫米，果皮平滑，有稍凸起油点，透熟时蓝黑色，果萼宿存于果梗上，有少数无柄的汁胞，汁胞扁圆、多棱、半透明、紧贴室壁，合黏胶质液，有种子2粒或1粒；种皮薄膜质，子叶厚，肉质，绿色，多油点，通常单胚，偶有2胚，胚根甚短，无毛。花期5—12月，果期9—12月，常在同一植株上花、果并茂。

产地与地理分布：产于海南及台湾、福建、广东、广西四省区南部，通常见于离海岸不远的平地、缓坡及低丘陵的灌木丛中。

用途：【经济价值】木材淡黄白色，坚密结实，为细工雕刻材料。【药用价值】根和叶入药，具祛风散寒、行气止痛的功效，与其他草药配用治支气管炎、风寒咳嗽、感冒发热、风湿关节炎、慢性胃炎、胃溃疡及跌打肿痛等。

酒饼簕

（二）黄皮属

光滑黄皮

名称：光滑黄皮（*Clausena lenis* Drake）

鉴别特征：树高2～3米。小枝的髓部颇大，海绵质，嫩枝及叶轴密被纤细卷曲短毛及干后稍凸起的油点，毛随枝叶的成长逐渐脱落。叶有小叶9～15片，小叶斜卵形、斜卵状披针形，或近于斜的平行四边形，位于叶轴基部的最小，长2～5厘米，宽1.5～3.5厘米，位于中部或有时中部稍上的最大，长达18厘米，宽11厘米，两侧甚不对称，叶缘有明显的圆或钝裂齿，嫩叶两面被稀疏短柔毛，成长叶的毛全部脱落，干后暗红或暗黄绿色，薄纸质，侧脉纤细，支脉不明显，油点干后通常暗褐色至褐黑色。花序顶生；花蕾卵形，萼裂片及花瓣均5片，很少兼有4片，萼裂片卵形，长约1毫米；花瓣白色，基部淡红或暗黄色，长4～5毫米；雄蕊10枚，很少兼有8枚，花线甚短，长约花药之半或更短，花药长椭圆形，长约3毫米，花柱比子房长达2倍，柱头略增大。果圆球形，稀阔卵形，直径约1厘米，成熟时蓝黑色，有种子1～3粒。花期4—6月，果期9—10月。

光滑黄皮

产地与地理分布：产于海南、广西南部、云南南部。见于海拔500～1 300米山地疏或密林。越南东北部也有分布。

用途：【药用价值】叶入药，具解表散热、顺气化痰的功效，可用治外感风热之流感、感冒、肺气不降喘咳、痰稠。

（三）吴茱萸属

三桠苦

名称：三桠苦（*Evodia lepta*）

中文异名：三脚鳖、三支枪、白芸香、石蛤骨、三岔叶、消黄散、郎晚

鉴别特征：乔木，树皮灰白或灰绿色，光滑，纵向浅裂，嫩枝的节部常呈压扁状，小枝的髓部大，枝叶无毛。3小叶，有时偶有2小叶或单小叶同时存在，叶柄基部稍增粗，小叶长椭圆形，两端尖，有时倒卵状椭圆形，长6～20厘米，宽2～8厘米，全缘，油点多；小叶柄甚短。花序腋生，很少同时有顶生，长4～12厘米，花甚多；萼片及花瓣均4片；萼片细小，长约0.5毫米；花瓣淡黄或白色，长1.5～2毫米，常有透明油点，干后油点变暗褐至褐黑色；雄花的退化雌蕊细垫状凸起，密被白色短毛；雌花的不育雄蕊有花药而无花粉，花柱与子房等长或略短，柱头头状。分果瓣淡黄或茶褐色，散生肉眼可见的透明油点，每分果瓣有1种子；种子长3～4毫米，厚2～3毫米，蓝黑色，有光泽。花期4—6月，果期7—10月。

产地与地理分布：产于台湾、福建、江西、广东、海南、广西、贵州及云南南部，最北限约在北纬25°，西南至云南腾冲县。生于平地至海拔2 000米山地，常见于较阴蔽的山谷湿润地方，阳坡灌木丛中偶有生长。越南、老挝、泰国等也有分布。

用途：【经济价值】散孔材，木材淡黄色，纹理通直，结构细致，材质稍硬而轻，干后稍开裂，但不变形，加工易，不耐腐，适合用于制作小型家具、文具或箱板材。【药用价值】根、叶和果入药，具清热解毒的功效。

三桠苦

（四）山小橘属

光叶山小橘

名称：光叶山小橘［*Glycosmis craibii* Tanaka var. *glabra* (Craib) Tanaka］

鉴别特征：小乔木，高达5米。嫩枝淡绿色，干后灰黄色。叶有小叶3～5片，有时2片，很少兼有单小叶；小叶柄长2～6毫米，稀较长；小叶硬纸质，长椭圆形、披针形或卵形，小的长5～10厘米，宽2～3厘米，大的长达17厘米，宽7厘米，顶部渐尖或短尖，基部渐狭尖或阔楔尖，全缘，干后叶背淡灰黄色，略有光泽，叶缘浅波浪状起伏，叶面中脉下半段凹陷呈沟状，叶背沿中脉及其两侧散生甚疏少而早脱落的褐锈色粉末状微柔毛，侧脉每边6～9条，甚纤细。花序很少达4厘米，腋生兼顶生；花梗甚短，与花萼裂片同被早落的褐锈色微柔毛或几无毛；花萼裂片卵形，长不及1毫米；花瓣甚早脱落，长约3毫米；雄蕊10枚，近于等长，花丝自上而下逐渐增宽，或同时兼有上宽下窄的，药隔背面及顶端各有1油点；子房在花蕾时为圆柱状或狭卵形，花开放后迅速膨大为阔卵形，或早期即为圆球形，散生干后微凸起或不凸起的油点，花柱短或几无，柱头略粗。果未成熟时椭圆形、橄榄形或圆球形，成熟时近圆球形或倒卵形，直径10～14毫米，橙红色，有种子1～2粒。花果期几乎全年。

光叶山小橘

产地与地理分布：产于海南。生于海拔300～500米丘陵坡地灌木或杂木林中。泰国北部也有分布。

（五）小芸木属

大管

名称：大管［*Micromelum falcatum* (Lour.) Tanaka］

中文异名：白木、鸡卵黄、山黄皮、野黄皮

鉴别特征：树高1～3米。小枝、叶柄及花序轴均被长直毛，小叶背面被毛较密，成长叶仅叶脉被毛，很少几无毛。羽状复叶，有小叶5～11片，小叶片互生，小叶柄长3～7毫米，小叶片镰刀状披针形，位于叶轴下部的有时为卵形，长4～9厘米，宽2～4厘米，顶部弯斜的长渐尖，基部一侧圆，另一侧偏斜，两侧甚不对称，叶缘锯齿状或波浪状，侧脉每边5～7条，与中脉夹成锐角斜向上伸展至几达叶缘，干后常微凹陷，花序顶生，多花，花白色，花蕾圆或椭圆形；花萼浅杯状，萼裂片阔三角形，长不及1毫米；花瓣长圆形，长约4毫米，外面被直毛，盛花时反卷；雄蕊10枚，长短相间，长的约与花瓣等长，另5枚约与子房等高；花柱圆柱状，比子房长，子房密被长直毛，柱头头状，花盘细小。浆果椭圆形或倒卵形，长8～10毫米，厚7～9毫米，成熟过程中由绿色转橙黄、最后朱红色，果皮散生透明油点，有种子1或2粒。花蕾期10—12月，盛花期1—4月，果期6—8月。

产地与地理分布：产于广东西南部、海南、广西合浦至东兴一带、云南东南部。生于平地至海拔500米山地，常见于阳光充足的灌木丛中或阴生林中，树边及路旁也有。越南、老挝、柬埔寨、泰国也有分布。

用途：【药用价值】根和叶入药，具行气、散淤、活血的功效，治跌打扭伤（用根浸酒外擦）、胸痹（用根）、感冒（用叶）。

大管

（六）枳属

枳

名称：枳［*Poncirus trifoliata* (L.) Raf.］

中文异名：枸橘、臭橘、臭杞、雀不站、铁篱寨

鉴别特征：小乔木，高1～5米，树冠伞形或圆头形。枝绿色，嫩枝扁，有纵棱，刺长达4厘米，刺尖干枯状，红褐色，基部扁平。叶柄有狭长的翼叶，通常指状三出叶，很少4～5小叶，或杂交种的则除3小叶外尚有2小叶或单小叶同时存在，小叶等长或中间的一片较大，长2～5厘米，宽1～3厘米，对称或两侧不对称，叶缘有细钝裂齿或全缘，嫩叶中脉上有细毛，花单朵或成对腋

生，先叶开放，也有先叶后花的，有完全花及不完全花，后者雄蕊发育，雌蕊萎缩，花有大、小二型，花径3.5～8厘米；萼片长5～7毫米；花瓣白色，匙形，长1.5～3厘米；雄蕊通常20枚，花丝不等长。果近圆球形或梨形，大小差异较大，通常纵径3～4.5厘米，横径3.5～6厘米，果顶微凹，有环圈，果皮暗黄色，粗糙，也有无环圈，果皮平滑的，油胞小而密，果心充实，瓤囊6～8瓣，汁胞有短柄，果肉含黏液，微有香橼气味，甚酸且苦，带涩味，有种子20～50粒；种子阔卵形，乳白或乳黄色，有黏液，平滑或间有不明显的细脉纹，长9～12毫米。花期5—6月，果期10—11月。

产地与地理分布：产于山东（日照、青岛等）、河南（伏牛山南坡及河南南部山区）、山西（晋城、阳城等县）、陕西（西乡、南郑、商县、蓝田等县）、甘肃（文县至成县一带）、安徽（蒙城等县）、江苏（泗阳、东海等县）、浙江、湖北（西北部山区及西南部）、湖南（西部山区）、江西、广东（北部栽培）、广西（北部）、贵州、云南等省区。

用途：【观赏价值】枝条绿色而多刺，花于春季先叶开放，秋季黄果累累，可观花观果观叶，具有较高的观赏价值。

枳

（七）花椒属

籣檬花椒

名称：籣檬花椒［*Zanthoxylum avicennae* (Lam.) DC.］

中文异名：花椒籣、鸡咀簕、画眉簕、雀笼踏、搜山虎、鹰不泊

鉴别特征：落叶乔木，高稀达15米；树干有鸡爪状刺，刺基部扁圆而增厚，形似鼓钉，并有环纹，幼苗的小叶甚小，但多达31片，幼龄树的枝及叶密生刺，各部无毛。叶有小叶11～21片，稀较少；小叶通常对生或偶有不整齐对生，斜卵形，斜长方形或呈镰刀状，有时倒卵形，幼苗小叶多为阔卵形，长2.5～7厘米，宽1～3厘米，顶部短尖或钝，两侧甚不对称，全缘，或中部以上有疏裂齿，鲜叶的油点肉眼可见，也有油点不显的，叶轴腹面有狭窄、绿色的叶质边缘，常呈狭

翼状。花序顶生，花多；花序轴及花硬有时紫红色；雄花梗长1～3毫米；萼片及花瓣均5片；萼片宽卵形，绿色；花瓣黄白色，雌花的花瓣比雄花的稍长，长约2.5毫米；雄花的雄蕊5枚；退化雌蕊2浅裂；雌花有心皮2个，很少3个；退化雄蕊极小。果梗长3～6毫米，总梗比果梗长1～3倍；分果瓣淡紫红色，单个分果瓣直径4～5毫米，顶端无芒尖，油点大且多，微凸起；种子直径3.5～4.5毫米。花期6—8月，果期10—12月，也有10月开花的。

产地与地理分布：产于我国台湾、福建、广东、海南、广西、云南。见于北纬约25°以南地区。生于低海拔平地、坡地或谷地，多见于次生林中。菲律宾、越南北部也有分布。

用途：【药用价值】鲜叶、根皮和果皮入药，具祛风去湿、行气化痰、止痛等功效，治多类痛症，又作驱蛔虫剂。

簕欓花椒

十八、苦木科

（一）鸦胆子属

鸦胆子

名称：鸦胆子［*Brucea javanica* (L.) Merr.］

中文异名：鸦蛋子、苦参子、老鸦胆

鉴别特征：灌木或小乔木；嫩枝、叶柄和花序均被黄色柔毛。叶长20～40厘米，有小叶3～15个；小叶卵形或卵状披针形，长5～10（13）厘米，宽2.5～5（6.5）厘米，先端渐尖，基部宽楔形至近圆形，通常略偏斜，边缘有粗齿，两面均被柔毛，背面较密；小叶柄短，长4～8毫米。花组成圆锥花序，雄花序长15～25（40）厘米，雌花序长约为雄花序的一半；花细小，暗紫色，直径1.5～2毫米；雄花的花梗细弱，长约3毫米，萼片被微柔毛，长0.5～1毫米，宽0.3～0.5毫米；花瓣有稀疏的微柔毛或近于无毛，长1～2毫米，宽0.5～1毫米；花丝镶状，长0.6毫米，花药长0.4毫米；雌花的花梗长约2.5毫米，萼片与花瓣与雄花同，雄蕊退化或仅有痕迹。核果1～4个，分离，长卵形，长6～8毫米，直径4～6毫米，成熟时灰黑色，干后有不规则多角形网纹，外壳硬骨质而脆，种仁黄白色，卵形，有薄膜，含油丰富，味极苦。花期夏季，果期8—10月。

鸦胆子

产地与地理分布：产于福建、台湾、广东、广西、海南和云南等省（区）；云南生于海拔950～1 000米的旷野或山麓灌丛中或疏林中。亚洲东南部至大洋洲北部也有分布。

用途：【药用价值】种子入药，具清热解毒、止痢疾等功效。

（二）牛筋果属

牛筋果

名称：牛筋果［*Harrisonia perforata* (Blanco) Merr.］

鉴别特征：近直立或稍攀援的灌木，高1～2米，枝条上叶柄的基部有一对锐利的钩刺。叶长8～14厘米，有小叶5～13片，叶轴在小叶间有狭翅；小叶纸质，菱状卵形，长2～4.5厘米，宽1.5～2厘米，先端钝急尖，基部渐狭而成短柄，叶面沿中脉被短柔毛，背面无毛或中脉上有少许短柔毛，边缘有钝齿，有时全缘。花数至10余朵组成顶生的总状花序，被毛；萼片卵状三角形，长约1毫米，被短柔毛，花瓣白色，披针形，长5～6毫米；雄蕊稍长于花瓣，花丝基部的鳞片被白色柔毛；花盘杯状；子房4～5室，4～5浅裂。果肉质，球形或不规则球形，直径1～1.5厘米，无毛，成熟时淡紫红色。花期4—5月，果期5—8月。

产地与地理分布：产于福建、广东和海南等地；常见于低海拔的灌木林和疏林中。中南半岛、马来半岛、菲律宾、印度尼西亚等也有分布。

用途：【药用价值】根入药，具清热解毒的功效，对防治疟疾有一定效果。

牛筋果

十九、楝科

楝属

楝

名称：楝（*Melia azedarach* L.）

中文异名：苦楝、楝树、紫花树、森树

鉴别特征：落叶乔木，高达10余米；树皮灰褐色，纵裂。分枝广展，小枝有叶痕。叶为2～3回奇数羽状复叶，长20～40厘米；小叶对生，卵形、椭圆形至披针形，顶生一片通常略大，长3～7厘米，宽2～3厘米，先端短渐尖，基部楔形或宽楔形，多少偏斜，边缘有钝锯齿，幼时被星状毛，后两面均无毛，侧脉每边12～16条，广展，向上斜举。圆锥花序约与叶等长，无毛或幼时被鳞片状短柔毛；花芳香；花萼5深裂，裂片卵形或长圆状卵形，先端急尖，外面被微柔毛；花瓣淡紫色，倒卵状匙形，长约1厘米，两面均被微柔毛，通常外面较密；雄蕊管紫色，无毛或近无毛，长7～8毫米，有纵细脉，管口有钻形、2～3齿裂的狭裂片10枚，花药10枚，着生于裂片内侧，且与裂片互生，长椭圆形，顶端微凸尖；子房近球形，5～6室，无毛，每室有胚珠2颗，花柱细长，柱头头状，顶端具5齿，不伸出雄蕊管。核果球形至椭圆形，长1～2厘米，宽8～15毫米，内果皮木质，4～5室，每室有种子1颗；种子椭圆形。花期4—5月，果期10—12月。

产地与地理分布：产于我国黄河以南各省区，较常见；生于低海拔旷野、路旁或疏林中，目前已广泛引为栽培。广布于亚洲热带和亚热带地区，温带地区也有栽培。模式标本采自喜马拉雅山区。

用途：【经济价值】材质优良，木材淡红褐色，纹理细腻美丽，有光泽，坚软适中，白度高，抗虫蛀，易加工，是制造高级家具、木雕、乐器等的优良用材；叶、枝、皮和果的皮肉中分离、提炼出的楝素可用于生产牙膏、肥皂、洗面奶、沐浴露等产品；树皮、叶中含鞣质，可提取制栲胶，树皮纤维可制人造棉及造纸；花可提取芳香油；果核、种子可榨油，也可炼制油漆；果肉含岩藻糖，可用于酿酒。【药用价值】叶、花、根皮或树皮入药，具舒肝行气止痛、驱虫疗癣的功效，可治蛔虫病、虫积腹痛、疥癣瘙痒。

楝

二十、远志科

齿果草属

齿果草

名称：齿果草（*Salomonia cantoniensis* Lour.）

中文异名：莎萝莽、细黄药、一碗泡、斩蛇剑、过山龙

鉴别特征：一年生直立草木，高5～25厘米；根纤细，芳香。茎细弱，多分枝，无毛，具狭翅。单叶互生，叶片膜质，卵状心形或心形，长5～16毫米，宽5～12毫米，先端钝，具短尖头，基部心形，全缘或微波状，绿色，无毛，基出3脉；叶柄长1.5～2毫米。穗状花序顶生，多花，长1～6厘米，花后延长。花极小，长2～3毫米，无梗，小苞片极小早落；萼片5，极小，线状钻形，基部连合，宿存；花瓣3，淡红色，侧瓣长约2.5毫米，龙骨瓣舟状，长约3毫米，无鸡冠状附属物；雄蕊4，花丝长约2毫米，花丝几乎全部合生成鞘，并与花瓣基部贴生，鞘被蛛丝状柔毛，花药合生成块状；子房肾形，侧扁，直径约1毫米，边缘具三角状长齿，2室，每室具1胚珠；花柱长约2.5毫米，光滑，柱头微裂。蒴果肾形，长约1毫米，宽约2毫米，两侧具2列三角状尖齿。分果爿具蜂窝状网纹。种子2粒，卵形，直径约1毫米，亮黑色，无毛，无种阜。花期7—8月，果期8—

10月。

产地与地理分布：产于华东、华中、华南和西南地区；生于山坡林下、灌丛中或草地，海拔600～1 450米。分布于印度、缅甸、泰国、越南、菲律宾至热带澳大利亚。模式标本采自广东。

用途：【药用价值】全草入药，具解毒消炎、散淤镇痛的功效。

齿果草

二十一、大戟科

（一）铁苋菜属

铁苋菜

名称：铁苋菜（*Acalypha australis* L.）

中文异名：海蚌含珠、蚌壳草

鉴别特征：一年生草本，高0.2～0.5米，小枝细长，被贴柔毛，毛逐渐稀疏。叶膜质，长卵形、近菱状卵形或阔披针形，长3～9厘米，宽1～5厘米，顶端短渐尖，基部楔形，稀圆钝，边缘具圆锯，上面无毛，下面沿中脉具柔毛；基出脉3条，侧脉3对；叶柄长2～6厘米，具短柔毛；托叶披针形，长1.5～2毫米，具短柔毛。雌雄花同序，花序腋生，稀顶生，长1.5～5厘米，花序梗长0.5～3厘米，花序轴具短毛，雌花苞片1～2（4）枚，卵状心形，花后增大，长1.4～2.5厘米，宽1～2厘米，边缘具三角形齿，外面沿掌状脉具疏柔毛，苞腋具雌花1～3朵；花梗无；雄花生于花序上部，排列呈穗状或头状，雄花苞片卵形，长约0.5毫米，苞腋具雄花5～7朵，簇生；花梗长0.5毫米；雄花：花蕾时近球形，无毛，花萼裂片4枚，卵形，长约0.5毫米；雄蕊7～8枚；雌花：萼片3枚，长卵形，长0.5～1毫米，具疏毛；子房具疏毛，花柱3枚，长约2毫米，撕裂5～7条。蒴果直径4毫米，具3个分果爿，果皮具疏生毛和毛基变厚的小瘤体；种子近卵状，长1.5～2毫米，种皮平滑，假种阜细长。花果期4—12月。

产地与地理分布：我国除西部高原或干燥地区外，大部分省区均产。生于海拔20～1 200（1 900）米平原或山坡较湿润耕地和空旷草地，有时石灰岩山疏林下。俄罗斯远东地区、朝鲜、日本、菲律宾、越南、老挝也有分布。现逸生于印度和澳大利亚北部。

用途：【药用价值】地上部分入药，具清热解毒、利湿、收敛止血的功效，主治肠炎、痢疾、吐血、衄血、便血、尿血、崩漏、痈疖疮疡、皮肤湿疹。

铁苋菜

（二）山麻杆属

红背山麻杆

名称：红背山麻杆〔*Alchornea trewioides* (Benth.) Muell. Arg.〕

中文异名：红背叶

鉴别特征：灌木，高1～2米；小枝被灰色微柔毛，后变无毛。叶薄纸质，阔卵形，长8～15厘米，宽7～13厘米，顶端急尖或渐尖，基部浅心形或近截平，边缘疏生具腺小齿，上面无毛，下面浅红色，仅沿脉被微柔毛，基部具斑状腺体4个；基出脉3条；小托叶披针形，长2～3.5毫米；叶柄长7～12厘米；托叶钻状，长3～5毫米，具毛，凋落。雌雄异株，雄花序穗状，腋生或生于一年生小枝已落叶腋部，长7～15厘米，具微柔毛，苞片三角形，长约1毫米，雄花（3～5）11～15朵簇生于苞腋；花梗长约2毫米，无毛，中部具关节；雌花序总状，顶生，长5～6厘米，具花5～12朵，各部均被微柔毛，苞片狭三角形，长约4毫米，基部具腺体2个，小苞片披针形，长约3毫米；花梗长1毫米；雄花：花萼花蕾时球形，无毛，直径1.5毫米，萼片4枚，长圆形；雄蕊（7）8枚；雌花：萼片5（6）枚，披针形，长3～4毫米，被短柔毛，其中1枚的基部具1个腺体；子房球形，被短绒毛，花柱3枚，线状，长12～15毫米，合生部分长不及1毫米。蒴果球形，具3圆棱，直径8～10毫米，果皮平坦，被微柔毛；种子扁卵状，长6毫米，种皮浅褐色，具瘤体。花期

3—5月，果期6—8月。

产地与地理分布：产于福建南部和西部、江西南部、湖南南部、广东、广西、海南。生于海拔15～400(1 000)米沿海平原或内陆山地矮灌丛中或疏林下或石灰岩山灌丛中。分布于泰国北部、越南北部、日本琉球群岛。模式标本采自香港。

用途：【药用价值】枝、叶煎水，外洗治风疹。

红背山麻杆

（三）五月茶属

方叶五月茶

名称：方叶五月茶（*Antidesma ghaesembilla* Gaertn.）

中文异名：田边木、圆叶早禾子

鉴别特征：乔木，高达10米（外国有达20米）；除叶面外，全株各部均被柔毛或短柔毛。叶片长圆形、卵形、倒卵形或近圆形，长3～9.5厘米，宽2～5厘米，顶端圆、钝或急尖，有时有小尖头或微凹，基部圆、钝、截形或近心形，边缘微卷；侧脉每边5～7条；叶柄长5～20毫米；托叶线形，早落。雄花：黄绿色，多朵组成分枝的穗状花序；萼片通常5，有时6或7，倒卵形；雄蕊4～5(7)，长2～2.5毫米，花丝着生于分离的花盘裂片之间；花盘4～6裂；退化雌蕊倒锥形，长0.7毫米。雌花：多朵组成分枝的总状花序；花梗极短；花萼与雄花的相同；花盘环状；子房卵圆形，长约1毫米，花柱3，顶生。核果近圆球形，直径约4.5毫米。花期3—9月，果期6—12月。

产地与地理分布：产于广东、海南、广西、云南，生于海拔200～1 100米山地疏林中。分布于印度、孟加拉国、不丹、缅甸、越南、斯里兰卡、马来西亚、印度尼西亚、巴布亚新几内亚、菲律宾和澳大利亚南部。模式标本采自印度东部。

用途：【药用价值】叶可治小儿头痛；茎有通经之效；果可通便、泻泄作用。

方叶五月茶

（四）银柴属

1. 银柴

名称：银柴［*Aporusa dioica* (Roxb.) Muell. Arg.］

中文异名：大沙叶、甜糖木、山咖啡、占米赤树、厚皮稳、香港银柴、异叶银柴

鉴别特征：乔木，高达9米，在次森林中常呈灌木状，高约2米；小枝被稀疏粗毛，老渐无毛。叶片革质，椭圆形、长椭圆形、倒卵形或倒披针形，长6～12厘米，宽3.5～6厘米，顶端圆至急尖，基部圆或楔形，全缘或具有稀疏的浅锯齿，上面无毛而有光泽，下面初时仅叶脉上被稀疏短柔毛，老渐无毛；侧脉每边5～7条，未达叶缘而弯拱联结；叶柄长5～12毫米，被稀疏短柔毛，顶端两侧各具1个小腺体；托叶卵状披针形，长4～6毫米。雄穗状花序长约2.5厘米，宽约4毫米；苞片卵状三角形，长约1

银柴

毫米，顶端钝，外面被短柔毛；雌穗状花序长4～12毫米；雄花：萼片通常4，长卵形；雄蕊2～4个，长过萼片；雌花：萼片4～6个，三角形，顶端急尖，边缘有睫毛；子房卵圆形，密被短柔毛，2室，每室有胚珠2颗。蒴果椭圆状，长1～1.3厘米，被短柔毛，内有种子2颗，种子近卵圆形，长约9毫米，宽约5.5毫米。花果期几乎全年。

产地与地理分布：产于广东、海南、广西、云南等省区，生于海拔1 000米以下山地疏林中和林缘或山坡灌木丛中。分布于印度、缅甸、越南和马来西亚等。模式标本采自印度东部。

用途：【药用价值】茎叶入药，具清热解毒、活血祛瘀的功效，主治感冒发热、中暑、肝炎、跌打损伤、风毒疥癞。

2. 毛银柴

名称：毛银柴［*Aporusa villosa* (Lindl.) Baill.］

中文异名：毛大沙叶、南罗米

鉴别特征：灌木或小乔木，高2～7米；除老枝条和叶片上面（叶脉除外）无毛外，全株各部均被锈色短绒毛或短柔毛。叶片革质，阔椭圆形、长圆形或圆形，长8～13厘米，宽4.5～8厘米，顶端圆或钝，基部宽楔形、钝或近心形、全缘或具有稀疏的波状腺齿；侧脉每边6～8条，两面均明显；叶柄长1～2厘米，顶端两侧各具1个小腺体；托叶斜卵形。雄穗状花序长1～2厘米；苞片半圆形，长2～3毫米；雌穗状花序长2～7毫米；苞片较雄花序的窄；雄花：萼片3～6，卵状三角形或卵形；雄蕊2～3片；雌花：萼片3～6片，卵状三角形，顶端急尖；子房卵圆形，2室。蒴果椭圆形，长约1厘米，顶端渐窄成短喙状，内有种子1颗；种子椭圆形，长约9毫米。花果期几乎全年。

产地与地理分布：产于广东、海南、广西和云南等省区，生于海拔130～1 500米山地密林中或山坡、山谷灌木丛中。分布于中南半岛至马来西亚。模式标本采自印度东部。

毛银柴

（五）黑面神属

黑面神

名称：黑面神［*Breynia fruticosa* (Linn.) Hook. f.］

中文异名：狗脚刺、田中、四眼叶、夜兰茶、蚁惊树、山夜兰、鬼画符、黑面叶、锅盖木、漆鼓、细青七树、青丸木

鉴别特征：灌木，高1～3米；茎皮灰褐色；枝条上部常呈扁压状，紫红色；小枝绿色；全株均无毛。叶片革质，卵形、阔卵形或菱状卵形，长3～7厘米，宽1.8～3.5厘米，两端钝或急尖，上面深绿色，下面粉绿色，干后变黑色，具有小斑点；侧脉每边3～5条；叶柄长3～4毫米；托叶三角状披针形，长约2毫米。花小，单生或2～4朵簇生于叶腋内，雌花位于小枝上部，雄花则位于小枝的下部，有时生于不同的小枝上；雄花：花梗长2～3毫米；花萼陀螺状，长约2毫米，厚，顶端6齿裂；雄蕊3，合生呈柱状；雌花：花梗长约2毫米；花萼钟状，6浅裂，直径约4毫米，萼片近相等，顶端近截形，中间有突尖，结果时约增大1倍，上部辐射张开呈盘状；子房卵状，花柱3，顶端2裂，裂片外弯。蒴果圆球状，直径6～7毫米，有宿存的花萼。花期4～9月，果期5—12月。

产地与地理分布：产于浙江、福建、广东、海南、广西、四川、贵州、云南等省（区），散生于山坡、平地旷野灌木丛中或林缘。越南也有。模式标本采自我国南部。

用途：【药用价值】根和叶入药，可治肠胃炎、咽喉肿痛、风湿骨痛、湿疹、高血脂病等；全株煲水外洗可治疮疖、皮炎等。

黑面神

（六）土蜜树属

1. 禾串树

名称：禾串树（*Bridelia insulana* Hance）

中文异名：大叶逼迫子、禾串土蜜树、刺杜密

鉴别特征：乔木，高达17米，树干通直，胸径达30厘米，树皮黄褐色，近平滑，内皮褐红色；小枝具有凸起的皮孔，无毛。叶片近革质，椭圆形或长椭圆形，长5～25厘米，宽1.5～7.5厘米，顶端渐尖或尾状渐尖，基部钝，无毛或仅在背面被疏微柔毛，边缘反卷；侧脉每边5～11条；叶柄长4～14毫米；托叶线状披针形，长约3毫米，被黄色柔毛。花雌雄同序，密集成腋生的团伞花序；除萼片及花瓣被黄色柔毛外，其余无毛；雄花：直径3～4毫米，花梗极短；萼片三角形，长约2毫米，宽1毫米；花瓣匙形，长约为萼片的1/3；花丝基部合生，上部平展；花盘浅杯状；退化雌蕊卵状锥形；雌花：直径4～5毫米，花梗长约1毫米；片与雄花的相同；花瓣菱状圆形，长约为萼片之半；花盘坛状，全包子房，后期由于子房膨大而撕裂；子房卵圆形，花柱2，分离，长约1.5毫米，顶端2裂，裂片线形。核果长卵形，直径约1厘米，成熟时紫黑色，1室。花期3—8月，果期9—11月。

禾串树

产地与地理分布：产于福建、台湾、广东、海南、广西、四川、贵州、云南等省区，生于海拔300～800米山地疏林或山谷密林中。分布于印度、泰国、越南、印度尼西亚、菲律宾和马来西亚等。模式标本采自越南富伐。

用途：【经济价值】散孔材，边材淡黄棕色，心材黄棕色，纹理稍通直，结构细致，材质稍硬，较轻，气干密度0.6克/厘米³，干燥后不开裂，不变形，耐腐，加工容易，可用于建筑、家具、车辆、农具、器具等制作材料；树皮含鞣质，可提取栲胶。

2. 土蜜树

名称：土蜜树（*Bridelia tomentosa* Bl.）

中文异名：逼迫子、夹骨木、猪牙木

鉴别特征：直立灌木或小乔木，通常高为2～5米，稀达12米；树皮深灰色；枝条细长；除幼

枝、叶背、叶柄、托叶和雌花的萼片外面被柔毛或短柔毛外，其余均无毛。叶片纸质，长圆形、长椭圆形或倒卵状长圆形，稀近圆形，长3～9厘米，宽1.5～4厘米，顶端锐尖至钝，基部宽楔形至近圆，叶面粗涩，叶背浅绿色；侧脉每边9 12条，与支脉在叶面明显，在叶背凸起；叶柄长3～5毫米；托叶线状披针形，长约7毫米，顶端刚毛状渐尖，常早落。花雌雄同株或异株，簇生于叶腋；雄花：花梗极短；萼片三角形，长约1.2毫米，宽约1毫米；花瓣倒卵形，膜质，顶端3～5齿裂；花丝下部与退化雌蕊贴生；退化雌蕊倒圆锥形；花盘浅杯状；雌花：几无花梗；通常3～5朵簇生；萼片三角形，长和宽约1毫米；花瓣倒卵形或匙形，顶端全缘或有齿裂，比萼片短；花盘坛状，包围子房；子房卵圆形，花柱2深裂，裂片线形。核果近圆球形，直径4～7毫米，2室；种子褐红色，长卵形，长3.5～4毫米，宽约3毫米，腹面压扁状，有纵槽，背面稍凸起，有纵条纹。花果期几乎全年。

产地与地理分布：产于福建、台湾、广东、海南、广西和云南，生于海拔100～1 500米山地疏林中或平原灌木林中。分布于亚洲东南部，经印度尼西亚、马来西亚至澳大利亚。模式标本采自广州郊区。

用途：【经济价值】树皮可提取栲胶，含鞣质8.08%。【药用价值】根和叶入药，叶治外伤出血、跌打损伤；根治感冒、神经衰弱、月经不调等。

土蜜树

（七）大戟属

飞扬草

名称：飞扬草（*Euphorbia hirta* L.）

中文异名：乳籽草、飞相草

鉴别特征：一年生草本。根纤细，长5～11厘米，直径3～5毫米，常不分枝，偶3～5个分枝。茎单一，自中部向上分枝或不分枝，高30～60（70）厘米，直径约3毫米，被褐色或黄褐色的多细胞粗硬毛。叶对生，披针状长圆形、长椭圆状卵形或卵状披针形，长1～5厘米，宽5～13毫米，先端极尖或钝，基部略偏斜；边缘于中部以上有细锯齿，中部以下较少或全缘；叶面绿色，叶背灰绿色，有时具紫色斑，两面均具柔毛，叶背面脉上的毛较密；叶柄极短，长1～2毫米。花序多数，于叶腋处密集成头状，基部无梗或仅具极短的柄，变化较大，且具柔毛；总苞钟状，高与直径各约1毫米，被柔毛，边缘5裂，裂片三角状卵形；腺体4，近于杯状，边缘具白色附属物；雄花数枚，微达总苞边缘；雌花1枚，具短梗，伸出总苞之外；子房三棱状，被少许柔毛；花柱3，分离；柱头2浅裂。蒴果三棱状，长与直径均1～1.5毫米，被短柔毛，成熟时分裂为3个分果爿。种子近圆状四棱，每个棱面有数个纵槽，无种阜。花果期6—12月。

飞扬草

产地与地理分布：产于江西、湖南、福建、台湾、广东、广西、海南、四川、贵州和云南。生于路旁、草丛、灌丛及山坡，多见于砂质土。分布于世界热带和亚热带。模式标本采自印度。

用途：【药用价值】全草入药，可治痢疾、肠炎、皮肤湿疹、皮炎、疖肿等；鲜汁外用治癣类。

（八）算盘子属

1. 毛果算盘子

名称：毛果算盘子（*Glochidion eriocarpum* Champ. ex Benth.）

中文异名：漆大姑、磨子果

鉴别特征：灌木，高达5米，小枝密被淡黄色、扩展的长柔毛。叶片纸质，卵形、狭卵形或宽卵形，长4～8厘米，宽1.5～3.5厘米，顶端渐尖或急尖，基部钝、截形或圆形，两面均被长柔毛，下面毛被较密；侧脉每边4～5条；叶柄长1～2毫米，被柔毛；托叶钻状，长3～4毫米。花单生或2～4朵簇生于叶腋内；雌花生于小枝上部，雄花则生于下部；雄花：花梗长4～6毫米；萼片6，长倒卵形，长2.5～4毫米，顶端急尖，外面被疏柔毛；雄蕊3片；雌花：几无花梗；萼片6片，长圆形，长2.5～3毫米，其中3片较狭，两面均被长柔毛；子房扁球状，密被柔毛，4～5室，花柱合生呈圆柱状，直立，长约1.5毫米，顶端4～5裂。蒴果扁球状，直径8～10毫米，具4～5条纵沟，密被长柔毛，顶端具圆柱状稍伸长的宿存花柱。花果期几乎全年。

产地与地理分布：产于江苏、福建、台湾、湖南、广东、海南、广西、贵州和云南等省（区），生于海拔130～1 600米山坡、山谷灌木丛中或林缘。越南也有分布。模式标本采自香港。

用途：【药用价值】全株或根、叶入药，具解漆毒、收敛止泻、祛湿止痒的功效，治漆树过敏、剥脱性皮炎、肠炎、痢疾、脱肛、牙痛、咽喉炎、乳腺炎、白带、月经过多、皮肤湿疹、稻田性皮炎等。

毛果算盘子

2. 厚叶算盘子

名称：厚叶算盘子［*Glochidion hirsutum* (Roxb.) Voigt］

中文异名：丹药良、赤血仔、大云药、朱口沙、出山虎

鉴别特征：灌木或小乔木，高1～8米；小枝密被长柔毛。叶片革质，卵形、长卵形或长圆形，长7～15厘米，宽4～7厘米，顶端钝或急尖，基部浅心形、截形或圆形，两侧偏斜，上面疏被短柔毛，脉上毛被较密，老渐近无毛，下面密被柔毛；侧脉每边6～10条；叶柄长5～7毫米，被柔毛；托叶披针形，长3～4毫米。聚伞花序通常腋上生；总花梗长5～7毫米或短缩；雄花：花梗长6～10毫米；萼片6，长圆形或倒卵形，长3～4毫米，其中3片较宽，外面被柔毛；雄蕊5～8片；雌花：花梗长2～3毫米；萼片6片，卵形或阔卵形，长约2.5毫米，其中3片较宽，外面被柔毛；子房圆球状，直径约2毫米，被柔毛，5～6室，花柱合生呈近圆锥状，顶端截平。蒴果扁球状，直径8～12毫米，被柔毛，具5～6条纵沟。花果期几乎全年。

产地与地理分布：产于福建、台湾、广东、海南、广西、云南和西藏等省（区），生于海拔120～1 800米山地林下或河边、沼地灌木丛中。印度也有。模式标本采自喜马拉雅山东部。

用途：【经济价值】木材坚硬，可供水轮木用料。【药用价值】根和叶入药，具收敛固脱、祛风消肿的功效；根治跌打、风湿、脱肛、子宫下垂、白带、泄泻、肝炎；叶治牙痛等。

厚叶算盘子

3. 算盘子

名称：算盘子［*Glochidion puberum* (L.) Hutch.］

中文异名：红毛馒头果、野南瓜、柿子椒、狮子滚球、百家橘、美省榜（广西侗语）、加播该迈（广西苗语）、棵杯墨（广西壮语）、矮子郎

算盘子

鉴别特征：直立灌木，高1～5米，多分枝；小枝灰褐色；小枝、叶片下面、萼片外面、子房和果实均密被短柔毛。叶片纸质或近革质，长圆形、长卵形或倒卵状长圆形，稀披针形，长3～8厘米，宽1～2.5厘米，顶端钝、急尖、短渐尖或圆，基部楔形至钝，上面灰绿色，仅中脉被疏短柔毛或几无毛，下面粉绿色；侧脉每边5～7条，下面凸起，网脉明显；叶柄长1～3毫米；托叶三角形，长约1毫米。花小，雌雄同株或异株，2～5朵簇生于叶腋内，雄花束常着生于小枝下部，雌花束则在上部，或有时雌花和雄花同生于一叶腋内；雄花：花梗长4～15毫米；萼片6片，狭长圆形或长圆状倒卵形，长2.5～3.5毫米；雄蕊3片，合生呈圆柱状；雌花：花梗长约1毫米；萼片6片，与雄花的相似，但较短而厚；子房圆球状，5～10室，每室有2颗胚珠，花柱合生呈环状，长宽与子房几相等，与子房接连处缢缩。蒴果扁球状，直径8～15毫

米，边缘有8～10条纵沟，成熟时带红色，顶端具有环状而稍伸长的宿存花柱；种子近肾形，具三棱，长约4毫米，砵红色。花期4—8月，果期7—11月。

产地与地理分布：产于陕西、甘肃、江苏、安徽、浙江、江西、福建、台湾、河南、湖北、湖南、广东、海南、广西、四川、贵州、云南和西藏等省（区），生于海拔300～2 200米山坡、溪旁灌木丛中或林缘。模式标本采自中国南部。

用途：【经济价值】全株可提制栲胶；种子可榨油，含油量20%，供制肥皂或作润滑油；叶可作绿肥，置于粪池可杀蛆。【药用价值】根、茎、叶和果实入药，具活血散淤、消肿解毒的功效，主治痢疾、腹泻、感冒发热、咳嗽、食滞腹痛、湿热腰痛、跌打损伤、疝气（果）等。

4. 圆果算盘子

名称：圆果算盘子［*Glochidion sphaerogynum* (Muell. Arg.)］

中文异名：山柑树、山柑算盘子、栗叶算盘子

鉴别特征：乔木或灌木，高4～10米；树皮灰白色；小枝具棱，无毛。叶片纸质或近革质，卵状披针形，披针形或长圆状披针形，长7～10厘米，宽1.5～3.5厘米，顶端渐尖，基部急尖，两侧通常略不相等，两面无毛，上面绿色，下面浅绿色，干后灰褐色；侧脉每边6～8条；叶柄长5～8毫米；托叶近三角形，长2～3毫米。花簇生于叶腋内，雌花生于小枝上部，雄花则在下部，或雌花和雄花同生于小枝中部的叶腋内；雄花：花梗长6～8毫米；萼片5～6，倒卵形或椭圆形，长约2毫米，淡黄色；雄蕊3片，合生，药隔尖；雌花：花梗长2～3毫米；萼片6片，卵形或卵状三角形，外轮3片较大而厚，长约1毫米；子房4～6室，无毛，上部为花柱所包，花柱合生呈扁球状，宽约2毫米，约为子房宽的2倍。蒴果扁球状，直径8～10毫米，高约4毫米，顶端凹陷，边缘有8～12条纵沟，顶端具有扁球状的花柱宿存。花期12月至翌年4月，果期4—10月。

产地与地理分布：产于广东、海南、广西和云南等省（区），生于海拔100～1 600米山地疏

圆果算盘子

林中或旷野灌木丛中。分布于印度、缅甸、泰国、越南等。模式标本采自印度东部。

用途：【药用价值】枝叶入药，具清热解毒的功效，可治感冒发热、暑热口渴、口腔炎等，外治刀伤出血、骨折，以及外洗治湿疹、疮疡溃烂等。

（九）野桐属

1. 白背叶

名称：白背叶［*Mallotus apelta* (Lour.) Muell. Arg.］

中文异名：酒药子树、野桐、白背桐、吊粟

鉴别特征：灌木或小乔木，高1～3（4）米；小枝、叶柄和花序均密被淡黄色星状柔毛和散生橙黄色颗粒状腺体。叶互生，卵形或阔卵形，稀心形，长和宽均6～16（25）厘米，顶端急尖或渐尖，基部截平或稍心形，边缘具疏齿，上面干后黄绿色或暗绿色，无毛或被疏毛，下面被灰白色星状绒毛，散生橙黄色颗粒状腺体；基出脉5条，最下一对常不明显，侧脉6～7对；基部近叶柄处有褐色斑状腺体2个；叶柄长5～15厘米。花雌雄异株，雄花序为开展的圆锥花序或穗状，长15～30厘米，苞片卵形，长约1.5毫米，雄花多朵簇生于苞腋；雄花：花梗长1～2.5毫米；花蕾卵形或球形，长约2.5毫米，花萼裂片4片，卵形或卵状三角形，长约3毫米，外面密生淡黄色星状毛，内面散生颗粒状腺体；雄蕊50～75枚，长约3毫米；雌花序穗状，长15～30厘米，稀有分枝，花序梗长5～15厘米，苞片近三角形，长约2毫米；雌花：花梗极短；花萼裂片3～5枚，卵形或近三角形，长2.5～3毫米，外面密生灰白色星状毛和颗粒状腺体；

白背叶

花柱3～4枚，长约3毫米，基部合生，柱头密生羽毛状突起。蒴果近球形，密生被灰白色星状毛的软刺，软刺线形，黄褐色或浅黄色，长5～10毫米；种子近球形，直径约3.5毫米，褐色或黑色，具皱纹。花期6—9月，果期8—11月。

产地与地理分布：产于云南、广西、湖南、江西、福建、广东和海南。生于海拔30～1 000米山坡或山谷灌丛中。分布于越南。模式标本采自广东。

用途：【经济价值】茎皮可供编织；种子含油率达36%，含α-粗糠柴酸，可供制油漆，或合成大环香料、杀菌剂、润滑剂等原料。【药用价值】根、叶入药，其中根具柔肝活血、健脾化湿、收敛固脱的功效，可治慢性肝炎、肝脾肿大、子宫脱垂、脱肛、白带、妊娠水肿；叶具消炎止血的功效，可治中耳炎、疖肿、跌打损伤、外伤出血。

2. 白楸

名称：白楸［*Mallotus paniculatus* (Lam.) Muell.Arg.］

中文异名：力树、黄背桐、白叶子

鉴别特征：乔木或灌木，高3～15米；树皮灰褐色，近平滑；小枝被褐色星状绒毛。叶互生，生于花序下部的叶常密生，卵形、卵状三角形或菱形，长5～15厘米，宽3～10厘米顶端长渐尖，基部楔形或阔楔形，边缘波状或近全缘，上部有时具2裂片或粗齿；嫩叶两面均被灰黄色或灰白色星状绒毛，成长叶上面无毛；基出脉5条，基部近叶柄处具斑状腺体2个，叶柄稍盾状着生，长2～15厘米。花雌雄异株，总状花序或圆锥花序，分枝广展，顶生，雄花序长10～20厘米；苞片卵状披针形，长约2毫米，渐尖，苞腋有雄花2～6朵，雄花：花梗长约2毫米；花蕾卵形或球形；花萼裂片4～5片，卵形，长2～2.5毫米，外面密被星状毛；雄蕊50～60枚。雌花序长5～25厘米；苞片卵形，长不及1毫米，苞腋有雌花1～2朵；雌花：花梗长约2毫米；花萼裂片4～5片，长卵形，长2～3毫米，常不等大，外面密生星状毛；花柱3个，基部稍合生，柱头长2～3毫米，密生羽毛状突起。蒴果扁球形，具3个分果爿，直径1～1.5厘米，被褐色星状绒毛和疏生钻形软刺，长4～5毫米，具毛；种子近球形，深褐色，常具皱纹。花期7—10月，果期11—12月。

产地与地理分布：产于云南、贵州、广西、广东、海南、福建和台湾。生于海拔50～1 300米林缘或灌丛中。分布于亚洲东南部各国。模式标本采自印度尼西亚（爪哇）。

用途：【经济价值】种子油可作工业用油。

白楸

3. 石岩枫

名称：石岩枫［*Mallotus repandus* (Willd.) Muell. Arg.］

中文异名：倒挂茶、倒挂金钩

鉴别特征：攀缘状灌木；嫩枝、叶柄、花序和花梗均密生黄色星状柔毛；老枝无毛，常有皮孔。叶互生，纸质或膜质，卵形或椭圆状卵形，长3.5～8厘米，宽2.5～5厘米，顶端急尖或渐尖，基部楔形或圆形，边全缘或波状，嫩叶两面均被星状柔毛，成长叶仅下面叶脉腋部被毛和散生黄色颗粒状腺体；基出脉3条，有时稍离基，侧脉4～5对；叶柄长2～6厘米。花雌雄异株，总状花序或下部有分枝；雄花序顶生，稀腋生，长5~15厘米；苞片钻状，长约2毫米，密生星状毛，苞腋有花2~5朵；花梗长约4毫米；雄花：花萼裂片3~4片，卵状长圆形，长约3毫米，外面被绒毛；雄蕊40~75枚，花丝长约2毫米，花药长圆形，药隔狭。雌花序顶生，长5~8厘米，苞片长三角形；雌花：花梗长约3毫米；花萼裂片5片，卵状披针形，长约3.5毫米，外面被绒毛，具颗粒状腺体；花柱2（3）枚，柱头长约3毫米，被星状毛，密生羽毛状突起。蒴果具2（3）个分果爿，直径约1厘米，密生黄色粉末状毛和具颗粒状腺体；种子卵形，直径约5毫米，黑色，有光泽。花期3—5月，果期8—9月。

产地与地理分布：产于广西、广东南部、海南和台湾。生于海拔250~300米山地疏林中或林缘。分布于亚洲东南部和南部各国。模式标本采自印度。

用途：【经济价值】茎皮纤维可编绳用。【药用价值】根、茎叶入药，具祛风的功效，可治毒蛇咬伤、风湿痹痛、慢性溃疡。

石岩枫

（十）木薯属

木薯

名称：木薯（*Manihot esculenta* Crantz）

中文异名：树葛

鉴别特征：直立灌木，高1.5~3米；块根圆柱状。叶纸质，轮廓近圆形，长10~20厘米，掌状深裂几达基部，裂片3~7片，倒披针形至狭椭圆形，长8~18厘米，宽1.5~4厘米，顶端渐尖，全缘，侧脉（5）7~15条；叶柄长8~22厘米，稍盾状着生，具不明显细棱；托叶三角状披针形，长5~7毫米，全缘或具1~2条刚毛状细裂。圆锥花序顶生或腋生，长5~8厘米，苞片条状披针形；花萼带紫红色且有白粉霜；雄花：花萼长约7毫米，裂片长卵形，近等大，长3~4毫米，宽2.5毫米，内面被毛；雄蕊长6~7毫米，花药顶部被白色短毛；雌花：花萼长约10毫米，裂片长圆状披针形，长约8毫米，宽约3毫米；子房卵形，具6条纵棱，柱头外弯，折扇状。蒴果椭圆状，长1.5～1.8厘米，直径1～1.5厘米，表面粗糙，具6条狭而波状纵翅；种子长约1厘米，多少具三棱，种皮硬壳质，具斑纹，光滑。花期9—11月。

产地与地理分布：原产于巴西，现全世界热带地区广泛栽培。我国福建、台湾、广东、海南、广西、贵州及云南等省区有栽培，偶有逸为野生。模式标本采自巴西。

用途：【经济价值】块根富含淀粉，是工业淀粉原料之一。【食用价值】块根剥皮并切成片，然后再通过烘烤或煮等方法烹制。【药用价值】叶入药，具消肿解毒的功效，可治痈疽疮疡、瘀肿疼痛、跌打损伤、外伤肿痛、疥疮、顽癣等症。

木薯

（十一）叶下珠属

1. 崖县叶下珠

名称：崖县叶下珠（*Phyllanthus annamensis* Beille）

鉴别特征：直立灌木，高达4米；茎灰褐色；小枝具棱；全株无毛。叶片近革质，卵状披针形或菱形，长3～14厘米，宽1.5～3.5厘米，顶端渐尖，多少呈尾状，基部宽楔形，干时边缘背卷；侧脉每边6～8条；叶柄长2～3毫米；托叶卵状三角形，长约1毫米。总状或圆锥状聚伞花序，腋生，长2～10厘米，基部具有多枚长2～3毫米的鳞片状苞片；每个小聚伞花序由5～6朵花组成，其中雌花1～3朵或有时全为雄花；雄花：直径约4毫米；花梗长1～2毫米；萼片6片，倒卵形，近相等，或2片较狭窄，长约1.5毫米，顶端钝或急尖，边缘膜质；雄蕊3片，花丝合生成—长约1毫米的柱，花药长约0.7毫米，药室平行，纵裂；花粉粒圆球形至近扁球形，具6孔沟，少数4～5孔沟或散孔沟；花盘腺体6个；雌花：直径和花梗与雄花的相同；萼片6片，通常内面3片较大，倒卵形，长约1.5毫米，宽1～1.5毫米，边缘膜质；花盘杯状，膜质，顶端多少撕裂；子房卵圆形，直径约1.3毫米，3室，花柱3个，长约1毫米，基部合生，顶端2裂，裂片外弯，稍紧贴在子房的顶部。蒴果圆球形，直径约4毫米，红色，成熟时3裂，轴柱及萼片宿存；种子红色，直径约2毫米。

产地与地理分布：产于海南三亚等地，生于溪旁、旷野灌丛中或疏林下。越南也有分布。模式标本采自越南湄公河边。

崖县叶下珠

2. 越南叶下珠

名称：越南叶下珠［*Phyllanthus cochinchinensis* (Lour.) Spreng.］

鉴别特征：灌木，高达3米；茎皮黄褐色或灰褐色；小枝具棱，长10～30厘米，直径1～2毫米，与叶柄幼时同被黄褐色短柔毛，老时变无毛。叶互生或3～5枚着生于小枝极短的凸起处，叶片革质，倒卵形、长倒卵形或匙形，长1～2厘米，宽0.6～1.3厘米，顶端钝或圆，少数凹缺，基部渐窄，边缘干后略背卷；中脉两面稍凸起，侧脉不明显；叶柄长1～2毫米；托叶褐红色，卵状三角形，长约2毫米，边缘有睫毛。花雌雄异株，1～5朵着生于叶腋垫状凸起处，凸起处的基部具有多数苞片；苞片干膜质，黄褐色，边缘撕裂状；雄花：通常单生；花梗长约3毫米；萼片6，倒卵形或匙形，长约1.3毫米，宽1～1.2毫米，不相等，边缘膜质，基部增厚；雄蕊3片，花丝合生成柱，花药3个，顶部合生，下部叉开，药室平行，纵裂；花粉粒球形或近球形，有6～10个散孔；花盘腺体6个，倒圆锥形；雌花：单生或簇生，花梗长2～3毫毛；萼片6片，外面3枚为

越南叶下珠

卵形，内面3枚为卵状菱形，长1.5～1.8毫米，宽1.5毫米，边缘均为膜质，基部增厚；花盘近坛状，包围子房约2/3，表面有蜂窝状小孔；子房圆球形，直径约1.2毫米，3室，花柱3个，长1.1毫米，下部合生成长约0.5毫米的柱，上部分离，下弯，顶端2裂，裂片线形。蒴果圆球形，直径约5毫米，具3纵沟，成熟后开裂成3个2瓣裂的分果爿；种子长和宽约2毫米，外种皮膜质，橙红色，易剥落，上面密被稍凸起的腺点。花果期6—12月。

产地与地理分布：产于福建、广东、海南、广西、四川、云南、西藏等省区，生于旷野、山坡灌丛、山谷疏林下或林缘。分布于印度、越南、柬埔寨和老挝等。模式标本采自越南河内。

3. 珠子草

名称：珠子草（*Phyllanthus niruri* L.）

中文异名：月下珠、霸贝菜、小返魂

鉴别特征：一年生草本，高达50厘米；茎略带褐红色，通常自中上部分枝；枝圆柱形，橄榄色；全株无毛。叶片纸质，长椭圆形，长5～10毫米，宽2～5毫米，顶端钝、圆或近截形，有时具不明显的锐尖头，基部偏斜；侧脉每边4～7条；叶柄极短；托叶披针形，长1～2毫米，膜质透明。通常1朵雄花和1朵雌花双生于每一叶腋内，有时只有1朵雌花腋生；雄花：花梗长1～1.5毫米；萼片5，倒卵形或宽卵形，

珠子草

长1.2～1.5毫米，宽1～1.5毫米，顶端钝或圆，中部黄绿色，基部有时淡红色，边缘膜质；花盘腺体5个，倒卵形，宽0.25～0.4毫米；雄蕊3片，花丝长0.6～0.9毫米，2/3～3/4合生成柱，花药近球形，长0.25～0.4毫米，药室纵裂；花粉粒长球形，具3孔沟，少数4孔沟，沟狭长；雌花：花梗长1.5～4毫米；萼片5片，不相等，宽椭圆形或倒卵形，长1.5～2.3毫米，宽1.2～1.8毫米，顶端钝或圆，中部绿色，边缘略带黄白色，膜质；花盘盘状；子房圆球形，3室，花柱3个，分离，顶端2裂，裂片外弯。蒴果扁球状，直径约3毫米，褐红色，平滑，成熟后开裂为3个2裂的分果爿，轴柱及萼片宿存；种子长1～1.5毫米，宽0.8～1.2毫米，有小颗粒状排成的纵条纹。花果期1—10月。

产地与地理分布：产于台湾、广东、海南、广西、云南等省区，生于旷野草地、山坡或山谷向阳处。分布于印度、中南半岛、马来西亚、菲律宾至热带美洲。

用途：【药用价值】全草入药，具止咳祛痰的功效。

4. 小果叶下珠

名称：小果叶下珠（*Phyllanthus reticulatus* Poir.）

中文异名：龙眼睛、通城虎、山丘豆、飞檫木、白仔、烂头钵、多花油柑

鉴别特征：灌木，高达4米；枝条淡褐色；幼枝、叶和花梗均被淡黄色短柔毛或微毛。叶片膜质至纸质，椭圆形、卵形至圆形，长1～5厘米，宽0.7～3厘米，顶端急尖、钝至圆，基部钝至圆，下面有时灰白色；叶脉通常两面明显，侧脉每边5～7条；叶柄长2～5毫米；托叶钻状三角形，长达1.7毫米，干后变硬刺状，褐色。通常2～10朵雄花和1朵雌花簇生于叶腋，稀组成聚伞花序；雄花：直径约2毫米；花梗纤细，长5～10毫米；萼片5～6个，2轮，卵形或倒卵形，不等大，长0.7～1.5毫米，宽0.5～1.2毫米，全缘；雄蕊5片，直立，其中3枚较长，花丝合生，2枚较短而花丝离生，花药三角形，药室纵裂；花粉粒球形，具3沟孔；花盘腺体5个，鳞片状，宽0.5毫米；雌花：花梗长4～8毫米，纤细；萼片5～6片，2轮，不等大，宽卵形，长1～1.6毫米，宽0.9～1.2毫米，外面基部被微柔毛；花盘腺体5～6个，长圆形或倒卵形；子房圆球形，4～12室，花柱分离，顶端2裂，裂片线形卷曲平贴于子房顶端。蒴果呈浆果状，球形或近球形，直径约6毫米，红色，干后灰黑色，不分裂，4～12室，每室有2颗种子；种子三棱形，长1.6～2毫米，褐色。花期3—6月，果期6—10月。

产地与地理分布：产于江西、福建、台湾、湖南、广东、海南、广西、四川、贵州和云南等省（区），生于海拔200～800米山地林下或灌木丛中。广布于热带西非至印度、斯里兰卡、中南半岛、印度尼西亚、菲律宾、马来西亚和澳大利亚。模式标本采自印度。

用途：【药用价值】根、叶入药，治驳骨、跌打。

小果叶下珠

5. 叶下珠

名称：叶下珠（*Phyllanthus urinaria* L.）

中文异名：阴阳草、假油树、珍珠草、珠仔草、蓖其草

鉴别特征：一年生草本，高10～60厘米，茎通常直立，基部多分枝，枝倾卧而后上升；枝具翅状纵棱，上部被一纵列疏短柔毛。叶片纸质，因叶柄扭转而呈羽状排列，长圆形或倒卵形，长4～10毫米，宽2～5毫米，顶端圆、钝或急尖而有小尖头，下面灰绿色，近边缘或边缘有1～3列短粗毛；侧脉每边4～5条，明显；叶柄极短；托叶卵状披针形，长约1.5毫米。花雌雄同株，直径约4毫米；雄花：2～4朵簇生于叶腋，通常仅上面1朵开花，下面的很小；花梗长约0.5毫米，基部有苞片1～2枚；萼片6，倒卵形，长约0.6毫米，顶端钝；雄蕊3片，花丝全部合生成柱状；花粉粒长球形，通常具5孔沟，少数3、4、6孔沟，内孔横长椭圆形；花盘腺体6个，分离，与萼片互生；雌花：单生于小枝中下部的叶腋内；花梗长约0.5毫米；萼片6片，近相等，卵状披针形，长约1毫米，边缘膜质，黄白色；花盘圆盘状，边全缘；子房卵状，有鳞片状凸起，花柱分离，顶端2裂，裂片弯卷。蒴果圆球状，直径1～2毫米，红色，表面具一小凸刺，有宿存的花柱和萼片，开裂后轴柱宿存；种子长1.2毫米，橙黄色。花期4—6月，果期7—11月。

产地与地理分布：产于河北、山西、陕西、华东、华中、华南、西南等省（区），通常生于海拔500米以下的旷野平地、旱田、山地路旁或林缘，在云南海拔1100米的湿润山坡草地亦见有生长。分布于印度、斯里兰卡、中南半岛、日本、马来西亚、印度尼西亚至南美。模式标本采自斯里兰卡。

用途：【药用价值】全草入药，具解毒、消炎、清热止泻、利尿的功效，可治赤目肿痛、肠炎腹泻、痢疾、肝炎、小儿疳积、肾炎水肿、尿路感染等。

叶下珠

（十二）乌桕属

1. 白木乌桕

名称：白木乌桕［*Sapium japonicum* (Sieb. et Zucc.) Pax et Hoffm.］

鉴别特征：灌木或乔木，高1~8米，各部均无毛；枝纤细，平滑。带灰褐色。叶互生，纸质，叶卵形、卵状长方形或椭圆形，长7~16厘米，宽4~8厘米，顶端短尖或凸尖，基部钝、截平或有时呈微心形，两侧常不等，全缘，背面中上部常于近边缘的脉上有散生的腺体，基部靠近中脉之两侧亦具2腺体；中脉在背面显著凸起，侧脉8~10对，斜上举，离缘3~5毫米弯拱网结，网状脉明显，网眼小；叶柄长1.5~3厘米，两侧薄，呈狭翅状，顶端无腺体；托叶膜质，线状披针形，长约1厘米。花单性，雌雄同株常同序，聚集成顶生，长4.5~11厘米的纤细总状花序，雌花数朵生于花序轴基部，雄花数朵生于花序轴上部，有时整个花序全为雄花。雄花：花梗丝状，长1~2毫米；苞片在花序下部的比花序上部的略长，卵形至卵状披针形，长

白木乌桕

2~2.5毫米，宽1~1.2毫米，顶端短尖至渐尖，边缘有不规则的小齿，基部两侧各具1近长圆形的腺体，每一苞片内有3~4朵花；花萼杯状，3裂，裂片有不规则的小齿；雄蕊3枚，稀2枚，常伸出于花萼之外，花药球形，略短于花丝。雌花：花梗粗壮，长6~10毫米；苞片3深裂几达基部，裂片披针形，长2~3毫米，通常中间的裂片较大，两侧之裂片其边缘各具1腺体；萼片3片，三角形，长和宽近相等，顶端短尖或有时钝；子房卵球形，平滑，3室，花柱基部合生，柱头3个，外卷。蒴果三棱状球形，直径10~15毫米。分果爿脱落后无宿存中轴；种子扁球形，直径6~9毫米，无蜡质的假种皮，有雅致的棕褐色斑纹。花期5—6月。

产地与地理分布：广布于山东、安徽、江苏、浙江、福建、江西、湖北、湖南、广东、广西、贵州和四川。生于林中湿润处或溪涧边。日本和朝鲜也有分布。

用途：【药用价值】根皮入药，具消肿利尿的功效，主尿少浮肿等症。

2. 乌桕

名称：乌桕［*Sapium sebiferum* (L.) Roxb.］

中文异名：腊子树、桕子树、木子树

鉴别特征：乔木，高可达15米，各部均无毛而具乳状汁液；树皮暗灰色，有纵裂纹；枝广展，具皮孔。叶互生，纸质，叶片菱形、菱状卵形或稀有菱状倒卵形，长3～8厘米，宽3～9厘米，顶端骤然紧缩具长短不等的尖头，基部阔楔形或钝，全缘；中脉两面微凸起，侧脉6～10对，纤细，斜上升，离缘2～5毫米弯拱网结，网状脉明显；叶柄纤细，长2.5～6厘米，顶端具2腺体；托叶顶端钝，长约1毫米。花单性，雌雄同株，聚集成顶生、长6～12厘米的总状花序，雌花通常生于花序轴最下部或罕有在雌花下部亦有少数雄花着生，雄花生于花序轴上部或有时整个花序全为雄花。雄花：花梗纤细，长1～3毫米，向上渐粗；苞片阔卵形，长和宽近相等约2毫米，顶端略尖，基部两侧各具一近肾形的腺体，每一苞片内具10～15朵花；小苞片3片，不等大，边缘撕裂状；花萼杯状，3浅裂，裂片钝，具不规则的细齿；雄蕊2枚，罕有3枚，伸出于花萼之外，花丝分离，与球状花药近等长。雌花：花梗粗壮，长3～3.5毫米；苞片深3裂，裂片渐尖，基部两侧的腺体与雄花的相同，每一苞片内仅1朵雌花，间有1雌花和数雄花同聚生于苞腋内；花萼3深裂，裂片卵形至卵头披针形，顶端短尖至渐尖；子房卵球形，平滑，3室，花柱3个，基部合生，柱头外卷。蒴果梨状球形，成熟时黑色，直径1～1.5厘米。具3种子，分果爿脱落后而中轴宿存；种子扁球形，黑色，长约8毫米，宽6～7毫米，外被白色、蜡质的假种皮。花期4—8月。

产地与地理分布：在我国主要分布于黄河以南各省区，北达陕西、甘肃。生于旷野、塘边或疏林中。日本、越南、印度也有分布，此外，欧洲、美洲和非洲亦有栽培。模式标本采自广州近郊。

用途：【经济价值】木材白色，坚硬，纹理细致，用途广；叶为黑色染料，可染衣物；白色之蜡质层（假种皮）溶解后可制肥皂、蜡烛；种子油适于涂料，可涂油纸、油伞等。【药用价值】根皮、树皮和叶入药，具杀虫、解毒、利尿、通便的功效，主治血吸虫病、肝硬化腹水、大小便不利、毒蛇咬伤，外用治疗疮、鸡眼、乳腺炎、跌打损伤、湿疹、皮炎。【观赏价值】树冠整齐，叶形秀丽，秋叶经霜时如火如荼，十分美观，具有较高的观赏价值。

乌桕

（十三）白树属

白树

名称：白树［*Suregada glomerulata* (Bl.) Baill.］

鉴别特征：灌木或乔木，高2～13米；枝条灰黄色至灰褐色，无毛。叶薄革质，倒卵状椭圆形至倒卵状披针形，稀长圆状椭圆形，长5～12(16)厘米，宽3～6(8)厘米，顶端短尖或短渐尖，稀圆钝，基部楔形或阔楔形，全缘，两面均无毛；侧脉每边5～8条；叶柄长3～8(12)毫米，无毛。聚伞花序与叶对生，花梗和萼片具微柔毛或近无毛，花在开花时直径3～5毫米；萼片近圆形，边缘具浅齿；雄花的雄蕊多数；腺体小，生于花丝基部；雌花：花盘环状，子房近球形，无毛，花柱3枚，平展，2深裂，裂片再2浅裂。蒴果近球形，有3浅纵沟，直径约1厘米，成熟后完全开裂；具宿存萼片。花期3—9月。

产地与地理分布：产于广东南部、海南、广西南部和云南南部。生于灌木丛中。分布于亚洲东南部各国、大洋洲（澳大利亚北部）。

白树

二十二、漆树科

（一）盐肤木属

盐肤木

名称：盐肤木（*Rhus chinensis* Mill.）

中文异名：五倍子树、五倍柴、五倍子、山梧桐、木五倍子、乌桃叶、乌盐泡、乌烟桃、乌酸桃、红叶桃、盐树根、土椿树、酸酱头、红盐果、倍子柴、角倍、肤杨树、盐肤子、盐酸白

鉴别特征：落叶小乔木或灌木，高2～10米；小枝棕褐色，被锈色柔毛，具圆形小皮孔。奇

数羽状复叶有小叶(2) 3～6对，叶轴具宽的叶状翅，小叶自下而上逐渐增大，叶轴和叶柄密被锈色柔毛；小叶多形，卵形或椭圆状卵形或长圆形，长6～12厘米，宽3～7厘米，先端急尖，基部圆形，顶生小叶基部楔形，边缘具粗锯齿或圆齿，叶面暗绿色，叶背粉绿色，被白粉，叶面沿中脉疏被柔毛或近无毛，叶背被锈色柔毛，脉上较密，侧脉和细脉在叶面凹陷，在叶背突起；小叶无柄。圆锥花序宽大，多分枝，雄花序长30～40厘米，雌花序较短，密被锈色柔毛；苞片披针形，长约1毫米，被微柔毛，小苞片极小，花白色，花梗长约1毫米，被微柔毛；雄花：花萼外面被微柔毛，裂片长卵形，长约1毫米，边缘具细睫毛；花瓣倒卵状长圆形，长约2毫米，开花时外卷；雄蕊伸出，花丝线形，长约2毫米，无毛，花药卵形，长约0.7毫米；子房不育；雌花：花萼裂片较短，长约0.6毫米，外面被微柔毛，边缘具细睫毛；花瓣椭圆状卵形，长约1.6毫米，边缘具细睫毛，里面下部被柔毛；雄蕊极短；花盘无毛；子房卵形，长约1毫米，密被白色微柔毛，花柱3个，柱头头状。核果球形，略压扁，直径4～5毫米，被具节柔毛和腺毛，成熟时红色，果核直径3～4毫米。花期8—9月，果期10月。

产地与地理分布：我国除东北、内蒙古和新疆外，其余省区均有，生于海拔170～2 700米的向阳山坡、沟谷、溪边的疏林或灌丛中。分布于印度、中南半岛、马来西亚、印度尼西亚、日本和朝鲜。

用途：【经济价值】本种为五倍子蚜虫寄主植物，在幼枝和叶上形成虫瘿，即五倍子，可供鞣革、医药、塑料和墨水等工业上用；幼枝和叶可作土农药；果泡水代醋用，生食酸咸止渴；种子可榨油。【食用价值】嫩茎叶可作为野生蔬菜食用。【药用价值】根、叶、花和果均可入药，其中花可治鼻疳、痈毒溃烂；果实具生津润肺、降火化痰、敛汗、止痢的功效，可治痰嗽、喉痹、黄胆、盗汗、痢疾、顽癣、痈毒、头风白屑；根和叶具清热解毒、散淤止血的功效，根可治感冒发热、支气管炎、咳嗽咯血、肠炎、痢疾、痔疮出血，根、叶外用治跌打损伤、毒蛇咬伤、漆疮。

盐肤木

（二）漆属

野漆

名称：野漆［*Toxicodendron succedaneum* (L.) O. Kuntze］

中文异名：野漆树、大木漆、山漆树、痒漆树、漆木、檫仔漆、山贼子

鉴别特征：落叶乔木或小乔木，高达10米；小枝粗壮，无毛，顶芽大，紫褐色，外面近无毛。奇数羽状复叶互生，常集生小枝顶端，无毛，长25～35厘米，有小叶4～7对，叶轴和叶柄圆柱形；叶柄长6～9厘米；小叶对生或近对生，坚纸质至薄革质，长圆状椭圆形、阔披针形或卵状披针形，长5～16厘米，宽2～5.5厘米，先端渐尖或长渐尖，基部多少偏斜，圆形或阔楔形，全缘，两面无毛，叶背常具白粉，侧脉15～22对，弧形上升，两面略突；小叶柄长2～5毫米。圆锥花序长7～15厘米，为叶长之半，多分枝，无毛；花黄绿色，直径约2毫米；花梗长约2毫米；花萼无毛，裂片阔卵形，先端钝，长约1毫米；花瓣长圆形，先端钝，长约2毫米，中部具不明显的羽状脉或近无脉，开花时外卷；雄蕊伸出，花丝线形，长约2毫米，花药卵形，长约1毫米；花盘5裂；子房球形，直径约0.8毫米，无毛，花柱1个，短，柱头3裂，褐色。核果大，偏斜，直径7～10毫米，压扁，先端偏离中心，外果皮薄，淡黄色，无毛，中果皮厚，蜡质，白色，果核坚硬，压扁。

产地与地理分布：华北至长江以南各省区均产；生于海拔(150)300～1 500 (2 500)米的林中。分布于印度、中南半岛、朝鲜和日本。

用途：【经济价值】种子油可制皂或掺和干性油作油漆；中果皮之漆蜡可制蜡烛、膏药和发蜡等；树皮可提栲胶；树干乳液可代生漆用；木材坚硬致密，可作细工用材。【药用价值】根、叶和果入药，具清热解毒、散淤生肌、止血、杀虫的功效，可治跌打骨折、湿疹疮毒、毒蛇咬伤，又可治尿血、血崩、白带、外伤出血、子宫下垂等症。

野漆

二十三、冬青科

冬青属

秤星树

名称：秤星树［*Ilex asprella* (Hook. et Arn.) Champ. ex Benth.］

中文异名：假青梅、灯花树、梅叶冬青、岗梅、苦梅根、假秤星、秤星木、天星木、汀秤仔、相星根

鉴别特征：落叶灌木，高达3米；具长枝和宿短枝，长枝纤细，栗褐色，无毛，具淡色皮孔，短枝多皱，具宿存的鳞片和叶痕。叶膜质，在长枝上互生，在缩短枝上，1～4枚簇生枝顶，卵形或卵状椭圆形，长（3）4～6（7）厘米，宽(1.5)2～3.5厘米，先端尾状渐尖，尖头长6～10毫米，基部钝至近圆形，边缘具锯齿，叶面绿色，被微柔毛，背面

秤星树

淡绿色，无毛，主脉在叶面下凹，在背面隆起，侧脉5～6对，在叶面平坦，在背面凸起，拱形上升并于近叶缘处网结，网状脉两面可见；叶柄长3～8毫米，上面具槽，下面半圆形，无毛；托叶小，胼胝质，三角形，宿存。雄花序：2或3花呈束状或单生于叶腋或鳞片腋内，位于腋芽与叶柄之间；花梗长4～6（9）毫米；花4或5基数；花萼盘状，直径2.5～3毫米，无毛，裂片4～5片，阔三角形或圆形，啮蚀状具缘毛；花冠白色，辐状，直径约6毫米，花瓣4～5片，近圆形，直径约2毫米，稀具缘毛，基部合生；雄蕊4或5片，花丝长约1.5毫米，花药长圆形，长约1毫米；败育子房叶枕状，中央具短喙。雌花序：单生于叶腋或鳞片腋内，花梗长1～2厘米，无毛；花4-6基数；花萼直径约3毫米，4-6深裂，裂片边缘具缘毛；花冠辐状，花瓣近圆形，直径2毫米，基部合生；退化雄蕊长约1毫米，败育花药箭头状；子房卵球状，直径约1.5毫米，花柱明显，柱头厚盘状。果球形，直径5～7毫米，熟时变黑色，具纵条纹及沟，基部具平展的宿存花萼，花萼具缘毛，顶端具头状宿存柱头，花柱略明显，具分核4～6粒。分核倒卵状椭圆形，长5毫米，背部宽约2毫米，背面具3条脊和沟，侧面几平滑，腹面龙骨突起锋利，内果皮石质。花期3月，果期4—10月。

产地与地理分布：产于浙江、江西、福建、台湾、湖南、广东、广西、香港等地；生于海拔400～1 000米的山地疏林中或路旁灌丛中。分布于菲律宾群岛。

用途：【药用价值】根、叶入药，具清热解毒、生津止渴、消肿散淤的功效。叶含熊果酸，对冠心病，心绞痛有一定疗效；根加水在锈铁上磨汁内服，能解砒霜和毒菌中毒。

二十四、无患子科

（一）龙眼属

龙眼

名称：龙眼（*Dimocarpus longan* Lour.）

中文异名：圆眼、桂圆、羊眼果树

鉴别特征：常绿乔木，高通常10余米、间有高达40米、胸径达1米、具板根的大乔木；小枝粗壮，被微柔毛，散生苍白色皮孔。叶连柄长15～30厘米或更长；小叶4～5对，很少3或6对，薄革质，长圆状椭圆形至长圆状披针形，两侧常不对称，长6～15厘米，宽2.5～5厘米，顶端短尖，有时稍钝头，基部极不对称，上侧阔楔形至截平，几与叶轴平行，下侧窄楔尖，腹面深绿色，有光泽，背面粉绿色，两面无毛；侧脉12～15对，仅在背面凸起；小叶柄长通常不超过5毫米。花序大型，多分枝，顶生和近枝顶腋生，密被星状毛；花梗短；萼片近革质，三角状卵形，长约2.5毫米，两面均被褐黄色绒毛和成束的星状毛；花瓣乳白色，披针形，与萼片近等长，仅外面被微柔毛；花丝被短硬毛。果近球形，直径1.2～2.5厘米，通常黄褐色或有时灰黄色，外面稍粗糙，或少有微凸的小瘤体；种子茶褐色，光亮，全部被肉质的假种皮包裹。花期春夏间，果期夏季。

产地与地理分布：我国西南部至东南部栽培很广，以福建最盛，广东次之；云南及广东、广西南部亦见野生或半野生于疏林中。亚洲南部和东南部也常有栽培。

用途：【经济价值】种子含淀粉，经适当处理后，可酿酒；木材坚实，甚重，暗红褐色，耐水湿，是造船、家具、细工等的优良材。【食用价值】果可生食或加工成干制品。【药用价值】假种皮入药，具益脾、健脑的功效。

龙眼

（二）赤才属

赤才

名称：赤才［*Erioglossum rubiginosum* (Roxb.) Bl.］

中文异名：孖仔树、灵树

鉴别特征：常绿灌木或小乔木，高通常2～3米，有时达7米，树皮暗褐色，不规则纵裂；嫩枝、花序和叶轴均密被锈色绒毛。叶连柄长15～50厘米；小叶2～8对，革质，第一对（近基）卵形，明显较小，向上渐大，椭圆状卵形至长椭圆形，长3～20厘米，顶端钝或圆，很少短尖，全缘，腹面深绿色，稍有光泽，仅中脉和侧脉上有毛，背面干时常变褐色，被绒毛，毛通常很密，很少稀疏；侧脉约10对，末端不达叶缘；小叶柄粗短，长常不及5毫米。花序通常为复总状，只有一回分枝，分枝的上部密花，下部疏花；苞片钻形；花芳香，直径约5毫米；萼片近圆形，长2～2.5毫米；花瓣倒卵形，长约5毫米；花丝被长柔毛。果的发育果爿长12～14毫米，宽5～7毫米，红色。花期春季，果期夏季。

产地与地理分布：我国产于广东雷州半岛和海南以及广西的合浦和南宁地区，云南西双版纳有栽培。生灌丛中或疏林中，很常见。

用途：【经济价值】木材坚实，可作农具。【食用价值】果皮肉质，味甜可食。【药用价值】根入药，可做强壮剂。

赤才

（三）荔枝属

荔枝

名称：荔枝（*Litchi chinensis* Sonn.）

中文异名：离枝

鉴别特征：常绿乔木，高通常不超过10米，有时可达15米或更高，树皮灰黑色；小枝圆柱状，褐红色，密生白色皮孔。叶连柄长10～25厘米或过之；小叶2或3对，较少4对，薄革质或革质，披针形或卵状披针形，有时长椭圆状披针形，长6～15厘米，宽2～4厘米，顶端骤尖或尾状短渐尖，全缘，腹面深绿色，有光泽，背面粉绿色，两面无毛；侧脉常纤细，在腹面不很明显，在背面明显或稍凸起；小叶柄长7～8毫米。花序顶生，阔大，多分枝；花梗纤细，长2～4毫米，有时粗而短；萼被金黄色短绒毛；雄蕊6～7片，有时8片，花丝长约4毫米；子房密覆小瘤体和硬毛。果卵圆形至近球形，长2～3.5厘米，成熟时通常暗红色至鲜红色；种子全部被肉质假种皮包裹。花期春季，果期夏季。

产地与地理分布：产于我国西南部、南部和东南部，尤以广东和福建南部栽培最盛。亚洲东南部也有栽培，非洲、美洲和大洋洲都有引种的记录。

用途：【经济价值】木材坚实，深红褐色，纹理雅致、耐腐，历来为上等木材。【食用价值】果肉产鲜时半透明凝脂状，味香美。【药用价值】核入药，为收敛止痛剂，治心气痛和小肠气痛。

荔枝

二十五、鼠李科

（一）勾儿茶属

铁包金

名称：铁包金［*Berchemia lineata* (L.) DC.］

中文异名：老鼠耳、米拉藤、小叶黄鳝藤

鉴别特征：藤状或矮灌木，高达2米；小枝圆柱状，黄绿色，被密短柔毛。叶纸质，矩圆形或椭圆形，长5～20毫米，宽4～12毫米，顶端圆形或钝，具小尖头，基部圆形，上面绿色，下面浅绿色，两面无毛，侧脉每边4～5条，稀6条；叶柄短，长不超过2毫米，被短柔毛；托叶披针形，稍长于叶柄，宿存。花白色，长4～5毫米，无毛，花梗长2.5～4毫米，无毛，通常数个至10余个密集成顶生聚伞总状花序，或有时1～5个簇生于花序下部叶腋，近无总花梗；花芽卵圆形，长过于宽，顶端钝；萼片条形或狭披针状条形，顶端尖，萼筒短，盘状；花瓣匙形，顶端钝。核果圆柱形，顶端钝，长5～6毫米，直径约3毫米，成熟时黑色或紫黑色，基部有宿存的花盘和萼筒；果梗长4.5～5毫米，被短柔毛。花期7—10月，果期11月。

产地与地理分布：产于广东、广西、福建、台湾。生于低海拔的山野、路旁或开旷地上。印度、锡金、越南和日本也有分布。

用途：【药用价值】根、叶入药，具止咳、祛痰、散疼的功效，可治跌打损伤和蛇咬伤。

铁包金

（二）雀梅藤属

雀梅藤

名称：雀梅藤［*Sageretia thea* (Osbeck) Johnst.］

中文异名：刺冻绿、对节刺、碎米子、对角刺、酸味、酸铜子、酸色子

鉴别特征：藤状或直立灌木；小枝具刺，互生或近对生，褐色，被短柔毛。叶纸质，近对生或互生，通常椭圆形，矩圆形或卵状椭圆形，稀卵形或近圆形，长1～4.5厘米，宽0.7～2.5厘米，顶端锐尖，钝或圆形，基部圆形或近心形，边缘具细锯齿，上面绿色，无毛，下面浅绿色，无毛

或沿脉被柔毛，侧脉每边3～4 (5)条，上面不明显，下面明显凸起；叶柄长2～7毫米，被短柔毛。花无梗，黄色，有芳香，通常2至数个簇生排成顶生或腋生疏散穗状或圆锥状穗状花序；花序轴长2～5厘米，被绒毛或密短柔毛；花萼外面被疏柔毛；萼片三角形或三角状卵形，长约1毫米；花瓣匙形，顶端2浅裂，常内卷，短于萼片；花柱极短，柱头3浅裂，子房3室，每室具1胚珠。核果近圆球形，直径约5毫米，成熟时黑色或紫黑色，具1～3分核，味酸；种子扁平，二端微凹。花期7—11月，果期翌年3—5月。

产地与地理分布：产于安徽、江苏、浙江、江西、福建、台湾、广东、广西、湖南、湖北、四川、云南。常生于海拔2 100米以下的丘陵、山地林下或灌丛中。印度、越南、朝鲜、日本也有分布。

用途：【食用价值】叶可代茶；果酸味可食。【药用价值】根、叶入药，根可治咳嗽，降气化痰；叶可治疮疡肿毒。

雀梅藤

二十六、葡萄科

（一）蛇葡萄属

蓝果蛇葡萄

名称：蓝果蛇葡萄 [*Ampelopsis bodinieri* (Levl. et Vant.) Rehd.]

中文异名：闪光蛇葡萄、蛇葡萄

鉴别特征：木质藤本。小枝圆柱形，有纵棱纹，无毛。卷须2叉分枝，相隔2节间断与叶对生。叶片卵圆形或卵椭圆形，不分裂或上部微3浅裂，长7～12.5厘米，宽5～12厘米，顶端急尖或渐尖，基部心形或微心形，边缘每侧有9～19个急尖锯齿，上面绿色，下面浅绿色，两面均无毛；基出脉5对，中脉有侧脉4～6对，网脉两面均不明显突出；叶柄长2～6厘米，无毛。花序为复二歧聚伞花序，疏散，花序梗长2.5～6厘米，无毛；花梗长2.5～3毫米，无毛；花蕾椭圆形，高2.5～3毫米，萼浅碟形，萼齿不明显，边缘呈波状，外面无毛；花瓣5片，长椭圆形，高2～2.5毫米；雄蕊5片，花丝丝状，花药黄色，椭圆形；花盘明显，5浅裂；子房圆锥形，花柱明显，基部略粗，柱头不明显扩大。果实近球圆形，直径0.6～0.8厘米，有种子3～4颗，种子倒卵椭圆形，顶端圆饨，基部有短喙，急尖，表面光滑，背腹微侧扁，种脐在种子背面下部向上呈带状渐狭，腹部中棱脊突出，两侧洼穴呈沟状，上部略宽，向上达种子中部以上。花期4—6月，果期7—8月。

产地与地理分布：产于陕西、河南、湖北、湖南、福建、广东、广西、海南、四川、贵州、云南。生于山谷林中或山坡灌丛荫处，海拔200～3 000米。模式标本采自贵州贵阳。

蓝果蛇葡萄

（二）白粉藤属

白粉藤

名称：白粉藤（*Cissus repens* Lamk.）

鉴别特征：草质藤本。小枝圆柱形，有纵棱纹，常被白粉，无毛。卷须2叉分枝，相隔2节间断与叶对生。叶心状卵圆形，长5～13厘米，宽4～9厘米，顶端急尖或渐尖，基部心形，边缘每侧有9～12个细锐锯齿，上面绿色，下面浅绿色，两面均无毛；基出脉3～5对，中脉有侧脉3～4对，网脉不明显；叶柄长2.5～7厘米，无毛；托叶褐色，膜质，肾形，长5～6厘米，宽2～3厘米，无毛。花序顶生或与叶对生，二级分枝4～5集生成伞形；花序梗长1～3厘米，无毛；花梗长2～4毫米，几无毛；花蕾卵圆形，高约4毫米，顶端圆钝；萼杯形，边缘全缘或呈波状，无毛；花瓣4片，卵状三角形，高约3毫米，无毛；雄蕊4片，花药卵椭圆形，长略甚于宽或长宽近相等；花盘明显，微4裂；子房下部与花盘合生，花柱近钻形，柱头不明显扩大。果实倒卵圆形，长0.8～1.2厘米，宽0.4～0.8厘米，有种子1颗，种子倒卵圆形，顶端圆形，基部有短喙，表面有稀疏突出棱纹，种脐在种子背面下面1/4处与种脊无异，种脊突出，腹部中棱脊突出，向上达种子上部1/3处，侧洼穴呈沟状，达种子上部。花期7—10月，果期11月至翌年5月。

产地与地理分布：产于广东、广西、贵州、云南。生于山谷疏林或山坡灌丛，海拔100～1 800米。越南、菲律宾、马来西亚和澳大利亚也有分布。

用途：【药用价值】根、藤茎入药，具化痰散结、消肿解毒、祛风活络的功效，主治颈淋巴结结核、扭伤骨折、腰肌劳损、风湿骨痛、坐骨神经痛、疮疡肿毒、毒蛇咬伤、小儿湿疹。

白粉藤

（三）葡萄属

1. 小果葡萄

名称：小果葡萄（*Vitis balanseana* Planch.）

中文异名：小果野葡萄、小葡萄

鉴别特征：木质藤本。小枝圆柱形，有纵棱纹，嫩时小枝疏被浅褐色蛛丝状绒毛，以后脱落无毛。卷须2叉分，每隔2节间断与叶对生。叶心状卵圆形或阔卵形，长4～14厘米，宽3.5～9.5厘米，顶端急尖或短尾尖，基部心形，基缺顶端呈钝角，边缘每侧有细牙齿16～22个，微呈波状，上面绿色，初时疏被蛛丝状绒毛，以后脱落无毛；基生脉5出，中脉有侧脉4～6对，网脉明显，两面突出；叶柄长2～5厘米，初时被蛛状丝绒毛，以后落无毛；托叶褐色，卵圆形至长圆形，长2～4毫米，宽1.5～3毫米，无毛或被蛛状丝绒毛。圆锥花序与叶对生，长4～13厘米，疏被蛛丝状绒毛或脱落无毛；花梗长1～1.5毫米，无毛；花蕾倒卵圆形，高1～1.4毫米，顶端圆形；萼碟形，边缘全缘，无毛；花瓣5片，呈帽状粘合脱落；雄蕊5片，在雄花内花丝细丝状，长0.6～1毫米，花药黄色，椭圆形，长约0.4毫米，在雌花内雄蕊比雌蕊短，败育；花盘发达，5裂，高0.3～0.4毫米；雌蕊1片，子房圆锥形，花柱短，柱头微扩大。果实球形，成熟时紫黑色，直径0.5～0.8厘米；种子倒卵长圆形，顶端圆形，基部显著有喙，种脐在种子背面中部呈椭圆形，腹面中棱脊突出，两侧洼穴呈沟状下凹，向上达种子1/3处。花期2—8月，果期6—11月。

产地与地理分布：产于广东、广西、海南。生于沟谷阳处，攀援于乔灌木上，海拔250～800米。越南也有分布。

用途：【药用价值】藤、叶入药，具祛湿消肿的功效。

小果葡萄

2. 葛藟葡萄

名称：葛藟葡萄（*Vitis flexuosa* Thunb.）

中文异名：葛藟、千岁藟、芄、光叶葡萄、野葡萄

鉴别特征：木质藤本。小枝圆柱形，有纵棱纹，嫩枝疏被蛛丝状绒毛，以后脱落无毛。卷须2叉分枝，每隔2节间断与叶对生。叶卵形、三角状卵形、卵圆形或卵椭圆形，长2.5～12厘米，宽2.3～10厘米，顶端急尖或渐尖，基部浅心形或近截形，心形者基缺顶端凹成钝角，边缘每侧有微不整齐5～12个锯齿，上面绿色，无毛，下面初时疏被蛛丝状绒毛，以后脱落；基生脉5出，中脉有侧脉4～5对，网脉不明显；叶柄长1.5～7厘米，被稀疏蛛丝状绒毛或几无毛；托叶早落。圆锥花序疏散，与叶对生，基部分枝发达或细长而短，长4～12厘米，花序梗长2～5厘米，被蛛丝状绒毛或几无毛；花梗长1.1～2.5毫米，无毛；花蕾倒卵圆形，高2～3毫米，顶端圆形或近截形；萼浅碟形，边缘呈波状浅裂，无毛；花瓣5片，呈帽状粘合脱落；雄蕊5片，花丝丝状，长0.7～1.3毫米，花药黄色，卵圆形，长0.4～0.6毫米，在雌花内短小，败育；花盘发达，5裂；雌蕊1片，在雄花中退化，子房卵圆形，花柱短，柱头微扩大。果实球形，直径0.8～1厘米；种子倒卵椭圆形，顶端近圆形，基部有短喙，种脐在种子背面中部呈狭长圆形，种脊微突出，表面光滑，腹面中棱脊微突起，两侧洼穴宽沟状，向上达种子1/4处。花期3—5月，果期7—11月。

产地与地理分布：产于陕西、甘肃、山东、河南、安徽、江苏、浙江、江西、福建、湖北、湖南、广东、广西、四川、贵州、云南。生于山坡或沟谷田边、草地、灌丛或林中，海拔100～2 300米。

用途：【经济价值】种子可炸油。【药用价值】根、茎和果实入药，可治关节酸痛。

葛藟葡萄

二十七、椴树科

（一）破布叶属

破布叶

名称：破布叶（*Microcos paniculata* L.）

鉴别特征：灌木或小乔木，高3～12米，树皮粗糙；嫩枝有毛。叶薄革质，卵状长圆形，长8～18厘米，宽4～8厘米，先端渐尖，基部圆形，两面初时有极稀疏星状柔毛，以后变秃净，三出脉的两侧脉从基部发出，向上行超过叶片中部，边缘有细钝齿；叶柄长1～1.5厘米，被毛；托叶线状披针形，长5～7毫米。顶生圆锥花序长4～10厘米，被星状柔毛；苞片披针形；花柄短小；萼片长圆形，长5～8毫米，外面有毛；花瓣长圆形，长3～4毫米，下半

破布叶

部有毛；腺体长约2毫米；雄蕊多数，比萼片短；子房球形，无毛，柱头锥形。核果近球形或倒卵形，长约1厘米；果柄短。花期6—7月。

产地与地理分布：产于广东、广西、云南。中南半岛、印度及印度尼西亚有分布。

用途：【药用价值】叶入药，具清热毒、去食积的功效。

（二）刺蒴麻属

刺蒴麻

名称：刺蒴麻（*Triumfetta rhomboidea* Jack.）

鉴别特征：亚灌木；嫩枝被灰褐色短茸毛。叶纸质，生于茎下部的阔卵圆形，长3~8厘米，宽2~6厘米，先端常3裂，基部圆形；生于上部的长圆形；上面有疏毛，下面有星状柔毛，基出脉3~5条，两侧脉直达裂片尖端，边缘有不规则的粗锯齿；叶柄长1~5厘米。聚伞花序数枝腋生，花序柄及花柄均极短；萼片狭长圆形，长5毫米，顶端有角，被长毛；花瓣比萼片略短，黄色，边缘有毛；雄蕊10枚；子房有刺毛。果球形，不开裂，被灰黄色柔毛，具勾针刺长2毫米，有种子2~6颗。花期夏秋季间。

产地与地理分布：产于云南、广西、广东、福建、台湾。热带亚洲及非洲有分布。

用途：【药用价值】全株入药，具消风散毒的功效，主治毒疮、肾结石。

刺蒴麻

二十八、锦葵科

（一）赛葵属

赛葵

名称：赛葵［*Malvastrum coromandelianum* (Linn.) Gurcke］

中文异名：黄花草、黄花棉

鉴别特征：亚灌木状，直立，高达1米，疏被单毛和星状粗毛。叶卵状披针形或卵形，长3~6厘米，宽1~3厘米，先端钝尖，基部宽楔形至圆形，边缘具粗锯齿，上面疏被长毛，下面疏被长毛和星状长毛；叶柄长1~3厘米，密被长毛；托叶披针形，长约5毫米。花单生于叶腋，花梗长约5毫米，被长毛；小苞片线形，长5毫米，宽1毫米，疏被长毛；萼浅杯状，5裂，裂片卵形，渐尖头，长约8毫米，基部合生，疏被单长毛和星状长毛；花黄色，直径约1.5厘米，花瓣5片，倒卵形，长约8毫米，宽约4毫米；雄蕊柱长约6毫米，无毛。果直径约6毫米，分果爿8~12，肾形，疏被星状柔毛，直径约2.5毫米，背部宽约1毫米，具2芒刺。

产地与地理分布：产于台湾、福建、广东、广西和云南等省（区），散生于干热草坡。原产于美洲，系我国归化植物。

用途：【药用价值】全草入药，配十大功劳可治疗肝炎病；叶治疮疖。

赛葵

（二）黄花稔属

1. 黄花稔

名称：黄花稔（*Sida acuta* Burm. f.）

中文异名：扫把麻、亚罕闷

鉴别特征：直立亚灌木状草本，高1～2米；分枝多，小枝被柔毛至近无毛。叶披针形，长2～5厘米，宽4～10毫米，先端短尖或渐尖，基部圆或钝，具锯齿，两面均无毛或疏被星状柔毛，上面偶被单毛；叶柄长4～6毫米，疏被柔毛；托叶线形，与叶柄近等长，常宿存。花单朵或成对生于叶腋，花梗长4～12毫米，被柔毛，中部具节；萼浅杯状，无毛，长约6毫米，下半部合生，裂片5片，尾状渐尖；花黄色，直径8～10毫米，花瓣倒卵形，先端圆，基部狭长6～7毫米，被纤毛；雄蕊柱长约4毫米，疏被硬毛。蒴果近圆球形，分果爿4～9，但通常为5～6，长约3.5毫米，顶端具2短芒，果皮具网状皱纹。花期冬春季。

产地与地理分布：产于台湾、福建、广东、广西和云南。常生于山坡灌丛间、路旁或荒坡。原产于印度，分布于越南和老挝。

黄花稔

用途：【经济价值】茎皮纤维供绳索料。【药用价值】根、叶入药，具抗菌消炎的功效。

2. 白背黄花稔

名称：白背黄花稔（*Sida rhombifolia* Linn.）

中文异名：黄花母雾、亚母头

鉴别特征：直立亚灌木，高约1米，分枝多，枝被星状绵毛。叶菱形或长圆状披针形，长25～45毫米，宽6～20毫米，先端浑圆至短尖，基部宽楔形，边缘具锯齿，上面疏被星状柔毛至近无毛，下面被灰白色星状柔毛；叶柄长3～5毫米，被星状柔毛；托叶纤细，刺毛状，与叶柄近等长。花单生于叶腋，花梗长1～2厘米，密被星状柔毛，中部以上有节；萼杯形，长4～5毫米，被星状短绵毛，裂片5，三角形；花黄色，直径约1厘米，花瓣倒卵形，长约8毫米，先端圆，基部狭；雄蕊柱无毛，疏被腺状乳突，长约5毫米，花柱分枝8～10个。果半球形，直径6～7毫米，分果爿8-10，被星状柔毛，顶端具2短芒。花期秋冬季。

白背黄花稔

产地与地理分布：产于台湾、福建、广东、广西、贵州、云南、四川和湖北等省（区）。常生于山坡灌丛间、旷野和沟谷两岸。分布于越南、老挝、柬埔寨和印度等地区。

用途：【药用价值】全草入药用，有消炎解毒、祛风除湿、止痛之功。

3. 刺黄花稔

名称：刺黄花稔（*Sida spinosa* Linn.）

鉴别特征：亚灌木状草本，高可达1 500px，多分枝或不分枝；茎和小枝疏被星状柔毛或近于无毛。叶卵形，长1.5～100px，宽0.6～55.0px，先端钝。基部心形，偶有圆形，具圆锯齿，上面近无毛或疏被星状柔毛，下面被星状柔毛；叶柄长0.6～50px，疏被星状柔毛；托叶线形，长约15px，被星状柔毛。花单生于叶腋或近簇生，花梗长0.4～17.5px，疏被星状柔毛，近端具节；萼钟形，长约10px，5齿裂，被星状柔毛；花冠黄色，直径约20px，花瓣倒卵状楔形；雄蕊柱疏被长硬毛。分果爿5，密被星状柔毛，端具2芒尖，连芒尖长约10px。花果期7—10月。

刺黄花稔

产地与地理分布：世界性杂草，广布于北美洲、拉丁美洲、非洲和亚洲；曾在美国的小麦、玉米、大豆中发现。近年，在我国安徽、江苏、上海及浙江等多省区出现归化分布或有报道。

（三）梵天花属

1.地桃花

名称：地桃花（*Urena lobata* Linn. var. *lobata*）

中文异名：肖梵天花、野棉花、田芙蓉、鏻（刺、痴）头婆、大叶马松子、粘油子、厚皮草、野鸡花、迷（尼）马桩（棵）、半边月、千下槌、红孩儿、石松毛、牛毛七、毛桐子

鉴别特征：直立亚灌木状草本，高达1米，小枝被星状绒毛。茎下部的叶近圆形，长4～5厘米，宽5～6厘米，先端浅3裂，基部圆形或近心形，边缘具锯齿；中部的叶卵形，长5～7厘米，宽3～6.5厘米；上部的叶长圆形至披针形，长4～7厘米，宽1.5～3厘米；叶上面被柔毛，下面被灰白色星状绒毛；叶柄长1～4厘米，被灰白色星状毛；托叶线形，长约2毫米，早落。花腋生，单生或稍丛生，淡红色，直径约15毫米；花梗长约3毫米，被绵毛；小苞片5片，长约6毫米，基部1/3合生；花萼杯状，裂片5，较小苞片略短，两者均被星状柔毛；花瓣5片，倒卵形，长约15毫米，外面被星状柔毛；雄蕊柱长约15毫米，无毛；花柱枝10个，微被长硬毛。果扁球形，直径约1厘米，分果片被星状短柔毛和锚状刺。花期7—10月。

产地与地理分布：产于长江以南各省区。分布于越南、柬埔寨、老挝、泰国、缅甸、印度和日本等地区。

用途：【经济价值】茎皮富含坚韧的纤维，供纺织和搓绳索，常用为麻类的代用品。【药用价值】根入药，煎水点酒服可治疗白痢。

地桃花

2. 梵天花

名称：梵天花（*Urena procumbens* Linn.）

中文异名：虱麻头、头婆、小桃花、铁包金、小叶田芙蓉、叶瓣花、狗脚迹、红野棉花、山棉花、野棉花、三角枫、三合枫

鉴别特征：小灌木，高80厘米，枝平铺，小枝被星状绒毛。叶下部生的轮廓为掌状3～5深裂，裂口深达中部以下，圆形而狭，长1.5～6厘米，宽1～4厘米，裂片菱形或倒卵形，呈葫芦状，先端钝，基部圆形至近心形，具锯齿，两面均被星状短硬毛，叶柄长4～15毫米，被绒毛；托叶钻形，长约1.5毫米，早落。花单生或近簇生，花梗长2～3毫米；小苞片长约7毫米，基部1/3处合生，疏被星状毛；萼短于小苞片或近等长，卵形，尖头，被星状毛；花冠淡红色，花瓣长10～15毫米；雄蕊柱无毛，与花瓣等长。果球形，直径约6毫米，具刺和长硬毛，刺端有倒钩，种子平滑无毛。花期6—9月。

产地与地理分布：产于广东、台湾、福建、广西、江西、湖南、浙江等省区。常生于山坡小灌丛中。

梵天花

二十九、梧桐科

（一）山芝麻属

山芝麻

名称：山芝麻（*Helicteres angustifolia* L.）

中文异名：山油麻、坡油麻

鉴别特征：小灌木，高达1米，小枝被灰绿色短柔毛。叶狭矩圆形或条状披针形，长3.5～5厘米，宽1.51～2.5厘米，顶端钝或急尖，基部圆形，上面无毛或几无毛，下面被灰白色或淡黄色星

状茸毛，间或混生刚毛；叶柄长5～7毫米。聚伞花序有2至数朵花；花梗通常有锥尖状的小苞片4枚；萼管状，长6毫米，被星状短柔毛，5裂，裂片三角形；花瓣5片，不等大，淡红色或紫红色，比萼略长，基部有2个耳状附属体；雄蕊10枚，退化雄蕊5枚，线形，甚短；子房5室，被毛，较花柱略短，每室有胚珠约10个。蒴果卵状矩圆形，长12～20毫米，宽7～8毫米，顶端急尖，密被星状毛及混生长绒毛；种子小，褐色，有椭圆形小斑点。花期几乎全年。

产地与地理分布：产于湖南、江西南部、广东、广西中部和南部、云南南部、福建南部和台湾。为我国南部山地和丘陵地常见的小灌木，常生于草坡上。印度、缅甸、马来西亚、泰国、越南、老挝、柬埔寨、印度尼西亚、菲律宾等地有分布。

用途：【经济价值】茎皮纤维可做混纺原料。【药用价值】全株入药，具清热利湿、通利血脉、解表清热、消肿解毒的功效，主治感冒发热、头痛、口渴、痄腮、麻疹、痢疾、肠炎、痈肿、瘰疬、疮毒、湿疹、痔疮。

山芝麻

（二）马松子属

马松子

名称：马松子（*Melochia corchorifolia* L.）

中文异名：野路葵

鉴别特征：半灌木状草本，高不到1米；枝黄褐色，略被星状短柔毛。叶薄纸质，卵形、矩圆状卵形或披针形，稀有不明显的3浅裂，长2.5～7厘米，宽1～1.3厘米，顶端急尖或钝，基部圆形或心形，边缘有锯齿，上面近于无毛，下面略被星状短柔毛，基生脉5条；叶柄长5～25毫米；托叶条形，长2～4毫米。花排成顶生或腋生的密聚伞花序或团伞花序；小苞片条形，混生在花序内；萼钟状，5浅裂，长约2.5毫米，外面被长柔毛和刚毛，内面无毛，裂片三角形；花瓣5片，白色，后变为淡红色，矩圆形，长约6毫米，基部收缩；雄蕊5枚，下部连合成筒，与花瓣对生；子房无柄，5室，密被柔毛，花柱5枚，线状。蒴果圆球形，有5棱，直径5～6毫米，被长柔毛，每室有种子1～2个；种子卵圆形，略成三角状，褐黑色，长2～3毫米。花期夏秋。

产地与地理分布：本种广泛分布在长江以南各省、台湾和四川内江地区。生于田野间或低丘陵地原野间。亚洲热带地区多有分布。

用途：【经济价值】茎皮富含纤维，可与黄麻混纺以制麻袋。【药用价值】根、叶入药，具止痒退疹的功效，主治皮肤瘙痒、癣症、瘾疹、湿疮、湿疹、阴部湿痒等。

马松子

三十、山茶科

（一）柃木属

1. 米碎花

名称：米碎花（*Eurya chinensis* R. Br.）

鉴别特征：灌木，高1～3米，多分枝；茎皮灰褐色或褐色，平滑；嫩枝具2棱，黄绿色或黄褐色，被短柔毛，小枝稍具2棱，灰褐色或浅褐色，几无毛；顶芽披针形，密被黄褐色短柔毛。叶薄革质，倒卵形或倒卵状椭圆形，长2～5.5厘米，宽1～2厘米，顶端钝而有微凹或略尖，偶有近圆形，基部楔形，边缘密生细锯齿，有时稍反卷，上面鲜绿色，有光泽，下面淡绿色，无毛或初时疏被短柔毛，后变无毛，中脉在上面凹下，下面凸起，侧脉6～8对，两面均不甚明显；叶柄长2～3毫米。花1～4朵簇生于叶腋，花梗长约2毫米，无毛。雄花：小苞片2片，细小，无毛；萼片5片，卵圆形或卵形，长1.5～2毫米，顶端近圆形，无毛；花瓣5片，白色，倒卵形，长3～3.5毫米，无毛；雄蕊约15枚，花药不具分格，退化子房无毛。雌花的小苞片和萼片与雄花同，但较小；花瓣5片，卵形，长2～2.5毫米，子房卵圆形，无毛，花柱长1.5～2毫米，顶端3裂。果实圆球形，有时为卵圆形，成熟时紫黑色，直径3～4毫米；种子肾形，稍扁，黑褐色，有光泽，表面具细蜂窝状网纹。花期11—12月，果期翌年6—7月。

产地与地理分布：广泛分布于江西南部（安远、寻乌、全南、龙南、信丰）、福建与南沿海及西南部（福州、福清、永泰、连江、长乐、惠安、莆田、龙岩、连城、南靖、上杭、长汀）、台湾（台北、台中、台东、南投、高雄）、湖南南部（宜章）、广东、广西南部（南宁、邕宁、横县、上思、平南、桂林、柳州、武鸣、梧州、钦州）等地；多生于海拔800米以下的低山丘陵山坡灌丛路边或溪河沟谷灌丛中。模式标本采自广东省。

用途：【药用价值】根及全株入药，具清热解毒、除湿敛疮的功效，可预防流行性感冒，外用治烧烫伤、脓泡疮。

米碎花

2. 细齿叶柃

名称：细齿叶柃（*Eurya nitida* Korthals）

鉴别特征：灌木或小乔木，高2～5米，全株无毛；树皮灰褐色或深褐色，平滑；嫩枝稍纤细，具2棱，黄绿色，小枝灰褐色或褐色，有时具2棱；顶芽线状披针形，长达1厘米，无毛。叶薄革质，椭圆形、长圆状椭圆形或倒卵状长圆形，长4～6厘米，宽1.5～2.5厘米，顶端渐尖或短渐尖，尖头钝，基部楔形，有时近圆形，边缘密生锯齿或细钝齿，上面深绿色，有光泽，下面淡绿色，两面无毛，中脉在上面稍凹下，下面凸起，侧脉9～12对，在上面不明显，下面稍明显；叶柄长约3毫米。花1～4朵簇生于叶腋，花梗较纤细，长约3毫米。雄花：小苞片2片，萼片状，近圆形，长约1毫米，无毛；萼片5片，几膜质，近圆形，长1.5～2毫米，顶端圆，无毛；花瓣5片，白色，倒卵形，长3.5～4毫米，基部稍合生；雄蕊14～17枚，花药不具分格，退化子房无毛。雌花的小苞片和萼片与雄花同；花瓣5片，长圆形，长2～2.5毫米，基部稍合生；子房卵圆形，无毛，花柱细长，长约3毫米，顶端3浅裂。果实圆球形，直径3～4毫米，成熟时蓝黑色；种子肾形或圆肾形，亮褐色，表面具细蜂窝状网纹。花期11月至翌年1月，果期翌年7—9月。

产地与地理分布：广泛分布于浙江东南部（宁波、镇海、缙云、平阳）、江西南部（资溪、石城、龙南、永新、全南、泰和、遂川、寻乌、安远、全南）、福建、湖北西南部（宣恩、恩施、利川）、湖南南部（宜章、祁阳）、广东、海南、广西东部（兴安、罗城、临桂、融水、陵川、大苗山、大瑶山、十万大山、上思、南宁、玉林、凌云、北流、百寿）、四川中部和东部（彭水、巫山、奉节、南川、筠连、乐山、峨眉、洪雅、屏山、灌县、南充、北川）、重庆、贵州（赤水、绥阳、贵阳、梵净山、安龙、册亨、都匀、三都、荔波、天柱、雷山、丹寨、毕节、榕江、松桃、遵义）等地；多生于海拔1 300米以下的山地林中、沟谷溪边林缘以及山坡路旁灌丛中。也分布于越南、缅甸、斯里兰卡、印度、菲律宾及印度尼西亚等地。模式标本采自印度尼西亚的加里曼丹。

用途：【经济价值】枝、叶及果实可作染料。

细齿叶柃

（二）厚皮香属

小叶厚皮香

名称：小叶厚皮香（*Ternstroemia microphylla*）

鉴别特征：灌木或小乔木，高1～6米，有时可达10米，全株无毛；嫩枝和小枝灰褐色，圆柱形。叶通常聚生于枝端，呈假轮生状，革质或厚革质，倒卵形、长圆状倒卵形至倒披针形，稀为狭椭圆形或狭椭圆状倒披针形，长2～5（6.5）厘米，宽0.6～1.5（3）厘米，顶端圆或钝，有时为短钝尖或略尖，基部窄楔形或楔形，边缘上半部通常疏生细钝齿，齿端黑色或几全缘，仅疏生有黑色腺状齿突，干后稍反卷或不明显，上面绿色，有光泽，下面淡绿色，中脉在上面凹下，下面凸起，侧脉3～4（5）对，在两面均不明显或少有在上面略凹下；叶柄长约3毫米。花单生于叶腋或生于当年生无叶的小枝上，较小，直径5～8毫米，单性或杂性，花梗纤细，长5～10毫米；两性花：小苞片2片，卵状三角形，长约1毫米，顶端尖，边缘具腺状齿突；萼片5片，卵圆形，长宽各2～3毫米，顶端圆，有

小叶厚皮香

时最外面一片的顶端略尖，边缘疏生腺状齿突；花瓣5片，白色，阔倒卵形，长约4毫米，宽约3.5毫米；雄蕊约40枚，长约3毫米，花药长圆形，长约1.5毫米，子房卵圆形，2室，胚珠每室1个，花柱短，顶端2浅裂。雄花：小苞片、萼片、花瓣均与两性花同；雄蕊35～45枚，退化子房微小，但明显可见。果实椭圆形，长8～10毫米，直径5～6毫米，2室，宿存花柱长约2毫米，顶端2浅裂，宿存萼片长2～3.5毫米，果梗纤细，长6～10毫米，稍弯曲；种子每室1个，长肾形，长5～7毫米，成熟时假种皮鲜红色。花期5—6月，果期8—10月。

产地与地理分布：产于福建东南部沿海（福州川石岛、惠安崇武、厦门）、广东南部（高州、化州、阳春、海康）、海南（保亭、文昌）、广西南部（上思、十万大山、博白、陆川、北流、东兴、合浦、灵山、象州、金秀）以及香港等地；多生于近海各地海拔50～950米的干燥山坡灌丛或岩隙间，有时也生于山地疏林中或林缘。模式标本采自福建厦门。

三十一、藤黄科

黄牛木属

黄牛木

名称：黄牛木［*Cratoxylum cochinchinense* (Lour.) Bl.］

中文异名：黄牛茶、雀笼木、黄芽木、狗（九）芽木、（山狗芽）、鹧鸪木、水杧果、节节花、满天红、茶咯桌、美启烈、梅低优

鉴别特征：落叶灌木或乔木，高1.5～18（25）米，全体无毛，树干下部有簇生的长枝刺；树皮灰黄色或灰褐色，平滑或有细条纹。枝条对生，幼枝略扁，无毛，淡红色，节上叶柄间线痕连续或间有中断。叶片椭圆形至长椭圆形或披针形，长3～10.5厘米，宽1～4厘米，先端骤然锐尖或渐尖，基部钝形至楔形，坚纸质，两面无毛，上面绿色，下面粉绿色，有透明腺点及黑点，中脉在上面凹陷，下面凸起，侧脉每边8～12条，两面凸起，斜展，末端不呈弧形闭合，小脉网状，两面凸起；叶柄长2～3毫米，无毛。聚伞花序腋生或腋外生及顶生，有花（1）2～3朵，具梗；总梗长3～10毫米或以上。花直径1～1.5厘米；花梗长2～3毫米。萼片椭圆形，长5～7毫米，宽2～5毫米，先端圆形，全面有黑色纵腺条，果时增大。花瓣粉红、深红至红黄色，倒卵形，长5～10毫米，宽2.5～5毫米，先端圆形，基部楔形，脉间有黑腺纹，无鳞片。雄蕊束3，长4～8毫米，柄宽扁至细长。下位肉质腺体长圆形至倒卵形，盔状，长达3毫米，宽1～1.5毫米，顶端增厚反曲。子房圆锥形，长3毫米，无毛，3室；花柱3个，线形，自基部叉开，长2毫米。蒴果椭圆形，长8～12毫米，宽4～5毫米，棕色，无毛，被宿存的花萼包被达2/3以上。

黄牛木

种子每室（5）6～8颗，倒卵形，长6～8毫米，宽2～3毫米，基部具爪，不对称，一侧具翅。花期4—5月，果期6月以后。

产地与地理分布：产于广东、广西及云南南部。生于丘陵或山地的干燥阳坡上的次生林或灌丛中，海拔1 240米以下，能耐干旱，萌发力强。缅甸、泰国、越南、马来西亚、印度尼西亚至菲律宾也有分布。模式标本采自越南。

用途：【经济价值】材质坚硬，纹理精致，供雕刻用；幼果供作烹调香料。【药用价值】根、树皮及嫩叶入药，主治感冒、腹泻。

三十二、大风子科

（一）刺篱木属

刺篱木

名称：刺篱木［*Flacourtia indica* (Burm. f.) Merr.］

中文异名：刺子、细祥笋果

鉴别特征：落叶灌木或小乔木，高2～4（15）米；树皮灰黄色，稍裂；树干和大枝条有长刺，老枝通常无刺；幼枝有腋生单刺，在顶端的刺逐渐变小，有毛或近无毛。叶近革质，倒卵形至长圆状倒卵形，稀倒心形，长2～4（8）厘米，宽1.5～2.5（5）厘米，先端圆形或

刺篱木

截形，有时凹，基部楔形，边缘中部以上有细锯齿，上面深绿色，无毛，下面淡绿色，无毛或散生短柔毛，中脉在上面平坦，下面突起，侧脉5～7对，纤细，网脉明显；叶柄短，长（1.1）3～5毫米，被短柔毛。花小，总状花序短，顶生或腋生，被绒毛；萼片（4）5～6（7），卵形，长1.5毫米，先端钝，外面无毛，内面有柔毛，边缘有睫毛；花瓣缺，雄花：雄蕊多数，花丝丝状，长2～2.5毫米，着生在肉质的花盘上；花盘全缘或浅裂；雌花：花盘全缘或近全缘；子房球形，侧膜胎座5～6个，每个胎座上有叠生的胚珠2颗，花柱长约1毫米，5～6个，分离或基部合生，柱头细长，2裂。浆果球形或椭圆形，直径0.8～1.2厘米，有纵裂5～6条，有宿存花柱；种子5～6粒。花期春节，果期夏秋。

产地与地理分布：产于福建、广东、海南、广西。生于海拔300～1 400米的近海沙地灌丛中。印度、印度尼西亚、菲律宾、柬埔寨、老挝、越南、马来西亚、泰国和非洲等地区也有分布。

用途：【经济价值】木材坚实，可用于制作供家具、器具等。【食用价值】浆果味甜，可以生食或制作蜜饯及酿造。【生态价值】为沿海地区防护林的优良树种。【药用价值】果实可用于治疗消化不良。

（二）柞木属

柞木

名称：柞木［*Xylosma racemosum* (Sieb. et Zucc.) Miq.］

中文异名：凿子树、蒙子树、葫芦刺、红心刺

鉴别特征：常绿大灌木或小乔木，高4～15米；树皮棕灰色，不规则从下面向上反卷呈小片，裂片向上反卷；幼时有枝刺，结果株无刺；枝条近无毛或有疏短毛。叶薄革质，雌雄株稍有区别，通常雌株的叶有变化，菱状椭圆形至卵状椭圆形，长4～8厘米，宽2.5～3.5厘米，先端渐尖，基部楔形或圆形，边缘有锯齿，两面无毛或在近基部中脉有污毛；叶柄短，长约2毫米，有短毛。花小，总状花序腋生，长1～2厘米，花梗极短，长约3毫米；花萼4～6片，卵形，长2.5～3.5毫米，外面有短毛；花瓣缺；雄花有多数雄蕊，花丝细长，长约4.5毫米，花药椭圆形，底着药；花盘由多数腺体组成，包围着雄蕊；雌花的萼片与雄花同；子房椭圆形，无毛，长约4.5毫米，1室，有2侧膜胎座，花柱短，柱头2裂；花盘圆形，边缘稍波状。浆果黑色，球形，顶端有宿存花柱，直径4～5毫米；种

柞木

子2～3粒，卵形，长2～3毫米，鲜时绿色，干后褐色，有黑色条纹。花期春季，果期冬季。

产地与地理分布：产于秦岭以南和长江以南各省区。生于海拔800米以下的林边、丘陵和平原或村边附近灌丛中。朝鲜、日本也有分布。

用途：【经济价值】材质坚实，纹理细密，材色棕红，可用于制作家具、农具等；种子含油。【药用价值】叶、刺供药用。【观赏价值】树形优美，具有较高的观赏价值。

三十三、瑞香科

荛花属

了哥王

名称：了哥王［*Wikstroemia indica* (Linn.) C. A. Mey］

中文异名：地棉皮、山棉皮、地棉根、山豆丁、小金腰带、桐皮子、哥春光、雀儿麻

鉴别特征：灌木，高0.5～2米或过之；小枝红褐色，无毛。叶对生，纸质至近革质，倒卵形、椭圆状长圆形或披针形，长2～5厘米，宽0.5～1.5厘米，先端钝或急尖，基部阔楔形或窄楔形，干时棕红色，无毛，侧脉细密，极倾斜；叶柄长约1毫米。花黄绿色，数朵组成顶生头状总状花序，花序梗长5～10毫米，无毛，花梗长1～2毫米，花萼长7～12毫米，近无毛，裂片4；宽卵形至长圆形，长约3毫米，顶端尖或钝；雄蕊8片，2列，着生于花萼管中部以上，子房倒卵形或椭圆形，无毛或在顶端被疏柔毛，花柱极短或近于无，柱头头状，花盘鳞片通常2或4枚。果椭圆形，长7～8毫米，成熟时红色至暗紫色。花果期夏秋间。

产地与地理分布：产于广东、海南、广西、福建、台湾、湖南、四川（？）、贵州、云南、浙江等省区。喜生于海拔1 500米以下地区的开旷林下或石山上。越南、印度、菲律宾也有分布。模式标本采自广东附近。

用途：【经济价值】茎皮纤维可作造纸原料。【药用价值】全株有毒，可药用。

了哥王

三十四、千屈菜科

萼距花属

香膏萼距花

名称：香膏萼距花（ *Cuphea alsamona* Cham. et Schlechtend.）

鉴别特征：一年生草本，高12～60厘米；小枝纤细，幼枝被短硬毛，后变无毛而稍粗糙。叶对生，薄革质，卵状披针形或披针状矩圆形，长1.5～5厘米，宽5～10毫米，顶端渐尖或阔渐尖，

基部渐狭或有时近圆形，两面粗糙，幼时被粗伏毛，后变无毛；叶柄极短，近无柄。花细小，单生于枝顶或分枝的叶腋上，成带叶的总状花序；花梗极短，仅长约1毫米，顶部有苞片；花萼长4.5~6毫米，在纵棱上疏被硬毛；花瓣6片，等大，倒卵状披针形，长约2毫米，蓝紫色或紫色；雄蕊n或9，排成2轮，花丝基部有柔毛；子房矩圆形，花柱无毛，不突出，胚珠4~8个。

产地与地理分布：原产于巴西、墨西哥等地。

香膏萼距花

三十五、红树科

竹节树属

竹节树

名称：竹节树［*Carallia brachiata* (Lour.) Merr.］

中文异名：鹅肾木、鹅唇木、竹球、气管木、山竹公、山竹犁

鉴别特征：乔木，高7~10米，胸径20~25厘米，基部有时具板状支柱根；树皮光滑，很少具裂纹，灰褐色。叶形变化很大，矩圆形、椭圆形至倒披针形或近圆形，顶端短渐尖或钝尖，基部楔形，全缘，稀具锯齿；叶柄长6~8毫米，粗而扁。花序腋生，有长8~12毫米的总花梗，分枝短，每一分枝有花2~5朵，有时退化为1朵；花小，基部有浅碟状的小苞片；花萼6~7裂，稀5或8裂，钟形，长3~4毫米，裂片三角形，短尖；花瓣白色，近圆形，连柄长1.8~2毫米，宽1.5~1.8毫米，边缘撕裂状；雄蕊长短不一；柱头盘状，4~8浅裂。果实近球形，直径4~5毫米，顶端冠以短三角形萼齿。花期冬季至次年春季，果期春夏季。

产地与地理分布：产于广东、广西及沿海岛屿；生于低海拔至中海拔的丘陵灌丛或山谷杂木林中，有时村落附近也有生长。分布马达加斯加、斯里兰卡、印度、缅甸、泰国、越南、马来西亚至澳大利亚北部。模式标本采自越南。

用途：【经济价值】木材质硬而重，纹理交错，结构颇粗，心材大，暗红棕色而带黄，边材色淡而带红，有光泽，色调不鲜明，干燥后容易开裂，不甚耐腐，可作乐器、饰木、门窗、器具等。【药用价值】果实入药，具解毒敛疮的功效，主治溃疡；树皮入药，可治疟疾。

竹节树

三十六、八角枫科

八角枫属

八角枫

名称：八角枫［*Alangium chinense* (Lour.) Harms］

中文异名：华瓜木、檞木

鉴别特征：落叶乔木或灌木，高3～5米，稀达15米，胸高直径20厘米；小枝略呈"之"字形，幼枝紫绿色，无毛或有稀疏的疏柔毛，冬芽锥形，生于叶柄的基部内，鳞片细小。叶纸质，近圆形或椭圆形、卵形，顶端短锐尖或钝尖，基部两侧常不对称，一侧微向下扩张，另一侧向上倾斜，阔楔形、截形、稀近于心脏形，长13～19（26）厘米，宽9～15（22）厘米，不分裂或3～7（9）裂，裂片短锐尖或钝尖，叶上面深绿色，无毛，下面淡绿色，除脉腋有丛状毛外，其余部分近无毛；基出脉3～5（7）对，成掌状，侧脉3～5对；叶柄长2.5～3.5厘米，紫绿色或淡黄色，幼时有微柔毛，后无毛。聚伞花序腋生，长3～4厘米，被稀疏微柔毛，有7～30（50）花，花梗长5~15毫米；小苞片线形或披针形，长3毫米，常早落；总花梗长1~1.5厘米，常分节；花冠圆筒形，长1~1.5厘米，花萼长2~3毫米，顶端分裂为5~8枚齿状萼片，长0.5~1毫米，宽2.5~3.5毫米；花瓣6~8片，线形，长1~1.5厘米，宽1毫米，基部粘合，上部开花后反卷，外面有微柔毛，初为白色，后变黄色；雄蕊和花瓣同数而近等长，花丝略扁，长2~3毫米，有短柔毛，花药长6~8毫米，药隔无毛，外面有时有褶皱；花盘近球形；子房2室，花柱无毛，疏生短柔毛，柱头头状，常2~4裂。核果卵圆形，长5~7毫米，直径5~8毫米，幼时绿色，成熟后黑色，顶端有宿存的萼齿和花盘，种子1颗。花期5—7月和9—10月，果期7—11月。

八角枫

产地与地理分布：产于河南、陕西、甘肃、江苏、浙江、安徽、福建、台湾、江西、湖北、湖南、四川、贵州、云南、广东、广西和西藏南部；生于海拔1 800米以下的山地或疏林中。东南亚及非洲东部各国也有分布。模式标本采自广州郊区。

用途：【经济价值】树皮纤维可编绳索；木材可作家具及天花板。【药用价值】本种药用，根名白龙须，茎名白龙条，治风湿、跌打损伤、外伤止血等。

三十七、桃金娘科

（一）岗松属

岗松

名称：岗松（*Baeckea frutescens* L.）

鉴别特征：灌木，有时为小乔木；嫩枝纤细，多分枝。叶小，无柄，或有短柄，叶片狭线形或线形，长5~10毫米，宽1毫米，先端尖，上面有沟，下面突起，有透明油腺点，干后褐色，中脉1条，无侧脉。花小，白色，单生于叶腋内；苞片早落；花梗长1~1.5毫米；萼管钟状，长约1.5毫米，萼齿5，细小三角形，先端急尖；花瓣圆形，分离，长约1.5毫米，基部狭窄成短柄；雄蕊10枚或稍少，成对与萼齿对生；子房下位，3室，花柱短，宿存。蒴果小，长约2毫米；种子扁平，有角。花期夏秋。

产地与地理分布：产于福建、广东、广西及江西等省（区）。分布于东南亚各地。喜生于低丘及荒山草坡与灌丛中，是酸性土的指示植物，原为小乔木，因经常被砍伐或火烧，多呈小灌木状。在我国海南岛东南部直至加里曼丹岛的沼泽地中常形成优势群落。

用途：【药用价值】叶入药，治黄疸、膀胱炎，外洗治皮炎及湿疹；根与地稔及五月艾合用，治功能性子宫出血。

岗松

（二）番石榴属

番石榴

名称：番石榴（*Psidium guajava* Linn.）

鉴别特征：乔木，高达13米；树皮平滑，灰色，片状剥落；嫩枝有棱，被毛。叶片革质，长圆形至椭圆形，长6～12厘米，宽3.5～6厘米，先端急尖或钝，基部近于圆形，上面稍粗糙，下面有毛，侧脉12～15对，常下陷，网脉明显；叶柄长5毫米。花单生或2～3朵排成聚伞花序；萼管钟形，长5毫米，有毛，萼帽近圆形，长7～8毫米，不规则裂开；花瓣长1～1.4厘米，白色；雄蕊长6～9毫米；子房下位，与萼合生，花柱与雄蕊同长。浆果球形、卵圆形或梨形，长3～8厘米，顶端有宿存萼片，果肉白色及黄色，胎座肥大，肉质，淡红色；种子多数。

产地与地理分布：原产于南美洲。华南各地栽培，常见有逸为野生种，北达四川西南部的安

番石榴

宁河谷，生于荒地或低丘陵上。

用途：【食用价值】果供食用。【药用价值】叶入药，具止痢、止血、健胃等的功效。

（三）桃金娘属

桃金娘

名称：桃金娘（*Vitis balanseana* Planch.）

中文异名：岗棯

鉴别特征：灌木，高1～2米；嫩枝有灰白色柔毛。叶对生，革质，叶片椭圆形或倒卵形，长3～8厘米，宽1～4厘米，先端圆或钝，常微凹入，有时稍尖，基部阔楔形，上面初时有毛，以后变无毛，发亮，下面有灰色茸毛，离基三出脉，直达先端且相结合，边脉离边缘3～4毫米，中脉有侧脉4～6对，网脉明显；叶柄长4～7毫米。花有长梗，常单生，紫红色，直径2～4厘米；萼管倒卵形，长6毫米，有灰茸毛，萼裂片5片，近圆形，长4～5毫米，宿存；花瓣5片，倒卵形，长1.3～2厘米；雄蕊红色，长7～8毫米；子房下位，3室，花柱长1厘米。浆果卵状壶形，长1.5～2厘米，宽1～1.5厘米，熟时紫黑色；种子每室2列。花期4—5月。

产地与地理分布：产于台湾、福建、广东、广西、云南、贵州及湖南最南部。生于丘陵坡地，为酸性土指示植物。分布于中南半岛、菲律宾、日本、印度、斯里兰卡、马来西亚及印度尼西亚等地。

用途：【药用价值】根入药，具治慢性痢疾、风湿、肝炎及降血脂等的功效。【观赏价值】株形紧凑，四季常青，花先白后红，红白相映，十分艳丽，花期较长，另外果色鲜红转为酱红，观赏价值较高。

桃金娘

三十八、野牡丹科

（一）野牡丹属

1. 野牡丹

名称：野牡丹（*Melastoma candidum* D.Don）

中文异名：山石榴、大金香炉、猪古稔、豹牙兰

鉴别特征：灌木，高0.5~1.5米，分枝多；茎钝四棱形或近圆柱形，密被紧贴的鳞片状糙伏毛，毛扁平边缘流苏状。叶片坚纸质，卵形或广卵形，顶端急尖，基部浅心形或近圆形，长4~10厘米，宽2~6厘米，全缘，基出7脉，两面被糙伏毛及短柔毛，背面基出脉隆起，被鳞片状糙伏毛，侧脉隆起，密被长柔毛；叶柄长5~15毫米，密被鳞片状糙伏毛。伞房花序生于分枝顶端，近头状，有花3~5朵，稀单生，基部具叶状总苞2片；苞片披针形或狭披针形，密被鳞片状糙伏毛；花梗长3~20毫米，密被鳞片状糙伏毛；花萼长约2.2厘米，密被鳞片状糙伏毛及长柔毛，裂片卵形或略宽，与萼管等长或略长，顶端渐尖，具细尖头，两面均被毛；花瓣玫瑰红色或粉红色，倒卵形，长3~4厘米，顶端圆形，密被缘毛；雄蕊长者药隔基部伸长，弯曲，末端2深裂，短者药隔不伸延，药室基部具1对小瘤；子房半下位，密被糙伏毛，顶端具1圈刚毛。蒴果坛状球形，与宿存萼贴生，长1~1.5厘米，直径8~12毫米，密被鳞片状糙伏毛；种子镶于肉质胎座内。花期5—7月，果期10—12月。

产地与地理分布：产云南、广西、广东、福建、台湾。生于海拔约120米以下的山坡松林下或开阔的灌草丛中，是酸性土常见的植物。印度支那也有。模式标本采自广东南部沿海岛屿。

用途：【药用价值】根、叶入药，具消积滞、收敛止血的功效，主治消化不良、肠炎腹泻、痢疾便血等症；叶捣烂外敷或用干粉，作外伤止血药。【观赏价值】花朵由5片花瓣组成，花色为玫瑰红色或粉红色，花期可达全年，具有很高的观赏价值。

野牡丹

2. 地菍

名称：地菍（*Melastoma dodecandrum* Lour.）

中文异名：铺地锦、山地菍、紫茄子、山辣茄、库卢子、土茄子、地蒲根、地脚菍、地樱子、地枇杷

鉴别特征：小灌木，长10～30厘米；茎匍匐上升，逐节生根，分枝多，披散，幼时被糙伏毛，以后无毛。叶片坚纸质，卵形或椭圆形，顶端急尖，基部广楔形，长1～4厘米，宽0.8～2（3）厘米，全缘或具密浅细锯齿，基出3～5脉，叶面通常仅边缘被糙伏毛，有时基出脉行间被1～2行疏糙伏毛，背面仅沿基部脉上被极疏糙伏毛，侧脉互相平行；叶柄长2～6毫米，有时长达15毫米，被糙伏毛。聚伞花序，顶生，有花（1）3朵，基部有叶状总苞2，通常较叶小；花梗长2～10毫米，被糙伏毛，上部具苞片2片；苞片卵形，长2～3毫米，宽约1.5毫米，具缘毛，背面被糙伏毛；花萼管长约5毫米，被糙伏毛，毛基部膨大呈圆锥状，有时2～3簇生，裂片披针形，长2～3毫米，被疏糙伏毛，边缘具刺毛状缘毛，裂片间具1小裂片，较裂片小且短；花瓣淡紫红色至紫红色，菱状倒卵形，上部略偏斜，长1.2～2厘米，宽1～1.5厘米，顶端有1束刺毛，被疏缘毛；雄蕊长者药隔基部延伸，弯曲，末端具2小瘤，花丝较伸延的药隔略短，短者药隔不伸延，药隔基部具2小瘤；子房下位，顶端具刺毛。果坛状球状，平截，近顶端略缢缩，肉质，不开裂，长7～9毫米，直径约7毫米；宿存萼被疏糙伏毛。花期5—7月，果期7—9月。

产地与地理分布：产于贵州、湖南、广西、广东、江西、浙江、福建。生于海拔1 250米以下的山坡矮草丛中，为酸性土壤常见的植物。越南也有分布。

用途：【食用价值】果可食用。【药用价值】全株入药，具涩肠止痢、舒筋活血、补血安胎、清热燥湿的功效，捣碎外敷可治疮、痈、疽、疖；根可解木薯中毒。【观赏价值】叶、花、果终年都呈现出不同的颜色，叶片可在同一时间内呈现绿、粉红、紫红等色，甚至可在同一片叶上出现，圆球形的浆果从结实至成熟也呈现绿—红—紫—黑的色彩变化，且地菍几乎长年开花，没有明显的无花阶段，观赏价值很高。

地菍

3. 毛菍

名称：毛菍（*Melastoma sanguineum* Sims）

中文异名：甜娘、开口枣、雉头叶、鸡头木、射牙郎、黄狸胆、猛虎下山、大红英、红狗杆木

鉴别特征：大灌木，高1.5～3米；茎、小枝、叶柄、花梗及花萼均被平展的长粗毛，毛基部膨大。叶片坚纸质，卵状披针形至披针形，顶端长渐尖或渐尖，基部钝或圆形，长8～15（22）厘米，宽2.5～5（8）厘米，全缘，基出5脉，两面被隐藏于表皮下的糙伏毛，通常仅毛尖端露出，叶面基出脉下凹，侧脉不明显，背面基出脉隆起，侧脉微隆起，均被基部膨大的疏糙伏毛；叶柄长1.5～2.5（4）厘米。伞房花序，顶生，常仅有花1朵，有时3（5）朵；苞片戟形，膜质，顶端渐尖，背面被短糙伏毛，以脊上为密，具缘毛；花梗长约5毫米，花萼管长1～2厘米，直径1～2厘米，有时毛外反，裂片5（7），三角形至三角状披针形，长约1.2厘米，宽4毫米，较萼管略短，脊上被糙伏毛，裂片间具线形或线状披针形小裂片，通常较裂片略短，花瓣粉红色或紫红色，5（7）枚，广倒卵形，上部略偏斜，顶端微凹，长3～5厘米，宽2～2.2厘米；雄蕊长者药隔基部伸延，末端2裂，花药长1.3厘米，花丝较伸长的药隔略短，短者药隔不伸延，花药长9毫米，基部具2小瘤；子房半下位，密被刚毛。果杯状球形，胎座肉质，为宿存萼所包；宿存萼密被红色长硬毛，长1.5～2.2厘米，直径1.5～2厘米。花果期几乎全年，通常在8—10月。

产地与地理分布：产于广西、广东。生于海拔400米以下的低海拔地区，常见于坡脚、沟边、湿润的草丛或矮灌丛中。印度、马来西亚至印度尼西亚也有分布。

用途：【食用价值】果可食用。【药用价值】根、叶入药，根具收敛止血、消食止痢的功效，治水泻便血、妇女血崩、止血止痛；叶捣烂外敷具拔毒生肌止血的功效，治刀伤跌打、接骨、疮疖、毛虫毒等。

毛菍

4. 宽萼毛菍

名称：宽萼毛菍（*Melastoma sanguineum* Sims var. *latisepalum* C. Chen）

鉴别特征：大灌木，高1.5～3米；小枝被鳞片状短糙伏毛；茎、叶柄、花梗及花萼均被平展的长粗毛，毛基部膨大；叶两面被隐藏于表皮下的短糙伏毛，毛尖端通常不露出。叶片坚纸质，卵状披针形至披针形，顶端长渐尖或渐尖，基部钝或圆形，长8～15（22）厘米，宽2.5～5（8）厘米，全缘，基出脉5，两面被隐藏于表皮下的糙伏毛，通常仅毛尖端露出，叶面基出脉下凹，侧脉不明显，背面基出脉隆起，侧脉微隆起，均被基部膨大的疏糙伏毛；叶柄长1.5～2.5（4）厘米。伞房花序，顶生，常仅有花1朵，有时3（5）朵；苞片戟形，膜质，顶端渐尖，背面被短糙伏毛，以脊上为密，具缘毛；花梗长约5毫米，花萼管长1～2厘米，直径1～2厘米，有时毛外反，裂片5（7），菱状长圆形，长约1厘米，宽约5毫米，较萼管略短，具缘毛，脊上具刺毛，其余被疏微柔毛，裂片间具线形或线状披针形小裂片，通常较裂片略短，花瓣粉红色或紫红色，5（7）枚，广倒卵形，上部略偏斜，顶端微凹，长3～5厘米，宽2～2.2厘米；雄蕊长者药隔基部伸延，

宽萼毛菍

末端2裂，花药长1.3厘米，花丝较伸长的药隔略短，短者药隔不伸延，花药长9毫米，基部具2小瘤；子房半下位，密被刚毛。果杯状球形，胎座肉质，为宿存萼所包；宿存萼密被红色长硬毛，长1.5～2.2厘米，直径1.5～2厘米。花果期几乎全年，通常在8—10月。

产地与地理分布：产于海南。生于海拔100～450米的山坡疏、密林中，阳处或荫处灌丛中。模式标本采自海南岛东方县。

（二）谷木属

黑叶谷木

名称：黑叶谷木（*Memecylon nigrescens* Hook. et Arn.）

鉴别特征：灌木或小乔木，高2～8米；小枝圆柱形，无毛，分枝多，树皮灰褐色。叶片坚纸质，椭圆形或稀卵状长圆形，顶端钝急尖，具微小尖头或有时微凹，基部楔形，长3～6.5厘米，宽1.5～3厘米，干时黄绿色带黑色，全缘，两面无毛，光亮，叶面中脉下凹，侧脉微隆起；叶柄长2～3毫米。聚伞花序极短，近头状，有2～3回分枝，长1厘米以下，总梗极短，多花；苞片极小，花梗长约0.5毫米，无毛；花萼浅杯形，顶端平截，长约1.5毫米，直径约2毫米，无毛，具4浅波状齿；花瓣蓝色或白色，广披针形，顶端渐尖，边缘具不规则裂齿1～2个，长约2毫米，宽约1毫米，基部具短爪；雄蕊长约2毫米，药室与膨大的圆锥形药隔长约0.8毫米，脊上无环状体；

花丝长约1.5毫米。浆果状核果球形，直径6～7毫米，干后黑色，顶端具环状宿存萼檐。花期5—6月，果期12月至翌年2月。

产地与地理分布：产广东。生于海拔450～1 700米的山坡疏、密林中或灌木丛中。越南也有分布。模式标本采自广东沿海。

黑叶谷木

（三）金锦香属

金锦香

名称：金锦香（*Osbeckia chinensis* L.）

中文异名：杯子草、小背笼、细花包、张天缸、昂天巷子、朝天罐子、细九尺、金香炉、装天甏、马松子、天香炉

鉴别特征：直立草本或亚灌木，高20～60厘米；茎四棱形，具紧贴的糙伏毛。叶片坚纸质，线形或线状披针形，极稀卵状披针形，顶端急尖，基部钝或几圆形，长2～4（5）厘米，宽3～8（15）毫米，全缘，两面被糙伏毛，3～5基出脉，于背面隆起，细脉不明显；叶柄短或几无，被糙伏毛。头状花序，顶生，有花2～8（10）朵，基部具叶状总苞2～6枚，苞片卵形，被毛或背面无毛，无花梗，萼管长约6毫米，通常带红色，无毛或具1～5枚刺毛突起，裂片4片，三角状披针形，与萼管等长，具缘毛，各裂片间外缘具1刺毛突起，果时随萼片脱落；花瓣4片，淡紫红色或粉红色，倒卵形，长约1厘米，具缘毛；雄蕊常偏向1侧，花丝与花药等长，花药顶部具长喙，喙长为花药的1/2，药隔基部微膨大呈盘状；子房近球形，顶端有刚毛16条。蒴果紫红

金锦香

色，卵状球形，4纵裂，宿存萼坛状，长约6毫米，直径约4毫米，外面无毛或具少数刺毛突起。花期7—9月，果期9—11月。

产地与地理分布：产于广西以东、长江流域以南各省。生于海拔1 100米以下的荒山草坡、路旁、田地边或疏林下阳处常见的植物。从越南至澳大利亚、日本均有。模式标本采自广东广州市。

用途：【药用价值】全草入药，具清热解毒、收敛止血的功效，可治痢疾止泻、蛇咬伤；鲜草捣碎外敷，治痈疮肿毒以及外伤止血。

（四）锦香草属

海南锦香草

名称：海南锦香草 [*Phyllagathis hainanensis* (Merr. et Chun) C. Chen]

鉴别特征：小灌木，高30～50厘米；茎钝四棱形，灰白色，分枝多；小枝四棱形，棱上有肋，被微柔毛及疏腺毛，以后渐无毛。叶片纸质，长圆状椭圆形至椭圆形，或卵形，顶端急尖，钝，基部广楔形至近圆形，长3～7厘米，宽1.5～3.5厘米，边缘具细锯齿，基出脉5～7（9），最外侧的1对近边缘，不明显，叶面仅基出脉间具1行疏刺毛，基出脉下凹，侧脉不明显，背面被微柔毛，沿脉尤密，且被极疏的短刺毛，基出脉隆起，侧脉及细脉明显；叶柄长5～20毫米，被微柔毛及疏腺毛。聚伞花序紧缩呈近伞形花序，顶生，长4～5厘米，总梗长2.5～3厘米，与花梗、花萼均被微柔毛及腺毛；苞片长1～2毫米，长圆形；花梗长6～7毫米；花萼钟状漏斗形，管长约4毫米，四棱形，裂片短三角形，顶端急尖，长约1毫米；花瓣粉红色至紫红色，倒卵形，上部1侧偏斜，顶端点尖，长8～11毫米，宽6～8毫米；雄蕊8片，等长，长约8毫米，花药披针

海南锦香草

形，长约4毫米，药隔膨大，下延成短距，前面小瘤极小，不甚明显；子房卵形，顶端具冠，微四裂，边缘具腺毛。蒴果杯形，四棱形，长和直径约4毫米，为宿存萼所包；宿存萼与果同形，较果略长，颈部微缢缩，冠以宿存萼片，被微柔毛及疏腺毛，具明显的8肋。花期5—8月，果期8～12月；有时12月也开花。

产地与地理分布：产于海南。生于海拔650～800米的山坡林下、瘠土上、岩石山及水旁。模式标本采自海南保亭。

三十九、五加科

（一）五加属

白簕

名称：白簕［*Acanthopanax trifoliatus* (L.) Merr.］

中文异名：鹅掌簕、禾掌簕、三加皮、三叶五加

鉴别特征：灌木，高1～7米；枝软弱铺散，常依持他物上升，老枝灰白色，新枝黄棕色，疏生下向刺；刺基部扁平，先端钩曲。叶有小叶3片，稀4～5片；叶柄长2～6厘米，有刺或无刺，无毛；小叶片纸质，稀膜质，椭圆状卵形至椭圆状长圆形，稀倒卵形，长4～10厘米，宽3～6.5厘米，先端尖至渐尖，基部楔形，两侧小叶片基部歪斜，两面无毛，或上面脉上疏生刚毛，边缘有细锯齿或钝齿，侧脉5～6对，明显或不甚明显，网脉不明显；小叶柄长2～8毫米，有时几无小叶柄。伞形花序3～10个、稀多至20个组成顶生复伞形花序或圆锥花序，直径1.5～3.5厘米，有花多数，稀少数；总花梗长2～7厘米，无毛；花梗细长，长1～2厘米，无毛；花黄绿色；萼长约1.5毫米，无毛，边缘有5个三角形小齿；花瓣5片，三角状卵形，长约2毫米，开花时反曲；雄蕊5片，花丝长约3毫米；子房2室；花柱2个，基部或中部以下合生。果实扁球形，直径约5毫米，黑色。花期8—11月，果期9—12月。

产地与地理分布：广布于我国中部和南部，西自云南西部国境线，东至台湾，北起秦岭南坡，但在长江中下游北界大致为北纬31°，南至海南的广大地区内均有分布。生于村落、山坡路旁、林缘和灌丛中，垂直分布自海平面以上至3 200米。印度、越南和菲律宾也有分布。模式标本采自广州附近。

用途：【食用价值】嫩叶、枝梢可作为食用蔬菜。**【药用价值】**根入药，具祛风除湿、舒筋活血、消肿解毒的功效，主治感冒、咳嗽、风湿、坐骨神经痛等症。

白簕

（二）楤木属

楤木

名称：楤木（*Aralia chinensis* L.）

中文异名：鹊不踏、虎阳刺、海桐皮、鸟不宿、通刺、黄龙苞、刺龙柏、刺树椿、飞天蜈蚣

鉴别特征：灌木或乔木，高2～5米，稀达8米，胸径达10～15厘米；树皮灰色，疏生粗壮直刺；小枝通常淡灰棕色，有黄棕色绒毛，疏生细刺。叶为二回或三回羽状复叶，长60～110厘米；叶柄粗壮，长可达50厘米；托叶与叶柄基部合生，纸质，耳廓形，长1.5厘米或更长，叶轴无刺或有细刺；羽片有小叶5～11片，稀13片，基部有小叶1对；小叶片纸质至薄革质，卵形、阔卵形或长卵形，长5～12厘米，稀长达19厘米，宽3～8厘米，先端渐尖或短渐尖，基部圆形，上面粗糙，疏生糙毛，下面有淡黄色或灰色短柔毛，脉上更密，边缘有锯齿，稀为细锯齿或不整齐粗重锯齿，侧脉7～10对，两面均明显，网脉在上面不甚明显，下面明显；小叶无柄或有长3毫米的柄，顶生小叶柄长2～3厘米。圆锥花序大，长30～60厘米；分枝长20～35厘米，密生淡黄棕色或灰色短柔毛；伞形花序直径1～1.5厘米，有花多数；总花梗长1～4厘米，密生短柔毛；苞片锥形，膜质，长3～4毫米，外面有毛；花梗长4～6毫米，密生短柔毛，稀为疏毛；花白色，芳香；萼无毛，长约1.5毫米，边缘有5个三角形小齿；花瓣5片，卵状三角形，长1.5～2毫米；雄蕊5片，花丝长约3毫米；子房5室；花柱5个，离生或基部合生。果实球形，黑色，直径约3毫米，有5棱；宿存花柱长1.5毫米，离生或合生至中部。花期7—9月，果期9—12月。

产地与地理分布：分布广，北自甘肃南部（天水），陕西南部（秦岭南坡），山西南部（垣曲、阳城），河北中部（小五台山、阜平）起，南至云南西北部（宾川）、中部（昆明、嵩明），广西西北部（凌云）、东北部（兴安），广东北部（新丰）和福建西南部（龙岩）、东部（福州），西起云南西北部（贡山），东至海滨的广大区域，均有分布。生于森林、灌丛或林缘路边，垂直分布从海滨至海拔2 700米。

用途：【药用价值】根皮入药，可治胃炎、肾炎及风湿疼痛，亦可外敷刀伤。

楤木

（三）鹅掌柴属

鹅掌柴

名称：鹅掌柴［*Schefflera octophylla* (Lour.) Harms］

中文异名：鸭母树、鸭脚木

鉴别特征：乔木或灌木，高2～15米，胸径可达30厘米以上；小枝粗壮，干时有皱纹，幼时密生星状短柔毛，不久毛渐脱稀。叶有小叶6～9片，最多至11片；叶柄长15～30厘米，疏生星状短柔毛或无毛；小叶片纸质至革质，椭圆形、长圆状椭圆形或倒卵状椭圆形，稀椭圆状披针形，长9～17厘米，宽3～5厘米，幼时密生星状短柔毛，后毛渐脱落，除下面沿中脉和脉腋间外均无毛，或全部无毛，先端急尖或短渐尖，稀圆形，基部渐狭，楔形或钝形，边缘全缘，但在幼树时常有锯齿或羽状分裂，侧脉7～10对，下面微隆起，网脉不明显；小叶柄长1.5～5厘米，中央的较长，两侧的较短，疏生星状短柔毛至无毛。圆锥花序顶生，长20～30厘米，主轴和分枝幼时密生星状短柔毛，后毛渐脱稀；分枝斜生，有总状排列的伞形花序几个至十几个，间或有单生花1～2朵；伞形花序有花10～15朵；总花梗纤细，长1～2厘米，有星状短柔毛；花梗长4～5毫米，有星状短柔毛；小苞片小，宿存；花白色；萼长约2.5毫米，幼时有星状短柔毛，后变无毛，边缘近全缘或有5～6小齿；花瓣5～6片，开花时反曲，无毛；雄蕊5～6片，比花瓣略长；子房5～7室，稀9～10室；花柱合生成粗短的柱状；花盘平坦。果实球形，黑色，直径约5毫米，有不明显的棱；宿存花柱很粗短，长1毫米或稍短；柱头头状。花期11—12月，果期12月。

产地与地理分布：广布于西藏（察隅）、云南、广西、广东、浙江、福建和台湾。是热带、亚热带地区常绿阔叶林常见的植物，有时也生于阳坡上，海拔100～2 100米。日本、越南和印度也有分布。

用途：【经济价值】木材质软，为制作火柴杆及蒸笼的原料。【药用价值】叶、根皮入药，可治流感、跌打损伤等症。【观赏价值】叶的整体形状好看，具有很高的观赏价值。

鹅掌柴

四十、伞形科

积雪草属

积雪草

名称：积雪草〔*Centella asiatica* (L.) Urban〕

中文异名：崩大碗、马蹄草、老鸦碗、铜钱草、大金钱草、钱齿草、铁灯盏

鉴别特征：多年生草本，茎匍匐，细长，节上生根。叶片膜质至草质，圆形、肾形或马蹄形，长1～2.8厘米，宽1.5～5厘米，边缘有钝锯齿，基部阔心形，两面无毛或在背面脉上疏生柔毛；掌状脉5-7，两面隆起，脉上部分叉；叶柄长1.5～27厘米，无毛或上部有柔毛，基部叶鞘透明，膜质。伞形花序梗2～4个，聚生于叶腋，长0.2～1.5厘米，有或无毛；苞片通常2片，很少3片，卵形，膜质，长3～4毫米，宽2.1～3毫米；每一伞形花序有花3～4，聚集呈头状，花无柄或有1毫米长的短柄；花瓣卵形，紫红色或乳白色，膜质，长1.2～1.5毫米，宽1.1～1.2毫米；花柱长约0.6毫米；花丝短于花瓣，与花柱等长。果实两侧扁压，圆球形，基部心形至平截形，长2.1～3毫米，宽2.2～3.6毫米，每侧有纵棱数条，棱间有明显的小横脉，网状，表面有毛或平滑。花果期4—10月。

产地与地理分布：分布于陕西、江苏、安徽、浙江、江西、湖南、湖北、福建、台湾、广东、广西、四川、云南等省（区）。喜生于阴湿的草地或水沟边；海拔200～1 900米。印度、斯里兰卡、马来西亚、印度尼西亚、大洋洲群岛、日本、澳大利亚及中非、南非（阿扎尼亚）也有分布。

用途：【药用价值】全草入药，具清热利湿、消肿解毒的功效，主治痧氚腹痛、暑泻、痢疾、湿热黄疸、砂淋、血淋、吐、衄、咳血、目赤、喉肿、风疹、疥癣、疔痈肿毒、跌打损伤等。

积雪草

四十一、紫金牛科

（一）紫金牛属

雪下红

名称：雪下红（*Ardisia villosa* Roxb.）

中文异名：珊瑚树、医药师、卷毛紫金牛

鉴别特征：直立灌木，高50～100厘米，稀达2～3米，具匍匐根茎；幼时几全株被灰褐色或锈色长柔毛或长硬毛，毛常卷曲，以后渐无毛。叶片坚纸质，椭圆状披针形至卵形，稀倒披针形，顶端急尖或渐尖，基部楔形，微下延，长7～15厘米，宽2.5～5厘米，近全缘或由边缘腺点缢缩成波状细锯齿或圆齿，通常不明显，叶面除中脉外，几无毛，背面密被长硬毛或长柔毛，具腺点，以背面尤显，侧脉约15对，多少连成边缘脉，无规律或间断；叶柄长5～10毫米，被长柔毛。单或复聚伞花序或伞形花序，被锈色长柔毛，侧生或着生于侧生特殊花枝顶端；花枝长2～15（20）厘米，长者近顶端常有1～2片叶或退化叶；花梗长5～10毫米；花长5～8毫米，花萼仅基部连合，萼片长圆状披针形或舌形，顶端钝，与花瓣等长，两面被毛，外面尤密，具密腺点；花瓣淡紫色或粉红色，稀白色，卵形至广披针形，顶端急尖，具腺点，无毛；雄蕊较花瓣略长或等长，子房卵珠形，几无毛或被微柔毛；胚珠5枚，1轮。果球形，直径5～7毫米，深红色或带黑色，具腺点，被毛。花期5—7月，果期2—5月。

产地与地理分布：产于云南、广西、广东，海拔500～1 540米的疏、密林下石缝间，坡边或路旁阳处，亦见于荫蔽的潮湿地方。越南至印度半岛东部亦有。

用途：【药用价值】全株入药，具清消肿、活血散淤的功效，主治风湿骨痛、跌打损伤、吐血、红白痢、疮疥等。

雪下红

（二）酸藤子属

1. 酸藤子

名称：酸藤子［*Embelia laeta* (L.) Mez］

中文异名：信筒子、甜酸叶、鸡母酸、挖不尽、咸酸果、酸果藤

鉴别特征：攀援灌木或藤本，稀小灌木，长1~3米；幼枝无毛，老枝具皮孔。叶片坚纸质，倒卵形或长圆状倒卵形，顶端圆形、钝或微凹，基部楔形，长3~4厘米，宽1~1.5厘米，稀长达7厘米，宽2.5厘米，全缘，两面无毛，无腺点，叶面中脉微凹，背面常被薄白粉，中脉隆起，侧脉不明显；叶柄长5~8毫米。总状花序，腋生或侧生，生于前年无叶枝上，长3~8毫米，被细微柔毛，有花3~8朵，基部具1~2轮苞片；花梗长约1.5毫米，无毛或有时被微柔毛，小苞片钻形或长圆形，具缘毛，通常无腺点；花4数，长约2毫米，花萼基部连合达1/2或1/3，萼片卵形或三角形，顶端急尖，无毛，具腺点；花瓣白色或带黄色，分离，卵形或长圆形，顶端圆形或钝，长约2毫米，具缘毛，外面无毛，里面密被乳头状突起，具腺点，开花时强烈展开；雄蕊在雌花中退化，长达花瓣的2/3，在雄花中略超出花瓣，基部与花瓣合生，花丝挺直，花药背部具腺点；雌蕊在雄花中退化或几无，在雌花中较花瓣略长，子房瓶形，无毛，花柱细长，柱头扁平或几成盾状。果球形，直径约5毫米，腺点不明显。花期12月至翌年3月，果期4—6月。

产地与地理分布：产于云南、广西、广东、江西、福建、台湾，海拔100~1 500（1 850）米的山坡疏、密林下或疏林缘或开阔的草坡、灌木丛中。越南、老挝、泰国、柬埔寨均有分布。

用途：【食用价值】果、嫩尖、叶可食用。【药用价值】根、叶入药，具散淤止痛、收敛止泻的功效，主治跌打肿痛、肠炎腹泻、咽喉炎、胃酸少、痛经闭经等症；叶煎水亦作外科洗药；兽用根、叶治牛伤食腹胀、热病口渴。

酸藤子

2. 长叶酸藤子

名称：长叶酸藤子［*Embelia longifolia* (Benth.) Hemsl.］

中文异名：吊罗果、没归息

鉴别特征：攀援灌木或藤本，长3米以上；小枝有明显的皮孔，无毛。叶片坚纸质，倒披针形或狭倒卵形，顶端广急尖至渐尖或钝，基部楔形，长6~12厘米，宽2~4厘米，全缘，两面无毛，叶面中脉微凹，侧脉微隆起，背面中、侧脉均隆起，侧脉很多，常连成边缘脉，具极少且不明显的腺点或几无；叶柄长0.8~1厘米。总状花序，腋生或侧生于次年生无叶小枝上，长约1厘米，被疏微柔毛或无毛，基部具不甚明显的苞片；花梗长3~4毫米，被微柔毛；小苞片披针形或三角形，具缘毛及腺点；花4数，长2~3毫米，花萼基部连合达1/3至1/2，萼片卵形或披针形，顶端急尖，具疏缘毛，密布腺点，外面几无毛，里面无毛；花瓣浅绿色或粉红色至红色，分离，椭圆形或卵形，顶端圆形或钝，稀渐尖，长约2毫米，外面无毛，具明显的腺点，里面及边缘密被乳头状突起；雄蕊在雄花中伸出花冠，长约为花瓣长的1倍，仅基部与花瓣合生，花药背部密布腺点；雌蕊在雌花中超出花冠或与花冠等长，子房瓶形，无毛，柱头扁平或略盾状。果球形或扁球形，直径1~1.5厘米，红色，有纵肋及多少具腺点，萼片脱落，若宿存则反卷；果梗长约1厘米。花期6—8月，果期11月至翌年1月。

产地与地理分布：产于四川、贵州、云南、广西、广东、江西、福建，海拔300~2 300米，稀达2 800米的山谷、山坡疏、密林中或路边灌丛中。模式标本采于香港。

用途：【食用价值】果可食用。【药用价值】全株入药，具利尿消肿、散淤痛的功效，主治产后腹痛、肾炎水肿、肠炎腹泻、跌打散淤等。

长叶酸藤子

（三）杜茎山属

1. 拟杜茎山

名称：拟杜茎山（*Maesa consanguinea* Merr.）

鉴别特征：攀援灌木，高1～1.5（3）米，分枝多；小枝无毛。叶片坚纸质，长圆形至长圆状卵形，顶端渐尖或近尾状渐尖，基部近楔形或钝，长7～18.5厘米，宽6.5～8厘米，边缘具微波状齿或疏细齿，两面无毛，背面具脉状腺条纹，侧脉5～7对；叶柄长1～2.5厘米，无毛。圆锥花序，有时呈总状花序、腋生，长4～7厘米［原描述为：1（2.5）厘米］，无毛；小苞片卵形，顶端急尖无毛；花未详。果球形，直径约3毫米或较小，与果梗等长，干时褐色，具脉状腺条纹，宿存萼包果顶端或达2/3处，萼片卵形，边缘薄，具脉状腺条纹，常具宿存花柱。花期未详，果期7—9月，亦见于11—12月，有时6月。

产地与地理分布：产于海南，生于疏林下或溪边。模式标本采于海南五指山。

拟杜茎山

2. 鲫鱼胆

名称：鲫鱼胆［*Maesa perlarius* (Lour.) Merr.］

中文异名：空心花、冷饭果

鉴别特征：小灌木，高1～3米；分枝多，小枝被长硬毛或短柔毛，有时无毛。叶片纸质或近坚纸质，广椭圆状卵形至椭圆形，顶端急尖或突然渐尖，基部楔形，长7～11厘米，宽3～5厘米，边缘从中下部以上具粗锯齿，下部常全缘，幼时两面被密长硬毛，以后叶面除脉外近无毛，背面被长硬毛，中脉隆起，侧脉7～9对，尾端直达齿尖，叶柄长7～10毫米，被长硬毛或短柔毛。总状花序或圆锥花序，腋生，长2～4厘米，具2～3分枝（为圆锥花序时），被长硬毛和短柔毛；苞片小，披针形或钻形，较花梗短，花梗长约2毫米，小苞片披针形或近卵形，均被长硬毛和短柔毛；花长约2毫米，萼片广卵形，较萼管长或几等长，具脉状腺条纹，被长硬毛，以后无毛；花冠白色，钟形，长约为花萼的1倍，无毛，具脉状腺条纹；裂片与花冠管等长，广卵形，边缘具不整齐的微波状细齿；雄蕊在雌花中退化，在雄花中着生于花冠管上部，内藏；花丝较花药略长；花药广卵形或近肾形，无腺点；雌蕊较雄蕊略短，花柱短且厚，柱头4裂。果球形，直径约3毫米，无毛，具脉状腺条纹；宿存萼片达果中部略上，即果的2/3处，常冠以宿存花柱。花期3—4月，果期12月至翌年5月。

产地与地理分布：产于四川（南部）、贵州至台湾以南沿海各省（区），海拔150～1 350米的山坡、路边的疏林或灌丛中湿润的地方。越南、泰国亦有分布。

用途：【药用价值】全株入药，具消肿去腐、生肌接骨的功效，主治跌打刀伤、疔疮、肺病。

鲫鱼胆

（四）密花树属

密花树

名称：密花树［*Rapanea neriifolia* (Sieb. et Zucc.) Mez］

中文异名：狗骨头、哈雷、打铁树、大明橘

鉴别特征：大灌木或小乔木，高2～7米，可达12米；小枝无毛，具皱纹，有时有皮孔。叶片革质，长圆状倒披针形至倒披针形，顶端急尖或钝，稀突然渐尖，基部楔形，多少下延，长7～17厘米，宽1.3～6厘米，全缘，两面无毛，叶面中脉下凹，侧脉不甚明显，背面中脉隆起，侧脉很多，不明显；叶柄长约1厘米或较长。伞形花序或花簇生，着生于具覆瓦状排列的苞片的小短枝上，小短枝腋生或生于无叶老枝叶痕上，有花3～10朵；苞片广卵形，具疏缘毛；花梗长

密花树

2～3毫米或略长，无毛，粗壮；花长（2）3～4毫米，花萼仅基部连合，萼片卵形，顶端钝或广急尖，稀圆形，长约1毫米，具缘毛，有时具腺点；花瓣白色或淡绿色，有时为紫红色，基部连合达全长的1/4，花时反卷，长（2）3～4毫米，卵形或椭圆形，顶端急尖或钝，具腺点，外面无毛，里面和边缘密被乳头状突起，中部以下无上述突起；雄蕊在雌花中退化，在雄花中着生于花冠中部，花丝极短，花药卵形，略小于花瓣，无腺点，顶端常具乳头状突起；雌蕊与花瓣等长或超过花瓣，子房卵形或椭圆形，无毛，花柱极短，柱头伸长，顶端扁平，基部圆柱形，长约为子房的2倍。果球形或近卵形，直径4～5毫米，灰绿色或紫黑色，有时具纵行腺条纹或纵肋，冠以宿存花柱基部，果梗有时长达7毫米。花期4—5月，果期10—12月。

产地与地理分布：产于我国西南各省至台湾，海拔650～2 400米的混交林中或苔藓林中，亦见于林缘、路旁等灌木丛中。缅甸、越南、日本亦有分布。

用途：【经济价值】木材坚硬，可用制作车杆、车轴，又是较好的薪炭柴。【药用价值】根、叶入药，根煎水服，可治膀胱结石；叶可敷外伤。

四十二、白花丹科

白花丹属

白花丹

名称：白花丹（*Plumbago zeylanica* Linn.）

中文异名：白花藤、乌面马、白花谢三娘、天山娘、一见不消、照药、耳丁藤、猛老虎、白花金丝岩陀、白花九股牛、白皂药

鉴别特征：常绿半灌木，高约1～3米，直立，多分枝；枝条开散或上端蔓状，常被明显钙质颗粒，除具腺外无毛。叶薄，通常长卵形，长（3）5～8（13）厘米，宽（1.8）2.5～4（7）厘米，先端渐尖，下部骤狭成钝或截形的基部而后渐狭成柄；叶柄基部无或有常为半圆形的耳。穗状花序通常含（3）25～70枚花；总花梗长5～15毫米；花轴长（2）3～8（15）厘米（结果时延长可达1倍），与总花梗皆有头状或具柄的腺；苞片长4～6（8）毫米，宽（1）1.5～2（2.5）毫米，狭长卵状三角形至披针形，先端渐尖或有尾尖；小苞长约2毫米，宽约0.5毫米，线形；花萼（开放的花）长10.5～11.5（结果时至13）毫米，萼筒中部直径约2毫米，先端有5枚三角形小裂片，几全长沿绿色部分着生具柄的腺；花冠白色或微带蓝白色，花冠筒长1.8～2.2厘米，中部直径1.2～1.5毫米，冠檐直径1.6～1.8厘米，裂片长约7毫米，宽约4毫米，倒卵形，先端具短尖；雄蕊约与花冠筒等长，花药长约2毫米，蓝色；子房椭圆形，有5棱，花柱无毛。蒴果长椭圆形，淡黄褐色；种子红褐色，长约7毫米，宽约1.5毫米，厚约0.6毫米，先端尖。花期10月至翌年3月，果期12月至翌年4月。

产地与地理分布：产于台湾、福建、广东、广西、贵州（南部）、云南和四川（重庆、西昌）；生于污秽阴湿处或半遮荫的地方。南亚和东南亚各国也有分布。模式标本采自印度。异名基于越南的材料，中国名称为白花藤。

用途：【药用价值】全株入药，可治风湿跌打、筋骨疼痛、癣疥恶疮和蛇咬伤，并用以灭孑孓、蝇蛆。

白花丹

四十三、柿科

柿属

毛柿

名称：毛柿（*Diospyros strigosa* Hemsl.）

中文异名：乌前

鉴别特征：灌木或小乔木，高达8米；树皮黑褐色，密布小而凸起的小皮孔。幼枝、嫩叶、成长叶的下面和叶柄、花、果等都被有明显的锈色粗伏毛。枝黑灰褐色或深褐色，有不规则的浅缝裂。叶革质或厚革质，长圆形、长椭圆形、长圆状披针形，长5～14厘米，宽2～6厘米，先端急尖或渐尖，基部稍呈心形，很少圆形，上面有光泽，深绿色，下面淡绿色，干时上面常灰褐色，下面常红棕色，中脉上面略凹下，下面明显凸起，侧脉每边7～10条，下面突起，小脉结成疏网状，在嫩叶上的不明显；叶柄短，长2～4毫米。花腋生，单生，有很短花梗，花下有小苞片6～8枚；苞片覆瓦状排列，上端的较大，长1.5～6毫米，有粗伏毛或在脊部有粗伏毛，先端近圆形；萼4深裂至基部，裂片披针形，长约6毫米，宽约2毫米；花冠高脚碟状，长7～10毫米，内面无毛，花冠管的顶端略缩窄，裂片4，披针形，长约3毫米；雄花有雄蕊12枚，每2枚连生成对，腹面1枚较短，退化雄蕊丝状；雌花子房有粗伏毛，4室；花柱2个，短，无退化雄蕊。果卵形，长1～1.5厘米，鲜时绿色，干后褐色或深褐色，熟时黑色，顶端有小尖头，有种子1～4颗；种子卵形或近三棱形，长约8毫米，宽约4毫米，干时黑色或黑褐色；宿存萼4深裂，裂片长约7毫米，宽约4毫米，先端急尖；果几无柄。花期6—8月，果期冬季。

产地与地理分布：产于广东雷州半岛和海南；生于疏林或密林或灌丛中。

毛柿

四十四、山矾科

山矾属

1. 华山矾

名称：华山矾［*Symplocos chinensis* (Lour.) Druce］

中文异名：土常山

鉴别特征：灌木；嫩枝、叶柄、叶背均被灰黄色皱曲柔毛。叶纸质，椭圆形或倒卵形，长4～7（10）厘米，宽2～5厘米，先端急尖或短尖，有时圆，基部楔形或圆形，边缘有细尖锯齿，叶面有短柔毛；中脉在叶面凹下，侧脉每边4～7条。圆锥花序顶生或腋生，长4～7厘米，花序轴、苞片、萼外面均密被灰黄色皱曲柔毛；苞片早落；花萼长2～3毫米。裂片长圆形，长于萼筒；花冠白色，芳香，长约4毫米，5深裂几达基部；雄蕊50～60枚，花丝基部合生成五体雄蕊；花盘具5凸起的腺点，无毛；子房2室。核果卵状圆球形，歪斜，长5～7毫米，被紧贴的柔毛，熟时蓝色，顶端宿萼裂片向内伏。花期4—5月，果期8—9月。

产地与地理分布：产于浙江、福建、台湾、安徽、江西、湖南、广东、广西、云南、贵州、四川等省（区）。生于海拔1 000米以下的丘陵、山坡、杂林中。模式标本采自广东广州附近。

用途：【经济价值】种子油制肥皂。【药用价值】根、叶入药，根可治疟疾、急性肾炎；叶捣烂，外敷治疮疡、跌打；叶研成末，治烧伤烫伤及外伤出血；取叶鲜汁，冲酒内服治蛇伤。

华山矾

2. 白檀

名称：白檀 ［*Symplocos paniculata* (Thunb.) Miq.］

中文异名：碎米子树、乌子树

鉴别特征：落叶灌木或小乔木；嫩枝有灰白色柔毛，老枝无毛。叶膜质或薄纸质，阔倒卵形、椭圆状倒卵形或卵形，长3～11厘米，宽2～4厘米，先端急尖或渐尖，基部阔楔形或近圆形，边缘有细尖锯齿，叶面无毛或有柔毛，叶背通常有柔毛或仅脉上有柔毛；中脉在叶面凹下，侧脉在叶面平坦或微凸起，每边4～8条；叶柄长3～5毫米。圆锥花序长5～8厘米，通常有柔毛；苞片早落，通常条形，有褐色腺点；花萼长2～3毫米，萼筒褐色，无毛或有疏柔毛，裂片半圆形或卵形，稍长于萼筒，淡黄色，有纵脉纹，边缘有毛；花冠白色，长4～5毫米，5深裂几达基部；雄蕊40～60枚，子房2室，花盘具5凸起的腺点。核果熟时蓝色，卵状球形，稍偏斜，长5～8毫米，顶端宿萼裂片直立。

产地与地理分布：产于东北、华北、华中、华南、西南各地。生于海拔760～2 500米的山坡、路边、疏林或密林中。朝鲜、日本、印度也有分布。北美有栽培。模式标本采自日本。

用途：【经济价值】木材细致，可提供优质木材作为家具用材；白檀油在工业上用途广泛；根皮与叶作农药用。【食用价值】种子含油在30%左右，可制食用油。【药用价值】全株入药，具清热解毒、调气散结、祛风止痒的功效，主治乳腺炎、淋巴腺炎、肠痈、疮疖、疝气、荨麻疹、皮肤瘙痒。【生态价值】本种具有耐干旱瘠薄特性，根系发达，固土能力强，在第四纪红土区和红砂岩流失区表现更为突出，是防止水土流失的先锋树种。【观赏价值】树形优美，枝叶秀丽，春日白花，秋结蓝果，观赏价值较高。

白檀

3. 山矾

名称：山矾（*Symplocos sumuntia* Buch.-Ham. ex D. Don）

鉴别特征：乔木，嫩枝褐色。叶薄革质，卵形、狭倒卵形、倒披针状椭圆形，长3.5～8厘米，宽1.5～3厘米，先端常呈尾状渐尖，基部楔形或圆形，边缘具浅锯齿或波状齿，有时近全缘；中脉在叶面凹下，侧脉和网脉在两面均凸起，侧脉每边4～6条；叶柄长0.5～1厘米。总状花序长2.5～4厘米，被展开的柔毛；苞片早落，阔卵形至倒卵形，长约1毫米，密被柔毛，小苞片与苞片同形；花萼长2～2.5毫米，萼筒倒圆锥形，无毛，裂片三角状卵形，与萼筒等长或稍短于萼筒，背面有微柔毛；花冠白色，5深裂几达基部，长4～4.5毫米，裂片背面有微柔毛；雄蕊25～35枚，花丝基部稍合生；花盘环状，无毛；子房3室。核果卵状坛形，长7～10毫米，外果皮薄而脆，顶端宿萼裂片直立，有时脱落。花期2—3月，果期6—7月。

山矾

产地与地理分布：产于江苏、浙江、福建、台湾、广东、海南、广西、江西、湖南、湖北、四川、贵州、云南。生于海拔200～1 500米的山林间。尼泊尔、不丹、印度也有分布。模式标本采自尼泊尔。

用途：【经济价值】叶可作媒染剂。【药用价值】根、叶和花均可药用。

四十五、木犀科

素馨属

1. 扭肚藤

名称：扭肚藤 [*Jasminum elongatum* (Bergius) Willd.]

中文异名：谢三娘、白金银花

鉴别特征：攀援灌木，高1～7米。小枝圆柱形，疏被短柔毛至密被黄褐色绒毛。叶对生，单叶，叶片纸质，卵形、狭卵形或卵状披针形，长（1.5）3～11厘米，宽2～5.5厘米，先端短尖或锐尖，基部圆形、截形或微心形，两面被短柔毛，或除下面脉上被毛外，其余近无毛，侧脉3～5对；叶柄长2～5毫米。聚伞花序密集，顶生或腋生，通常着生于侧枝顶端，有花多朵；苞片线形或卵状披针形，长1～5毫米；花梗短，长1～4毫米，密被黄色绒毛或疏被短柔毛，有时近无毛；花微香；花萼密被柔毛或近无毛，内面近边缘处被长柔毛，裂片6～8枚，锥形，长0.5～1（1.4）厘米，边缘具睫毛；花冠白色，高脚碟状，花冠管长2～3厘米，直径1～2毫米，裂片6～9枚，披针形，长0.8～1.1（1.4）厘米，宽3～5毫米，先端锐尖。果长圆形或卵圆形，长1～1.2厘米，直径5～8毫米，呈黑色。花期4—12月，果期8月至翌年3月。

产地与地理分布：产于广东、海南、广西、云南。生于海拔850米以下的灌木丛、混交林及沙地。越南、缅甸至喜马拉雅山一带也有分布。

用途：【药用价值】叶入药，可治外伤出血、骨折。

扭肚藤

2. 青藤仔

名称：**青藤仔**（*Jasminum nervosum* Lour.）

中文异名：鸡骨香、侧鱼胆、蟹角胆藤、金丝藤、香花藤

鉴别特征：攀援灌木，高1~5米。小枝圆柱形，直径1~2毫米，光滑无毛或微被短柔毛。叶对生，单叶，叶片纸质，卵形、窄卵形、椭圆形或卵状披针形，长2.5~13厘米，宽0.7~6厘米，先端急尖、钝、短渐尖至渐尖，基部宽楔形、圆形或截形，稀微心形，基出脉3或5条，两面无毛或在下面脉上疏被短柔毛；叶柄长2~10毫米，具关节。聚伞花序顶生或腋生，有花1~5朵，通常花单生于叶腋；花序梗长0.2~1.2（1.5）厘米或缺；苞片线形，长0.1~1.3厘米；花梗长1~10毫米，无毛或微被短柔毛；花芳香；花萼常呈白色，无毛或微被短柔毛，裂片7~8枚，线形，长0.5~1.7厘米，果时常增大；花冠白色，高脚碟状，花冠管长1.3~2.6厘米，直径1~2毫米，裂片8~10枚，披针形，长0.8~2.5厘米，宽2~5毫米，先端锐尖至渐尖。果球形或长圆形，长0.7~2厘米，直径0.5~1.3厘米，成熟时由红变黑。花期3—7月，果期4—10月。

产地与地理分布：产于台湾、广东、海南、广西、贵州、云南、西藏。生于海拔2 000米以下的山坡、沙地、灌丛及混交林中。印度、不丹、缅甸、越南、老挝和柬埔寨等也有分布。模式标本采自越南。

用途：【药用价值】全株入药，具清热利湿、消肿拔脓的功效，主治湿热黄疸、湿热痢疾、阴部痒肿疼痛、痈疮疔疡、跌打损伤、腰肌劳损、淤血肿痛。

青藤仔

四十六、夹竹桃科

倒吊笔属

广东倒吊笔

名称：广东倒吊笔（*Wrightia kwangtungensis* Tsiang）

鉴别特征：灌木，高3米，具乳汁；小枝圆柱状，灰褐色；树皮具条纹，有明显皮孔。叶膜质，椭圆形至卵圆状椭圆形，顶端尾状渐尖，基部钝，长8~12厘米，宽3.5~5厘米，仅叶脉被疏微柔毛；叶脉在叶面扁平，在叶背凸起，侧脉每边8~10条；叶柄长0.3~0.4厘米，被微柔毛。花黄色，长2厘米，多朵组成顶生聚伞花序；总花梗长0.8厘米，花梗长1厘米，被微柔毛；苞片线形，长1~1.5厘米；萼片卵圆形，比花萼筒短，顶端钝，长1~2厘米，外面被微柔毛，内面基部有卵圆形的腺体；花冠密被微柔毛，漏斗状，花冠筒钟状，长4.5毫米，裂片椭圆状倒卵形，长15毫米，宽5毫米，具乳头状凸起；副花冠分裂为10枚鳞片，呈流苏状，比花药短，其中5枚鳞片生于花冠裂片上，与花冠裂片对生，长5~6毫米，顶端4~6裂，另5枚鳞片生于花冠筒顶端，并与花冠裂片互生，长3~6毫米，顶端2深裂；雄蕊着生

广东倒吊笔

于花冠筒的顶端，长7毫米；子房由2个黏生心皮组成，无毛，花柱丝状，上部膨大，柱头头状。花期5—7月。

产地与地理分布：产于广东。生于路旁或山地疏林中。越南也有分布。模式标本采自广东清远。

四十七、旋花科

（一）银背藤属

白鹤藤

名称：白鹤藤（*Argyreia acuta* Lour.）

中文异名：白背丝绸、白背绸、白背藤、白背叶、白牡丹、银背叶、银背藤、绸缎叶、绸缎藤、白面水鸡、绸缎木叶、女苑、一匹绸

鉴别特征：攀援灌木，小枝通常圆柱形，被银白色绢毛，老枝黄褐色，无毛。叶椭圆形或卵形，长5~11（13.5）厘米，宽3~8（11）厘米，先端锐尖，或钝，基部圆形或微心形，叶面无毛，背面密被银色绢毛，全缘，侧脉多至8对，在叶面不显，在叶背面中、侧脉均突起，网脉

不显；叶柄长1.5～6厘米，被银色绢毛。聚伞花序腋生或顶生，总花梗长达3.5～7（8）厘米，被银色绢毛，有棱角或侧扁，次级及三级总梗长5～8毫米，具棱，被银色绢毛，花梗长5毫米，被银色绢毛；苞片椭圆形或卵圆形，钝，外面被银色绢毛，长8～12毫米，宽4～8毫米；萼片卵形，钝，外萼片长9～10毫米，宽6～7毫米，内萼片长6～7毫米，宽4～5毫米，外面被银色绢毛；花冠漏斗状，长约28毫米，白色，外面被银色绢毛，冠檐深裂，裂片长圆形，长达15毫米，先端渐尖，花冠管长6～7毫米；雄蕊着生于基部6～7毫米处，花丝长15毫米，具乳突，向基部扩大，花药长圆形，长4毫米；子房无毛，近球形，2室，每室2胚珠，花柱长2厘米，柱头头状，2裂。果球形，直径8毫米，红色，为增大的萼片包围，萼片凸起，内面红色。种子2～4个，卵状三角形，长5毫米，褐色，种脐基生，心形。

白鹤藤

产地与地理分布：广东、广西有分布，生于疏林下、路边灌丛或河边。印度东部、越南、老挝亦有。模式标本采自广东鼎湖山。

用途：【药用价值】全藤入药，具化痰止咳、润肺、止血、拔毒的功效，主治急慢性支气管炎、肺痨、肝硬化、肾炎水肿、疮疖、乳痈、皮肤湿疹、脚癣感染、水火烫伤、血崩、外伤止血以及治猪瘟等。

（二）菟丝子属

菟丝子

名称：菟丝子（*Cuscuta chinensis* Lam.）

中文异名：黄丝、豆寄生、龙须子、豆阎王、山麻子、无根草、金丝藤、鸡血藤、黄丝藤、无叶藤、无根藤、无娘藤、雷真子、禅真、朱匣琼瓦

鉴别特征：一年生寄生草本。茎缠绕，黄色，纤细，直径约1毫米，无叶。花序侧生，少花或多花簇生成小伞形或小团伞花序，近于无总花序梗；苞片及小苞片小，鳞片状；花梗稍粗壮，长仅1毫米许；花萼杯状，中部以下连合，裂片三角状，长约1.5毫米，顶端钝；花冠白色，壶形，长约3毫米，裂片三角状卵形，顶端锐尖或钝，向外反折，宿存；雄蕊着生花冠裂片弯缺微下处；鳞片长圆形，边缘长流苏状；子房近球形，花柱2，等长或不等长，柱头球形。蒴果球形，直径约3毫米，几乎全为宿存的花冠所包围，成熟时整齐的周裂。种子2-49，淡褐色，卵形，长约1毫米，表面粗糙。

产地与地理分布：产于黑龙江、吉林、辽宁、河北、山西、陕西、宁夏、甘肃、内蒙古、新

疆、山东、江苏、安徽、河南、浙江、福建、四川、云南等省（区）。生于海拔200～3 000米的田边、山坡阳处、路边灌丛或海边沙丘，通常寄生于豆科、菊科、藜科等多种植物上。分布于伊朗、阿富汗向东至日本、朝鲜、南至斯里兰卡、马达加斯加、澳大利亚。

用途：【药用价值】种子入药，具补肝肾、益精壮阳，止泻的功效。

菟丝子

（三）猪菜藤属

猪菜藤

名称：猪菜藤［*Hewittia sublobata* (L. f.) O. Ktze.］

中文异名：细样猪菜藤、野薯藤

鉴别特征：缠绕或平卧草本；茎细长，径1.5～3毫米，有细棱，被短柔毛，有时节上生根，叶卵形、心形或戟形，长3～6（10）厘米，宽3～4.5（8）厘米，顶端短尖或锐尖，基部心形、戟形或近截形，全缘或3裂，两面被伏疏柔毛或叶面毛较少，有时两面有黄色小腺点，侧脉5～7对，与中脉在叶面平坦，背面突起，网脉在叶面不显，背面微细，叶柄长1～2.5厘米，密被短柔毛。花序腋生，比叶柄长或短，花序梗长1.5～5.5厘米，密被短柔毛；通常1朵花；苞片披针形，长7～8毫米，被短柔毛；花梗短，长2～4毫米，密被短柔毛；萼片5片，不等大，在外2片宽卵形，长9～10毫米，宽6～7毫米，顶端锐尖，两面被短柔毛，结果时增大，长1.9厘米，内萼片较短且狭得多，长圆状披针形，被短柔毛，结果时长1.4厘米；花冠淡黄色或白色，喉部以下带紫色，钟状，长2～2.5厘米，外面有5条密被长柔毛的瓣中带，冠檐裂片三角形；雄蕊5片，内藏，长约9毫米，花丝基部稍扩大，具细锯齿状乳突，花药卵状三角形，基部箭形；子房被长柔毛，花柱丝状，柱头2裂，裂片卵状长圆形。蒴果近球形，为宿存萼片包被，具短尖，直径约8～10毫米，被短柔毛或长柔毛。种子2～4个，卵圆状三棱形，无毛，高4～6毫米。

产地与地理分布：产于我国台湾、广东、海南（包括西沙永兴岛等沿海岛屿）、广西西南部、云南南部。生于海拔40～550米的平地沙土或灌丛阳处。分布热带非洲（南至纳塔耳）、热带亚洲（印度、斯里兰卡、越南经马来西亚、菲律宾至波利尼西亚）。

猪菜藤

（四）番薯属

小心叶薯

名称：小心叶薯［*Ipomoea obscura* (L.) Ker-Gawl.］

中文异名：小红薯、紫心牵牛

鉴别特征：缠绕草本。茎纤细，圆柱形，有细棱，被柔毛或绵毛或有时近无毛。叶心状圆形或心状卵形，有时肾形，长2～8厘米，宽1.6～8厘米，顶端骤尖或锐尖，具小尖头，基部心形，全缘或微波状，两面被短毛并具缘毛，或两面近于无毛仅有短缘毛，侧脉纤细，3对，基出掌状；叶柄细长，长1.5～3.5厘米，被开展的或疏或密的短柔毛。聚伞花序腋生，通常有1～3朵花，花序梗纤细，长1.4～4厘米，无毛或散生柔毛；苞片小，钻状，长1.5毫米；花梗长0.8～2厘米，近于无毛，结果时顶端膨大；萼片近等长，椭圆状卵形，长4～5毫米，顶端具小短尖头，无毛或外方2

片外面被微柔毛，萼片于果熟时通常反折；花冠漏斗状，白色或淡黄色，长约2厘米，具5条深色的瓣中带，花冠管基部深紫色；雄蕊及花柱内藏；花丝极不等长，基部被毛；子房无毛。蒴果圆锥状卵形或近于球形，顶端有锥尖状的花柱基，直径6～8毫米，2室，4瓣裂。种子4个，黑褐色，长4～5毫米，密被灰褐色短茸毛。

产地与地理分布：产于台湾、广东、海南（包括西沙永兴岛）、云南。生于海拔100～580米的旷野沙地、海边、疏林或灌丛。分布热带非洲、马斯克林群岛、热带亚洲，经菲律宾、马来西亚至大洋洲北部及斐济岛。

小心叶薯

（五）鱼黄草属

1. 山猪菜

名称：山猪菜［*Merremia umbellata* (L.) Hall. f. subsp. *orientalis* (Hall. f.) v. Ooststr.］

中文异名：假红薯、小薯藤、假红薯、假番薯、山猪菜藤、野薯藤、土瓜藤

鉴别特征：缠绕或平卧草本，平卧者下部节上生须根。茎圆柱形，有细条纹，密被或疏被短柔毛，有时无毛。叶形及大小有变化，卵形、卵状长圆形或长圆状披针形，长3.5～13.5厘米，宽1.3～10厘米，顶端钝而微凹、锐尖或渐尖，具小短尖头，基部心形，偶而稍呈戟形，全缘，叶面疏或密被灰白色或黄白色短柔毛，或仅沿中脉被毛，有时近无毛，背面毛被较密，通常沿中脉和侧脉尤密被灰白色或黄白色平展柔毛，有时毛少，侧脉6～7（9）对，第三次脉近于平行；叶柄长短不一，长1～4（10）厘米，疏或密被黄白色短柔毛。聚伞花序腋生，具少花或多花，呈伞形，

花序梗长（0.5）2～5（12）厘米，毛被与叶柄相似；苞片小、披针形、早落；花芽椭圆形，顶端锐尖；花梗与花序梗近于等粗，长1～2（3）厘米，被短柔毛；萼片稍不等，外方2片宽椭圆形，长0.8～1.4厘米，外面被短柔毛，顶端圆或微凹，具小短尖头，边缘干膜质，内萼片近相等或稍长；花冠白色，有时黄色或淡红色，漏斗状，长2.5～4（5.5）厘米，瓣中带明显具5脉，顶端具白色柔毛，其余无毛，冠檐浅5裂；雄蕊内藏，花药不扭转；子房无毛或顶端散生柔毛。蒴果圆锥状球形，具花柱基形成的尖头，无毛，高0.7～1.3厘米，直径0.6～1厘米，4瓣裂。种子4个或较少，高约5毫米，灰黑色，密被开展的淡褐色长硬毛。

产地与地理分布：产于广东、海南及其他沿海岛屿、广西、云南。生于海拔（55）550～1600米的路旁、山谷疏林或杂草灌丛中。分布热带东非、塞舌耳群岛、印度、斯里兰卡、泰国、老挝、柬埔寨、越南、经马来西亚至澳大利亚东北的昆士兰。

用途：【药用价值】根入药，可治疮毒。

2. 掌叶鱼黄草

名称：掌叶鱼黄草［*Merremia vitifolia* (Burm. f.) Hall. f.］

中文异名：毛五爪龙、毛牵牛、假番薯、红藤、掌叶山猪菜

鉴别特征：缠绕或平卧草本。茎带紫色，圆柱形，老时具条纹，被疏或密的平展的黄白色微硬毛，有时无毛。叶片轮廓近圆形，长（2～5）5～15厘米，宽（2.5）4～15.5厘米，基部心形，通常掌状5裂，有时3裂或7裂，裂片宽三角形或卵状披针形，顶端渐尖，锐尖或钝，基部不收缩或有时稍收缩，边缘具粗锯齿或近全缘，两面被平伏的长的黄白色微硬毛；叶柄长1～3（19）厘米，毛被同茎。聚伞花序腋生，有1～3朵至数朵花，花序比叶长或与叶近等长，花序梗长2～5厘米，连同花梗、外萼片被黄白色开展的微硬毛；苞片小、钻形，花梗长1～1.6厘米，顶端增粗；萼片长圆形至卵状长圆形，长1.4～1.8厘米，顶端钝圆，具小短尖头，内萼片稍长，无毛，萼片至结果时显著增大，近革质，内面灰白色，有很多窝点；花冠黄色，漏斗状，长2.5～5.5厘米，无毛，冠檐具5钝裂片，瓣中带有5条显著的脉；雄蕊短于萼片，长约1.1厘米，花药螺旋扭曲；

掌叶鱼黄草

子房无毛。蒴果近球形，高约1.2厘米，果皮干后纸质，4瓣裂。种子4个或较少，三棱状卵形，高约7毫米，黑褐色，无毛。

产地与地理分布：产于广东、广西、云南。海拔（90）400～1600米的路旁、灌丛或林中。

分布印度、斯里兰卡、缅甸、越南，经马来西亚至印度尼西亚。

用途：【药用价值】全草入药，可治淋证和胃脘痛。

四十八、紫草科

（一）基及树属

基及树

名称：基及树［*Carmona microphylla* (Lam.) G. Don］

鉴别特征：灌木，高1～3米，具褐色树皮，多分枝；分枝细弱，节间长1～2厘米，幼嫩时被稀疏短硬毛；腋芽圆球形，被淡褐色绒毛。叶革质，倒卵形或匙形，长1.5～3.5厘米，宽1～2厘米，先端圆形或截形、具粗圆齿，基部渐狭为短柄，上面有短硬毛或斑点，下面近无毛。团伞花序开展，宽5～15毫米；花序梗细弱，长1～1.5厘米，被毛；花梗极短，长1～1.5毫米，或近无梗；花萼长4～6毫米，裂至近基部，裂片线形或线状倒披针形，宽0.5～0.8毫米，中部以下渐狭，被开展的短硬毛，内面有稠密的伏毛；花冠钟状，白色，或稍带红色，长4～6毫米，裂片长圆形，伸展，较筒部长；花丝长3～4毫米，着生花冠筒近基部，花药长圆形，长1.5～1.8毫米，伸出；花柱长4～6毫米，无毛。核果直径3～4毫米，内果皮圆球形，具网纹，直径2～3毫米，先端有短喙。

产地与地理分布：产于广东西南部、海南及台湾。生于低海拔平原、丘陵及空旷灌丛处。分布于亚洲南部、东南部及大洋洲的巴布亚新几内亚及所罗门群岛。

用途：【药用价值】叶入药，具解毒敛疮的功效，主治疔疮。【观赏价值】树形矮小，枝条密集，绿叶白花，叶翠果红，风姿奇特，且花期长，春花夏果，夏花秋果，形成绿叶白花、绿果红果相映衬，具有较高的观赏价值。

基及树

（二）厚壳树属

宿苞厚壳树

名称：宿苞厚壳树（*Ehretia asperula* Zool. et Mor.）

鉴别特征：攀援灌木，高3～5米；枝灰褐色，粗糙，无毛，小枝褐色或淡褐色，幼嫩时被柔毛。叶革质，宽椭圆形或长圆状椭圆形，长3～12厘米，宽2～6厘米，先端钝或具短尖，基部圆，通常全缘，无毛，或下面脉腋间有簇生的柔毛；叶柄长6～15毫米，具瘤状突起。聚伞花序顶生于高年生小枝上，呈伞房状，宽4～6厘米。被淡褐色短柔毛；苞片线形或线状倒披针形，长3～10毫米，有时弯曲，宿存；花梗长1.5～3毫米，细弱；花萼长1.5～2.5毫米，被褐色短柔毛；花冠白色，漏斗形，长3.5～4毫米，基部直径1.5毫米，喉部直径5毫米，裂片三角状卵形，长2～2.5毫米，较筒部稍长；花药长约1毫米，花丝长3.5～4.5毫米，着生花冠筒基部以上1毫米处；花柱长3～4毫米，分枝长约1毫米。核果红色或橘黄色，直径3～4毫米，内果皮成熟时分裂为4个具单种子的分核。

宿苞厚壳树

产地与地理分布：产于海南。生于干燥山坡疏林，喜中性土壤。越南及印度尼西亚有分布。

（三）天芥菜属

大尾摇

名称：大尾摇（*Heliotropium indicum* L.）

中文异名：乌韭

鉴别特征：一年生草本，高20～50厘米。茎粗壮，直立，多分枝，被开展的糙伏毛。叶互生或近对生，卵形或椭圆形，长3～9厘米，宽2～4厘米，先端尖，基部圆形或截形，下延至叶柄呈翅状，叶缘微波状或波状，上下面均被短柔毛或糙伏毛，有时硬毛稀疏散生，叶脉明显，侧脉5～7对，上面凹陷，下面突起，被开展的硬毛及糙伏毛；叶柄长2～5厘米。镰状聚伞花序长5～15厘米，单一，不分枝，无苞片；花无梗，密集，呈2列排列于花序轴的一侧；萼片披针形，长1.5～2毫米，被糙伏毛；花冠浅蓝色或蓝紫色，高脚碟状，长3～4毫米，基部直径约1毫米，喉部收缩为0.5毫米，檐部直径2～2.5毫米，裂片小，近圆形，直径约1毫米，皱波状；花药狭卵形，长约0.5毫米，着生花冠筒基部以上1毫米处；子房无毛，花柱长约0.5毫米，上部变粗，柱头短，呈宽圆锥体状，被毛。核果无毛或近无毛，具肋棱，长3～3.5毫米，深2裂，每裂瓣又分裂为2个具单种子的分核。花果期4—10月。

产地与地理分布：产于广东、海南岛及西沙群岛、福建、台湾及云南西南部。生于海拔5～650米丘陵、路边、河沿及空旷之荒草地，数量较多，生长普遍。世界热带及亚热带地区广布。

用途：【药用价值】全草入药，具消肿解毒，排脓止疼的功效，主治肺炎，多发性疔肿、睾丸炎及口腔糜烂等症。

大尾摇

四十九、马鞭草科

（一）大青属

1. 大青

名称：大青（*Clerodendrum cytophyllum* Turcz.）

中文异名：路边青、土地骨皮、山靛青、鸭公青、臭冲柴、青心草、淡婆婆、山尾花、山漆、牛耳青、野靛青、臭叶树、猪屎青、鸡屎青

鉴别特征：灌木或小乔木，高1~10米；幼枝被短柔毛，枝黄褐色，髓坚实；冬芽圆锥状，芽鳞褐色，被毛。叶片纸质，椭圆形、卵状椭圆形、长圆形或长圆状披针形，长6~20厘米，宽3~9厘米，顶端渐尖或急尖，基部圆形或宽楔形，通常全缘，两面无毛或沿脉疏生短柔毛，背面常有腺点，侧脉6~10对；叶柄长1~8厘米。伞房状聚伞花序，生于枝顶或叶腋，长10~16厘米，宽20~25厘米；苞片线形，长3~7毫米；花小，有橘香味；萼杯状，外面被黄褐色短绒毛和不明显的腺点，长3~4毫米，顶端5裂，裂片三角状卵形，长约1毫米；花冠白色，外面疏生细毛和腺点，花冠管细长，长约1厘米，顶端5裂，裂片卵形，长约5毫米；雄蕊4片，花丝长约1.6厘米，与花柱同伸出花冠外；子房4室，每室1胚珠，常不完全发育；柱头2浅裂。果实球形或倒卵形，直径5~10毫米，绿色，成熟时蓝紫色，为红色的宿萼所托。花果期6月至翌年2月。

产地与地理分布：产于我国华东、中南、西南（四川除外）各省区。生于海拔1700米以下的平原、丘陵、山地林下或溪谷旁。朝鲜、越南和马来西亚也有分布。

用途：【药用价值】根、叶入药，具清热、泻火、利尿、凉血、解毒的功效。

大青

2. 白花灯笼

名称：白花灯笼（*Clerodendrum fortunatum* L.）

中文异名：灯笼草、鬼灯笼、苦灯笼

鉴别特征：灌木，高可达2.5米；嫩枝密被黄褐色短柔毛，小枝暗棕褐色，髓疏松，干后不中空。叶纸质，长椭圆形或倒卵状披针形，少为卵状椭圆形，长5～17.5厘米，宽1.5～5厘米，顶端渐尖，基部楔形或宽楔形，全缘或波状，表面被疏生短柔毛，背面密生细小黄色腺点，沿脉被短柔毛；叶柄长0.5～3厘米，少可达4厘米，密被黄褐色短柔毛。聚伞花序腋生，较叶短，1～3次分歧，具花3～9朵，花序梗长1～4厘米，密被棕褐色短柔毛；苞片线形，密被棕褐色短柔毛；花萼红紫色，具5棱，膨大形似灯笼，长1～1.3厘米，外面被短柔毛，内面无毛，基部连合，顶端5深裂，裂片宽卵形，渐尖；花冠淡红色或白色稍带紫色，外面被毛，花冠管与花萼等长或稍长，顶端5裂，裂片长圆形，长约6毫米；雄蕊4枚，与花柱同伸出花冠外，柱头2裂，顶端尖。核果近球形，直径约5毫米，熟时深蓝绿色，藏于宿萼内。花果期6—11月。

产地与地理分布：产于江西南部、福建、广东、广西；其他各地温室有栽培。生于海拔1000米以下的丘陵、山坡、路边、村旁和旷野。模式标本采自中国南部。

用途：【药用价值】根或全株入药，具清热降火、消炎解毒、止咳镇痛的功效，用鲜叶捣烂或干根研粉调剂外敷可散淤、消肿、止痛。

白花灯笼

3. 赪桐

名称：赪桐［*Clerodendrum japonicum* (Thunb.) Sweet］

中文异名：百日红、贞桐花、状元红、荷苞花、红花倒血莲

鉴别特征：灌木，高1～4米；小枝四棱形，干后有较深的沟槽，老枝近于无毛或被短柔毛，同对叶柄之间密被长柔毛，枝干后不中空。叶片圆心形，长8～35厘米，宽6～27厘米，顶端尖或渐尖，基部心形，边缘有疏短尖齿，表面疏生伏毛，脉基具较密的锈褐色短柔毛，背面密具锈黄色盾形腺体，脉上有疏短柔毛；叶柄长0.5～15厘米，少可达27厘米，具较密的黄褐色短柔毛。二歧聚伞花序组成顶生，大而开展的圆锥花序，长15～34厘米，宽13～35厘米，花序的最后侧枝呈总状花序，长可达16厘米，苞片宽卵形、卵状披针形、倒卵状披针形、线状披针形，有柄或无柄，小苞片线形；花萼红色，外面疏被短柔毛，散生盾形腺体，长1～1.5厘米，深5裂，裂片卵形或卵状披针形，渐尖，长0.7～1.3厘米，开展，外面有1～3条细脉，脉上具短柔毛，内面无毛，有疏珠状腺点；花冠红色，稀白色，花冠管长1.7～2.2厘米，外面具微毛，里面无毛，顶端5裂，裂片长圆形，开展，长1～1.5厘米；雄蕊长约达花冠管的3倍；子房无毛，4室，柱头2浅裂，与雄蕊均长突出于花冠外。果实椭圆状球形，绿色或蓝黑色，直径7～10毫米，常分裂成2～4个分核，宿萼增大，初包被果实，后向外反折呈星状。花果期5—11月。

产地与地理分布：产于江苏、浙江南部、江西南部、湖南、福建、台湾、广东、广西、四川、贵州、云南。通常生于平原、山谷、溪边或疏林中或栽培于庭园。印度东北、孟加拉国、锡金、不丹、中南半岛、马来西亚、日本也有分布。

用途：【药用价值】全株入药，具祛风利湿、消肿散淤的功效。云南作跌打、催生药，又治心慌心跳，用根、叶作皮肤止痒药；湖南用花治外伤止血。

赪桐

（二）马缨丹属

马缨丹

名称：马缨丹（*Lantana camara* L.）

中文异名：五色梅、五彩花、臭草、如意草、七变花

鉴别特征：直立或蔓性的灌木，高1~2米，有时藤状，长达4米；茎枝均呈四方形，有短柔毛，通常有短而倒钩状刺。单叶对生，揉烂后有强烈的气味，叶片卵形至卵状长圆形，长3~8.5厘米，宽1.5~5厘米，顶端急尖或渐尖，基部心形或楔形，边缘有钝齿，表面有粗糙的皱纹和短柔毛，背面有小刚毛，侧脉约5对；叶柄长约1厘米。花序直径1.5~2.5厘米；花序梗粗壮，长于叶柄；苞片披针形，长为花萼的1~3倍，外部有粗毛；花萼管状，膜质，长约1.5毫米，顶端有极短的齿；花冠黄色或橙黄色，开花后不久转为深红色，花冠管长约1厘米，两面有细短毛，直径4~6毫米；子房无毛。果圆球形，直径约4毫米，成熟时紫黑色。全年开花。

产地与地理分布：原产于美洲热带地区，现在我国台湾、福建、广东、广西见有逸生。常生长于海拔80~1500米的海边沙滩和空旷地区。世界热带地区均有分布。

用途：【经济价值】根含橡胶类似物，可制造橡胶，茎干是造纸原料；叶加入烟丝可增加香味，也可代替砂纸用于磨光；从茎干树皮叶和花提取的香精油含量虽较低（0.15%），但它酷似薄荷油，香味颇佳，且具有类似保幼激素的活性。【药用价值】根、叶和花入药，具清热解毒、散结止痛、祛风止痒的功效，主治疟疾、肺结核、颈淋巴结核、腮腺炎、胃痛、风湿骨痛等。【生态价值】繁殖力强、生长快、适应性广、不择土壤、耐高温、抗干旱、病虫害少、根系发达、茎枝萌发力强、冠幅覆盖面大等优点，既能单生、群生，又能和其他乔木、灌木、草本植物混生，对减少风吹雨冲地表，固土截流、涵养水源、改良土壤、提高肥力、改善生态环境的作用明显，生于绿地、荒山、草地、乱石堆、山沟、山坡，是护坎、护坡、护堤的优良灌木树种。【观赏价值】花美丽，花期长，全年均能开花，观赏价值较高。

马缨丹

（三）豆腐柴属

豆腐柴

名称：豆腐柴（*Premna microphylla* Turcz.）

中文异名：臭黄荆、观音柴、土黄芪、豆腐草、观音草、止血草、腐婢

鉴别特征：直立灌木；幼枝有柔毛，老枝变无毛。叶揉之有臭味，卵状披针形、椭圆形、卵形或倒卵形，长3～13厘米，宽1.5～6厘米，顶端急尖至长渐尖，基部渐狭窄下延至叶柄两侧，全缘至有不规则粗齿，无毛至有短柔毛；叶柄长0.5～2厘米。聚伞花序组成顶生塔形的圆锥花序；花萼杯状，绿色，有时带紫色，密被毛至几无毛，但边缘常有睫毛，近整齐的5浅裂；花冠淡黄色，外有柔毛和腺点，花冠内部有柔毛，以喉部较密。核果紫色，球形至倒卵形。花果期5—10月。

产地与地理分布：产于我国华东、中南、华南以至四川、贵州等地。生于山坡林下或林缘。日本也有分布。模式标本采自浙江宁波。

豆腐柴

用途：【经济价值】叶可制豆腐。【药用价值】根、茎和叶入药，具清热解毒、消肿止血的功效，主治毒蛇咬伤、无名肿毒、创伤出血。

五十、唇形科

（一）广防风属

广防风

名称： 广防风 ［*Epimeredi indica* (L.) Rothm. ］

中文异名： 马衣叶、防风草、土防风、排风草、土藿香、落马衣、秽草、抹草、臭秽草、假稀莶、芒草、大密草、荆芥、稀莶草、薄荷、白艾花、旺草、蜜草、臭草、假藿香、大羊胡臊、九层楼、七草、野薄荷、猪麻苏、野苏麻、野苏、野紫苏、癫蛤妈、苗苹

鉴别特征： 草本，直立，粗壮，分枝。茎高1～2米，四棱形，具浅槽，密被白色贴生短柔毛。叶阔卵圆形，长4～9厘米，宽2.5～6.5厘米，先端急尖或短渐尖，基部截状阔楔形，边缘有不规则的牙齿，草质，上面榄绿色，被短伏毛，脉上尤密，下面灰绿色，有极密的白色短绒毛，在脉上的较长，叶柄长1～4.5厘米；苞叶叶状，向上渐变小，均超出轮伞花序，具短柄或近无柄。轮伞花序在主茎及侧枝的顶部排列成稠密的或间断的直径约2.5厘米的长穗状花序；苞片线形，长3～4毫米。花萼钟形，长约6毫米，外面被长硬毛及混生的腺柔毛，其间杂有黄色小腺点，内面有稀疏的细长毛，10脉，不明显，下部有多数纵向细脉，上部有横脉网结，齿5，三角状披针形，长约2.7毫米，边缘具纤毛，有时紫红色，果时增大。花冠淡紫色，长约1.3厘米，外面无毛，内面在冠筒中部有斜向间断小疏柔毛毛环，冠筒基部宽约1.7毫米，向上渐变宽大，至口部宽达3.5毫米，冠檐二唇形，上唇直伸，长圆形，长4.5～5毫米，宽3毫米，全缘，下唇几水平扩展，长9毫米，宽5毫米，3裂，中裂片倒心形，长约3毫米，宽约4.5毫米，边缘微波状，内面中部具髯毛，侧裂片较小，卵圆形。雄蕊伸出，近等长，前对稍长或有时后对较长，花丝扁平，两侧边缘膜质，被小纤毛，粘连，前对药室平行，后对药室退化成1室。花柱丝状，无毛，先端相等2浅裂，裂片钻形。花盘平顶，具圆齿。子房无毛。小坚果黑色，具光泽，近圆球形，直径约1.5毫米。花期8—9月，果期9—11月。

产地与地理分布： 产于广东、广西、贵州、云南、西藏东南部、四川、湖南南部、江西南部、浙江南部、福建及台湾。为一杂草，生于热带及南亚热带地区的林缘或路旁等荒地上，海拔40～1 580（2 400）米。印度、东南亚经马来西亚至菲律宾也有分布。模式标本采自印度。

用途： 【药用价值】全草入药，主治风湿骨痛、感冒发热、呕吐腹痛、胃气痛、皮肤湿

广防风

疹、搔痒、乳痈、疮癣、癫疮以及毒虫咬伤等症。

（二）紫苏属

紫苏

名称：紫苏〔*Perilla frutescens* (L.) Britt.〕

中文异名：苏、桂荏、荏、白苏、荏子、赤苏、红勾苏、红（紫）苏、黑苏、白紫苏、青苏、鸡苏、香苏、臭苏、野（紫）苏（子）、（野）苏麻、大紫苏、假紫苏、水升麻、野藿麻、聋耳麻、薄荷、香荽、孜珠、兴帕夏噶

鉴别特征：一年生、直立草本。茎高0.3～2米，绿色或紫色，钝四棱形，具四槽，密被长柔毛。叶阔卵形或圆形，长7～13厘米，宽4.5～10厘米，先端短尖或突尖，基部圆形或阔楔形，边缘在基部以上有粗锯齿，膜质或草质，两面绿色或紫色，或仅下面紫色，上面被疏柔毛，下面被贴生柔毛，侧脉7～8对，位于下部者稍靠近，斜上升，与中脉在上面微突起下面明显突起，色稍淡；叶柄长3～5厘米，背腹扁平，密被长柔毛。轮伞花序2花，组成长1.5～15厘米、密被长柔毛、偏向一侧的顶生及腋生总状花序；苞片宽卵圆形或近圆形，长宽约4毫米，先端具短尖，外被红褐色腺点，无毛，边缘膜质；花梗长1.5毫米，密被柔毛。花萼钟形，10脉，长约3毫米，直伸，下部被长柔毛，夹有黄色腺点，内面喉部有疏柔毛环，结果时增大，长至1.1厘米，平伸或下垂，基部一边肿胀，萼檐二唇形，上唇宽大，3齿，中齿较小，下唇比上唇稍长，2齿，齿披针形。花冠白色至紫红色，长3～4毫米，外面略被微柔毛，内面在下唇片基部略被微柔毛，冠筒短，长2～2.5毫米，喉部斜钟形，冠檐近二唇形，上唇微缺，下唇3裂，中裂片较大，侧裂片与上唇相近似。雄蕊4片，几不伸出，前对稍长，离生，插生喉部，花丝扁平，花药2室，室平行，其后略叉开或极叉开。花柱先端相等2浅裂。花盘前方呈指状膨大。小坚果近球形，灰褐色，直径约1.5毫米，具网纹。花期8—11月，果期8—12月。

产地与地理分布：全国各地广泛栽培。不丹、印度、中南半岛、南至印度尼西亚（爪哇）、东至日本、朝鲜也有分布。模式标本采自日本。

用途：【经济价值】种子榨出的油，名苏子油，有防腐作用，供工业用。【食用价值】苏子油可供食用；叶供食用，和肉类煮熟可增加后者的香味。【药用价值】茎叶及子实入药，叶为发汗、镇咳、芳香性健胃利尿剂，有

紫苏

镇痛、镇静、解毒作用，治感冒，因鱼蟹中毒之腹痛呕吐者有卓效；梗有平气安胎之功；种子能镇咳、祛痰、平喘、发散精神之沉闷。

五十一、茄科

茄属

1. 少花龙葵

名称：少花龙葵（*Solanum photeinocarpum* Nakamura et S. Odashima）

中文异名：白花菜、古钮菜、扣子草、打卜子、古钮子、衣扣草、痣草

鉴别特征：纤弱草本，茎无毛或近于无毛，高约1米。叶薄，卵形至卵状长圆形，长4～8厘米，宽2～4厘米，先端渐尖，基部楔形下延至叶柄而成翅，叶缘近全缘，波状或有不规则的粗齿，两面均具疏柔毛，有时下面近于无毛；叶柄纤细，长约1～2厘米，具疏柔毛。花序近伞形，腋外生，纤细，具微柔毛，着生1～6朵花，总花梗长1～2厘米，花梗长5～8毫米，花小，直径约7毫米；萼绿色，直径约2毫米，5裂达中部，裂片卵形，先端钝，长约1毫米，具缘毛；花冠白色，筒部隐于萼内，长不及1毫米，冠檐长约3.5毫米，5裂，裂片卵状披针形，长约2.5毫米；花丝极短，花药黄色，长圆形，长1.5毫米，为花丝长度的3～4倍，顶孔向内；子房近圆形，直径不及1毫米，花柱纤

少花龙葵

细，长约2毫米，中部以下具白色绒毛，柱头小，头状。浆果球状，直径约5毫米，幼时绿色，成熟后黑色；种子近卵形，两侧压扁，直径1～1.5毫米。几全年均开花结果。

产地与地理分布：产于我国云南南部、江西、湖南、广西、广东、台湾等地的溪边、密林阴湿处或林边荒地。分布于马来群岛。

用途：【食用价值】叶可供蔬食。【药用价值】叶入药，具清凉散热的功效，并可治喉痛。

2. 海南茄

名称：海南茄（*Solanum procumbens* Lour.）

中文异名：细颠茄、金纽头、卜古笋、卜古雀、衫纽藤、鸡公箭子、耳环草、小丁茄

鉴别特征：灌木高1～2米，直立或平卧，多分枝，小枝无毛，具黄土色基部宽扁的倒钩刺，刺长约2～4毫米，基部宽约1.5～4毫米，端尖，微弯，褐黄色；嫩枝，叶下面，叶柄及花序柄均被分枝多，无柄或具短柄的星状短绒毛及小钩刺。叶卵形至长圆形，长2～6厘米，宽1.5～3厘米，先端钝，基部楔形或圆形不相等，近全缘或作5个粗大的波状浅圆裂，上面暗绿，疏被4～8个分枝平贴的星状绒毛，在边缘较密，下面淡绿，星状绒毛相互交织密被，中脉明显，在

两面均着生1～4枚小尖刺，侧脉每边3～4条，间或具，1～2小尖刺；叶柄长约4～10毫米，毛被较叶下面薄，具有与中脉相同的小尖刺或无刺。蝎尾状花序顶生或腋外生，毛被较叶下面薄，花梗纤细，长4～10毫米；花萼杯状，直径约3毫米，4裂，裂片三角形，在两面先端均被有星状绒毛；花冠淡红色，花冠筒长约1.5毫米，冠檐长约9毫米，先端深4裂，裂片披针形，长约7毫米，外面被星状绒毛；雄蕊4枚，花丝长约1毫米，花药先端延长，长约6毫米；子房球形，顶端被星状毛，花柱长约7毫米，基部被极稀疏的星状毛，先端2裂。浆果球形，直径约7～9毫米，光亮，宿存萼向外反折，果柄长约2厘米，顶端膨大；种子淡黄色，近肾形，扁平，长约3毫米，宽约2毫米。花期春夏，果期秋冬。

产地与地理分布：产于广东。疏生于灌木丛中或林下，海拔300米左右。越南、老挝也有分布。

用途：【药用价值】根入药，具散风热、活血止痛的功效，主治感冒、头痛、咽喉疼痛、关节肿痛、月经不调、跌打损伤。

海南茄

3. 牛茄子

名称：牛茄子（*Solanum surattense* Burm. f.）

中文异名：颠茄、番鬼茄、大颠茄、癫茄、颠茄子、油辣果

鉴别特征：直立草本至亚灌木，高30～60厘米，也有高达1米的，植物体除茎、枝外各部均被具节的纤毛，茎及小枝具淡黄色细直刺，通常无毛或稀被极稀疏的纤毛，细直刺长约1～5毫米或更长，纤毛长约3～5毫米。叶阔卵形，长5～10.5厘米，宽4～12厘米，先端短尖至渐尖，基部心形，5～7浅裂或半裂，裂片三角形或卵形，边缘浅波状；上面深绿色，被稀疏纤毛；下面淡绿色，无毛或纤毛在脉上分布稀疏，在边缘则较密；侧脉与裂片数相等，在上面平，在下面凸出，分布于每裂片的中部，脉上均具直刺；叶柄粗壮，长2～5厘米，微具纤毛及较长大的直刺。聚伞花序腋外生，短而少花，长不超过2厘米，单生或多至4朵，花梗纤细被直刺及纤毛；萼杯状，长约5毫米，直径约8毫米，外面具细直刺及纤毛，先端5裂，裂片卵形；花冠白色，筒部隐于萼内，长约2.5毫米，冠檐5裂，裂片披针形，长约1.1厘米，宽约4毫米，端尖；花丝长约2.5毫米，药长为花丝长度的2.4倍，顶端延长，顶孔向上。子房球形，无毛，花柱长于花药而短于花冠裂片，无毛，柱头头状。浆果扁球状，直径约3.5厘米，初绿白色，成熟后橙红色，果柄长2～2.5厘米，具细直刺；种子干后扁而薄，边缘翅状，直径约4毫米。

产地与地理分布：分布于云南、四川、贵州、广西、湖南、广东、海南、江西、福建、台湾、江苏、河南（栽培）、辽宁（栽培）等省。喜生于路旁荒地、疏林或灌木丛中，海拔

350～1180米。国外广泛分布于热带地区。

用途：【药用价值】果含有龙葵碱，可作药用。【观赏价值】果的色彩鲜艳，观赏价值较高。

牛茄子

4. 水茄

名称：水茄（*Solanum torvum* Swartz）

中文异名：山颠茄、金衫扣、野茄子、刺茄、西好、青茄、乌凉、木哈蒿、天茄子、刺番茄

鉴别特征：灌木，高1～2（3）米，小枝，叶下面，叶柄及花序柄均被具长柄，短柄或无柄稍不等长5～9个分枝的尘土色星状毛。小枝疏具基部宽扁的皮刺，皮刺淡黄色，基部疏被星状毛，长2.5～10毫米，宽2～10毫米，尖端略弯曲。叶单生或双生，卵形至椭圆形，长6～12（19）厘米，宽4～9（13）厘米，先端尖，基部心脏形或楔形，两边不相等，边缘半裂或作波状，裂片通常5～7片，上面绿色，毛被较下面薄，分枝少（5～7）的无柄的星状毛较多，分枝多的有柄的星状毛较少，下面灰绿，密被分枝多而具柄的星状毛；中脉在下面少刺或无刺，侧脉每边3～5条，有刺或无刺。叶柄长2～4厘米，具1～2枚皮刺或不具。伞房花序腋外生，2～3歧，毛被厚，总花梗长1～1.5厘米，具1细直刺或无，花梗长5～10毫米，被腺毛及星状毛；花白色；萼杯状，长约4毫米，外面被星状毛及腺毛，端5裂，裂片卵状长圆形，长约2毫米，先端骤尖；花冠辐形，直径约1.5厘米，筒部隐于萼内，长约1.5毫米，冠檐长约1.5厘米，端5裂，裂片卵状披针形，先端渐尖，长0.8～1厘米，外面被星状毛；花丝长约1毫米，花药为花丝长度的4～7倍，顶孔向上；子房卵形，光滑，不孕花的花柱短于花药，能孕花的花柱较长于花药；柱头截形；浆果黄色，光滑无毛，圆球形，直径约1～1.5厘米，宿萼外面被稀疏的星状毛，果柄长约1.5厘米，上部膨大；种子盘状，直径1.5～2毫米。全年均开花结果。

产地与地理分布：产云南（东南部、南部及西南部）、广西、广东、台湾。喜生长于热带地方的路旁，荒地，灌木丛中，沟谷及村庄附近等潮湿地方，海拔200～1650米。普遍分布于热带印度，东经缅甸、泰国，南至菲律宾、马来西亚，也分布于热带美洲。

用途：【食用价值】嫩果煮熟可供蔬食。【药用价值】果、叶入药，果实可明目；叶可治疮毒。

水茄

五十二、玄参科

（一）母草属

母草

名称：母草［*Lindernia crustacea* (L.) F. Muell］

鉴别特征：草本，根须状；高10～20厘米，常铺散成密丛，多分枝，枝弯曲上升，微方形有深沟纹，无毛。叶柄长1～8毫米；叶片三角状卵形或宽卵形，长10～20毫米，宽5～11毫米，顶端钝或短尖，基部宽楔形或近圆形，边缘有浅钝锯齿，上面近于无毛，下面沿叶脉有稀疏柔毛或近于无毛。花单生于叶腋或在茎枝之顶成极短的总状花序，花梗细弱，长5～22毫米，有沟纹，近于无毛；花萼坛状，长3～5毫米，成腹面较深，而侧、背均开裂较浅的5齿，齿三角状卵形，中肋明显，外面有稀疏粗毛；花冠紫色，长5～8毫米，管略长于萼，上唇直立，卵形，钝头，有时2浅裂，下唇3裂，中间裂片较大，仅稍长于上唇；雄蕊4片，全育，2强；花柱常早落。蒴果椭圆形，与宿萼近等长；种子近球形，浅黄褐色，有明显的蜂窝状瘤突。花、果期全年。

产地与地理分布：分布于我国浙江、江苏、安徽、江西、福建、台湾、广东、海南、广西、云南、西藏东南部、四川、贵州、湖南、湖北、河南等省（区）。热带和亚热带广布。生于田边、草地、路边等低湿处。

用途：【药用价值】全草入药，具清热利湿、解毒的功效，主治感冒、急（慢）性菌痢、肠炎、痈疖疔肿。

母草

（二）野甘草属

野甘草

名称：野甘草（*Scoparia dulcis* L.）

鉴别特征：直立草本或为半灌木状，高可达100厘米，茎多分枝，枝有棱角及狭翅，无毛。

野甘草

叶对生或轮生，菱状卵形至菱状披针形，长者达35毫米，宽者达15毫米，枝上部叶较小而多，顶端钝，基部长渐狭，全缘而成短柄，前半部有齿，齿有时颇深多少缺刻状而重出，有时近全缘，两面无毛。花单朵或更多成对生于叶腋，花梗细，长5~10毫米，无毛；无小苞片，萼分生，齿4，卵状矩圆形，长约2毫米，顶端有钝头，具睫毛，花冠小，白色，直径约4毫米，有极短的管，喉部生有密毛，瓣片4，上方1枚稍稍较大，钝头，而缘有啮痕状细齿，长约2~3毫米；雄蕊4片，近等长，花药箭形，花柱挺直，柱头截形或凹入。蒴果卵圆形至球形，直径2~3毫米，室间室背均开裂，中轴胎座宿存。

产地与地理分布：分布于广东、广西、云南、福建。原产于美洲热带，现已广布于全球热带。喜生于荒地、路旁，亦偶见于山坡。

（三）蝴蝶草属

单色蝴蝶草

名称：单色蝴蝶草（*Torenia concolor* Lindl.）

鉴别特征：匍匐草本；茎具4棱，节上生根；分枝上升或直立。叶具长2~10毫米之柄；叶片三角状卵形或长卵形，稀卵圆形，长1~4厘米，宽0.8~2.5厘米，先端钝或急尖，基部宽楔形或近于截形，边缘具锯齿或具带短尖的圆锯齿，无毛或疏被柔毛。花具长2~3.5厘米之梗，果期梗长可达5厘米，单朵腋生或顶生，稀排成伞形花序；萼长1.2~1.5（1~7）厘米，果期长达2.3厘米，具5枚宽略超过1毫米之翅，基部下延；萼齿2枚，长三角形，果实成熟时裂成5枚小齿；花冠长2.5~3.9厘米，其超出萼齿部分长11~21毫米，蓝色或蓝紫色；前方一对花丝各具1枚长2~4毫米的线状附属物。花果期5—11月。

产地与地理分布：分布于广东、广西、贵州及台湾等省区。生于林下、山谷及路旁。

用途：【药用价值】全草入药，具清热解毒、利湿、止咳、和胃止呕、化淤的功效，主治黄疸、血淋、风热咳嗽、泄泻、跌打损伤、蛇咬伤、疔毒。

单色蝴蝶草

五十三、紫葳科

菜豆树属

菜豆树

名称：菜豆树［*Radermachera sinica* (Hance) Hemsl.］

中文异名：山菜豆、苦苓舅、豇豆树、辣椒树、接骨凉伞、森木凉伞、朝阳花、牛尾木、豆角木、牛尾豆、蛇仔豆、鸡豆木、大朝阳、跌死猫树

鉴别特征：小乔木，高达10米；叶柄、叶轴、花序均无毛。二回羽状复叶，稀为三回羽状复叶，叶轴长30厘米左右；小叶卵形至卵状披针形，长4~7厘米，宽2~3.5厘米，顶端尾状渐尖，基部阔楔形，全缘，侧脉5~6对，向上斜伸，两面均无毛，侧生小叶片在近基部的一侧疏生少数盘菌状腺体；侧生小叶柄长在5毫米以下，顶生小叶柄长1~2厘米。顶生圆锥花序，直立，长25~35厘米，宽30厘米；苞片线状披针形，长可达10厘米，早落，苞片线形，长4~6厘米。花萼蕾时封闭，锥形，内包有白色乳汁，萼齿5，卵状披针形，中肋明显，长约12毫米。花冠钟状漏斗形，白色至淡黄色，长6~8厘米，裂片5，圆形，具皱纹，长约2.5厘米。雄蕊4片，2强，光滑，退化雄蕊存在，丝状。子房光滑，2室，胚珠每室二列，花柱外露，柱头2裂。蒴果细长，下垂，圆柱形，稍弯曲，多沟纹，渐尖，长达85厘米，直径约1厘米，果皮薄革质，小皮孔极不明显；隔膜细圆柱形，微扁。种子椭圆形，连翅长约2厘米，宽约5毫米。花期5—9月，果期10—12月。

产地与地理分布：产于台湾、广东、广西、贵州、云南（富宁、河口、金平、盐丰）。生于山谷或平地疏林中，海拔340~750米。亦见于不丹。模式标本采自广东。

菜豆树

用途：【经济价值】木材黄褐色，质略粗重，年轮明显，可供建筑用材。【药用价值】根、

叶和果入药，具凉血消肿的功效，主治高热、跌打损伤、毒蛇咬伤，另外枝、叶及根可治牛炭疽病。【观赏价值】成熟的菜豆树叶子茂密青翠，充满活力朝气，观赏价值较高。

五十四、爵床科

（一）楠草属

楠草

名称：楠草〔*Dipteracanthus repens* (L.) Hassk.〕

中文异名：匍匐消、芦利草

鉴别特征：多年生披散草本，高15～50厘米，茎膝曲状，下部常斜倚地面，多分枝，无毛或嫩枝被微柔毛。叶薄纸质，卵形至披针形，长1.5～4厘米或过之，宽8～20毫米，顶端渐尖或短渐尖，有时钝头，基部阔楔尖或近圆，全缘，两面散生透明、干时白色的疏柔毛，缘毛短而密；中脉在背面凸起；侧脉纤细，每边4～5条；叶柄长3～5毫米。花单生于叶腋；花梗长约1毫米，小苞片叶状；萼裂片长约5毫米，近无毛；花冠紫色或后裂片深紫色，长约2厘米，被短柔毛，冠管短，喉部阔大，呈钟形，冠檐整齐；雄蕊内藏，后方雄蕊花药比前方雄蕊小。蒴果淡棕黄色，纺锤形，长1.2厘米；种子每室6粒，彼此重叠，近球形，直径约3毫米，有增厚的边缘，被紧贴柔毛。花期：早春。

楠草

产地与地理分布：产于台湾（屏东、台南）、香港、广东（广州、汕头、阳江）、广西（梧州白鹤山、合浦）、海南（万宁、三亚、昌江、坝王岭）、云南（景洪、勐腊）、重庆（奉节）。生于低海拔路边或旷野草地上，常见。印度、马来西亚至菲律宾也有分布。

（二）山牵牛属

1. 海南山牵牛

名称：海南山牵牛（*Thunbergia fragrans* Roxb. subsp. *hainanensis*）

中文异名：海南老鸦嘴

鉴别特征：多年生攀缘草本，茎细，被倒硬毛或无毛，有块根。叶长圆状卵形至长圆状披针形，先端钝，有时圆，基部有时稍截形，边缘常皱波状，叶柄纤细，长0.8～4.5厘米，渐尖，两面初被柔毛或短柔毛，后渐稀疏，仅脉上被毛；脉5出。花通常单生叶腋，花梗长1.5～8.5厘米，被倒向柔毛；小苞片卵形，长16～24厘米，宽8～13厘米，急尖，被疏柔毛或短毛；蒴具13不等大小齿，无毛；花冠管长4～7毫米，喉长18～23毫米，冠檐裂片倒卵形，先端平截，或多或少成"山"字形（具3齿的tridentatus），长约26毫米，宽约22毫米，白色；花丝长9～15毫米和4～11毫米，无毛，花药披针形，先端药隔突出成小尖头，基部叉开，一侧较长，长4～5毫米；花粉粒圆柱形，散生7微米高的乳状凸起，直径45微米；子房无毛；柱头漏斗状，外露，花柱无毛，长2.5～3厘米；蒴果无毛，带有种子部分直径10毫米，高7毫米，喙长15毫米，基部宽4.5毫米。种子腹面平滑，种脐大。

产地与地理分布：分布于海南及广东、广西南部沿海地区。

海南山牵牛

2. 山牵牛

名称：山牵牛［*Thunbergia grandiflora* (Rottl. ex Willd.) Roxb.］

中文异名：大花山牵牛、大花老鸦嘴

鉴别特征：攀缘灌木，分枝较多，可攀援很高，匍枝漫爬，小枝条稍4棱形，后逐渐复圆形，初密被柔毛，主节下有黑色巢状腺体及稀疏多细胞长毛。叶具柄，叶柄长达8厘米，被侧生柔毛；叶片卵形、宽卵形至心形，长4～9 (15)厘米，宽3～7.5厘米，先端急尖至锐尖，有时有短尖头或钝，边缘有2(4) ～6(8)宽三角形裂片，两面干时棕褐色，背面较浅，上面被柔毛，毛基部常膨大而使叶面呈粗糙状，背面密被柔毛。通常5～7脉。花在叶腋单生或成顶生总状花序，苞片小，卵形，先端具短尖头；花梗长2～4厘米，被短柔毛，花梗上部连同小苞片下部有巢状腺形；小苞片2片，长圆卵形，长1.5～3厘米，宽1～2厘米，先端渐尖，外面及内面先端被短柔毛，边缘甚密，内面无毛，远轴面粘合在一起；花冠管长5～7毫米，连同喉白色；喉22～25毫米，自花冠管以上膨大；冠檐蓝紫色，裂片圆形或宽卵形，长2.1～3毫米，先端常微缺；雄蕊4片，花丝下面逐渐变宽，长8～10毫米，无毛，花药不外露，药隔突出成一锐尖头，药室不等大，不包括刺时长7～9毫米，基部具弯曲长刺，长2.5～3毫米，另2花药仅1药室具刺，长2.5毫米，在缝处有髯毛；花粉粒直径86微米。子房近无毛，花柱无毛，长17～24毫米，柱头近相等，2裂，对折，下方的抱着上方的，不外露。蒴果被短柔毛，带种子部分直径13毫米，高18毫米，喙长20毫米，基部宽7毫米。

产地与地理分布：产于广西、广东、海南、福建鼓浪屿。生于山地灌丛。印度及中南半岛也有分布。世界热带地区植物园栽培。

山牵牛

五十五、茜草科

（一）丰花草属

1. 阔叶丰花草

名称：阔叶丰花草 [*Borreria latifolia* (Aubl.) K. Schum.]

鉴别特征：披散、粗壮草本，被毛；茎和枝均为明显的四棱柱形，棱上具狭翅。叶椭圆形或卵状长圆形，长度变化大，长2～7.5厘米，宽1～4厘米，顶端锐尖或钝，基部阔楔形而下延，边缘波浪形，鲜时黄绿色，叶面平滑；侧脉每边5～6条，略明显；叶柄长4～10毫米，扁平；托叶膜质，被粗毛，顶部有数条长于鞘的刺毛。花数朵丛生于

阔叶丰花草

托叶鞘内，无梗；小苞片略长于花萼；萼管圆筒形，长约1毫米，被粗毛，萼檐4裂，裂片长2毫米；花冠漏斗形，浅紫色，罕有白色，长3～6毫米，里面被疏散柔毛，基部具1毛环，顶部4裂，裂片外面被毛或无毛；花柱长5～7毫米，柱头2，裂片线形。蒴果椭圆形，长约3毫米，直径约2毫米，被毛，成熟时从顶部纵裂至基部，隔膜不脱落或1个分果爿的隔膜脱落；种子近椭圆形，两端钝，长约2毫米，直径约1毫米，干后浅褐色或黑褐色，无光泽，有小颗粒。花果期5—7月。

产地与地理分布：原产于南美洲。约1937年引进广东等地繁殖作军马饲料。本种生长快，现已逸为野生，多见于废墟和荒地上。

2. 丰花草

名称：**丰花草**［*Borreria stricta* (L.f.) G.Mey.］

中文异名：长叶鸭舌癀、波利亚草

鉴别特征：直立、纤细草本，高15～60厘米；茎单生，很少分枝，四棱柱形，粗糙，节间延长。叶近无柄，革质，线状长圆形，长2.5～5厘米，宽2.5～6毫米，顶端渐尖，基部渐狭，两面粗糙，干时边缘背卷，鲜时深绿色；侧脉极不明显；托叶近无毛，顶部有数条浅红色长于花序的刺毛。花多朵丛生成球状生于托叶鞘内，无梗；小苞片线形，透明，长于花萼；萼管长约1毫米，基部无毛，上部被毛，萼檐4裂，裂片线状披针形，顶端急尖；花冠近漏斗形，长2.5毫米，白色，顶端略红，冠管极狭，柔弱，长约1毫米，无毛，顶部4裂，裂片线状披针形，长1.5毫米，外面无毛，仅顶端有极疏短粗毛，里面被疏粗毛；花丝长1～1.5毫米，花药长圆形，花柱纤细，长2.5毫米，柱头扁球形，粗糙。蒴果长圆形或近倒卵形，长2毫米，直径1～1.5毫米，基部无毛，近顶部被毛，成熟时从顶部开裂至基部，隔膜脱落；种子狭长圆形，一端具小尖头，一端钝，长2.2～1.3毫米，直径0.5毫米，干后褐色，具光泽并具横纹。花果期10—12月。

丰花草

产地与地理分布：产于安徽、浙江、江西、台湾、广东、香港、海南、广西、四川、贵州、云南。生于低海拔的草地和草坡。分布于热带非洲和亚洲。

（二）耳草属

1. 耳草

名称：耳草（*Hedyotis auricularia* L.）

鉴别特征：多年生、近直立或平卧的粗壮草本，高30～100厘米；小枝被短硬毛，罕无毛，幼时近方柱形，老时呈圆柱形，通常节上生根。叶对生，近革质，披针形或椭圆形，长3～8厘米，宽1～2.5厘米，顶端短尖或渐尖，基部楔形或微下延，上面平滑或粗糙，下面常被粉末状短毛；侧脉每边4～6条，与中脉成锐角斜向上伸；叶柄长2～7毫米或更短；托叶膜质，被毛，合生成一短鞘，顶部5～7裂，裂片线形或刚毛状。聚伞花序腋生，密集成头状，无总花梗；苞片披针形，微小；花无梗或具长1毫米的花梗；萼管长约1毫米，通常被毛，萼檐裂片4，披针形，长1～1.2毫米，被毛；花冠白色，管长1～1.5毫米，外面无毛，里面仅喉部被毛，花冠裂片4，长1.5～2毫米，广展；雄蕊生于冠管喉部，花丝极短，花药突出，长圆形，比花丝稍短；花柱长1毫米，被毛，柱头2裂，裂片棒状，被毛。果球形，直径1.2～1.5毫米，疏被短硬毛或近无毛，成熟时不开裂，宿存萼檐裂片长0.5～1毫米；种子每室2～6粒，种皮干后黑色，有小窝孔。花期3—8月。

产地与地理分布：产于我国南部和西南部各省区；生于林缘和灌丛中，有时亦见于草地上，颇常见。分布于印度、斯里兰卡、尼泊尔、越南、缅甸、泰国、马来西亚、菲律宾和澳大利亚。

用途：【药用价值】全草入药，具清热、解毒、散瘀消肿的功效，主治感冒发热、咽喉痛、咳嗽、肠炎、痢疾、疮疖和蛇咬伤。

耳草

2. 伞房花耳草

名称：伞房花耳草［*Hedyotis corymbosa* (L.) Lam.］

鉴别特征：一年生柔弱披散草本，高10～40厘米；茎和枝方柱形，无毛或棱上疏被短柔毛，分枝多，直立或蔓生。叶对生，近无柄，膜质，线形，罕有狭披针形，长1～2厘米，宽1～3毫米，顶端短尖，基部楔形，干时边缘背卷，两面略粗糙或上面的中脉上有极稀疏短柔毛；中脉在上面下陷，在下面平坦或微凸；托叶膜质，鞘状，长1～1.5毫米，顶端有数条短刺。花序腋生，伞房花序式排列，有花2～4朵，罕有退化为单花，具纤细如丝、长5～10毫米的总花梗；苞片微小，钻形，长1～1.2毫米；花4数，有纤细、长2～5毫米的花梗；萼管球形，被极稀疏柔毛，基部稍狭，直径1～1.2毫米，萼檐裂片狭三角形，长约1毫米，具缘毛；花冠白色或粉红色，管形，长2.2～2.5毫米，喉部无毛，花冠裂片长圆形，短于冠管；雄蕊生于冠管内，花丝极短，花药内藏，长圆形，长0.6毫米，两端截平；花柱长1.3毫米，中部被疏毛，柱头2裂，裂片略阔，粗糙。蒴果膜质，球形，直径1.2～1.8毫米，有不明显纵棱数条，顶部平，宿存萼檐裂片长1～1.2毫米，成熟时顶部室背开裂；种子每室10粒以上，有棱，种皮平滑，干后深褐色。花果期几乎全年。

产地与地理分布：产于广东、广西、海南、福建、浙江、贵州和四川等地；多见于水田和田埂或湿润的草地上。分布于亚洲热带地区、非洲和美洲等地。

用途：【药用价值】全草入药，具清热解毒、利尿消肿、活血止痛的功效，主治恶性肿瘤、阑尾炎、肝炎、泌尿系统感染、支气管炎、扁桃体炎，外用治疮疖、痈肿和毒蛇咬伤。

伞房花耳草

3. 牛白藤

名称：牛白藤［*Hedyotis hedyotidea* (DC.) Merr.］

鉴别特征：藤状灌木，长3～5米，触之有粗糙感；嫩枝方柱形，被粉末状柔毛，老时圆柱形。叶对生，膜质，长卵形或卵形，长4～10厘米，宽2.5～4厘米，顶端短尖或短渐尖，基部楔形或钝，上面粗糙，下面被柔毛；侧脉每边4～5条，柔弱斜向上伸，在上面下陷，在下面微凸；叶柄长3～10毫米，上面有槽；托叶长4～6毫米，顶部截平，有4～6条刺状毛。花序腋生和顶生，由10～20朵花集聚而成一伞形花序；总花梗长2.5厘米或稍过之，被微柔毛；花4数，有长约2毫米的花梗；花萼被微柔毛，萼管陀螺形，长约1.5毫米，萼檐裂片线状披针形，长约2.5毫米，短尖，外反，在裂罅处常有2~3条不很明显的刺毛；花冠白色，管形，长10~15毫米，裂片披针形，长4~4.5毫米，外反，外面无毛，里面被疏长毛；雄蕊二型，内藏或伸出，在长柱花中内藏，在短柱花中突出；花丝基部具须毛，花药线形，基部2裂；柱头2裂，裂片长1毫米，被毛。蒴果近球形，长约3毫米，直径2毫米，宿存萼檐裂片外反，成熟时室间开裂为2个分果爿，分果爿腹部直裂，顶部高出萼檐裂片；种子数粒，微小，具棱。花期4—7月。

产地与地理分布：产于广东、广西、云南、贵州、福建和台湾等地区；生于低海拔至中海拔沟谷灌丛或丘陵坡地。国外分布于越南。

用途：【药用价值】根或全株入药，具清热解暑、祛风湿、续筋骨的功效，主治中暑、感冒咳嗽、吐泻、风湿关节痛、痔疮出血、疮疖痈肿、跌打损伤、骨折，外用于皮肤湿疹、瘙痒、缠腰火丹。

牛白藤

4. 长节耳草

名称：长节耳草（*Hedyotis uncinella* Hook. et Arn.）

中文异名：小钩耳草

鉴别特征：直立多年生草本，除花冠喉部和萼檐裂片外，全部无毛；茎通常单生，粗壮，四棱柱形；节间距离长。叶对生，纸质，具柄或近无柄，卵状长圆形或长圆状披针形，长3.5~7.5厘米，宽1~3厘米，顶端渐尖，基部渐狭或下延；侧脉每边4~5条，纤细，与中脉成锐角向上斜伸，小脉不明显；托叶三角形，长12毫米，基部合生，边缘有疏离长齿或深裂。花序顶生和腋生，密集成头状，直径12~15毫米，无总花梗；花4数，无花梗或具极短的梗；萼管近球形，长约3毫米，萼檐裂片长圆状披针形，长约3毫米，顶端钝，无毛或具小缘毛；花冠白色或紫色，长约5毫米，冠管长约3毫米，喉部被绒毛，花冠裂片长圆状披针形，比管短，顶端近短尖；雄蕊生于冠管喉部，花丝极短，花药内藏，线形，长约3毫米，两端截平；花柱长2毫米，柱头2裂；裂片近椭圆形，粗糙。蒴果阔卵形，长2毫米，直径1.8~2毫米，顶部平，宿存萼檐裂片长3毫米，成熟时开裂为2个分果爿，分果爿腹部直裂；种子数粒，具棱，浅褐色。花期4—6月。

产地与地理分布：产于广东、海南、湖南、贵州、台湾和香港等地；生于干旱旷地上，少见。国外分布于印度。

长节耳草

（三）龙船花属

龙船花

名称：龙船花（*Ixora chinensis* Lam.）

中文异名：卖子木、山丹

鉴别特征：灌木，高0.8～2米，无毛；小枝初时深褐色，有光泽，老时呈灰色，具线条。叶对生，有时由于节间距离极短几成4枚轮生，披针形、长圆状披针形至长圆状倒披针形，长6～13厘米，宽3～4厘米，顶端钝或圆形，基部短尖或圆形；中脉在上面扁平成略凹入，在下面凸起，侧脉每边7～8条，纤细，明显，近叶缘处彼此连结，横脉松散，明显；叶柄极短而粗或无；托叶长5～7毫米，基部阔，合生成鞘形，顶端长渐尖，渐尖部分成锥形，比鞘长。花序顶生，多花，具短总花梗；总花梗长5～15毫米，与分枝均呈红色，罕有被粉状柔毛，基部常有小型叶2枚承托；苞片和小苞片微小，生于花托基部的成对；花有花梗或无；萼管长1.5～2毫米，萼檐4裂，裂片极短，长0.8毫米，短尖或钝；花冠红色或红黄色，盛开时长2.5～3厘米，顶部4裂，裂片倒卵形或近圆形，扩展或外反，长5～7毫米，宽4～5毫米，顶端钝或圆形；花丝极短，花药长圆形，长约2毫米，基部2裂；花柱短伸出冠管外，柱头2，初时靠合，盛开时叉开，略下弯。果近球形，双生，中间有1沟，成熟时红黑色；种子长、宽4～4.5毫米，上面凸，下面凹。花期5—7月。

产地与地理分布：产于福建、广东、香港、广西。生于海拔200～800米山地灌丛中和疏林下，有时村落附近的山坡和旷野路旁亦有生长。分布于越南、菲律宾、马来西亚、印度尼西亚等热带地区。模式标本采自我国。

用途：【药用价值】根、茎入药，具清热凉血、活血止痛的功效，主治咳嗽、咯血、风湿关节痛、胃痛、妇女闭经、疮疡肿痛、跌打损伤。【观赏价值】株形美观，开花密集，花色丰富，花期长，观赏价值很高。

龙船花

（四）巴戟天属

鸡眼藤

名称：鸡眼藤（*Morinda parvifolia* Bartl. ex DC.）

中文异名：小叶羊角藤、细叶巴戟天、百眼藤、土藤、糠藤

鉴别特征：攀援、缠绕或平卧藤本；嫩枝密被短粗毛，老枝棕色或稍紫蓝色，具细棱。叶形多变，生旱阳裸地者叶为倒卵形，具大、小二型叶，生疏阴旱裸地者叶为线状倒披针形或近披针形，攀援于灌木者叶为倒卵状倒披针形、倒披针形、倒卵状长圆形，长2～5（7）厘米，宽0.3～3厘米，顶端急尖、渐尖或具小短尖，基部楔形，边全缘或具疏缘毛，上面初时被稍密粗毛，后变被疏粒状短粗毛（糙毛）或无毛，中脉通常被粒状短毛，下面初时被柔毛，后变无毛，中脉通常被短硬毛；侧脉在上面不明显，下面明显，每边3～4（6）条，脉腋有毛；叶柄长3～8毫米，被短粗毛；托叶筒状，干膜质，长2～4毫米，顶端截平，每侧常具刚毛状伸出物1-2，花序（2）3～9伞状排列于枝顶；花序梗长0.6～2.5厘米，被短细毛，基部常具钻形或线形总苞片1枚；头状花序近球形或稍呈圆锥状，罕呈柱状，直径5～8毫米，具花3～15（17）朵；花4-5基数，无花梗；花萼下部各花彼此合生，上部环状，顶截平，常具1-3针状或波状齿，有时无齿，背面常具毛状或钻状苞片1枚；花冠白色，长6～7毫米，管部长约2毫米，直径2～3毫米，略呈4-5棱形，棱处具裂缝，顶部稍收狭，内面无毛，檐部4～5裂，裂片长圆形，顶部向外隆出和向内钩状弯折，内面中部以下至喉部密被髯毛；雄蕊与花冠裂片同数，着生于裂片侧基部，花药长圆形，长1.5～2毫米，外露，花丝长1.8～3毫米；花柱外伸，柱头长圆形，二裂，外反，或无花柱，柱头圆锥状，二裂或不裂，直接着生于子房顶或其凹洞内，子房下部与花萼合生，2～4室，每室胚珠1颗；胚珠扁长圆形，着生子房隔侧基部。聚花核果近球形，直径6～10（15）毫米，熟时橙红至橘红色；核果具分核2～4；分核三棱形，外侧弯拱，具种子1颗。种子与分核同形，角质，无毛。花期4—6月，果期7—8月。

产地与地理分布：产于江西、福建、台湾、广东、香港、海南、广西等省（区）。生于平原路旁、沟边等灌丛中或平卧于裸地上；丘陵地的灌丛中或疏林下亦常见，但通常不分布至山地林内。分布于菲律宾和越南。

用途：【药用价值】全株入药，具清热利湿、化痰止咳等的功效。

鸡眼藤

（五）玉叶金花属

海南玉叶金花

名称：海南玉叶金花（*Mussaenda hainanensis* Merr.）

中文异名：加辽菜藤

鉴别特征：攀援灌木，小枝密被锈色或灰色柔毛。叶对生，纸质，长圆状椭圆形，稀为倒卵形，长3~8厘米，宽1.5~2.5厘米，顶端短渐尖，基部楔形，上面暗绿色，被疏散柔毛，下面密被柔毛，脉上被毛更密；侧脉7~8对，明显；叶柄长3~5毫米，被毛；托叶常2裂，裂片披针形，渐尖，长4毫米，被柔毛。聚伞花序顶生和生于上部叶腋，密被柔毛；苞片线状披针形，长3~6毫米；花梗短或无梗；花萼管椭圆形，长3~4毫米，密被柔毛，萼裂片线状披针形，被粗毛，比花萼管长2倍；花叶阔椭圆形，长约4厘米，宽3厘米，上面被柔毛，下面毛更密，有纵脉5~7条，横脉明显，顶端短尖，基部狭窄，柄长1.3厘米；花冠黄色，长1.8~2.2厘米，外面密被糙伏毛，喉部内面密被棒状毛；花冠裂片三角状卵形，长约3毫米，内面有密的黄色疣突。浆果椭圆形，长14毫米，直径9毫米，被粗毛，干时黑色，顶部有萼檐脱落后的环状疤痕，果柄长3~4毫米，被毛。花期3—6月，果期7—8月。

产地与地理分布：产于海南各地；常见于中等海拔的林地。模式标本采自海南保亭。

海南玉叶金花

（六）鸡矢藤属

白毛鸡矢藤

名称：白毛鸡矢藤（*Paederia pertomentosa* Merr. ex Li）

中文异名：广西鸡矢藤

　　鉴别特征：亚灌木或草质藤本，长约3.5米；茎、枝和叶下面密被短绒毛；茎圆柱形，直径2毫米，被毛，暗禾草色；小枝直径约1毫米；叶纸质，卵状椭圆形或长圆状椭圆形，长6～11厘米，宽2.5～5厘米，顶端渐尖，基部浑圆，不呈心形，有时稍下延，上面近榄绿色，有小疏柔毛，在中脉上稍密，下面密被稍短白色绒毛；侧脉两边8条；叶柄被小柔毛，长2～5厘米。花序腋生和顶生，长15～30厘米，密被稍短柔毛，着生于中轴上的花密集成团伞式，彼此相距1～3厘米，近轮生，有短梗；花5数，花冠裂片张开呈蔷薇状；萼管密被绒毛，萼檐裂片短三角形，短尖，内面无毛；冠管外面密被小柔毛，长5毫米，裂片卵形，长1～1.2毫米。成熟的果球形，直径4～5毫米，禾草色，有光泽；小坚果半球形，直径3～4毫米，边缘无翅，干后黑色。花期6—7月，果期10—11月。

　　产地与地理分布：产于江西、福建、湖南、广东、香港、广西。生于低海拔或石灰岩山地的矮林内。模式标本采自江西。

　　用途：【药用价值】根、叶或全株入药，根可用于治疗肺痨；叶用于消积食，祛风湿；全株可用于治疗痈疮肿毒、毒蛇咬伤。

白毛鸡矢藤

（七）九节属

九节

　　名称：九节 ［*Psychotria rubra* (Lour.) Poir.］

　　中文异名：山打大刀、大丹叶、暗山公、暗山香、山大颜、吹筒管、刀伤木、牛屎乌、青龙吐雾、九节木

　　鉴别特征：灌木或小乔木，高0.5～5米。叶对生，纸质或革质，长圆形、椭圆状长圆形或倒披针状长圆形，稀长圆状倒卵形，有时稍歪斜，长5～23.5厘米，宽2～9厘米，顶端渐尖、急渐尖或短尖而尖头常钝，基部楔形，全缘，鲜时稍光亮，干时常暗红色或在下面褐红色而上面淡绿色，中脉和侧脉在上面凹下，在下面凸起，脉腋内常有束毛，侧脉5～15对，弯拱向上，近叶缘处不明显联结；叶柄长0.7～5厘米，无毛或极稀有极短的柔毛；托叶膜质，短鞘状，顶部不裂，长6～8毫米，宽6～9毫米，脱落。聚伞花序通常顶生，无毛或极稀有极短的柔毛，多花，总花梗常

极短，近基部三分歧，常成伞房状或圆锥状，长2～10厘米，宽3～15厘米；花梗长1～2.5毫米；萼管杯状，长约2毫米，宽约2.5毫米，檐部扩大，近截平或不明显地5齿裂；花冠白色，冠管长2～3毫米，宽约2.5毫米，喉部被白色长柔毛，花冠裂片近三角形，长2～2.5毫米，宽约1.5毫米，开放时反折；雄蕊与花冠裂片互生，花药长圆形，伸出，花丝长1～2毫米；柱头2裂，伸出或内藏。核果球形或宽椭圆形，长5～8毫米，直径4～7毫米，有纵棱，红色；果柄长1.5～10毫米；小核背面凸起，具纵棱，腹面平而光滑。花果期全年。

产地与地理分布：产于浙江、福建、台湾、湖南、广东、香港、海南、广西、贵州、云南。生于平地、丘陵、山坡、山谷溪边的灌丛或林中，海拔20～1 500米。分布于日本、越南、老挝、柬埔寨、马来西亚、印度等地。

用途：【药用价值】嫩枝、叶和根入药，具清热解毒、消肿拔毒、祛风除湿的功效，主治扁桃体炎、白喉、疮疡肿毒、风湿疼痛、跌打损伤、感冒发热、咽喉肿痛、胃痛、痢疾、痔疮等。

九节

五十六、葫芦科

（一）丝瓜属

丝瓜

名称：丝瓜［*Luffa cylindrica* (L.) Roem.］

鉴别特征：一年生攀援藤本；茎、枝粗糙，有棱沟，被微柔毛。卷须稍粗壮，被短柔毛，通常2～4歧。叶柄粗糙，长10～12厘米，具不明显的沟，近无毛；叶片三角形或近圆形，长、宽约10～20厘米，通常掌状5～7裂，裂片三角形，中间的较长，长8～12厘米，顶端急尖或渐尖，边缘有锯齿，基部深心形，弯缺深2～3厘米，宽2～2.5厘米，上面深绿色，粗糙，有疣点，下面浅绿色，有短柔毛，脉掌状，具白色的短柔毛。雌雄同株。雄花：通常15～20朵花，生于总状花序上部，花序梗稍粗壮，长12～14厘米，被柔毛；花梗长1～2厘米，花萼筒宽钟形，直径0.5～0.9厘米，被短柔毛，裂片卵状披针形或近三角形，上端向外反折，长约0.8～1.3厘米，宽0.4～0.7厘米，里面密被短柔毛，边缘尤为明显，外面毛被较少，先端渐尖，具3脉；花冠黄色，辐状，开展时直径5～9厘米，裂片长圆形，长2～4厘米，宽2～2.8厘米，里面基部密被黄白色长柔毛，外面具3～5条凸起的脉，脉上密被短柔毛，顶端钝圆，基部狭窄；雄蕊通常5片，稀3片，花丝长6～8毫米，基部有白色短柔毛，花初开放时稍靠合，最后完全分离，药室多回折曲。雌花：单生，花梗长2～10厘米；子房长圆柱状，有柔毛，柱头3个，膨大。果实圆柱状，直或稍弯，长15～30厘米，直径5～8厘米，表面平滑，通常有深色纵条纹，未熟时肉质，成熟后干燥，里面呈网状纤维，由顶端盖裂。种子多数，黑色，卵形，扁，平滑，边缘狭翼状。花果期夏、秋季。

产地与地理分布：我国南、北各地普遍栽培。也广泛栽培于世界温带、热带地区。云南南部有野生，但果较短小。

用途：【经济价值】果成熟时里面的网状纤维称丝瓜络，可代替海绵用作洗刷灶具及家具。【食用价值】果为夏季蔬菜。【药用价值】果入药，具清凉、利尿、活血、通经、解毒的功效。

丝瓜

（二）栝楼属

长萼栝楼

名称：长萼栝楼（*Trichosanthes laceribractea* Hayata）

鉴别特征：攀援草本；茎具纵棱及槽，无毛或疏被短刚毛状刺毛。单叶互生，叶片纸质，形状变化较大，轮廓近圆形或阔卵形，长5～16（19）厘米，宽4～15（18）厘米，常3～7浅至深裂，裂片三角形、卵形或菱状倒卵形，先端渐尖，基部收缩，边缘具波状齿或再浅裂，最外侧裂片耳状，上表面深绿色，密被短刚毛状刺毛，后变为鳞片状白色糙点，背面淡绿色，沿各级脉被短刚毛状刺毛，掌状脉5～7条；叶柄长1.5～9厘米，具纵条纹，被短刚毛状刺毛，后为白色糙点。卷须2-3歧。花雌雄异株。雄花：总状花序腋生，总梗粗壮，长10～23厘米，被毛或疏被短刚毛，具纵棱及槽；小苞片阔卵形，内凹，长2.5～4厘米，宽近于长，先端长渐尖，边缘具长细裂片；花梗长5～6毫米；花萼筒狭线形，长约5厘米，顶端扩大，直径12～15毫米，基部及中部宽约2毫米，裂片卵形，长10～13毫米，宽约7毫米，直伸，先端渐尖，边缘具狭的锐尖齿；花冠白色，裂片倒卵形，长2～2.5厘米，宽12～15毫米，先端钝圆，基部楔形，边缘具纤细长流苏；花药柱长约12毫米，药隔被淡褐色柔毛。雌花单生，花梗长1.5～2厘米，被微柔毛，基部具1线状披针形的苞片，长约2厘米，边缘具齿裂；花萼筒圆柱状，长约4厘米，直径约5毫米，萼齿线形，长1～1.3厘米，全缘；花冠同雄花；子房卵形，长约1厘米，直径约7毫米，无毛。果实球形至卵状球形，直径5～8厘米，成熟时橙黄色至橙红色，平滑。种子长方形或长方状椭圆形，长10～14毫米，宽5～8毫米，厚4～5毫米，灰褐色，两端钝圆或平截。花期7—8月，果期9—10月。

产地与地理分布：产于台湾、江西、湖北、广西、广东和四川。生于海拔200～1 020米的山谷密林中或山坡路旁。

用途：【药用价值】根、果和种子入药，根具生津止渴、降火润燥的功效；果实具润肺、化痰、散结、滑肠的功效，可治痰热咳嗽、结胸、消渴、便秘；种子可治燥咳痰黏、肠燥便秘。

长萼栝楼

五十七、菊科

（一）藿香蓟属

藿香蓟

名称：**藿香蓟**（*Ageratum conyzoides* L.）

中文异名：胜红蓟、咸虾花、白花草、白毛苦、白花臭草、重阳草、脓泡草、绿升麻、臭炉草、水丁药鉴别特征：一年生草本，高50～100厘米，有时又不足10厘米。无明显主根。茎粗壮，基部径4毫米，或少有纤细的，而基部直径不足1毫米，不分枝或自基部或自中部以上分枝，或下基部平卧而节常生不定根。全部茎枝淡红色，或上部绿色，被白色尘状短柔毛或上部被稠密开展的长绒毛。叶对生，有时上部互生，常有腋生的不发育的叶芽。中部茎叶卵形或椭圆形或长圆形，长3～8厘米，宽2～5厘米；自中部叶向上向下及腋生小枝上的叶渐小或小，卵形或长圆形，有时植株全部叶小形，长仅1厘米，宽仅达0.6毫米。全部叶基部钝或宽楔形，基出三脉或不明显五出脉，顶端急尖，边缘圆锯齿，有长1～3厘米的叶柄，两面被白色稀疏的短柔毛且有黄色腺点，上面沿脉处及叶下面的毛稍多有时下面近无毛，上部叶的叶柄或腋生幼枝及腋生枝上的小叶的叶柄通常被白色稠密开展的长柔毛。头状花序4～18个在茎顶排成通常紧密的伞房状花序；花序直径1.5～3厘米，少有排成松散伞房花序式的。花梗长0.5～1.5厘米，被尘球短柔毛。总苞钟状或半球形，宽5毫米。总苞片2层，长圆形或披针状长圆形，长3～4毫米，外面无毛，边缘撕裂。花冠长1.5～2.5毫米，外面无毛或顶端有尘状微柔毛，檐部5裂，淡紫色。瘦果黑褐色，5棱，长1.2～1.7毫米，有白色稀疏细柔毛。冠毛膜片5或6个，长圆形，顶端急狭或渐狭成长或短芒状，或部分膜片顶端截形而无芒状渐尖；全部冠毛膜片长1.5～3毫米。花果期全年。

产地与地理分布：原产中南美洲。作为杂草已广泛分布于非洲全境、印度、印度尼西亚、老挝、柬埔寨、越南等地。由低海拔到2 800米的地区都有分布。我国广东、广西、云南、贵州、四川、江西、福建等地有栽培，也有归化野生分布的；生于山谷、山坡林下或林缘、河边或山坡草地、田边或荒地上。在浙江和河北只见栽培。

用途：【药用价值】全草入药，可治感冒发热、疔疮湿疹、外伤出血、烧烫伤等。

藿香蓟

（二）鬼针草属

1. 鬼针草

名称：鬼针草（*Bidens pilosa* L.）

中文异名：三叶鬼针草、虾钳草、蟹钳草、对叉草、粘人草、粘连子、一包针、引线包、豆渣草、豆渣菜、盲肠草

鉴别特征：一年生草本，茎直立，高30～100厘米，钝四棱形，无毛或上部被极稀疏的柔毛，基部直径可达6毫米。茎下部叶较小，3裂或不分裂，通常在开花前枯萎，中部叶具长1.5～5厘米无翅的柄，三出，小叶3枚，很少为具5（7）小叶的羽状复叶，两侧小叶椭圆形或卵状椭圆形，长2～4.5厘米，宽1.5～2.5厘米，先端锐尖，基部近圆形或阔楔形，有时偏斜，不对称，具短柄，边缘有锯齿、顶生小叶较大，长椭圆形或卵状长圆形，长3.5～7厘米，先端渐尖，基部渐狭或近圆形，具长1～2厘米的柄，边缘有锯齿，无毛或被极稀疏的短柔毛，上部叶小，3裂或不分裂，条状披针形。头状花序直径8～9毫米，有长1～6（果时长3～10）厘米的花序梗。总苞基部被短柔毛，苞片7～8枚，条状匙形，上部稍宽，开花时长3～4毫米，果时长至5毫米，草质，边缘疏被短柔毛或几无毛，外层托片披针形，果时长5～6毫米，干膜质，背面褐色，具黄色边缘，内层较狭，条状披针形。无舌状花，盘花筒状，长约4.5毫米，冠檐5齿裂。瘦果黑色，条形，略扁，具棱，长7～13毫米，宽约1毫米，上部具稀疏瘤状突起及刚毛，顶端芒刺3～4枚，长1.5～2.5毫米，具倒刺毛。

产地与地理分布：产于华东、华中、华南、西南各省区。生于村旁、路边及荒地中。广布于亚洲和美洲的热带和亚热带地区。

用途：【药用价值】全草入药，具清热解毒、散淤活血的功效，主治上呼吸道感染、咽喉肿痛、急性阑尾炎、急性黄疸型肝炎、胃肠炎、风湿关节疼痛、疟疾，外用治疮疖、毒蛇咬伤、跌打肿痛。

鬼针草

2. 白花鬼针草

名称：白花鬼针草（*Bidens pilosa* L. var. *radiata* Sch.-Bip.）

中文异名：金盏银盘

鉴别特征：一年生草本，茎直立，高30～100厘米，钝四棱形，无毛或上部被极稀疏的柔毛，基部直径可达6毫米。茎下部叶较小，3裂或不分裂，通常在开花前枯萎，中部叶具长1.5～5厘米无翅的柄，三出，小叶3枚，很少为具5（7）小叶的羽状复叶，两侧小叶椭圆形或卵状椭圆形，长2～4.5厘米，宽1.5～2.5厘米，先端锐尖，基部近圆形或阔楔形，有时偏斜，不对称，具短柄，边缘有锯齿、顶生小叶较大，长椭圆形或卵状长圆形，长3.5～7厘米，先端渐尖，基部渐狭或近圆形，具长1～2厘米的柄，边缘有锯齿，无毛或被极稀疏的短柔毛，上部叶小，3裂或不分裂，条状披针形。头状花序直径8～9毫米，有长1～6（果时长3～10）厘米的花序梗。总苞基部被短柔毛，苞片7～8枚，条状匙形，上部稍宽，开花时长3～4毫米，果时长至5毫米，草质，边缘疏被短柔毛或几无毛，外层托片披针形，果时长5～6毫米，干膜质，背面褐色，具黄色边缘，内层较狭，条状披针形。具舌状花5～7枚，舌片椭圆状倒卵形，白色，长5～8毫米，宽3.5～5毫米，先端钝或有缺刻。盘花筒状，长约4.5毫米，冠檐5齿裂。瘦果黑色，条形，略扁，具棱，长7～13毫米，宽约1毫米，上部具稀疏瘤状突起及刚毛，顶端芒刺3～4枚，长1.5～2.5毫米，具倒刺毛。

产地与地理分布：产于华东、华中、华南、西南各省（区）。生于村旁、路边及荒地中。广布于亚洲和美洲的热带和亚热带地区。

用途：【药用价值】全草入药，具清热解毒、散淤活血的功效，主治上呼吸道感染、咽喉肿痛、急性阑尾炎、急性黄疸型肝炎、胃肠炎、风湿关节疼痛、疟疾，外用治疮疖、毒蛇咬伤、跌打肿痛。

白花鬼针草

（三）蓟属

蓟

名称：蓟（*Cirsium japonicum* Fisch. ex DC.）

中文异名：山萝卜、大蓟、地萝卜

鉴别特征：多年生草本，块根纺锤状或萝卜状，直径达7毫米。茎直立，30（100）～80（150）厘米，分枝或不分枝，全部茎枝有条棱，被稠密或稀疏的多细胞长节毛，接头状花序下部灰白色，被稠密绒毛及多细胞节毛。基生叶较大，全形卵形、长倒卵形、椭圆形或长椭圆形，长8～20厘米，宽2.5～8厘米，羽状深裂或几全裂，基部渐狭成短或长翼柄，柄翼边缘有针刺及刺齿；侧裂片6～12对，中部侧裂片较大，向下及向下的侧裂片渐小，全部侧裂片排列稀疏或紧密，卵状披针形、半椭圆形、斜三角形、长三角形或三角状披针形，宽狭变化极大，或宽达3厘米，或狭至0.5厘米，边缘有稀疏大小不等小锯齿，或锯齿较大而使整个叶片呈现较为明显的二回状分裂状态，齿顶针刺长可达6毫米，短可至2毫米，齿缘针刺小而密或几无针刺；顶裂片披针形或长三角形。自基部向上的叶渐小，与基生叶同形并等样分裂，但无柄，基部扩大半抱茎。全部茎叶两面同色，绿色，两面沿脉有稀疏的多细胞长或短节毛或几无毛。头状花序直立，少有下垂的，少数生茎端而花序极短，不呈明显的花序式排列，少有头状花序单生茎端的。总苞钟状，直径3厘米。总苞片约6层，覆瓦状排列，向内层渐长，外层与中层卵状三角形至长三角形，长0.8～1.3厘米，宽3～3.5毫米，顶端长渐尖，有长1～2毫米的针刺；内层披针形或线状披针形，长1.5～2厘米，宽2～3毫米，顶端渐尖呈软针刺状。全部苞片外面有微糙毛并沿中肋有黏腺。瘦果压扁，偏斜楔状倒披针状，长4毫米，宽2.5毫米，顶端斜截形。小花红色或紫色，长2.1厘米，檐部长1.2厘米，不等5浅裂，细管部长9毫米。冠毛浅褐色，多层，基部联合成环，整体脱落；冠毛刚毛长羽毛状，长达2厘米，内层向顶端纺锤状扩大或渐细。花果期4—11月。

产地与地理分布：广布于河北、山东、陕西、江苏、浙江、江西、湖南、湖北、四川、贵州、云南、广西、广东、福建和台湾。日本、朝鲜有分布。生于山坡林中、林缘、灌丛中、草地、荒地、田间、路旁或溪旁，海拔400～2 100米。模式标本采自日本。

用途：【药用价值】全草或根入药，全草可治热性出血、叶治瘀血，外用治恶疮；根具凉血止血、祛瘀消肿的功效。

蓟

（四）白酒草属

1. 小蓬草

名称：小蓬草［*Conyza canadensis* (L.) Cronq.］

中文异名：加拿大蓬、飞蓬、小飞蓬

鉴别特征：一年生草本，根纺锤状，具纤维状根。

小蓬草

茎直立，高50～100厘米或更高，圆柱状，多少具棱，有条纹，被疏长硬毛，上部多分枝。叶密集，基部叶花期常枯萎，下部叶倒披针形，长6～10厘米，宽1～1.5厘米，顶端尖或渐尖，基部渐狭成柄，边缘具疏锯齿或全缘，中部和上部叶较小，线状披针形或线形，近无柄或无柄，全缘或少有具1～2个齿，两面或仅上面被疏短毛边缘常被上弯的硬缘毛。头状花序多数，小，直径3～4毫米，排列成顶生多分枝的大圆锥花序；花序梗细，长5～10毫米，总苞近圆柱状，长2.5～4毫米；总苞片2～3层，淡绿色，线状披针形或线形，顶端渐尖，外层约短于内层之半背面被疏毛，内层长3～3.5毫米，宽约0.3毫米，边缘干膜质，无毛；花托平，直径2～2.5毫米，具不明显的突起；雌花多数，舌状，白色，长2.5～3.5毫米，舌片小，稍超出花盘，线形，顶端具2个钝小齿；两性花淡黄色，花冠管状，长2.5～3毫米，上端具4或5个齿裂，管部上部被疏微毛；瘦果线状披针形，长1.2～1.5毫米，稍扁压，被贴微毛；冠毛污白色，1层，糙毛状，长2.5～3毫米。花期5—9月。

产地与地理分布：我国南北各省区均有分布。原产北美洲，现在各地广泛分布。常生长于旷野、荒地、田边和路旁，为一种常见的杂草。

用途：【经济价值】嫩茎、叶可作猪饲料。【药用价值】全草入药，具消炎止血、祛风湿的功效，主治血尿、水肿、肝炎、胆囊炎、小儿头疮等症。据国外文献记载，北美洲用作治痢疾、腹泻、创伤以及驱蠕虫；中部欧洲常用新鲜的植株作止血药，但其液汁和捣碎的叶有刺激皮肤的作用。

2. 苏门白酒草

名称：苏门白酒草［*Conyza sumatrensis* (Retz.) Walker］

鉴别特征：一年生或二年生草本，根纺锤状，直或弯，具纤维状根。茎粗壮，直立，高80～150厘米，基部直径4～6毫米，具条棱，绿色或下部红紫色，中部或中部以上有长分枝，被较密灰白色上弯糙短毛，杂有开展的疏柔毛。叶密集，基部叶花期凋落，下部叶倒披针形或披针形，长6～10厘米，宽1～3厘米，顶端尖或渐尖，基部渐狭成柄，边缘上部每边常有4～8个粗齿，基部全缘，中部和上部叶渐小，狭披针形或近线形，具齿或全缘，两面特别下面被密糙短毛。头状花序多数，直径5～8毫米，在茎枝端排列成大而长的圆锥花序；花序梗长3～5毫米；总苞卵状短圆柱状，长4毫米，宽3～4毫米，总苞片3层，灰绿色，线状披针形或线形，顶端渐尖，背面被糙短毛，外层稍短或短于内层之半，内层长约4毫米，边缘干膜质；花托稍平，具明显小窝孔，直径2~2.5毫米；雌花多层，长4~4.5毫米，管部细长，舌片淡黄色或淡紫色，极短细，丝状，顶端具2细裂；两性花6~11个，花冠淡黄色，长约4毫米，檐部狭漏斗形，上端具5齿裂，管部上部被疏微毛；瘦果线状披针形，长1.2~1.5毫米，扁压，被贴微毛；冠毛1层，初时白色，后变黄褐色。花期5—10月。

产地与地理分布：产于云南、贵州、广西、广东（包括海南）、江西、福建、台湾。原产南美洲，现在热带和亚热带地区广泛分布。常生于山坡草地、旷野、路旁，是一种常见的杂草。

用途：【药用价值】全草入药，具温肺止咳、祛风通络、温经止血的功效，可治寒痰壅滞所致的咳嗽、气喘、胸满胁痛等症；可治寒凝阻滞经络所致的肢体关节疼痛、麻木不仁、筋骨疼痛等症；可治妇女子宫出血、崩漏、出血量多、淋漓不尽、色淡质清、畏寒肢冷、小便清长、舌质淡、苔薄白、脉沉细等症。

苏门白酒草

（五）野茼蒿属

野茼蒿

名称：野茼蒿［*Crassocephalum crepidioides* (Benth.) S. Moore］

中文异名：草命菜

鉴别特征：直立草本，高20~120厘米，茎有纵条棱，无毛叶膜质，椭圆形或长圆状椭圆形，长7~12厘米，宽4~5厘米，顶端渐尖，基部楔形，边缘有不规则锯齿或重锯齿，或有时基部羽状裂，两面无或近无毛；叶柄长2~2.5厘米。头状花序数个在茎端排成伞房状，直径约3厘米，总苞钟状，长1~1.2厘米，基部截形，有数枚不等长的线形小苞片；总苞片1层，线状披针形，等长，宽约1.5毫米，具狭膜质边缘，顶端有簇状毛，小花全部管状，两性，花冠红褐色或橙红色，檐部5齿裂，花柱基部呈小球状，分枝，顶端尖，被乳头状毛。瘦果狭圆柱形，赤红色，有肋，被毛；冠毛极多数，白色，绢毛状，易脱落。花期7—12月。

产地与地理分布：产于江西、福建、湖南、湖北、广东、广西、贵州、云南、四川、西藏。

山坡路旁、水边、灌丛中常见，海拔300～1 800米。泰国、东南亚和非洲也有分布。是一种在泛热带广泛分布的一种杂草。

用途：【食用价值】嫩叶是一种味美的野菜。【药用价值】全草入药，具健脾、消肿的功效，主治消化不良、脾虚浮肿等症。

野茼蒿

（六）地胆草属

1. 地胆草

名称：地胆草（*Elephantopus scaber* L.）

中文异名：苦地胆、地胆头、磨地胆、鹿耳草

鉴别特征：根状茎平卧或斜升，具多数纤维状根；茎直立，高20～60厘米，基部直径2～4毫米，常多少二歧分枝，稍粗糙，密被白色贴生长硬毛；基部叶花期生存，莲座状，匙形或倒披针状匙形，长5～18厘米，宽2～4厘米，顶端圆钝，或具短尖，基部渐狭成宽短柄，边缘具圆齿状锯齿；茎叶少数而小，倒披针形或长圆状披针形，向上渐小，全部叶上面被疏长糙毛，下面密被长硬毛和腺点；头状花序多数，在茎或枝端束生的团球状的复头状花序，基部被3个叶状苞片所包围；苞片绿色，草质，宽卵形或长圆状卵形，长1～1.5厘米，宽0.8～1厘米，顶端渐尖，具明显凸起的脉，被长糙毛和腺点；总苞狭，长8～10毫米，宽约2毫米；总苞片绿色或上端紫红色，长圆状披针形，顶端渐尖而具刺尖，具1或3脉，被短糙毛和腺点，外层长4～5毫米，内层长约10

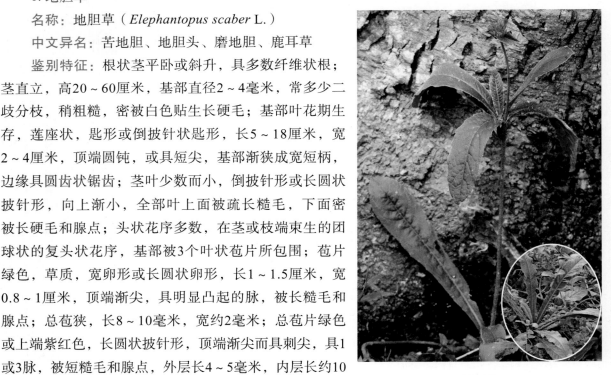

地胆草

毫米；花4个，淡紫色或粉红色，花冠长7~9毫米，管部长4~5毫米；瘦果长圆状线形，长约4毫米，顶端截形，基部缩小，具棱，被短柔毛；冠毛污白色，具5稀6条硬刚毛，长4~5毫米，基部宽扁。花期7—11月。

产地与地理分布：产于浙江、江西、福建、台湾、湖南、广东、广西、贵州及云南等省（区）。美洲、亚洲、非洲各热带地区广泛分布。常生于开旷山坡、路旁或山谷林缘。

用途：【药用价值】全草入药，具清热解毒、消肿利尿的功效，主治感冒、菌痢、胃肠炎、扁桃体炎、咽喉炎、肾炎水肿、结膜炎、疖肿等症。

2. 白花地胆草

名称：白花地胆草（*ELephantopus tomentosus* L.）

中文异名：牛舌草

鉴别特征：根状茎粗壮，斜升或平卧，具纤维状根；茎直立，高0.8~1米，或更高，基部3~6毫米，多分枝，具棱条，被白色开展的长柔毛，具腺点；叶散生于茎上，基部叶在花期常凋萎，下部叶长圆状倒卵形，长8~20厘米，宽3~5厘米，顶端尖，基部渐狭成具翅的柄，稍抱茎，上部叶椭圆形或长圆状椭圆形，长7~8厘米，宽1.5~2厘米，近无柄或具短柄，最上部叶极小，全部叶具有小尖的锯齿，稀近全缘，上面皱而具疣状突起，被疏或较密短柔毛，下面被密长柔毛和腺点；头状花序12~20个在茎枝顶端密集成团球状复头状花序，复头状花序基部有3个卵状心形的叶状苞片，具细长的花序梗，排成疏伞房状；总苞长圆形，长8~10毫米，宽1.5~2毫米；总苞片绿色，或有时顶端紫红色，外层4，披针状长圆形，长4~5毫米，顶端尖，具1脉，无毛或近无毛，内层4个，椭圆状长圆形，长7~8毫米，顶端急尖，具3脉，被疏贴短毛和腺点；花4个，花冠白色，漏斗状，长5~6毫米，管部细，裂片披针形，无毛；瘦果长圆状线

白花地胆草

形，长约3毫米，具10条肋，被短柔毛；冠毛污白色，具5条硬刚毛，长约4毫米，基部急宽成三角形。花期8月至翌年5月。

产地与地理分布：产于福建、台湾和广东沿海地区。在各热带地区有广泛分布。生于山坡旷野、路边或灌丛中。

用途：【药用价值】全草亦可药用，但功效不及地胆草。

（七）一点红属

一点红

名称：一点红［*Emilia sonchifolia* (L.) DC.］

中文异名：红背叶、羊蹄草、野木耳菜、花古帽、牛奶奶、红头草、叶下红、片红青、红背果、紫背叶

鉴别特征：一年生草本，根垂直。茎直立或斜升，高25～40厘米，稍弯，通常自基部分枝，灰绿色，无毛或被疏短毛。叶质较厚，下部叶密集，大头羽状分裂，长5～10厘米，宽2.5～6.5厘米，顶生裂片大，宽卵状三角形，顶端钝或近圆形，具不规则的齿，侧生裂片通常1对，长圆形或长圆状披针形，顶端钝或尖，具波状齿，上面深绿色，下面常变紫色，两面被短卷毛；中部茎叶疏生，较小，卵状披针形或长圆状披针形，无柄，基部箭状抱茎，顶端急尖，全缘或有不规则细齿；上部叶少数，线形。头状花序长8毫米，后伸长达14毫米，在开花前下垂，花后直立，通常2～5，在枝端排列成疏伞房状；花序梗细，长2.5～5厘米，无苞片，总苞圆柱形，长8～14毫米，宽5～8毫米，基部无小苞片；总苞片1层，8～9，长圆状线形或线形，黄绿色，约与小花等长，顶端渐尖，边缘窄膜质，背面无毛。小花粉红色或紫色，长约9毫米，管部细长，檐部渐扩大，具5深裂，瘦果圆柱形，长3～4毫米，具5棱，肋间被微毛；冠毛丰富，白色，细软。花果期7—10月。

一点红

产地与地理分布：产于云南（昆明、大姚、楚雄、广通、开远、峨山、玉溪、易门）、贵州（绥阳、兴义、安龙、册亨、赤水）、四川、湖北、湖南、江苏（宜兴）、浙江（杭州、宁波）、安徽（舒城、霍山、金寨及皖南山区）、广东（汕头、广州）、海南（儋州、安定、三亚、陵水、琼中）、福建、台湾。常生于山坡荒地、田埂、路旁，海拔800～2100米。北京栽培，逸生。亚洲热带、亚热带和非洲广布。模式标本采自斯里兰卡。

用途：【食用价值】本种常作野菜食用，以嫩梢嫩叶为主，可炒食、作汤或作火锅料，质地爽脆，类似茼蒿的口感。【药用价值】全草入药，具消炎、止痢的功效，主治腮腺炎、乳腺炎、小儿疳积、皮肤湿疹等症。【观赏价值】一年生草本，生命力强，适应性广，小花粉红色或紫色，观赏价值较高。

（八）菊芹属

1. 梁子菜

名称：梁子菜［*Erechtites hieracifolia* (L.) Raf. ex DC.］

中文异名：菊芹、饥荒草

鉴别特征：一年生草本，高40～100厘米，不分枝或上部多分枝，具条纹，被疏柔毛。叶无柄，具翅，基部渐狭或半抱茎，披针形至长圆形，长7～16厘米，宽3～4厘米，顶端急尖或短渐尖，边缘具不规则的粗齿，羽状脉，两面无毛或下面沿脉被短柔毛。头状花序较多数，长约15毫米，宽1.5～1.8毫米，在茎端排列成伞房状。总苞筒状，淡黄色至褐绿色，基部有数枚线形小苞片；总苞片1层，线形或线状披针形，长8～11毫米，宽0.5～1毫米，顶端尖或稍钝，边缘窄膜质，外面无毛或被疏生短刚毛。小花多数，全部管状，淡绿色或带红色；外围小花1～2层，雌性，花冠丝状，长7～11毫米，顶端4～5齿裂；中央小花两性，花冠细管状，长8～12毫米，顶端5齿裂。瘦果圆柱形，长2.5～3毫米，具明显的肋。冠毛丰富，白色，长7～8毫米。花果期6—10月。

产地与地理分布：产于云南（峨山、扬威、墨江）、贵州（赤水、普安、平坝、贵阳、雷公山、榕江）、四川、福建和台湾（台中）。生于山坡、林下、灌木丛中或湿地上，海拔1 000～1 400米。原产于北美南部墨西哥，在中国逸生。

用途：【食用价值】叶可作蔬菜。

梁子菜

2. 败酱叶菊芹

名称：败酱叶菊芹［*Erechtites valeianifolia* (Link ex Wolf) Less. ex DC.］

中文异名：飞机草

鉴别特征：一年生草本，茎直立，高50～100厘米，不分枝或上部多分枝，具纵条纹，近无毛。叶具长柄，长圆形至椭圆形，顶端尖或渐尖，基部斜楔形，边缘有不规则的重锯齿或羽状深裂；裂片6～8对，披针形，顶端渐尖，具锯齿至不规则裂片，或稀浅裂，叶脉羽状，两面无毛；

叶柄具狭下延的翅；上部叶与中部叶相似，但渐小，头状花序多数，直立或下垂，在茎端和上部叶腋排列成较密集的伞房状圆锥花序，长约10毫米，宽3毫米，具线形的小苞片。总苞圆柱状钟形；总苞片1层，12～14（16），线形，长7～8毫米，宽0.5～0.75毫米，顶端急尖或渐尖，具4～5脉，无毛或被疏微毛。小花多数，淡黄紫色；外围小花1～2层，花冠丝状，顶端5齿裂；中央小花细管状，长7～8毫米，稍长于和宽于外围的雌花，内层的小花细漏斗状，顶端5齿裂，顶端腺状加厚；花柱分枝顶端有锥状附片。瘦果圆柱形，长2.5～3.5毫米，具10～12条淡褐色的细肋，无毛或被微柔毛；冠毛多层，细，淡红色，约与小花等长。

产地与地理分布：原产于南美洲。在我国台湾（台北、桃源、新竹、南屿、台南、花莲）也有分布。生于田边、路旁，海拔1700米。

败酱叶菊芹

（九）泽兰属

1. 假臭草

名称：假臭草（*Eupatorium catarium* Veldkamp）

鉴别特征：一年生草本，全株被长柔毛，茎直立，高0.3～1米，多分枝。叶对生，卵圆形至菱形，具腺点；边缘齿状，先端急尖，基部圆楔形，具三脉；叶柄长0.3～2厘米。头状花序于茎、枝端，总苞钟形，小花25～30个，蓝紫色；花冠长3.5～4.8毫米。瘦果长2～3毫米，黑色，具白色冠毛。

产地与地理分布：分布于我国香港、广东南部、福建厦门、海南。生于荒地、荒坡、滩

假臭草

涂、林地、果园等。

2. 飞机草

名称：飞机草（*Eupatorium odoratum* L.）

鉴别特征：多年生草本，根茎粗壮，横走。茎直立，高1～3米，苍白色，有细条纹；分枝粗壮，常对生，水平射出，与主茎成直角，少有分披互生而与主茎成锐角的；全部茎枝被稠密黄色茸毛或短柔毛。叶对生，卵形、三角形或卵状三角形，长4～10厘米，宽1.5～5厘米，质地稍厚，有叶柄，柄长1～2厘米，上面绿色，下面色淡，两面粗涩，被长柔毛及红棕色腺点，下面及沿脉的毛和腺点稠密，基部平截或浅心形或宽楔形，顶端急尖，基出三脉，侧面纤细，在叶下面稍突起，边缘有稀疏的粗大而不规则的圆锯齿或全缘或仅一侧有锯齿或每侧各有一个粗大的圆齿或三浅裂状，花序下部的叶小，常全缘。头状花序多数或少数在茎顶或枝端排成伞房状或复伞房状花序，花序直径常3～6厘米，少有13厘米的。花序梗粗壮，密被稠密的短柔毛。总苞圆柱形，长1厘米，宽4～5毫米，约含20个小花；总苞片3～4层，覆瓦状排列，外层苞片卵形，长2毫米，外面被短柔毛，顶端钝，向内渐长，中层及内层苞片长圆形，长7～8毫米，顶端渐尖；全部苞

飞机草

片有3条宽中脉，麦秆黄色，无腺点。花白色或粉红色，花冠长5毫米。瘦果黑褐色，长4毫米，5棱，无腺点，沿棱有稀疏的白色贴紧的顺向短柔毛。花果期4—12月。

产地与地理分布：原产于美洲。第二次世界大战期间曾引入海南。花果期全年；种子和横走根茎都是其繁衍的工具，繁殖力极强，活动相当猖獗。是田间非常令人讨厌的杂草。除海南岛外，云南也有。往往能形成成片的飞机草群落。生于低海拔的丘陵地、灌丛中及稀树草原上。但多见于干燥地、森林破坏迹地、垦荒地、路旁、住宅及田间。

（十）菊三七属

山芥菊三七

名称：山芥菊三七（*Gynura barbareifolia* Gagnep）

鉴别特征：多年生草本，高30～80厘米，被黄褐色短柔毛；茎直立或基部稍弯，分枝或不分枝，具沟棱。叶疏生，稀向上密集，具柄；叶片大头羽裂，长4～12厘米，基部急狭成具裂片的叶柄，叶柄基部具耳；顶生裂片大，三角状卵形，长3～7厘米，宽2～5厘米，顶端渐尖或稍钝，基部截形或近心形，稀楔形，边缘有不规则的锐锯齿或小裂片，侧生裂片通常1～2对，对生或互生，卵状长圆形或长圆形，全缘或具疏齿，长5～10毫米，侧脉3～4对，弧状弯，网脉不明显，干时不变黑色，两面被黑褐色贴生短柔毛，背面和叶柄毛较密；叶耳形同侧裂片。头状花序通常1-3，在茎或枝端排成疏伞房状；花序梗长1～3厘米，被黄褐色短柔毛，有1～3个线形苞片；总苞钟状，长10～15毫米，宽8～12毫米，基部有数个外苞片；总苞片1层，约13个，线状长圆形，长9～12毫米，宽1～1.5毫米，顶端渐尖，边缘干膜质，背面被密或疏短毛，具不明显的3脉。小花黄色，花冠长11～14毫米，管部细，长9～11毫米，上部扩大，裂片5，卵形，顶端

山芥菊三七

渐尖带红色；花药基部钝；花柱分枝钻形，被乳头状毛。瘦果圆柱形，长1.5～2.7毫米，具9～10肋，肋间被微毛。花果期4月。

产地与地理分布：产于云南南部（蒙自）、海南（定安、琼中）。生于林中岩石中。越南北部也有分布。

（十一）假泽兰属

微甘菊

名称：微甘菊（*Mikania micrantha* H. B. K.）

鉴别特征：多年生草本植物或灌木状攀缘藤本，平滑至具多柔毛；茎圆柱状，有时管状，具棱；叶薄，淡绿色，卵心形或戟形，渐尖，茎生叶大多箭形或戟形，具深凹刻，近全缘至粗波状齿，或牙齿，长4.0～13.0厘米，宽2.0～9.0厘米。圆锥花序顶生或侧生，复花序聚伞状分枝；头状花序小，花冠白色，喉部钟状，具长小齿，弯曲；瘦果黑色，表面分散有粒状突起物；冠毛鲜时白色。

产地与地理分布：产于中国广东、香港、澳门和广西。分布于印度、孟加拉国、斯里兰卡、泰国、菲律宾、马来西亚、印度尼西亚、巴布亚新几内亚和太平洋诸岛屿、毛里求斯、澳大利亚、中南美洲各国、美国南部。

微甘菊

（十二）银胶菊属

银胶菊

名称：银胶菊（*Parthenium hysterophorus* L.）

鉴别特征：一年生草本。茎直立，高0.6～1米，基部直径约5毫米，多分枝，具条纹，被短柔毛，节间长2.5～5厘米。下部和中部叶二回羽状深裂，全形卵形或椭圆形，连叶柄长10～19厘米，宽6～11厘米，羽片3～4对，卵形，长3.5～7厘米，小羽片卵状或长圆状，常具齿，顶端略钝，上面被基部为疣状的疏糙毛，下面的毛较密而柔软；上部叶无柄，羽裂，裂片线状长圆形，全缘或具齿，或有时指状3裂，中裂片较大，通常长于侧裂片的3倍。头状花序多数，直径3～4毫米，在茎枝顶端排成开展的伞房花序，花序柄长3～8毫米，被粗毛；总苞宽钟形或近半球形，直径约5毫米，长约3毫米；总苞片2层，各5个，外层较硬，卵形，长2.2毫米，顶端叶质，背面被短柔毛，内层较薄，几近圆形，长宽近相等，顶端钝，下凹，边缘近膜质，透明，上部被短柔毛。舌状花1层，5个，白色，长约1.3毫米，舌片卵形或卵圆形，顶端2裂。管状花多数，长约2毫米，檐部4浅裂，裂片短尖或短渐尖，具乳头状突起；雄蕊4个。雌花瘦果倒卵形，基部渐尖，干时黑色、长约2.5毫米，被疏腺点。冠毛2，鳞片状，长圆形，长约0.5毫米，顶端截平或有时具细齿。花期4—10月。

产地与地理分布：产于广东东北部（大埔、梅县）和西南部（雷州半岛）、广西西部（隆林）、贵州西南部（兴义）及云南南部（河口）。是一种不常见的野草，生于旷地、路旁、河边及坡地上，海拔90～1 500米。美洲热带地区及越南北部也有分布。

银胶菊

（十三）苦苣菜属

1. 苣荬菜

名称：苣荬菜（*Sonchus arvensis* L.）

鉴别特征：多年生草本。根垂直直伸，多少有根状茎。茎直立，高30～150厘米，有细条纹，上部或顶部有伞房状花序分枝，花序分枝与花序梗被稠密的头状具柄的腺毛。基生叶多数，与中下部茎叶全形倒披针形或长椭圆形，羽状或倒向羽状深裂、半裂或浅裂，全长6～24厘米，高1.5～6厘米，侧裂片2～5对，偏斜半椭圆形、椭圆形、卵形、偏斜卵形、偏斜三角形、半圆形或耳状，顶裂片稍大，长卵形、椭圆形或长卵状椭圆形；全部叶裂片边缘有小锯齿或无锯齿而有小尖头；上部茎叶及接花序分枝下部的叶披针形或线钻形，小或极小；全部叶基部渐窄成长或短翼柄，但中部以上茎叶无柄，基部圆耳状扩大半抱茎，顶端急尖、短渐尖或钝，两面光滑无毛。头状花序在茎枝顶端排成伞房状花序。总苞钟状，长1～1.5厘米，宽0.8～1厘米，基部有稀疏或稍稠密的长或短绒毛。总苞片3层，外层披针形，长4～6毫米，宽1～1.5毫米，中内层披针形，长达1.5厘米，宽3毫米；全部总苞片顶端长渐尖，外

苣荬菜

面沿中脉有1行头状具柄的腺毛。舌状小花多数，黄色。瘦果稍压扁，长椭圆形，长3.7~4毫米，宽0.8~1毫米，每面有5条细肋，肋间有横皱纹。冠毛白色，长1.5厘米，柔软，彼此纠缠，基部连合成环。花果期1—9月。

产地与地理分布：分布陕西（沔县）、宁夏（银川）、新疆（乌鲁木齐、塔城）、福建（连城）、湖北（竹溪）、湖南（龙山）、广西（百色）、四川（南川、泸定、峨眉、成都）、云南（昆明）、贵州（平坝、望谟）、西藏（察隅、聂拉木）。生于山坡草地、林间草地、潮湿地或近水旁、村边或河边砾石滩，海拔300~2 300米。几遍全球分布。模式标本采自欧洲。

用途：【食用价值】本种可凉拌、做汤、蘸酱生食、炒食或做饺子包子馅，还可加工酸菜或制成消暑饮料，味道独特，苦中有甜，甜中有香。【药用价值】全草入药，具抑协日、清热、解毒、开胃的功效，主治协日热引起的口苦、发烧、胃痛、胸肋刺痛、食欲不振、巴达干包如病、胸口灼热、泛酸、作呕、胃腹不适。

2. 苦苣菜

名称：苦苣菜（*Sonchus oleraceus* L.）

中文异名：滇苦英菜

鉴别特征：一年生或二年生草本。根圆锥状，垂直直伸，有多数纤维状的须根。茎直立，单生，高40~150厘米，有纵条棱或条纹，不分枝或上部有短的伞房花序状或总状花序式分枝，全部茎枝光滑无毛，或上部花序分枝及花序梗被头状具柄的腺毛。基生叶羽状深裂，全形长椭圆形或倒披针形，或大头羽状深裂，全形倒披针形，或基生叶不裂，椭圆形、椭圆状戟形、三角形、或三角状戟形或圆形，全部基生叶基部渐狭成长或短翼柄；中下部茎叶羽状深裂或大头状羽状深裂，全形椭圆形或倒披针形，长3~12厘米，宽2~7厘米，基部急狭成翼柄，翼狭窄或宽大，向柄基且逐渐加宽，柄基圆耳状抱茎，顶裂片与侧裂片等大、较大或大，宽三角形、戟状宽三角形、卵状心形，侧生裂片1~5对，椭圆形，常下弯，全部裂片顶端急尖或渐尖，下部茎叶或接花序分枝下方的叶与中下部茎叶同型并等样分裂或不分裂而披针形或线状披针形，且顶端长渐尖，下部宽大，基部半抱茎；全部叶或裂片边缘及抱茎小耳边缘有大小不等的急尖锯齿或大锯齿或上部及接花序分枝处的叶，边缘大部全缘或上半部边缘全缘，顶端急尖或渐尖，两面光滑毛，质地薄。头状花序少数在茎枝顶端排紧密的伞房花序或总状花序或单生茎枝顶端。总苞宽钟状，长1.5厘米，宽1厘米；总苞片3~4层，覆瓦状排列，向内层渐长；外层长披针形或长三角形，长3~7毫米，宽1~3毫米，中内层长披针形至线状披针形，长8~11毫米，宽1~2毫米；全部总苞片顶端长急尖，外面无毛或外层或中内层上部沿中脉有少数头状具柄的腺毛。舌状小花多数，黄色。瘦果褐色，长椭圆形或长椭圆状倒披针形，长3毫米，宽不足1毫米，压扁，每面各有3条细脉，肋间有横皱纹，顶端狭，无喙，冠毛白色，长7毫米，单毛状，彼此纠缠。花果期5—12月。

产地与地理分布：分布于辽宁（锦州）、河北（内丘、张家口、阜平、邢台、涿鹿）、山西（太原、霍县、五台、浑源、交城、五寨）、陕西（西安、周至、榆林、眉县）、甘肃（天水、文县、榆中）、青海（柴达木）、新疆（乌鲁木齐、吐鲁、昭苏、塔城、新源）、山东（青岛）、江苏（盐城、南通）、安徽（舒城、休宁）、浙江（杭州、淳安）、江西（南昌、上犹）、福建（沙县）、台湾（台南）、河南（卢氏、桐柏、嵩县）、湖北（宜昌、恩施）、湖南（雪峰山）、广西（临桂）、四川（汶川、南川、美姑、万源、乾宁、城口、峨眉山）、云南（德钦、维西、大理）、贵州（罗甸）、西藏（察隅、波密、米林、隆子、林芝、拉萨）。生于山坡或山谷林缘、林下或平地田间、空旷处或近水处，海拔170～3 200米。几遍全球分布。

用途：【经济价值】茎叶柔嫩多汁，嫩茎叶含水量高达90%，无刺、无毛、稍有苦味，是一种良好的青绿饲料。【食用价值】本种为食用野菜，食法多样。【药用价值】全草入药，具祛湿、清热解毒的功效。

苦苣菜

（十四）金钮扣属

金钮扣

名称：金钮扣（*Spilanthes paniculata* Wall. ex DC.）

中文异名：红细水草、散血草、小铜锤、天文草、遍地红、黄花草、过海龙

鉴别特征：一年生草本。茎直立或斜升，高15～70（80）厘米，多分枝，带紫红色，有明显的纵条纹，被短柔毛或近无毛。节间长（1）2～6厘米；叶卵形，宽卵圆形或椭圆形，长3～5厘米，宽0.6～2（2.5）厘米，顶端短尖或稍钝，基部宽楔形至圆形，全缘，波状或具波状钝锯齿，侧脉细，2～3对，在下面稍明显，两面无毛或近无毛，叶柄长3～15毫米，被短毛或近无毛。头状花序单生，或圆锥状排列，卵圆形，

金钮扣

直径7～8毫米，有或无舌状花；花序梗较短，长2.5～6厘米，少有更长，顶端有疏短毛；总苞片约8个，2层，绿色，卵形或卵状长圆形，顶端钝或稍尖，长2.5～3.5毫米，无毛或边缘有缘毛；花托锥形，长3～5（6）毫米，托片膜质，倒卵形；花黄色，雌花舌状，舌片宽卵形或近圆形，长1～1.5毫米，顶端3浅裂；两性花花冠管状，长约2毫米，有4～5个裂片；瘦果长圆形，稍扁压，长1.5～2毫米，暗褐色，基部缩小，有白色的软骨质边缘，上端稍厚，有疣状腺体及疏微毛，边缘（有时一侧）有缘毛，顶端有1～2个不等长的细芒。花果期4月—11月。

产地与地理分布：产于云南（西部、西南、南至东南部）、广东、海南、广西（防城）及台湾。常生于田边、沟边、溪旁潮湿地、荒地、路旁及林缘，海拔800～1 900米。印度、锡金、尼泊尔、缅甸、泰国、越南、老挝、柬埔寨、印度尼西亚、马来西亚、日本也有分布。

用途：【药用价值】全草入药，具解毒、消炎、消肿、祛风除湿、止痛、止咳定喘等功效，主治感冒、肺结核、百日咳、哮喘、毒蛇咬伤、疮痈肿毒、跌打损伤及风湿关节炎等症，但有小毒，用时应注意。

（十五）金腰箭属

金腰箭

名称：金腰箭［*Synedrella nodiflora* (L.) Gaertn.］

鉴别特征：一年生草本。茎直立，高0.5～1米，基部直径约5毫米，二歧分枝，被贴生的粗毛或后脱毛，节间长6～22厘米，通常长约10厘米。下部和上部叶具柄，阔卵形至卵状披针形，连叶柄长7～12厘米，宽3.5～6.5厘米，基部下延成2～5毫米宽的翅状宽柄，顶端短渐尖或有时钝，两面被贴生、基部为疣状的糙毛，在下面的毛较密，近基三出主脉，在上面明显，在下面稍凸起，有时两侧的1对基部外向分枝而似5主脉，中脉中上部常有1～4对细弱的侧脉，网脉明显或仅在下面一明显。头状花序直径4～5毫米，长约10毫米，无或有短花序梗，常2～6簇生于叶腋，或在顶端成扁球状，稀单生；小花黄色；总苞卵形或长圆形；苞片数个，外层总苞片绿色，叶状，卵状长圆形或披针形，长10～20毫米，背面被贴生的糙毛，顶端钝或稍尖，基部有时渐狭，内层总苞片干膜质，鳞片状，长圆形至线形，长4～8毫米，背面被疏糙毛或无毛。托片线形，长6～8毫米，宽0.5～1毫米。舌状花连管部长约10毫米，舌片椭圆形，顶端2浅裂；管状花向上渐扩大，长约10毫米，檐部4浅裂，裂片卵状或三角状渐尖。雌花瘦果倒卵状长圆形，扁平，深黑色，长约5毫米，宽约2.5毫米，边缘有增厚、污白色宽翅，翅缘各有6～8个长硬尖刺；冠毛2，挺直，刚刺状，长约2毫米，向基部粗厚，顶端锐尖；两性花瘦果倒锥形或倒卵状圆柱形，长4～5毫米，宽约1毫米，黑色，有纵棱，腹面压扁，两面有疣状突起，腹面突起粗密；冠毛2～5，叉开，刚刺状，等长或不等长，基部略粗肿，顶端锐尖。花期6—10月。

产地与地理分布：产于我国东南至西南部各省区，东起台湾，西至云南。生于旷野、耕地、路旁及住宅旁，繁殖力极强。原产于美洲，现广布于世界热带和亚热带地区。

用途：【药用价值】具清热透疹、解毒消肿的功效，主治感冒发热、癍疹、疮痈肿毒。

金腰箭

（十六）斑鸠菊属

夜香牛

名称：夜香牛［*Vernonia cinerea* (L.) Less.］

中文异名：寄色草、假咸虾花、消山虎、伤寒草、染色草、缩盖斑鸿菊、拐棍参

鉴别特征：一年生或多年生草本，高20～100厘米。根垂直，多少木质，分枝，具纤维状根。茎直立，通常上部分枝，或稀自基部分枝而呈铺散状，具条纹，被灰色贴生短柔毛，具腺。下部和中部叶具柄，菱状卵形，菱状长圆形或卵形，长3～6.5厘米，宽1.5～3厘米，顶端尖或稍钝，基部楔状狭成具翅的柄，边缘有具小尖的疏锯齿，或波状，侧脉3～4对，上面绿色，被疏短毛，下面特别沿脉被灰白色或淡黄色短柔毛，两面均有腺点；叶柄长10～20毫米；上部叶渐尖，狭长圆状披针形或线形，具短柄或近无柄；头状花序多数，或稀少数，直径6～8毫米，具19～23个花，在茎枝端排列成伞房状圆锥花序；花序梗细长5～15毫米，具线形小苞片或无苞片，被密短柔毛；总苞钟状，长4～5毫米，宽6～8毫米；总苞片4层，绿色或有时变紫色，背面被短柔毛和腺，外层线形，长1.5～2毫米，顶端渐尖，中层线形，内层线状披针形，顶端刺状尖，具1条脉或有时上部具多少明显3脉；花托平，具边缘具细齿的窝孔；花淡红紫色，花冠管状，长5～6毫米，被疏短微毛，具腺，上部稍扩大，裂片线状披针形，顶端外面被短微毛及腺；瘦果圆柱形，长约2毫米，顶端截形，基部缩小，被密短毛和腺点；冠毛白色，2层，外层多数而短，内层近等长，糙毛状，长4～5毫米。花期全年。

产地与地理分布：广产于浙江、江西、福建、台湾、湖北、湖南、广东、广西、云南和四川等省区。印度至中南半岛、日本、印度尼西亚、非洲也有分布。为杂草，常见于山坡旷野、荒地、田边、路旁。

用途：【药用价值】全草入药，具疏风散热、拔毒消肿、安神镇静、消积化滞之功效，治感冒发热、神经衰弱、失眠、痢疾、跌打扭伤、蛇咬伤、乳腺炎、疮疖肿毒等症。

夜香牛

（十七）蟛蜞菊属

蟛蜞菊

名称：蟛蜞菊 ［ *Wedelia chinensis* (Osbeck.) Merr. ］

鉴别特征：多年生草本。茎匍匐，上部近直立，基部各节生出不定根，长15～50厘米，基部直径约2毫米，分枝，有阔沟纹，疏被贴生的短糙毛或下部脱毛。叶无柄，椭圆形、长圆形或线形，长3～7厘米，宽7～13毫米，基部狭，顶端短尖或钝，全缘或有1～3对疏粗齿，两面疏被贴生的短糙毛，中脉在上面明显或有时不明显，在下面稍凸起，侧脉1～2对，通常仅有下部离基发出的1对较明显，无网状脉。头状花序少数，直径15～20毫米，单生于枝顶或叶腋内；花序梗长3～10厘米，被贴生短粗毛；总苞钟形，宽约1厘米，长约12毫米；总苞2层，外层叶质，绿色，椭圆形，长10～12毫米，顶端钝或浑圆，背面疏被贴生短糙毛，

蟛蜞菊

内层较小，长圆形，长6~7毫米，顶端尖，上半部有缘毛；托片折叠成线形，长约6毫米，无毛，顶端渐尖，有时具3浅裂。舌状花1层，黄色，舌片卵状长圆形，长约8毫米，顶端2~3深裂，管部细短，长为舌片的1/5。管状花较多，黄色，长约5毫米，花冠近钟形，向上渐扩大，檐部5裂，裂片卵形，钝。瘦果倒卵形，长约4毫米，多疣状突起，顶端稍收缩，舌状花的瘦果具3边，边缘增厚。无冠毛，而有具细齿的冠毛环。花期3—9月。

产地与地理分布：广产于我国东北部（辽宁）、东部和南部各省区及其沿海岛屿。生于路旁、田边、沟边或湿润草地上。也分布于印度、中南半岛、印度尼西亚、菲律宾至日本。模式标本采自广东。

用途：【药用价值】全草入药，具清热解毒、凉血散淤，主治感冒发热、咽喉炎、扁桃体炎、腮腺炎、白喉、百日咳、气管炎、肺炎、肺结核咯血、鼻衄、尿血、传染性肝炎、痢疾、痔疮、疔疮肿毒。

（十八）黄鹌菜属

黄鹌菜

名称：黄鹌菜（*Youngia japonica*）

鉴别特征：一年生草本，高10~100厘米。根垂直直伸，生多数须根。茎直立，单生或少数茎成簇生，粗壮或细，顶端伞房花序状分枝或下部有长分枝，下部被稀疏的皱波状长或短毛。基生叶全形倒披针形、椭圆形、长椭圆形或宽线形，长2.5~13厘米，宽1~4.5厘米，大头羽状深裂或全裂，极少有不裂的，叶柄长1~7厘米，有狭或宽翼或无翼，顶裂片卵形、倒卵形或卵状披针形，顶端圆形或急尖，边缘有锯齿或几全缘，侧裂片3~7对，椭圆形，向下渐小，最下方的侧裂片耳状，全部侧裂片边缘有锯齿或细锯齿或边缘有小尖头，极少边缘全缘；无茎叶或极少有1(2)枚茎生叶，且与基生叶同形并等样分裂；全部叶及叶柄被皱波状长或短柔毛。头花序含10~20枚舌状小花，少数或多数在茎枝顶端排成伞房花序，花序梗细。总苞圆柱状，长4~5毫米，极少长3.5~4毫米；总苞片4层，外层及最外层极短，宽卵形或宽形，长宽不足0.6毫米，顶端急尖，内层及最内层长，长4~5毫米，极少长3.5~4毫米，宽1~1.3毫米，披针形，顶端急尖，边缘白色宽膜质，内面有贴伏的短糙毛；全部总苞片外面无毛。舌状小花黄色，花冠管外面有短柔毛。瘦果纺锤形，压扁，褐色或红褐色，长1.5~2毫米，向顶端有收缢，顶端无喙，有11~13条粗细不等的纵肋，肋上有小刺毛。冠毛长2.5~3.5毫米，糙毛状。花果期4—10月。

产地与地理分布：产于北京、陕西（洋县）、甘肃（西固）、山东（烟台）、江苏（宜兴）、安徽（歙县）、浙江（昌化、丽水、临海）、江西（萍乡、兴国）、福建（顺昌）、河南（商城）、湖北（宣恩、巴东）、湖南（新宁、龙山）、广东（翁源、乳源、信宜）、广西（百色）、四川（天全、峨眉、康定、泸定、石棉、攀枝花）、云南（大理、昆明）、西藏（聂拉木、林芝）等地。生于山坡、山谷及山沟林缘、林下、林间草地及潮湿地、河边沼泽地、田间与荒地上。日本、中南半岛、印度、菲律宾、马来半岛、朝鲜也有分布。模式标本采自日本。

用途：【食用价值】本种为一级无公害蔬菜。一方面，将食用部位洗净，以盐水浸一昼夜，除去苦味后，再行炒食或煮食，也可用沸水烫熟后，切段蘸调味料食用；另一方面，将花蕾连梗采下，切段腌制成泡菜，也可油炸后食用。

黄鹌菜

第二节 单子叶植物

一、露兜树科

露兜树属

露兜草

名称：**露兜草**（*Pandanus austrosinensis* T. L. Wu）

鉴别特征：多年生常绿草本。地下茎横卧，分枝，生有许多不定根，地上茎短，不分枝。叶近革质，带状，长达2米，宽约4厘米，先端渐尖成三棱形、具细齿的鞭状尾尖，基部折叠，边缘具向上的钩状锐刺，背面中脉隆起，疏生弯刺，除下部少数刺尖向下外，其余刺尖多向上，沿中脉两侧各有1条明显的纵向凹陷。花单性，雌雄异株；雄花序由若干穗状花序所组成，长达10厘米；雄花的雄蕊多为6枚，花丝下部联合成束，长约3.2毫米，着生在穗轴上，花丝上部离生，长约1毫米，伞状排列，花药线形，长约3毫米，基部着生，内向，2室，纵裂，背面中肋呈龙骨状凸起，有密集细刺，心皮多数，上端分离，下端与邻近的心皮彼此黏合；子房上位，1室，胚珠1颗，花柱短，柱头分叉或不分叉，角质，向上斜钩。聚花果椭圆状圆柱形或近圆球形，长约10厘米，直径约5厘米，由多达250余个核果组成，成熟核果的果皮变为纤维，核果倒圆锥状，5~6棱，宿存柱头刺状，向上斜钩。花期4—5月。

产地与地理分布：产于广东、海南、广西等省（区）。生于林中、溪边或路旁。

露兜草

二、禾本科

（一）地毯草属

地毯草

名称：地毯草 ［*Axonopus compressus* (Sw.) Beauv.］

鉴别特征：多年生草本。具长匍匐枝。秆压扁，高8～60厘米，节密生灰白色柔毛。叶鞘松弛，基部者互相跨复，压扁，呈脊，边缘质较薄，近鞘口处常疏生毛；叶舌长约0.5毫米；叶片扁平，质地柔薄，长5～10厘米，宽（2）6～12毫米，两面无毛或上面被柔毛，近基部边缘疏生纤毛。总状花序2～5枚，长4～8厘米，最长两枚成对而生，呈指状排列在主轴上；小穗长圆状披针形，长2.2～2.5毫米，疏生柔毛，单生；第一颖缺；第二颖与第一外稃等长或第二颖稍短；第一内稃缺；第二外稃革质，短于小穗，具细点状横皱纹，先端钝而疏生细毛，边缘稍厚，包着同质内稃；鳞片2，折叠，具细脉纹；花柱基分离，柱头羽状，白色。

产地与地理分布：原产于热带美洲，世界各热带、亚热带地区有引种栽培。产于我国台湾、广东、广西、云南。生于荒野、路旁较潮湿处。模式标本采自牙买加。

地毯草

用途：【经济价值】秆叶柔嫩，为优质牧草。【生态价值】根有固土作用，是一种良好的保土植物。

（二）酸模芒属

酸模芒

名称：酸模芒（*Centotheca lappacea*）

中文异名：假淡竹叶、山鸡谷

鉴别特征：多年生，具短根状茎。秆直立，高40～100厘米，具4～7节。叶鞘平滑，一侧边缘具纤毛；叶舌干膜质，长约1.5毫米；叶片长椭圆状披针形，长6～15厘米，宽1～2厘米，具横脉，上面疏生硬毛，顶端渐尖，基部渐窄，成短柄状或抱茎。圆锥花序长12～25厘米，分枝斜升或开展，微粗糙，基部主枝长达15厘米；小穗柄生微毛，长2～4毫米；小穗含2～3小花，长约5毫米；颖披针形，具3～5脉，脊粗糙，第一颖长2～2.5毫米，第二颖长3～3.5毫米；第一外稃长约4毫米，具7脉，顶端具小尖头，第二与第三外稃长3～3.5毫米，两侧边缘贴生硬毛，成熟后其毛伸展、反折或形成倒刺；内稃长约3毫米，狭窄，脊具纤毛；雄蕊2枚，花药长约1毫米。颖果椭圆形，长1～1.2毫米。胚长为果体的1/3。花果期6—10月。

产地与地理分布：产于台湾、福建、广东、海南、云南、广西、香港。生于林下、林缘和山谷蔽荫处。分布于印度、泰国、马来西亚和非洲、大洋洲。模式标本采自印度。

酸模芒

用途：【药用价值】全草入药，具清热除烦、利尿。

（三）弓果黍属

弓果黍

名称：弓果黍［*Cyrtococcum patens* (L.) A. Camus］

鉴别特征：一年生。秆较纤细，花枝高15～30厘米。叶鞘常短于节间，边缘及鞘口被疣基毛或仅见疣基，脉间亦散生疣基毛；叶舌膜质，长0.5～1毫米，顶端圆形，叶片线状披针形或披针形，长3～8厘米，宽3～10毫米，顶端长渐尖，基部稍收狭或近圆形，两面贴生短毛，老时渐脱落，边缘稍粗糙，近基部边缘具疣基纤毛。圆锥花序由上部秆顶抽出，长5～15厘米；分枝纤细，腋内无毛；小穗柄长于小穗；小穗长1.5～1.8毫米，被细毛或无毛，颖具3脉，第一颖卵形，长为小穗的1/2，顶端尖头；第二颖舟形，长约为小穗的2/3，顶端钝；第一外稃约与小穗等长，具5脉，顶端钝，边缘具纤毛；第二外稃长约1.5毫米，背部弓状隆起，顶端具鸡冠状小瘤体；第二内稃长椭圆形，包于外稃中；雄蕊3片，花药长0.8毫米。花果期9月至翌年2月。

产地与地理分布：产于江西、广东、广西、福建、台湾和云南等省（区）；生于丘陵杂木林或草地较阴湿处。模式标本采自印度。

弓果黍

（四）马唐属

1. 升马唐

名称：升马唐［*Digitaria ciliaris* (Retz.) Koel.］

鉴别特征：一年生。秆基部横卧地面，节处生根和分枝，高30～90厘米。叶鞘常短于其节间，多少具柔毛；叶舌长约2毫米；叶片线形或披针形，长5～20厘米，宽3～10毫米，上面散生柔毛，边缘稍厚，微粗糙。总状花序5～8枚，长5～12厘米，呈指状排列于茎顶；穗轴宽约1毫米，边缘粗糙；小穗披针形，长3～3.5毫米，孪生于穗轴之一侧；小穗柄微粗糙，顶端截平；第一颖小，三角形；第二颖披针形，长约为小穗的2/3，具3脉，脉间及边缘生柔毛；第一外稃等长于小穗，具7脉，脉平滑，中脉两侧的脉间较宽而无毛，其他脉间贴生柔毛，边缘具长柔毛；第二外稃椭圆状披针形，革质，黄绿色或带铅色，顶端渐尖；等长于小穗。花药长0.5～1毫米。花果期5—10月。

产地与地理分布：产于我国南北各省区；生于路旁、荒野、荒坡，是一种优良牧草，也是果园旱田中危害庄稼的主要杂草。广泛分布于世界的热带、亚热带地区。模式标本采自我国广东广州。

升马唐

2. 红尾翎

名称：红尾翎［*Digitaria radicosa* (Presl) Miq.］

中文异名：小马唐

鉴别特征：一年生。秆匍匐地面，下部节生根，直立部分高30～50厘米。叶鞘短于节间，无毛至密生或散生柔毛或疣基柔毛；叶舌长约1毫米；叶片较小，披针形，长2～6厘米，宽3～7毫米，下面及顶端微粗糙，无毛或贴生短毛，下部有少数疣柔毛。总状花序2～3（4）枚，长4～10厘米，着生于长1～2厘米的主轴上，穗轴具翼，无毛，边缘近平滑至微粗糙；小穗柄顶端截平，粗糙；小穗狭披针形，长2.8～3毫米，为其宽的4～5倍；顶端尖或渐尖；第一颖三角形，长约0.2毫米；第二颖长为小穗1/3～2/3，具1～3脉，长柄小穗的颖较长大，脉间与边缘生柔毛；第一外稃等长于小穗，具5～7脉，中脉与其两侧的脉间距离较宽，正面见有3脉，侧脉及边缘生柔毛；第二外稃黄色，厚纸质，有纵细条纹；花药3，长0.5～1毫米。花果期夏秋季。

产地与地理分布：产于台湾、福建、海南和云南；生于丘陵、路边、湿润草地上。分布于东半球热带，印度、缅甸、菲律宾、马来西亚、印度尼西亚至大洋洲均有分布。

用途：【经济价值】本种为优良牧草。

红尾翎

（五）穆属

牛筋草

名称：牛筋草［*Eleusine indica* (L.) Gaertn.］

中文异名：蟋蟀草

鉴别特征：一年生草本。根系极发达。秆丛生，基部倾斜，高10～90厘米。叶鞘两侧压扁而具脊，松弛，无毛或疏生疣毛；叶舌长约1毫米；叶片平展，线形，长10～15厘米，宽3～5毫米，无毛或上面被疣基柔毛。穗状花序2～7个指状着生于秆顶，很少单生，长3～10厘米，宽3～5毫米；小穗长4～7毫米，宽2～3毫米，含3～6小花；颖披针形，具脊，脊粗糙；第一颖长1.5～2毫米；第二颖长2～3毫米；第一外稃长3～4毫米，卵形，膜质，具脊，脊上有狭翼，内稃短于外稃，具2脊，脊上具狭翼。囊果卵形，长约1.5毫米，基部下凹，具明显的波状皱纹。鳞被2，折叠，具5脉。花果期6—10月。

产地与地理分布：产于我国南北各省区；多生于荒芜之地及道路旁。分布于全世界温带和热带地区。模式标本采自印度。

用途：【经济价值】根系极发达，秆叶强韧，全株可作饲料。【药用价值】全草煎水服，可防治乙型脑炎。【生态价值】本种为优良保土植物。

牛筋草

（六）牛鞭草属

扁穗牛鞭草

名称：扁穗牛鞭草［*Hemarthria compressa* (L. f.) R. Br.］

中文异名：牛鞭草、马铃骨、牛仔蔗、牛草、鞭草

鉴别特征：多年生草本，具横走的根茎；根茎具分枝，节上生不定根及鳞片。秆直立部分高20～40厘米，直径1～2毫米，质稍硬，鞘口及叶舌具纤毛；叶片线形，长可达10厘米，宽3～4毫米，两面无毛。总状花序长5～10毫米，直径约1.5毫米，略扁，光滑无毛。无柄小穗陷入总状花序轴凹穴中，长卵形，长4～5毫米；第一颖近革质，等长于小穗，背面扁平，具5～9脉，两侧具

脊，先端急尖或稍钝；第二颖纸质。略短于第一颖，完全与总状花序轴的凹穴愈合；第一小花仅存外稃；第二小花两性，外稃透明膜质，长约4毫米；内稃长约为外稃的2/3，顶端圆钝，无脉。有柄小穗披针形，等长或稍长于无柄小穗；第一颖草质，卵状披针形，先端尖或钝，两侧具脊；第二颖舟形，先端渐尖，完全与总状花序轴的凹穴愈合；第一小花中性，仅存膜质外稃，长约3.5毫米；第二小花两性，内外稃均为透明膜质；雄蕊3枚，花药长约2毫米。颖果长卵形，长约2毫米。花果期夏秋季。

产地与地理分布：产于广东、广西、云南；生于海拔2 000米以下的田边、路旁湿润处，为一种杂草。印度、中南半岛各国也有分布。模式标本采自印度。

用途：【经济价值】植株高大，叶量丰富，适口性好，是牛、羊、兔的优质饲料。

扁穗牛鞭草

（七）淡竹叶属

淡竹叶

名称：淡竹叶（*Lophatherum gracile*）

鉴别特征：多年生，具木质根头。须根中部膨大呈纺锤形小块根。秆直立，疏丛生，高40～80厘米，具5～6节。叶鞘平滑或外侧边缘具纤毛；叶舌质硬，长0.5～1毫米，褐色，背有糙毛；叶片披针形，长6～20厘米，宽1.5～2.5厘米，具横脉，有时被柔毛或疣基小刺毛，基部收窄成柄状。圆锥花序长12～25厘米，分枝斜升或开展，长5～10厘米；小穗线状披针形，长7～12毫米，宽1.5～2毫米，具极短柄；颖顶端钝，具5脉，边缘膜质，第一颖长3～4.5毫米，第二颖长4.5～5毫米；第一外稃长5～6.5毫米，宽约3毫米，具7脉，顶端具尖头，内稃较短，其后具长约3毫米的小穗轴；不育外稃向上渐狭小，互相密集包卷，顶端具长约1.5毫米的短芒；雄蕊2枚。颖果长椭圆形。花果期6—10月。

产地与地理分布：产于江苏、安徽、浙江、江西、福建、台湾、湖南、广东、广西、四川、云南。生于山坡、林地或林缘、道旁蔽荫处。印度、斯里兰卡、缅甸、马来西亚、印度尼西亚、新几内亚岛及日本均有分布。模式标本采自印度尼西亚。

用途：【药用价值】叶为清凉解热药，小块根亦可入药。

淡竹叶

（八）芒属

芒

名称：芒（*Miscanthus sinensis* Anderss.）

鉴别特征：多年生苇状草本。秆高1～2米，无毛或在花序以下疏生柔毛。叶鞘无毛，长于其节间；叶舌膜质，长1～3毫米，顶端及其后面具纤毛；叶片线形，长20～50厘米，宽6～10毫米，下面疏生柔毛及被白粉，边缘粗糙。圆锥花序直立，长15～40厘米，主轴无毛，延伸至花序的中部以下，节与分枝腋间具柔毛；分枝较粗硬，直立，不再分枝或基部分枝具第二次分枝，长10～30厘米；小枝节间三棱形，边缘微粗糙，短柄长2毫米，长柄长4～6毫米；小穗披针形，长4.5～5毫米，黄色有光泽，基盘具等长于小穗的白色或淡黄色的丝状毛；第一颖顶具3～4脉，边脉上部粗糙，顶端渐尖，背部无毛；第二颖常具1脉，粗糙，上部内折之边缘具纤毛；第一外稃长圆形，膜质，长约4毫米，边缘具纤毛；第二外稃明显短于第一外稃，先端2裂，裂片间具1芒，芒长9～10毫米，棕色，膝曲，芒柱稍扭曲，长约2毫米，第二内稃长约为其外稃

芒

的1/2；雄蕊3枚，花药长约2.2～2.5毫米，稃褐色，先雌蕊而成熟；柱头羽状，长约2毫米，紫褐色，从小穗中部之两侧伸出。颖果长圆形，暗紫色。花果期7—12月。

产地与地理分布：产于江苏、浙江、江西、湖南、福建、台湾、广东、海南、广西、四川、贵州、云南等省（区）；遍布于海拔1800米以下的山地、丘陵和荒坡原野，常组成优势群落。也分布于朝鲜、日本。模式标本采自广东。

用途：【经济价值】秆纤维用途较广，作造纸原料等；嫩茎叶为良好的牧草。

（九）露籽草属

露籽草

名称：露籽草［*Ottochloa nodosa* (Kunth) Dandy］

中文异名：奥图草

鉴别特征：多年生；蔓生草本。秆下部横卧地面并于节上生根，上部倾斜直立。叶鞘短于节间，边缘仅一侧具纤毛；叶舌膜质，长约0.3毫米；叶片披针形，质较薄，长4～11厘米，宽5～10毫米，顶端渐尖，基部圆形至近心形，两面近平滑，边缘稍粗糙。圆锥花序多少开展，长10～15厘米，分枝上举，纤细，疏离，互生或下部近轮生，分枝粗糙具棱，小穗有短柄，椭圆形，长2.8～3.2毫米；颖草质，第一颖长约为小穗的1/2，具5脉，第二颖长约为小穗的1/2～2/3，具5～7脉；第一外稃草质，约与小穗等长，有7脉，第一内稃缺；第二外稃骨质，与小穗近等长，平滑，顶端两侧压扁，呈极小的鸡冠状。花果期7—9月。

产地与地理分布：产于广东、广西、福建、台湾、云南等省区；多生于疏林下或林缘，海拔100～1 700米。印度、斯里兰卡、缅甸、马来西亚和菲律宾等地亦有分布。模式标本采自菲律宾。

露籽草

（十）黍属

1. 短叶黍

名称：短叶黍（*Panicum brevifolium* L.）

鉴别特征：一年生草本。秆基部常伏卧地面，节上生根，花枝高10～50厘米。叶鞘短于节间，松弛，被柔毛或边缘被纤毛；叶舌膜质，长约0.2毫米，顶端被纤毛；叶片卵形或卵状披针形，长2～6厘米，宽1～2厘米，顶端尖，基部心形，包秆，两面疏被粗毛，边缘粗糙或基部具疣基纤毛。圆锥花序卵形，开展，长5～15厘米，主轴直立，常被柔毛，通常在分枝和小穗柄的着生处下具黄色腺点；小穗椭圆形，长1.5～2毫米，具蜿蜒的长柄；颖背部被疏刺毛；第一颖近膜质，长圆状披针形，稍短于小穗，具3脉；第二颖薄纸质，较宽，与小穗等长，背部凸起，顶端喙尖，具5脉；第一外稃长圆形，与第二颖近等长，顶端喙尖，具5脉，有近等长且薄膜质的内稃；第二小花卵圆形，长约1.2毫米，顶端尖，具不明显的乳突。鳞被长约0.28毫米，宽约0.22毫米，薄而透明，局部折叠，具3脉。花果期5—12月。

产地与地理分布：产于福建、广东、广西、贵州、江西、云南等省（区）；多生于阴湿地和林缘。非洲和亚洲热带地区也有分布。模式标本采自印度。

短叶黍

2. 大黍

名称：大黍（*Panicum maximum* Jacq.）

中文异名：羊草

鉴别特征：多年生，簇生高大草本。根茎肥壮。秆直立，高1～3米，粗壮，光滑，节上密生柔毛。叶鞘疏生疣基毛；叶舌膜质，长约1.5毫米，顶端被长睫毛；叶片宽线形，硬，长20～60厘米，宽1～1.5厘米，上面近基部被疣基硬毛，边缘粗糙，顶端长渐尖，基部宽，向下收狭呈耳状或圆形。圆锥花序大而开展，长20～35厘米，分枝纤细，下部的轮生，腋内疏生柔毛；小穗长圆形，长约3毫米，顶端尖，无毛；第一颖卵圆形，长约为小穗的1/3，具3脉，侧脉不甚明显，顶端尖，第二颖椭圆形，与小穗等长，具5脉，顶端喙尖；第一外稃与第二颖同形、等长，具5脉，其内稃薄膜质，与外稃等长，具2脉，有3雄蕊，花丝极短，白色，花药暗褐色，长约2毫米；第二外稃长圆形，革质，长约2.5毫米，与其内稃表面均具横皱纹。鳞被长约0.3毫米，宽约0.38毫米，具3~5脉，局部增厚，肉质，折叠。花果期8—10月。

产地与地理分布：原产于非洲热带地区。我国广东、台湾等地有栽培作饲料，并有逸生。

用途：【经济价值】大黍在南亚热带四季常青，茎、叶软硬适用，牛、羊、马、鱼都喜食，尤以牛最喜食，冬季茎秆稍粗硬，适口性稍差。

大黍

（十一）雀稗属

1. 两耳草

名称：两耳草（*Paspalum conjugatum* Berg.）

鉴别特征：多年生。植株具长达1米的匍匐茎，秆直立部分高30~60厘米。叶鞘具脊，无毛或上部边缘及鞘口具柔毛；叶舌极短，与叶片交接处具长约1毫米的一圈纤毛；叶片披针状线形，长5~20厘米，宽5~10毫米，质薄，无毛或边缘具疣柔毛。总状花序2枚，纤细，长6~12厘米，开展；穗轴宽约0.8毫米，边缘有锯齿；小穗柄长约0.5毫米；小穗卵形，长1.5~1.8毫米，宽约1.2毫米，顶端稍尖，复瓦状排列成两行；第二颖与第一外稃质地较薄，无脉，第二颖边缘具长丝状柔毛，毛长与小穗近等。第二外稃变硬，背面略隆起，卵形，包卷同质的内稃。颖果长约1.2毫米，胚长为颖果的1/3。花果期5—9月。

产地与地理分布：产于台湾、云南、海南、广西；生于田野、林缘、潮湿草地上。全世界热带及温暖地区均有分布。模式标本自拉丁美洲苏里南。

用途：【经济价值】本种为有价值的牧草。

两耳草

2. 双穗雀稗

名称：双穗雀稗 [*Paspalum paspaloides* (Michx.) Scribn.]

鉴别特征：多年生。匍匐茎横走、粗壮，长达1米，向上直立部分高20～40厘米，节生柔毛。叶鞘短于节间，背部具脊，边缘或上部被柔毛；叶舌长2～3毫米，无毛；叶片披针形，长5～15厘米，宽3～7毫米，无毛。总状花序2枚对连，长2～6厘米；穗轴宽1.5～2毫米；小穗倒卵状长圆形，长约3毫米，顶端尖，疏生微柔毛；第一颖退化或微小；第二颖贴生柔毛，具明显的中脉；第一外稃具3～5脉，通常无毛，顶端尖；第二外稃草质，等长于小穗，黄绿色，顶端尖，被毛。花果期5—9月。

双穗雀稗

产地与地理分布：产于江苏、台湾、湖北、湖南、云南、广西、海南等省（区）；生于田边路旁。全世界热带、亚热带地区均有分布。

3. 雀稗

名称：雀稗 [*Paspalum thunbergii* Kunth ex Steud.]

鉴别特征：多年生。秆直立，丛生，高50～100厘米，节被长柔毛。叶鞘具脊，长于节间，被柔毛；叶舌膜质，长0.5～1.5毫米；叶片线形，长10～25厘米，宽5～8毫米，两面被柔毛。总状花序3～6枚，长5～10厘米，互生于长3～8厘米的主轴上，形成总状圆锥花序，分枝腋间具长柔毛；穗轴宽约1毫米；小穗柄长0.5～1毫米；小穗椭圆状倒卵形，长2.6～2.8毫米，宽约2.2毫米，散生微柔毛，顶端圆或微凸；第二颖与第一外稃相等，膜质，具3脉，边缘有明显微柔毛。第二外稃等长于小穗，革质，具光泽。花果期5—10月。

产地与地理分布：产于江苏、浙江、台湾、福建、江西、湖北、湖南、四川、贵州、云南、广西、广东等省（区）；生于荒野潮湿草地。日本、朝鲜均有分布。模式标本采自日本。

雀稗

（十二）红毛草属

红毛草

名称：红毛草［*Rhynchelytrum repens* (Willd.) Hubb.］

中文异名：红茅草

鉴别特征：多年生。根茎粗壮。秆直立，常分枝，高可达1米，节间常具疣毛，节具软毛。叶鞘松弛，大都短于节间，下部亦散生疣毛；叶舌为长约1毫米的柔毛组成；叶片线形，长可达20厘米，宽2～5毫米。圆锥花序开展，长10～15厘米，分枝纤细，长可达8厘米；小穗柄纤细弯曲，顶端稍膨大，疏生长柔毛；小穗长约5毫米，常被粉红色绢毛；第一颖小，长约为小穗的1/5，长圆形，具1脉，被短硬毛；第二颖和第一外稃同形同大具5脉，被疣基长绢毛，顶端微裂，裂片间生1短芒；第一内稃膜质，具2脊，脊上有睫毛；第二外稃近软骨质，平滑光亮；有3雄蕊，花药长约2毫米；花柱分离，柱头羽毛状；鳞被2，折叠，具5脉。花果期6—11月。

产地与地理分布：原产于南非；我国广东、台湾等省有引种，已归化。

红毛草

（十三）狗尾草属

棕叶狗尾草

名称：棕叶狗尾草 ［ *Setaria palmifolia* (Koen.) Stapf ］

中文异名：箬叶莩、棕茅、叶草、雏茅、棕叶草

鉴别特征：多年生。具根茎，须根较坚韧。秆直立或基部稍膝曲，高0.75~2米，直径3~7毫米，基部可达1厘米，具支柱根。叶鞘松弛，具密或疏疣毛，少数无毛，上部边缘具较密而长的疣基纤毛，毛易脱落，下部边缘薄纸质，无纤毛；叶舌长约1毫米，具长2~3毫米的纤毛；叶片纺锤状宽披针形，长20~59厘米，宽2~7厘米，先端渐尖，基部窄缩呈柄状，近基部边缘有长约5毫米的疣基毛，具纵深皱折，两面具疣毛或无毛。圆锥花序主轴延伸甚长，呈开展或稍狭窄的塔形，长20~60厘米，宽2~10厘米，主轴具棱角，分枝排列疏松，甚粗糙，长达30厘米；小穗卵状披针形，长2.5~4毫米，紧密或稀疏排列于小枝的一侧，部分小穗下托以1枚刚毛，刚毛长5~10（14）毫米或更短；第一颖三角状卵形，先端稍尖，长为小穗的1/3~1/2，具3~5脉；第二颖长为小穗的1/2~3/4或略短于小穗，先端尖，具5~7脉；第一小花雄性或中性，第一外稃与小穗等长或略长，先端渐尖，呈稍弯的小尖头，具5脉，内稃膜质，窄而短小，呈狭三角形，长为外稃的2/3；第二小花两性，第二外稃具不甚明显的横皱纹，等长或稍短于第一外稃，先端为小而硬的尖头，成熟小穗不易脱落。鳞被楔形微凹，基部沿脉色深；花柱基部联合。颖果卵状披针形、成熟时往往不带着颖片脱落，长2~3毫米，具不甚明显的横皱纹。叶上下表皮脉间中央3~4行为深波纹的、壁较薄的长细胞，两边2~3行为深波纹的、壁较厚的长细胞，偶有短细胞。花果期8—12月。

产地与地理分布：产于浙江、江西、福建、台湾、湖北、湖南、贵州、四川、云南、广东、广西、西藏等省（区）；生于山坡或谷地林下阴湿处。原产于非洲，广布于大洋洲、美洲和亚洲的热带和亚热带地区。

用途：【经济价值】本种为较好的牧草。【食用价值】颖果含丰富淀粉，可供食用；嫩笋可生食，亦可如竹笋般料理；嫩叶煮食。【药用价值】根入药，治脱肛、子宫脱垂。【生态价值】根系发达，繁茂而宽大的叶片，不仅能充分利用太阳光能，而且具有强大的固土保水能力，也是一种治理水土流失的优良草种。

棕叶狗尾草

（十四）钝叶草属

钝叶草

名称：钝叶草（*Stenotaphrum helferi* Munro ex Hook. f.）

鉴别特征：多年生草本。秆下部匍匐，于节处生根，向上抽出高10~40厘米的直立花枝。叶鞘松弛，通常长于节间，压扁而于背部具脊，常仅包节间下部，平滑无毛；叶舌极短，顶端有白色短纤毛；叶片带状，长5~17厘米，宽5~11毫米，顶端微钝，具短尖头，基部截平或近圆形，两面无毛，边缘粗糙。花序主轴扁平呈叶状，具翼，长10~15厘米，宽3~5毫米，边缘微粗糙；穗状花序嵌生于主轴的凹穴内，长7~18毫米，穗轴三棱形，边缘粗糙，顶端延伸于顶生小穗之上而成一小尖头；小穗互

钝叶草

生，卵状披针形，长4～4.5毫米，含2小花而仅第二小花结实；颖先端尖，脉间有小横脉，第一颖广卵形，长为小穗的1/2～2/3，具（3）5～7脉，第二颖约与小穗等长，具9～11脉；第一小花雄性；第一外稃与小穗等长，具7脉，内稃厚膜质，略短于外稃，具2脉；第二外稃革质，有被微毛的小尖头，边缘包卷内稃。花果期秋季。

产地与地理分布：产于广东、云南等省；多生于海拔约1 100米以下的湿润草地、林缘或疏林中。缅甸、马来西亚等亚洲热带地区也有分布。模式标本采自马来半岛。

用途：【经济价值】本种的秆叶肥厚柔嫩，为优良的牧草。【药用价值】全草入药，具催生助产、消诸骨鲠的功效。

（十五）粽叶芦属

粽叶芦

名称：粽叶芦（*Thysanolaena maxima*）

中文异名：莽草、粽叶草

鉴别特征：多年生，丛生草本。秆高2～3米，直立粗壮，具白色髓部，不分枝。叶鞘无毛；叶舌长1～2毫米，质硬，截平；叶片披针形，长20～50厘米，宽3～8厘米，具横脉，顶端渐尖，基部心形，具柄。圆锥花序大型，柔软，长达50厘米，分枝多，斜向上升，下部裸露，基部主枝长达30厘米；小穗长1.5～1.8毫米，小穗柄长约2毫米，具关节；颖片无脉，长为小穗的1/4；第一花仅具外稃，约等长于小穗；第二外稃卵形，厚纸质，背部圆，具3脉，顶端具小尖头；边缘被柔毛；内稃膜质，较短小；花药长约1毫米，褐色。颖果长圆形，长约0.5毫米。一年有两次花果期，春夏或秋季。

产地与地理分布：产于台湾、广东、广西、贵州。生于山坡、山谷或树林下和灌丛中。印度、中南半岛、印度尼西亚、新几内亚岛有分布。北美引种。模式标本采自印度。

用途：【经济价值】秆高大坚实，作篱笆或造纸；叶可裹粽；花序用作扫帚。

粽叶芦

三、莎草科

（一）莎草属

碎米莎草

名称：碎米莎草（*Cyperus iria* L.）

鉴别特征：一年生草本，无根状茎，具须根。秆丛生，细弱或稍粗壮，高8～85厘米，扁三棱形，基部具少数叶，叶短于秆，宽2～5毫米，平张或折合，叶鞘红棕色或棕紫色。叶状苞片3～5枚，下面的2～3枚常较花序长；长侧枝聚伞花序复出，很少为简单的，具4～9个辐射枝，辐射枝最长达12厘米，每个辐射枝具5～10个穗状花序，或有时更多些；穗状花序卵形或长圆状卵形，长1～4厘米，具5～22个小穗；小穗排列松散，斜展开，长圆形、披针形或线状披针形，压扁，长4～10毫米，宽约2毫米，具6～22花；小穗轴上近于无翅；鳞片排列疏松，膜质，宽倒卵形，顶端微缺，具极短的短尖，不突出于鳞片的顶端，背面具龙骨状突起，绿色，有3～5条脉，两侧呈黄色或麦秆黄色，上端具白色透明的边；雄蕊3片，花丝着生在环形的胼胝体上，花药短，椭圆形，药隔不突出于花药顶端；花柱短，柱头3个。小坚果倒卵形或椭圆形，三棱形，与鳞片等长，褐色，具密的微突起细点。花果期6—10月。

产地与地理分布：产于东北各省、河北、河南、山东、陕西、甘肃、新疆、江苏、浙江、安徽、江西、湖南、湖北、云南、四川、贵州、福建、广东、广西、台湾；分布极广，是一种常见的杂草，生长于田间、山坡、路旁阴湿处。分布于俄罗斯、朝鲜、日本、越南、印度、伊朗、澳大利亚、非洲北部以及美洲。

碎米莎草

（二）飘拂草属

两歧飘拂草

名称：两歧飘拂草［*Fimbristylis dichotoma* (L.) Vahl］

鉴别特征：秆丛生，高15～50厘米，无毛或被疏柔毛。叶线形，略短于秆或与秆等长，宽1～2.5毫米，被柔毛或无，顶端急尖或钝；鞘革质，上端近于截形，膜质部分较宽而呈浅棕色。苞片3～4枚，叶状，通常有1～2枚长于花序，无毛或被毛；长侧枝聚伞花序复出，少有简单，疏散或紧密；小穗单生于辐射枝顶端，卵形、椭圆形或长圆形，长4～12毫米，宽约2.5毫米，具多数花；鳞片卵形、长圆状卵形或长圆形，长2～2.5毫米，褐色，有光泽，脉3～5条，中脉顶端延伸成短尖；雄蕊1～2个，花丝较短；花柱扁平，长于雄蕊，上部有缘毛，柱头2。小坚果宽倒卵形，双凸状，长约1毫米，具7～9显著纵肋，网纹近似横长圆形，无疣状突起，具褐色的柄。花果期7—10月。

产地与地理分布：产于云南、四川、广东、广西、福建、台湾、贵州、江苏、江西、浙江、河北、山东、山西、东北各省等广大地区；生长于稻田或空旷草地上。分布于印度、中印半岛、澳洲、非洲等地。

两歧飘拂草

（三）水蜈蚣属

单穗水蜈蚣

名称：单穗水蜈蚣（*Kyllinga monocephala* Rottb.）

鉴别特征：多年生草本，具匍匐根状茎。秆散生或疏丛生，细弱，扁锐三棱形，基部不膨大。叶通常短于秆，宽2.5～4.5毫米，平张，柔弱，边缘具疏锯齿；叶鞘短，褐色，或具紫褐色斑点，最下面的叶鞘无叶片。苞片3～4枚，叶状，斜展，较花序长很多；穗状花序1个，少2～3个，圆卵形或球形，长5～9毫米，宽5～7毫米，具极多数小穗；小穗近于倒卵形或披针状长圆形，顶端渐尖，压扁，长2.5～3毫米，具1朵花；鳞片膜质，舟状，长同于小穗，苍白色或麦秆黄色，具锈色斑点，两侧各具3～4条脉，背面龙骨状突起具翅，翅的下部狭，从中部至顶端较宽，且延伸出鳞片，顶端呈稍外弯的短尖，翅边缘具缘毛状细刺；雄蕊3片；花柱长，柱头2个。小坚果长圆形或倒卵状长圆形，较扁，长约为鳞片的1/2，棕色，具密的细点，顶端具很短的短尖。花果期5—8月。

产地与地理分布：产于广东、广西、海南、云南；生长于坡林下、沟边、田边近水处、旷野潮湿处。也分布于喜马拉雅山区、印度、缅甸、泰国、越南、马来西亚、印度尼西亚、菲律宾、日本琉球群岛，澳洲以及美洲热带地区。

单穗水蜈蚣

（四）砖子苗属

砖子苗

名称：砖子苗（*Mariscus umbellatus* Vahl）

鉴别特征：根状茎短。秆疏丛生，高10～50厘米，锐三棱形，平滑，基部膨大，具稍多叶。叶短于秆或几与秆等长，宽3～6毫米，下部常折合，向上渐成平张，边缘不粗糙；叶鞘褐色或红棕色。叶状苞片5～8枚，通常长于花序，斜展；长侧枝聚伞花序简单，具6～12个或更多些辐射枝，辐射枝长短不等，有时短缩，最长达8厘米；穗状花序圆筒形或长圆形，长10～25毫米，宽6～10毫米，具多数密生的小穗；小穗平展或稍俯垂，线状披针形，长3～5毫米，宽约0.7毫米，具1～2个小坚果；小穗轴具宽翅，翅披针形，白色透明；鳞片膜质，长圆形，顶端钝，无短尖，长约3毫米，边缘常内卷，淡黄色或绿白色，背面具多数脉，中间3条脉明显，绿色；雄蕊3片，花药线形，药隔稍突出；花柱短，柱头3个，细长。小坚果狭长圆形，三棱形，长约为鳞片的2/3，初期麦秆黄色，表面具微突起细点。花果期4—10月。

产地与地理分布：产于陕西、湖北、湖南、江苏、浙江、安徽、江西、福建、台湾、广东、海南、广西、贵州、云南、四川（包括原西康东部）；生长于山坡阳处、路旁草地、溪边以及松林下，海拔200～3 200米。也分布于非洲、马尔加什、印度及其阿萨姆、尼泊尔、锡金、马来西亚、印度尼西亚、缅甸、越南、菲律宾、美国（夏威夷）、朝鲜、日本及其琉球群岛，澳洲和热带美洲以及喜马拉雅山区。

砖子苗

（五）珍珠茅属

华珍珠茅

名称：华珍珠茅（*Scleria chinensis* Kunth）

鉴别特征：根状茎木质，被紫色或紫褐色鳞片。秆疏丛生，粗壮，三棱形，高70～120厘米，直径约5毫米，无毛，稍粗糙。叶线形，向顶端渐狭或急尖，末端有时呈尾状，长15～35厘米，宽6～9毫米，纸质，无毛，稍粗糙；叶鞘纸质，长1～10厘米，无毛，在近秆基部的鞘褐色或紫褐色，无翅，鞘口具约3个大小不等的卵状披针形齿，在秆中部以上的鞘绿色，具1～3毫米宽的翅；叶舌为舌状，长4～12毫米，无毛，褐色或黄褐色，两侧与顶部有时呈紫色。圆锥花序由顶生和1～3个相距稍远的侧生枝圆锥花序组成；支圆锥花序长6～10厘米，宽2～6厘米，分枝斜立，稍密集，花序轴有时被疏柔毛；小苞片刚毛状，基部通常有耳，耳上具长硬毛；小穗通常2～4个聚生，很少单生，长约4毫米，褐色或紫色，大部为单性；雄小穗长圆状卵形，顶端截形；鳞片膜质，长3～4毫米，有时具缘毛，在下部的几片具龙骨状突起，顶端具芒或短尖，在上部的质较薄，色亦较浅；雌小穗通常生于分枝的基部，披针形，顶端渐尖；鳞片宽卵形或卵状披针形，具龙骨状突起，顶端亦具芒或短尖；雄花具3个雄蕊，花药线形，长2毫米，药隔突出部分长约为药的1/4；子房被短柔毛，柱头3个。小坚果近球形，略呈钝三棱形，直径2.5毫米，白色，表面具四至六角形网纹，横纹上被微硬毛；下位盘直径1.6～2毫米，3裂，裂片近半圆形，顶端钝圆，边缘反折，黄色，大都具密的锈色条纹。花果期12月至翌年4月。

产地与地理分布：产于广东、海南；生长在山沟、林中、旷野草地、山顶等，海拔350～850米。也分布于马来西亚、越南、澳洲热带地区。

华珍珠茅

四、天南星科

（一）海芋属

1. 尖尾芋

名称：尖尾芋（*Alocasia cucullata*）

中文异名：大麻芋、大附子、猪不拱、老虎掌芋、老虎芋、独足莲、观音莲、卜芥、假海芋、老虎耳、化骨丹、蛇芋、大虫芋、虎耳芋、狗神芋、姑婆芋、猪管豆

鉴别特征：直立草本。地上茎圆柱形，粗3～6厘米，黑褐色，具环形叶痕，通常由基部伸出许多短缩的芽条，发出新枝，成丛生状。叶柄绿色，长25～30（80）厘米，由中部至基部强烈扩大成宽鞘；叶片膜质至亚革质，深绿色，背稍淡，宽卵状心形，先端骤狭具凸尖，长10～16（40）厘米，宽7～18（28）厘米，基部圆形；中肋和I级侧脉均较粗，侧脉5～8对，其中下部2对由中肋基部出发，下倾，然后弧曲上升。花序柄圆柱形，稍粗壮，常单生，长20～30厘米。佛焰苞近肉质，管部长圆状卵形，淡绿至深绿色，长4～8厘米，粗2.5～5厘米；檐部狭舟状，边缘内卷，先端具狭长的凸尖，长5～10厘米，宽3～5厘米，外面上部淡黄色，下部淡绿色。肉穗花序比佛焰苞短，长约10厘米，雌花序长1.5～2.5厘米，圆柱形，基部斜截形，中部粗7毫米；不育雄花序长2～3厘米，粗约3毫米；能育雄花序近纺锤形，长3.5厘米，中部粗8毫米，苍黄色，黄色；附属器淡绿色、黄绿色，狭圆锥形，长约3.5厘米，下部粗6毫米。浆果近球形，直径6～8毫米，通常有种子1个。花期5月。

产地与地理分布：在浙江、福建、广西、广东、四川、贵州、云南等地星散分布，海拔2 000米以下，生于溪谷湿地或田边，有些地方栽培于庭院或药圃。孟加拉国、斯里兰卡、缅甸、泰国也有分布。模式标本采自广州。

尖尾芋

用途：【药用价值】全草入药，具清热解毒、消肿镇痛的功效，主治流感、高烧、肺结核、急性胃炎、胃溃疡、慢性胃病、肠伤寒，外用治毒蛇咬伤、蜂窝组织炎、疮疖、风湿等。【观赏价值】根茎肥大，风格独具，耐旱耐阴，生命力强，具有很高的观赏价值。

2. 海芋

名称：海芋（*Alocasia macrorrhiza*）

中文异名：羞天草、隔河仙、天荷、滴水芋、野芋、黑附子、麻芋头、野芋头、麻哈拉、大黑附子、天合芋、大麻芋、坡扣、天蒙、朴芋头、大虫楼、大虫芋、老虎芋、卜茹根、野芋头、野芋头、痕芋头、广东狼毒、野山芋、尖尾野芋头、狼毒、姑婆芋

鉴别特征：大型常绿草本植物，具匍匐根茎，有直立的地上茎，随植株的年龄和人类活动干扰的程度不同，茎高有不到10厘米的，也有高达3～5米的，粗10～30厘米，基部长出不定芽条。叶多数，叶柄绿色或污紫色，螺状排列，粗厚，长可达1.5米，基部连鞘宽5～10厘米，展开；叶片亚革质，草绿色，箭状卵形，边缘波状，长50～90厘米，宽40～90厘米，有的长宽都在1米以上，后裂片联合1/5～1/10，幼株叶片联合较多；前裂片三角状卵形，先端锐尖，长胜于宽，I级侧脉9～12对，下部的粗如手指，向上渐狭；后裂片多少圆形，弯缺锐尖，有时几达叶柄，后基脉互交成直角或不及90°的锐角。叶柄和中肋变黑色、褐色或白色。花序柄2～3枚丛生，圆柱形，长12～60厘米，通常绿色，有时污紫色。佛焰苞管部绿色，长3～5厘米，粗3～4厘米，卵形或短椭圆形；檐部蕾时绿色，花时黄绿色、绿白色，凋萎时变黄色、白色，舟状，长圆形，略下弯，先

端喙状，长10～30厘米，周围4～8厘米。肉穗花序芳香，雌花序白色，长2～4厘米，不育雄花序绿白色，长（2.5）5～6厘米，能育雄花序淡黄色，长3～7厘米；附属器淡绿色至乳黄色，圆锥状，长3～5.5厘米，粗1～2厘米，圆锥状，嵌以不规则的槽纹。浆果红色，卵状，长8～10毫米，粗5～8毫米，种子1～2个。花期四季，但在密阴的林下常不开花。

产地与地理分布：产于江西、福建、台湾、湖南、广东、广西、四川、贵州、云南等地的热带和亚热带地区，海拔1 700米以下，常成片生长于热带雨林林缘或河谷野芭蕉林下。国外自孟加拉国、印度东北部至马来半岛、中南半岛以及菲律宾、印度尼西亚都有分布。也有栽培的。

用途：【经济价值】根茎富含淀粉，可作工业上代用品，但不能食用。【药用价值】根茎入药，可治腹痛、霍乱、疝气、肺结核、风湿关节炎、气管炎、流感、伤寒、风湿性心脏病，外用治疗疮肿毒、蛇虫咬伤、烫火伤，以及调煤油外用治神经性皮炎。【生态价值】本种具有维持二氧化碳与氧气的平衡、改善小气候、减弱噪音、涵养水源、调节湿度、吸收粉尘、净化空气等功能。【观赏价值】株型美、叶形美、叶色美，具有较高的观赏价值。

海芋

（二）魔芋属

魔芋

名称：魔芋（*Amorphophallus rivieri* Durieu）

中文异名：蒟蒻、蒻头、鬼芋、花梗莲、虎掌、花伞把、蛇头根草、花秆莲、麻芋子、野魔芋、花秆南星、土南星、南星、天南星、花麻蛇

鉴别特征：块茎扁球形，直径7.5～25厘米，顶部中央多少下凹，暗红褐色；颈部周围生多数肉质根及纤维状须根。叶柄长45～150厘米，基部粗3～5厘米，黄绿色，光滑，有绿褐色或白色斑块；基部膜质鳞叶2～3片，披针形，内面的渐长大，长7.5～20厘米。叶片绿色，3裂，I次裂片具长50厘米的柄，二歧分裂，II次裂片二回羽状分裂或二回二歧分裂，小裂片互生，大小不等，基部的较小，向上渐大，长2～8厘米，长圆状椭圆形，骤狭渐尖，基部宽楔形，外侧下延成翅状；侧脉多数，纤细，平行，近边缘联结为集合脉。花序柄长50～70厘米，粗1.5～2厘米，色泽同叶柄。佛焰苞漏斗形，长20～30厘米，基部席卷，管部长6～8厘米，宽3～4厘米，苍绿色，杂以暗绿色斑块，边缘紫红色；檐部长15～20厘米，宽约15厘米，心状圆形，锐尖，边缘折波状，外面变绿色，内面深紫色。肉穗花序比佛焰苞长1倍，雌花序圆柱形，长约6厘米，粗3厘米，紫色；

雄花序紧接（有时杂以少数两性花），长8厘米，粗2~2.3厘米；附属器伸长的圆锥形，长20~25厘米，中空，明显具小薄片或具棱状长圆形的不育花遗垫，深紫色。花丝长1毫米，宽2毫米，花药长2毫米。子房长约2毫米，苍绿色或紫红色，2室，胚珠极短，无柄，花柱与子房近等长，柱头边缘3裂。浆果球形或扁球形，成熟时黄绿色。花期4—6月，果8—9月成熟。

产地与地理分布：自陕西、甘肃、宁夏至江南各省（区）都有，生于疏林下、林缘或溪谷两旁湿润地，或栽培于房前屋后、田边地角，有的地方与玉米混种。喜马拉雅山地至泰国、越南也有。

用途：【经济价值】本种干片

魔芋

含淀粉42.05%，淀粉的膨胀力可大至80~100倍，黏着力强，可用作浆纱、造纸、瓷器或建筑等的胶黏剂。【食用价值】块茎可加工成魔芋豆腐（又称褐腐）供食用。【药用价值】块茎入药，具解毒消肿、灸后健胃、消饱胀的功效，主治流火、疔疮、无名肿毒、瘰疬、眼镜蛇咬伤、烫火伤、间日疟、乳痈、腹中痞块、疔癀高烧、疝气等。

（三）芋属

1. 野芋

名称：野芋（*Colocasia antiquorum* Schott）

中文异名：野芋头、红芋、野山芋、红广菜

鉴别特征：湿生草本。块茎球形，有多数须根；匍匐茎常从块茎基部外伸，长或短，具小球茎。叶柄肥厚，直立，长可达1.2米；叶片薄革质，表面略发亮，盾状卵形，基部心形，长达50厘米以上；前裂片宽卵形，锐尖，长稍胜于宽，I级侧脉4~8对；后裂片卵形，钝，长约为前裂片的1/2，2/3~3/4甚至完全联合，基部弯缺为宽钝的三角形或圆形，基脉相交成30°~40°的锐角。花序柄比叶柄短许多。佛焰苞苍黄色，长15~25厘米；管部淡绿色，长圆形，为檐部长的1/2~1/5；檐部狭长的线状披针形，先端渐尖。肉穗花序短于佛焰苞；雌花序与不育雄花序等长，各长2~4厘米；能育雄花序和附属器各长4~8厘米。子房具极短的花柱。

产地与地理分布：产于江南各省，常生长于林下阴湿处，也有栽培的。

用途：【药用价值】块茎（有毒）入药，外用治无名肿毒、疥疮、吊脚癀（大腿根部脓肿）、痈肿疮毒、虫蛇咬伤、急性颈淋巴结炎。

野芋

2. 紫芋

名称：紫芋（*Colocasia tonoimo* Nakai）

中文异名：芋头花、广菜、东南菜、老虎广菜

鉴别特征：块茎粗厚，可食；侧生小球茎若干枚，倒卵形，多少具柄，表面生褐色须根，亦可食。叶1～5片，由块茎顶部抽出，高1～1.2米；叶柄圆柱形，向上渐细，紫褐色；叶片盾状，卵状箭形，深绿色，基部具弯缺，侧脉粗壮，边缘波状，长40～50厘米，宽25～30厘米。花序柄单1，外露部分长约12～15厘米，粗1厘米，先端污绿色，余与叶柄同色。佛焰苞管部长4.5～7.5厘米，粗2～2.7厘米，多少具纵棱，绿色或紫色，向上缢缩、变白色；檐部厚，席卷成角状，长19～20厘米，金黄色，基部前面张开，长约5厘米，粗1.5～2.5厘米。肉穗花序两性：基部雌花序长3～4.5厘米，粗1.2厘米，子房之间杂以棒状不育中性花，不育雄花序长1.5～2.2厘米，粗4～7毫米，花黄色、顶部带紫色；雄花序长3.5～5.7厘米，粗6～8毫米，雄花黄色；附属器角状，长2厘米，粗0.4厘米，具细槽纹。子房绿色，长约1毫米，多少侧向压扁，柱头脐状凸出，黄绿色，4～5浅裂，1室，侧膜胎座5，胚珠多数、2列，绿色或透明，半倒生或近直立，卵形，珠被2层，珠柄弯曲。雌花序中不育中性花黄色，棒状，截头，长3

紫芋

毫米，粗1毫米。雄花倒卵形，淡绿色，顶部截平，边缘具纵长的药室，顶孔开裂。花期7—9月。

产地与地理分布：各地栽培。日本也有分布，系引自我国。

用途：【食用价值】块茎、叶柄、花序均可作蔬菜。【药用价值】本种入药，具散结消肿、祛风解毒的功效，主治乳痈、无名肿毒、荨麻疹、疔疮、口疮、烧烫伤。【观赏价值】叶片巨大，主要作为水缘双叶植物。

（四）合果芋属

合果芋

名称：合果芋（*Syngonium podophyllum* Schott）

鉴别特征：为多年生蔓性常绿草本植物。茎节具气生根，攀附他物生长。叶片呈两型性，幼叶为单叶，箭形或戟形；老叶成5～9裂的掌状叶，中间一片叶大型，叶基裂片两侧常着生小型耳状叶片。初生叶色淡，老叶呈深绿色，且叶质加厚。佛焰苞浅绿或黄色。

产地与地理分布：中美、南美热带雨林中，世界各地均有人工种植。

用途：【观赏价值】株态优美，叶形多变，色彩清雅，观赏价值很高。

（五）犁头尖属

犁头尖

名称：犁头尖 [*Typhonium divaricatum* (L.) Decne.]

中文异名：茨菇七、百步还原、金半夏、野附子、芋头七、打麻刺、小独脚莲、狗半夏、充半夏、坡芋、小野芋、半夏、土半夏、生半夏、山半夏、野慈姑、三角青、犁头七、田间半夏、芋叶半夏、山茨姑、独角莲、耗子尾巴、鼠尾巴、白附子、地金莲

合果芋

鉴别特征：块茎近球形、头状或椭圆形，直径1～2厘米，褐色，具环节，节间有黄色根迹，颈部生长1～4厘米的黄白色纤维状须根，散生疣凸状芽眼。幼株叶1～2片，叶片深心形、卵状心形至戟形，长3～5厘米，宽2～4厘米，多年生植株有叶4～8枚，叶柄长20～24厘米，基部4厘米鞘状、莺尾式排列，淡绿色，上部圆柱形，绿色；叶片绿色，背淡，戟状三角形，前裂片卵形，长7～10厘米，宽7～9厘米；后裂片长卵形，外展，长6厘米，基部弯缺呈"开"形；中肋2面稍隆起，侧脉3～5对，最下1对基出，伸展为侧裂片的主脉，集合脉2圈。花序柄单1，从叶腋抽出，长9～11厘米，淡绿色，圆柱形，粗2毫米，直立。佛焰苞管部绿色，卵形，长1.6～3厘米，粗0.8～1.5厘米；檐部绿紫色，卷成长角状，长12～18厘米，下部粗6毫米，盛花时展开，后仰，卵状长披针形，宽4～5厘米，中部以上骤狭成带状下垂，先端旋曲，内面深紫色，外面绿紫色。肉穗花序无柄，雌花序圆锥形，长1.5～3毫米，粗3～4毫米；中性花序长1.7～4厘米，下部7～8毫

米长具花，连花粗4毫米，无花部分粗约1毫米，淡绿色；雄花序长4～9毫米，粗约4毫米，橙黄色；附属器深紫色，具强烈的粪臭，长10～13厘米，基部斜截形，明显具细柄，粗4毫米，向上渐狭成鼠尾状，近直立，下部1/3具疣皱，向上平滑。雄花近无柄，雄蕊2片，药室2，长圆状倒卵形，雌花子房卵形，黄色，柱头无柄，盘状具乳突，红色。中性花同型，线形，长约4毫米，上升或下弯，两头黄色，腰部红色。花期5—7月。

产地与地理分布：产于浙江、江西、福建、湖南、广东、广西、四川、云南，海拔1 200米以下，生于地边、田头、草坡、石隙中。印度、缅甸、越南、泰国至印度尼西亚（爪哇、苏拉威西岛）、帝汶岛，北至日本琉球群岛、九洲南部均有分布。

用途：【药用价值】块茎（有毒）入药，具解毒消肿、散结、止血的功效，主治毒蛇咬伤、痈疖肿毒、血管瘤、淋巴结核、跌打损伤、外伤出血。

犁头尖

五、鸭跖草科

（一）鸭跖草属

1. 饭包草

名称：饭包草（*Commelina bengalensis*）

中文异名：火柴头、竹叶菜、卵叶鸭跖草、圆叶鸭跖草

鉴别特征：多年生披散草本。茎大部分匍匐，节上生根，上部及分枝上部上升，长可达70厘米，被疏柔毛。叶有明显的叶柄；叶片卵形，长3～7厘米，宽1.5～3.5厘米，顶端钝或急尖，近无毛；叶鞘口沿有疏而长的睫毛。总苞片漏斗状，与叶对生，常数个集于枝顶，下部边缘合生，长8～12毫米，被疏毛，顶端短急尖或钝，柄极短；花序下面一枝具细长梗，具1～3朵不孕的花，伸出佛焰苞，上面一枝有花数朵，结实，不伸出佛焰苞；萼片膜质，披针形，长2毫米，无毛；花瓣蓝色，圆形，长3～5毫米；内面2枚具长爪。蒴果椭圆状，长4～6毫米，3室，腹面2室，每室具2颗种子，开裂，后面一室仅有1颗种子，或无种子，不裂。种子长近2毫米，多

饭包草

皱并有不规则网纹，黑色。花期夏秋。

产地与地理分布：产于山东（泰山）、河北（易县、邢台）、北京（房山）、河南（太行山）、陕西（山阳、略阳）、四川（泸定、绵阳、资阳）、云南（贡山、腾冲、福贡、鹤庆、丽江、西双版纳、蒙自）、广西（龙州、靖西、天峨、合浦、贵县、玉林、梧州、兴安）、海南（三亚、海口）、广东（罗浮山、和平）、湖南（保靖）、湖北（巴东、房县）、江西（遂川、上犹、黎川）、安徽（舒城、全椒）、江苏（淮安、高邮、扬州、镇江、南京）、浙江（杭州、镇海）、福建（无具体地点）和台湾。生于海拔2 300米以下的湿地。亚洲和非洲的热带、亚热带广布。模式标本采自孟加拉国。

用途：【药用价值】本种入药，具清热解毒、消肿利尿。

2. 鸭跖草

名称：鸭跖草（*Commelina communis* L.）

鉴别特征：一年生披散草本。茎匍匐生根，多分枝，长可达1米，下部无毛，上部被短毛。叶披针形至卵状披针形，长3～9厘米，宽1.5～2厘米。总苞片佛焰苞状，有1.5～4厘米的柄，与叶对生，折叠状，展开后为心形，顶端短急尖，基部心形，长1.2～2.5厘米，边缘常有硬毛；聚伞花序，下面一枝仅有花1朵，具长8毫米的梗，不孕；上面一枝具花3～4朵，具短梗，几乎不伸出佛焰苞。花梗花期长仅3毫米，果期弯曲，长不过6毫米；萼片膜质，长约5毫米，内面2枚常靠近或合生；花瓣深蓝色；内面2枚具爪，长近1厘米。蒴果椭圆形，长5～7毫米，2室，2片裂，有种子4颗。种子长2～3毫米，棕黄色，一端平截、腹面平，有不规则窝孔。

产地与地理分布：产于云南、四川、甘肃以东的南北各省区。常见，生于湿地。越南、朝鲜、日本、俄罗斯远东地区以及北美也有分布。模式标本采自北美。

用途：【药用价值】本种入药，具消肿利尿、清热解毒的功效，可治麦粒肿、咽炎、扁桃腺炎、宫颈糜烂、腹蛇咬伤。

鸭跖草

（二）水竹叶属

牛轭草

名称：牛轭草［*Murdannia loriformis* (Hassk.) Rolla Rao et Kammathy］

中文异名：鸡嘴草、水竹草

鉴别特征：多年生草本。根须状，直径0.5～1毫米，被长绒毛或否。主茎不发育，有莲座状叶丛，多条可育茎从叶丛中发出，披散或上升，下部节上生根，无毛，或一侧有短毛，仅个别植株密生细长硬毛，长15～50（100）厘米。主茎上的叶密集，成莲座状，禾叶状或剑形，长5～15（30）厘米，宽近1厘米，仅下部边缘有睫毛；可育茎上的叶较短，仅叶鞘上沿口部一侧有硬睫毛，仅个别植株在叶背面及叶鞘上到处密生细硬毛。蝎尾状聚伞花序单支顶生或有2～3支集成圆锥花序；总苞片下部的叶状而较小，上部的很小，长不过1厘米；聚伞花序有长至2.5厘米的总梗，有数朵非常密集的花，几乎集成头状；苞片早落，长约4毫米；花梗在果期长2.5～4毫米，稍弯曲；萼片草质，卵状椭圆形，浅舟状，长约3毫米；花瓣紫红色或蓝色，倒卵圆形，长5毫米；能育雄蕊2枚。蒴果卵圆状三棱形，长3～4毫米。种子黄棕色，具以胚盖为中心的辐射条纹，并具细网纹，无孔，亦无白色乳状突出。花果期5—10月。

牛轭草

产地与地理分布：产于西藏（墨脱）、云南东南部（建水）、重庆（北碚）、贵州（望谟）、安徽（潜山）、浙江（平阳、龙泉）、台湾、福建、（福州、建阳、长汀）、江西（南靖、大余、井冈山）、湖南（宜章）、广东（潮安、德庆、平远、连平、连山、温塘山、徐闻）、香港、海南、广西（横县、梧州、兴安、临桂、平南、金秀、宁明、桂平、罗城、隆安、玉林、天等、融水、东兴）。生于低海拔的山谷溪边林下、山坡草地。日本（琉球）、菲律宾、巴布亚新几内亚、印度尼西亚、越南、泰国、印度东部和斯里兰卡也有分布。模式标本采自印度东部。

六、百合科

（一）山菅属

山菅

名称：山菅 ［*Dianella ensifolia* (L.) DC.］

中文异名：山菅兰、山交剪、老鼠砒

鉴别特征：植株高可达1～2米；根状茎圆柱状，横走，粗5～8毫米。叶狭条状披针形，长30～80厘米，宽1～2.5厘米，基部稍收狭成鞘状，套叠或抱茎，边缘和背面中脉具锯齿。顶端圆锥花序长10～40厘米，分枝疏散；花常多朵生于侧枝上端；花梗长7～20毫米，常稍弯曲，苞片小；花被片条状披针形，长6～7毫米，绿白色、淡黄色至青紫色，5脉；花药条形，比花丝略长或近等长，花丝上部膨大。浆果近球形，深蓝色，直径约6毫米，具5～6颗种子。花果期3—8月。

产地与地理分布：产于云南（漾濞、泸水以南）、四川（南川一带）、重庆、贵州东南部（榕江）、广西、广东南部、海南、江西南部（大庾）、浙江沿海地区（乐清、杭州）、福建和台湾。生于海拔1700米以下的林下、山坡或草丛中。也分布于亚洲热带地区至非洲的马达加斯加岛。

用途：【药用价值】根状茎磨干粉，调醋外敷，可治痈疮脓肿、癣、淋巴结炎等。

山菅

（二）沿阶草属

间型沿阶草

名称：间型沿阶草（*Ophiopogon intermedius*）

鉴别特征：植株常丛生，有粗短、块状的根状茎。根细长，分枝多，常在近末端处膨大成椭圆形或纺锤形的小块根。茎很短。叶基生成丛，禾叶状，长15～55（70）厘米，宽2～8毫米，具5～9条脉，背面中脉明显隆起，边缘具细齿，基部常包以褐色膜质的鞘及其枯萎后撕裂成的纤维。花葶长20～50厘米，通常短于叶，有时等长于叶；总状花序长2.5～7厘米，具15～20余朵花；花常单生或2～3朵簇生于苞片腋内；苞片钻形或披针形，最下面的长可达2厘米，有的较短；花梗长4～6毫米，关节位于中部；花被片矩圆形，先端钝圆，长4～7毫米，白色或淡紫色；花丝极短；花药条状狭卵形，长3～4毫米；花柱细，长约3.5毫米。种子椭圆形。花期5—8月，果期8—10月。

产地与地理分布：产于西藏、云南、四川、贵州、陕西（秦岭以南）、河南、湖北、湖南、安徽、广西、广东和台湾。生于海拔1 000～3 000米的山谷、林下阴湿处或水沟边。也分布于锡金、不丹、尼泊尔、印度、孟加拉国、泰国、越南和斯里兰卡。

间型沿阶草

用途：【药用价值】块根入药，具清心除烦、润肺止咳、养胃生津的功效，主治热病心烦郁闷、燥扰不宁、燥邪伤肺、干咳、咽干、痰少而黏、胃阳不足之口渴欲饮。

（三）菝葜属

1. 菝葜

名称：菝葜（*Smilax china* L.）

中文异名：金刚兜

鉴别特征：攀援灌木；根状茎粗厚，坚硬，为不规则的块状，粗2～3厘米。茎长1～3米，少数可达5米，疏生刺。叶薄革质或坚纸质，干后通常红褐色或近古铜色，圆形、卵形或其他形状，长3～10厘米，宽1.5～6（10）厘米，下面通常淡绿色，较少苍白色；叶柄长5～15毫米，约占全长的1/2～2/3具宽0.5～1毫米（一侧）的鞘，几乎都有卷须，少有例外，脱落点位于靠近卷须处。伞形花序生于叶尚幼嫩的小枝上，具十几朵或更多的花，常呈球形；总花梗长1～2厘米；花序托稍膨大，近球形，较少稍延长，具小苞片；花绿黄色，外花被片长3.5～4.5毫米，宽1.5～2毫米，内花被片稍狭；雄花中花药比花丝稍宽，常弯曲；雌花与雄花大小相似，有6枚退化雄蕊。浆果直径6～15毫米，熟时红色，有粉霜。花期2—5月，果期9—11月。

产地与地理分布：产于山东（山东半岛）、江苏、浙江、福建、台湾、江西、安徽（南部）、河南、湖北、四川（中部至东部）、云南（南部）、贵州、湖南、广西和广东。生于海拔2000米以下的林下、灌丛中、路旁、河谷或山坡上。缅甸、越南、泰国、菲律宾也有分布。

用途：【经济价值】根状茎可以提取淀粉和栲胶，或用来酿酒。【药用价值】根茎入药，具祛风利湿、解毒消肿的功效，主治风湿痹痛、肌肉麻木、消渴、淋浊、带下、泄泻、痢疾、黄疸、痈肿疮毒、瘰疬、顽癣、癌瘤。

菝葜

2. 土茯苓

名称：土茯苓（*Smilax glabra*）

中文异名：光叶菝葜

鉴别特征：攀援灌木；根状茎粗厚，块状，常由匍匐茎相连接，粗2～5厘米。茎长1～4米，枝条光滑，无刺。叶薄革质，狭椭圆状披针形至狭卵状披针形，长6～12（15）厘米，宽1～4（7）厘米，先端渐尖，下面通常绿色，有时带苍白色；叶柄长5～15（20）毫米，约占全长的3/5，1/4具狭鞘，有卷须，脱落点位于近顶端。伞形花序通常具10余朵花；总花梗长1～5（8）毫米，通常明显短于叶柄，极少与叶柄近等长；在总花梗与叶柄之间有一芽；花序托膨大，连同多数宿存的小苞片多少呈莲座状，宽2～5毫米；花绿白色，六棱状球形，直径约3毫米；雄花外花被片近扁圆形，宽约2毫米，兜状，背面中央具纵槽；内花被片近圆形，宽约1毫米，边缘有不规则的齿；雄蕊靠合，与内花被片近等长，花丝极短；雌花外形与雄花相似，但内花被片边缘无齿，具3枚退化雄蕊。浆果直径7～10毫米，熟时紫黑色，具粉霜。花期7—11月，果期11月至翌年4月。

产地与地理分布：产于甘肃（南部）和长江流域以南各省区，直到台湾、海南岛和云南。生于海拔1 800米以下的林中、灌丛下、河岸或山谷中，也见于林缘与疏林中。越南、泰国和印度也有分布。

用途：【经济价值】根状茎富含淀粉，可用来制作糕点或酿酒。【药用价值】根状茎入药，具清利湿热解毒、健脾胃的功效。

土茯苓

七、薯蓣科

薯蓣属

1. 参薯

名称：参薯（*Dioscorea alata* L.）

中文异名：云饼山药、脚板薯

鉴别特征：缠绕草质藤本。野生的块茎多数为长圆柱形，栽培的变异大，有长圆柱形、圆锥形、球形、扁圆形而重叠，或有各种分枝，通常圆锥形或球形的块茎外皮为褐色或紫黑色，断面白色带紫色，其余的外皮为淡灰黄色，断面白色，有时带黄色。茎右旋，无毛，通常有4条狭翅，基部有时有刺。单叶，在茎下部的互生，中部以上的对生；叶片绿色或带紫红色，纸质，卵形至卵圆形，长6～15（20）厘米，宽4～13厘米，顶端短渐尖、尾尖或凸尖，基部心形、深心形至箭形，有时为戟形，两耳钝，两面无毛；叶柄绿色或带紫红色，长4～15厘米。叶腋内有大小不等的珠芽，珠芽为球形、卵形或倒卵形，有时扁平。雌雄异株。雄花序为穗状花序，长1.5～4厘米，通常2至数个簇生或单生于花序轴上排列呈圆锥花序，圆锥花序长可达数十厘米；花序轴明显地呈"之"字状曲折；雄花的外轮花被片为宽卵形，长1.5～2毫米，内轮倒卵形；雄蕊6片。雌花序为穗状花序，1～3个着生于叶腋；雌花的外轮花被片为宽卵形，内轮为倒卵状长圆形，较小而厚；退化雄蕊6片。蒴果不反折，三棱状扁圆形，有时为三棱状倒心形，长1.5～2.5厘米，宽2.5～4.5厘米；种子着生于每室中轴中部，四周有膜质翅。花期11月至翌年1月，果期12月至翌年1月。

产地与地理分布：根据 D. Prain et I. H. Burkill 的意见，本种可能原产于孟加拉湾的北部和东部，以后传布到东南亚、马来西亚、太平洋热带岛屿以至非洲和美洲。我国浙江、江西、福建、台湾、湖北、湖南、广东、广西、贵州、四川、云南、西藏等省（区）常有栽培。

用途：【食用价值】块茎作蔬菜食用。

参薯

2. 黄独

名称：黄独（*Dioscorea bulbifera* L.）

中文异名：黄药、山慈姑、零余子薯蓣、零余薯、黄药子、山慈姑

鉴别特征：缠绕草质藤本。块茎卵圆形或梨形，直径4～10厘米，通常单生，每年由上一年的块茎顶端抽出，很少分枝，外皮棕黑色，表面密生须根。茎左旋，浅绿色稍带红紫色，光滑无毛。叶腋内有紫棕色，球形或卵圆形珠芽，大小不一，最重者可达300克，表面有圆形斑点。单叶互生；叶片宽卵状心形或卵状心形，长15（26）厘米，宽2～14（26）厘米，顶端尾状渐尖，边缘全缘或微波状，两面无毛。雄花序穗状，下垂，常数个丛生于叶腋，有时分枝呈圆锥状；雄花单生，密集，基部有卵形苞片2枚；花被片披针形，新鲜时紫色；雄蕊6枚，着生于花被基部，花丝与花药近等长。雌花序与雄花序相似，常2至数个丛生叶腋，长20～50厘米；退化雄蕊6枚，长仅为花被片1/4。蒴果反折下垂，三棱状长圆形，长1.5～3厘米，宽0.5～1.5厘米，两端浑圆，成熟时草黄色，表面密被紫色小斑点，无毛；种子深褐色，扁卵形，通常两两着生于每室中轴顶部，种翅栗褐色，向种子基部延伸呈长圆形。花期7—10月，果期8—11月。

产地与地理分布：分布于河南南部、安徽南部、江苏南部、浙江、江西、福建、台湾、湖北、湖南、广东、广西、陕西南部、甘肃南部、四川、贵州、云南、西藏。本种适应性较大，既喜阴湿，又需阳光充足之地，以海拔几十米至2 000米的高山地区都能生长，多生于河谷边、山谷阴沟或杂木林边缘，有时房前屋后或路旁的树荫下也能生长。日本、朝鲜、印度、缅甸以及大洋洲、非洲都有分布。

用途：【药用价值】块茎入药，主治甲状腺肿大、淋巴结核、咽喉肿痛、吐血、咯血、百日咳，外用治疮疖。

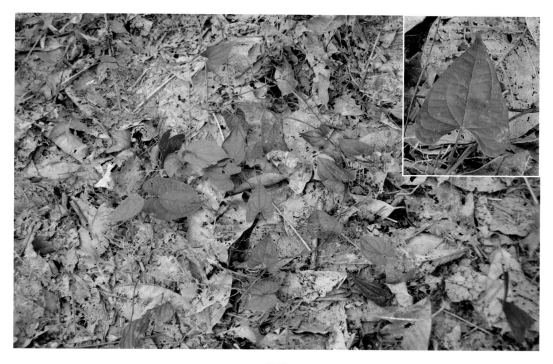

黄独

3. 山薯

名称：山薯（*Dioscorea fordii* Prain et Burkill）

鉴别特征：缠绕草质藤本。块茎长圆柱形，垂直生长，干时外皮棕褐色，不脱落，断面白色。茎无毛，右旋，基部有刺。单叶，在茎下部的互生，中部以上的对生；叶片纸质；宽披针形、长椭圆状卵形或椭圆状卵形，有时为卵形，长4～14（17）厘米，宽1.5～8（13）厘米，顶端渐尖或尾尖，基部变异大，近截形、圆形、浅心形、宽心形、深心形至箭形，有时为戟形，两耳稍开展，有时重叠，全缘，两面无毛，基出脉5～7。雌雄异株。雄花序为穗状花序，长1.5～3厘米，2～4个簇生或单生于花序轴上排列呈圆锥花序，圆锥花序长可达40厘米，偶而穗状花序腋生；花序轴明显地呈"之"字状曲折；雄花的外轮花被片为宽卵形，长1.5～2毫米，内轮较狭而厚，倒卵形；雄蕊6。雌花序为穗状花序，结果时长可达25厘米，常单生于叶腋。蒴果不反折，三棱状扁圆形，长1.5～3厘米，宽2～4.5厘米；种子着生于每室中轴中部，四周有膜质翅。花期10月至翌年1月，果期12月至翌年1月。

产地与地理分布：分布于浙江南部、福建、广东、广西、湖南南部。生于海拔50～1 150米的山坡、山凹、溪沟边或路旁的杂木林中。模式标本采自香港。

山薯

八、姜科

（一）山姜属

红豆蔻

名称：红豆蔻 ［*Alpinia galanga* (L.) Willd.］

中文异名：大高良姜

鉴别特征：株高达2米；根茎块状，稍有香气。叶片长圆形或披针形，长25～35厘米，宽6～10厘米，顶端短尖或渐尖，基部渐狭，两面均无毛或于叶背被长柔毛，干时边缘褐色；叶柄短，长约6毫米；叶舌近圆形，长约5毫米。圆锥花序密生多花，长20～30厘米，花序轴被毛，分枝多而短，长2～4厘米，每一分枝上有花3～6朵；苞片与小苞片均迟落，小苞片披针形，长5～8毫米；花绿白色，有异味；萼筒状，长6～10毫米，果时宿存；花冠管长约6～10毫米，裂片长圆形，长1.6～1.8厘米；侧生退化雄蕊细齿状至线形，紫色，长2～10毫米；唇瓣倒卵状匙形，长达2厘米，白色而有红线条，深2裂；花丝长约1厘米，花药长约7毫米。果长圆形，长1～1.5厘米，宽约7毫米，中部稍收缩，熟时棕色或枣红色，平滑或略有皱缩，质薄，不开裂，手捻易破碎，内有种子3～6颗。花期5—8月；果期9—11月。

产地与地理分布：产于台湾、广东、广西和云南等省（区）。生于山野沟谷荫湿林下或灌木丛中和草丛中。海拔100～1 300米。亚洲热带地区广布。

用途：【药用价值】果实、根茎入药，果实具去湿、散寒、醒脾、消食的功效；根茎具散寒、暖胃、止痛的功效，可治胃脘冷痛，脾寒吐泻。

红豆蔻

（二）豆蔻属

砂仁

名称：砂仁（*Amomum villosum* Lour.）

中文异名：阳春砂仁、长泰砂仁

鉴别特征：株高1.5～3米，茎散生；根茎匍匐地面，节上被褐色膜质鳞片。中部叶片长披针形，长37厘米，宽7厘米，上部叶片线形，长25厘米，宽3厘米，顶端尾尖，基部近圆形，两面光滑无毛，无柄或近无柄；叶舌半圆形，长3～5毫米；叶鞘上有略凹陷的方格状网纹。穗状花序椭圆形，总花梗长4～8厘米，被褐色短绒毛；鳞片膜质，椭圆形，褐色或绿色；苞片披针形，长1.8毫米，宽0.5毫米，膜质；小苞片管状，长10毫米，一侧有一斜口，膜质，无毛；花萼管长1.7厘米，顶端具三浅齿，白色，基部被稀疏柔毛；花冠管长1.8厘米；裂片倒卵状长圆形，长1.6～2厘米，宽0.5～0.7厘米，白色；唇瓣圆匙形，长宽约1.6～2厘米，白色，顶端具二裂、反卷、黄色的小尖头，中脉凸起，黄色而染紫红，基部具2个紫色的痂状斑，具瓣柄；花丝长5～6毫米，花药长约6毫米；药隔附属体三裂，顶端裂片半圆形，高约3毫米，宽约4毫米，两侧耳状，宽约2毫米；腺体2枚，圆柱形，长3.5毫米；子房被白色柔毛。蒴果椭圆形，长1.5～2厘米，宽1.2～2厘米，成熟时紫红色，干后褐色，表面被不分裂或分裂的柔刺；种子多角形，有浓郁的香气，味苦凉。花期5—6月；果期8—9月。

产地与地理分布：产于福建、广东、广西和云南；栽培或野生于山地阴湿之处。

用途：【药用价值】果实入药，主治脾胃气滞、宿食不消、腹痛痞胀、噎膈呕吐、寒泻冷痢。

砂仁

（三）闭鞘姜属

闭鞘姜

名称：闭鞘姜（*Costus speciosus*）

中文异名：广商陆、水蕉花、老妈妈拐棍

鉴别特征：株高1～3米，基部近木质，顶部常分枝，旋卷。叶片长圆形或披针形，长15～20厘米，宽6～10厘米，顶端渐尖或尾状渐尖，基部近圆形，叶背密被绢毛。穗状花序顶生，椭圆形或卵形，长5～15厘米；苞片卵形，革质，红色，长2厘米，被短柔毛，具增厚及稍锐利的短尖头；小苞片长1.2～1.5厘米，淡红色；花萼革质，红色，长1.8～2厘米，3裂，嫩时被绒毛；花冠管短，长1厘米，裂片长圆状椭圆形，长约5厘米，白色或顶部红色；唇瓣宽喇叭形，纯白色，长6.5～9厘米，顶端具裂齿及皱波状；雄蕊花瓣状，长约4.5厘米，宽1.3厘米，上面被短柔毛，白色，基部橙黄。蒴果稍木质，长1.3厘米，红色；种子黑色，光亮，长3毫米。花期7—9月；果期9—11月。

产地与地理分布：产于我国台湾、广东、广西、云南等省（区）。生于疏林下、山谷阴湿地、路边草丛、荒坡、水沟边等处，海拔45～1 700米。热带亚洲广布。

用途：【药用价值】根茎入药，具消炎利尿、散淤消肿的功效。

闭鞘姜

（四）姜属

襄荷

名称：襄荷〔*Zingiber mioga* (Thunb.) Rosc.〕

中文异名：野姜

鉴别特征：株高0.5～1米；根茎淡黄色。叶片披针状椭圆形或线状披针形，长20～37厘米，宽4～6厘米，叶面无毛，叶背无毛或被稀疏的长柔毛，顶端尾尖；叶柄长0.5～1.7厘米或无柄；叶舌膜质，2裂，长0.3～1.2厘米。穗状花序椭圆形，长5～7厘米；总花梗从没有到长达17厘米，被长圆形鳞片状鞘；苞片覆瓦状排列，椭圆形，红绿色，具紫脉；花萼长2.5～3厘米，一侧开裂；花冠管较萼为长，裂片披针形，长2.7～3厘米，宽约7毫米，淡黄色；唇瓣卵形，3裂，中裂片长2.5厘米，宽1.8厘米，中部黄色，边缘白色，侧裂片长1.3厘米，宽4毫米；花药、药隔附属体各长1厘米。果倒卵形，熟时裂成3瓣，果皮里面鲜红色；种子黑色，被白色假种皮。花期8—10月。

产地与地理分布：产于安徽、江苏、浙江、湖南、江西、广东、广西和贵州。生于山谷中荫湿处或在江苏有栽培。日本亦有分布。

用途：【经济及食用价值】嫩花序、嫩叶可当蔬菜。【药用价值】根茎入药，具祛风止痛、消肿、活血、散淤的功效，主治腹痛气滞、痈疽肿毒、跌打损伤、颈淋巴结核、大叶性肺炎、指头炎、腰痛、荨麻症、并解草乌中毒；花序可治咳嗽，配生香榧治小儿百日咳有显效。

襄荷

参考文献

陈封怀, 1994. 广东植物志(1-4卷) [M]. 广州: 广东科学技术出版社,

陈焕镛, 1964. 海南植物志(1-4卷) [M]. 北京: 科学出版社,

广东省土壤普查办公室, 1993. 广东土壤[M]. 北京: 科学出版社,

贺军军, 程儒雄, 李维国, 等, 2009. 广东广西垦区天然橡胶种植概况[J]. 广东农业科学 , 8:62-64

贺军军, 文尚华, 罗萍, 等, 2015. 台风"威马逊"对雷州半岛植胶区橡胶树的影响[J]. 广东农业科学. 24:62-64

黄先寒, 兰国玉, 杨川, 等, 2016. 广东橡胶林群落种子植物区系组成成分分析[J]. 西北林学院学报, 31(3): 68-73.

李成俊, 孙琦, 陈璋, 等. 2013. 道路边坡坡度对植被恢复中物种多样性的影响研究[J]. 植物研究, 33(4):477-483.

兰国玉, 王纪坤, 吴志祥, 等, 2013. 海南岛橡胶林群落种子植物区系组成成分分析[J]. 西北林学院学报, 28(2): 37-41.

罗萍, 贺军军, 戴小红, 等, 2011. 广东垦区天然橡胶产业发展现状及存在问题探讨 广东农业科学, 21,25-27

祁栋灵, 王秀全, 张志扬, 等, 2013. 世界天然橡胶产业现状及科技对其推动力分析[J]. 热带农业科学, 33(1):61-66

王祝年, 肖邦森, 2009. 海南药用植物目录[M]. 北京:中国农业出版社,

吴征镒, 周浙昆, 孙航, 等, 2006. 种子植物分布区类型及其起源和分化[M]. 昆明: 云南科技出版社,

吴征镒, 周浙昆, 李德铢, 等, 2003. 世界种子植物科的分布区类型系统[J]. 云南植物研究, 25: 254-257.

吴征镒, 周浙昆, 李德铢, 等, 2003. 世界种子植物科的分布区类型系统修订[J]. 云南植物研究, 25: 535-538.

吴征镒, 1991. 中国种子植物属的分布区类型[J]. 云南植物研究, 15(增刊IV): 1-139.

邢慧, 蒋菊生, 麦全法, 等, 2012. 海南植胶区不同群落结构林下生物多样性分析[J]. 热带农业科学,32(3):49-53.

周会平, 岩香甩, 张海东, 等, 2012. 西双版纳橡胶林下植被多样性调查研究[J]. 热带作物学报, 33(8):1444-1449.

张宏达, 1962, 广东植物区系的特点[J]. 中山大学学报: 自然科学版, 5(1): 1-34.

章汝先, 1996. 中国天然橡胶栽培技术的产生与发展[J].自然辩证法,12(4):45-48

中国药材公司, 1994. 中国中药资源志要[M]. 北京: 科学出版社,

中国科学院植物研究所, 2001. 中国高等植物图鉴[M]. 北京: 科学出版社,

郑世群, 2013. 福建戴云山国家级自然保护区植物多样性及评价研究[D]. 福州: 福建农林大学.

Liu HM, Jiang JS, Dong SL. 2006. Study on biodiversity of the tropical rubber plantation in Hainan[J]. Journal of Nanjing Forestry University (Natural Sciences Edition), 30(6):55-60.

附　录

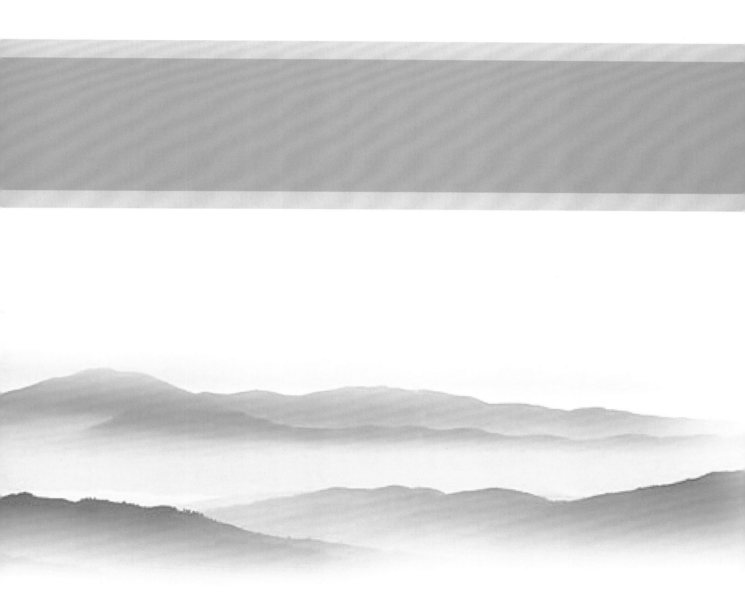

附录1 中国植胶区广东胶园林下植物名录

序号	科名	属名	中文名	拉丁学名	植物属性	用途类型
1	石松科	垂穗石松属	垂穗石松	*Palhinhaea cernua* (L.) Vasc. et Franco	蕨类	药用、观赏价值
2	里白科	芒萁属	铁芒萁	*Dicranopteris linearis* (Burm.) Underw.	蕨类	经济、药用、观赏价值
3	海金沙科	海金沙属	掌叶海金沙	*Lygodium digitatum* Presl	蕨类	无
4	海金沙科	海金沙属	曲轴海金沙	*Lygodiunm flexuosum* (L.)Sw.	蕨类	药用价值
5	海金沙科	海金沙属	海金沙	*Lygodium japonicum* (Thunb.) Sw.	蕨类	药用价值
6	鳞始蕨科	双唇蕨属	双唇蕨	*Schizoloma ensifolium* (Sw.) J. Sm.	蕨类	无
7	鳞始蕨科	双唇蕨属	异叶双唇蕨	*Schizoloma heterophyllum* (Dry.) J. Sm.	蕨类	药用价值
8	鳞始蕨科	乌蕨属	乌蕨	*Stenoloma chusanum* Ching	蕨类	经济、药用、观赏价值
9	姬蕨科	鳞盖蕨属	热带鳞盖蕨	*Microlepia speluncae* (Linn.) Moore	蕨类	无
10	凤尾蕨科	凤尾蕨属	剑叶凤尾蕨	*Pteris ensiformis* Burm.	蕨类	药用、观赏价值
11	凤尾蕨科	凤尾蕨属	傅氏凤尾蕨	*Pteris fauriei*	蕨类	无
12	凤尾蕨科	凤尾蕨属	全缘凤尾蕨	*Pteris insignis* Mett. ex Kuhn	蕨类	药用价值
13	凤尾蕨科	凤尾蕨属	半边旗	*Pteris semipinnata*	蕨类	药用价值
14	凤尾蕨科	凤尾蕨属	蜈蚣草	*Pteris vittata* L.	蕨类	无
15	中国蕨科	碎米蕨属	薄叶碎米蕨	*Cheilosoria tenuifolia* (Burm.) Trev.	蕨类	无
16	铁线蕨科	铁线蕨属	扇叶铁线蕨	*Adiantum flabellulatum* L.	蕨类	药用价值
17	铁线蕨科	铁线蕨属	半月形铁线蕨	*Adiantum philippense* L.	蕨类	药用价值
18	金星蕨科	毛蕨属	华南毛蕨	*Cyclosorus parasiticus* (L.) Farwell.	蕨类	药用价值
19	乌毛蕨科	乌毛蕨属	乌毛蕨	*Blechnum orientale* L.	蕨类	食用、药用、观赏价值
20	肾蕨科	肾蕨属	长叶肾蕨	*Nephrolepis biserrata* (Sw.) Schott	蕨类	无
21	胡椒科	胡椒属	假蒟	*Piper sarmentosum* Roxb.	双子叶	药用价值
22	榆科	山黄麻属	山黄麻	*Trema tomentosa* (Roxb.) Hara	双子叶	经济、药用价值
23	桑科	构属	藤构	*Broussonetia kaempferi* Sieb. var. *australis* Suzuki	双子叶	经济价值
24	桑科	榕属	粗叶榕	*Ficus hirta* Vahl	双子叶	经济、药用价值
25	桑科	榕属	对叶榕	*Ficus hispida* Linn.	双子叶	药用价值
26	桑科	榕属	琴叶榕	*Ficus pandurata* Hance	双子叶	药用、观赏价值
27	桑科	榕属	全缘琴叶榕	*Ficus pandurata* Hance var. *holophylla* Migo	双子叶	无

序号	科名	属名	中文名	拉丁学名	植物属性	用途类型
28	桑科	构属	羊乳榕	*Ficus sagittata* Vahl	双子叶	无
29	桑科	鹊肾树属	鹊肾树	*Streblus asper* Lour.	双子叶	经济、药用价值
30	荨麻科	雾水葛属	雾水葛	*Pouzolzia zeylanica* (L.) Benn.	双子叶	药用价值
31	蓼科	蓼属	火炭母	*Polygonum chinense* L.	双子叶	药用价值
32	蓼科	蓼属	水蓼	*Polygonum hydropiper* L.	双子叶	药用价值
33	蓼科	蓼属	杠板归	*Polygonum perfoliatum* L.	双子叶	药用价值
34	苋科	莲子草属	莲子草	*Alternanthera sessilis* (L.) DC.	双子叶	经济、药用价值
35	苋科	苋属	凹头苋	*Amaranthus lividus*	双子叶	经济、药用价值
36	苋科	杯苋属	杯苋	*Cyathula prostrata* (L.) Blume	双子叶	药用价值
37	紫茉莉科	紫茉莉属	紫茉莉	*Mirabilis jalapa* L.	双子叶	药用、观赏价值
38	防己科	千金藤属	粪箕笃	*Stephania longa* Lour.	双子叶	药用价值
39	番荔枝科	皂帽花属	喙果皂帽花	*Dasymaschalon rostratum* Merr. et Chun	双子叶	无
40	番荔枝科	暗罗属	细基丸	*Polyalthia cerasoides*	双子叶	经济价值
41	番荔枝科	紫玉盘属	紫玉盘	*Uvaria microcarpa*	双子叶	经济、药用、观赏价值
42	樟科	无根藤属	无根藤	*Cassytha filiformis* L.	双子叶	经济、药用价值
43	樟科	樟属	樟	*Cinnamomum camphora* (L.) Presl	双子叶	经济、药用价值
44	樟科	山胡椒属	乌药	*Lindera aggregata* (Sims) Kosterm	双子叶	经济、药用价值
45	樟科	山胡椒属	山胡椒	*Lindera glauca* (Sieb. et Zucc.) Bl	双子叶	经济、药用价值
46	樟科	木姜子属	山鸡椒	*Litsea cubeba* (Lour.) Pers.	双子叶	经济、食用、药用价值
47	樟科	木姜子属	潺槁木姜子	*Litsea glutinosa* (Lour.) C. B. Rob.	双子叶	经济、药用价值
48	樟科	木姜子属	假柿木姜子	*Litsea monopetala* (Roxb.) Pers.	双子叶	经济、药用价值
49	樟科	木姜子属	木姜子	*Litsea pungens* Hemsl.	双子叶	经济价值
50	景天科	落地生根属	落地生根	*Bryophyllum pinnatum* (L. f.) Oken	双子叶	药用、观赏价值
51	金缕梅科	蚊母树属	蚊母树	*Distylium racemosum*	双子叶	经济、药用、观赏价值
52	蔷薇科	悬钩子属	粗叶悬钩子	*Rubus alceaefolius* Poir.	双子叶	药用价值
53	含羞草科	金合欢属	大叶相思	*Acacia auriculaeformis* A.Cunn.ex Benth	双子叶	经济、生态价值
54	含羞草科	金合欢属	台湾相思	*Acacia confusa* Merr.	双子叶	经济、药用、生态价值
55	含羞草科	银合欢属	银合欢	*Leucaena leucocephala* (Lam.) de Wit	双子叶	经济、生态价值
56	含羞草科	含羞草属	无刺含羞草	*Mimosa invisa* Mart.ex Colla var.inermis Adelh	双子叶	经济、观赏价值
57	含羞草科	含羞草属	含羞草	*Mimosa pudica* Linn.	双子叶	药用、观赏价值

序号	科名	属名	中文名	拉丁学名	植物属性	用途类型
58	含羞草科	含羞草属	光荚含羞草	*Mimosa sepiaria* Benth.	双子叶	无
59	蝶形花科	杭子梢属	杭子梢	*Campylotropis macrocarpa* (Bge.) Rehd.	双子叶	经济、生态、观赏价值
60	蝶形花科	山蚂蝗属	显脉山绿豆	*Desmodium reticulatum* Champ. ex Benth.	双子叶	无
61	蝶形花科	山蚂蝗属	绒毛山蚂蝗	*Desmodium velutinum* (Willd.) DC.	双子叶	经济价值
62	蝶形花科	排钱树属	排钱树	*Phyllodium pulchellum* (L.) Desv.	双子叶	药用价值
63	蝶形花科	葛属	葛	*Pueraria lobata* (Willd.) Ohwi	双子叶	经济、药用、生态价值
64	蝶形花科	葫芦茶属	葫芦茶	*Tadehagi triquetrum* (L.) Ohashi	双子叶	药用价值
65	蝶形花科	灰毛豆属	白灰毛豆	*Tephrosia candida* DC.	双子叶	无
66	蝶形花科	灰毛豆属	灰毛豆	*Tephrosia purpurea* (Linn.) Pers. Syn.	双子叶	经济、生态价值
67	酢浆草科	酢浆草属	大花酢浆草	*Oxalis bowiei* Lindl.	双子叶	无
68	酢浆草科	酢浆草属	酢浆草	*Oxalis corniculata* L.	双子叶	药用价值
69	芸香科	酒饼簕属	酒饼簕	*Atalantia buxifolia* (Poir.) Oliv.	双子叶	经济、药用价值
70	芸香科	黄皮属	光滑黄皮	*Clausena lenis* Drake	双子叶	药用价值
71	芸香科	吴茱萸属	三桠苦	*Evodia lepta*	双子叶	经济、药用价值
72	芸香科	山小橘属	光叶山小橘	*Glycosmis craibii* Tanaka var. *glabra* (Craib) Tanaka	双子叶	无
73	芸香科	小芸木属	大管	*Micromelum falcatum* (Lour.) Tanaka	双子叶	药用价值
74	芸香科	枳属	枳	*Poncirus trifoliata* (L.) Raf.	双子叶	观赏价值
75	芸香科	花椒属	簕欓花椒	*Zanthoxylum avicennae* (Lam.) DC.	双子叶	药用价值
76	苦木科	鸦胆子属	鸦胆子	*Brucea javanica* (L.) Merr.	双子叶	药用价值
77	苦木科	牛筋果属	牛筋果	*Harrisonia perforata* (Blanco) Merr.	双子叶	药用价值
78	楝科	楝属	楝	*Melia azedarach* L.	双子叶	经济、药用价值
79	远志科	齿果草属	齿果草	*Salomonia cantoniensis* Lour.	双子叶	药用价值
80	大戟科	铁苋菜属	铁苋菜	*Acalypha australis* L.	双子叶	药用价值
81	大戟科	山麻杆属	红背山麻杆	*Alchornea trewioides* (Benth.) Muell. Arg.	双子叶	药用价值
82	大戟科	五月茶属	方叶五月茶	*Antidesma ghaesembilla* Gaertn.	双子叶	药用价值
83	大戟科	银柴属	银柴	*Aporusa dioica* (Roxb.) Muell. Arg.	双子叶	药用价值
84	大戟科	银柴属	毛银柴	*Aporusa villosa* (Lindl.) Baill.	双子叶	无

序号	科名	属名	中文名	拉丁学名	植物属性	用途类型
85	大戟科	黑面神属	黑面神	*Breynia fruticosa* (Linn.) Hook. f.	双子叶	药用价值
86	大戟科	土蜜树属	禾串树	*Bridelia insulana* Hance	双子叶	经济价值
87	大戟科	土蜜树属	土蜜树	*Bridelia tomentosa* Bl.	双子叶	经济、药用价值
88	大戟科	大戟属	飞扬草	*Euphorbia hirta* L.	双子叶	药用价值
89	大戟科	算盘子属	毛果算盘子	*Glochidion eriocarpum* Champ. ex Benth.	双子叶	药用价值
90	大戟科	算盘子属	厚叶算盘子	*Glochidion hirsutum* (Roxb.) Voigt	双子叶	经济、药用价值
91	大戟科	算盘子属	算盘子	*Glochidion puberum* (L.) Hutch.	双子叶	经济、药用价值
92	大戟科	算盘子属	圆果算盘子	*Glochidion sphaerogynum* (Muell. Arg.)	双子叶	药用价值
93	大戟科	野桐属	白背叶	*Mallotus apelta* (Lour.) Muell. Arg.	双子叶	经济、药用价值
94	大戟科	野桐属	白楸	*Mallotus paniculatus* (Lam.) Muell.Arg.	双子叶	经济价值
95	大戟科	野桐属	石岩枫	*Mallotus repandus* (Willd.) Muell. Arg.	双子叶	经济、药用价值
96	大戟科	木薯属	木薯	*Manihot esculenta* Crantz	双子叶	经济、食用、药用价值
97	大戟科	叶下珠属	崖县叶下珠	*Phyllanthus annamensis* Beille	双子叶	无
98	大戟科	叶下珠属	越南叶下珠	*Phyllanthus cochinchinensis* (Lour.) Spreng.	双子叶	无
99	大戟科	叶下珠属	珠子草	*Phyllanthus niruri* L.	双子叶	药用价值
100	大戟科	叶下珠属	小果叶下珠	*Phyllanthus reticulatus* Poir.	双子叶	药用价值
101	大戟科	叶下珠属	叶下珠	*Phyllanthus urinaria* L.	双子叶	药用价值
102	大戟科	乌桕属	白木乌桕	*Sapium japonicum* (Sieb. et Zucc.) Pax et Hoffm.	双子叶	药用价值
103	大戟科	乌桕属	乌桕	*Sapium sebiferum* (L.) Roxb.	双子叶	经济、药用、观赏价值
104	大戟科	白树属	白树	*Suregada glomerulata* (Bl.) Baill.	双子叶	无
105	漆树科	盐肤木属	盐肤木	*Rhus chinensis* Mill.	双子叶	经济、食用、药用价值
106	漆树科	漆属	野漆	*Toxicodendron succedaneum* (L.) O. Kuntze	双子叶	经济、药用价值
107	冬青科	冬青属	秤星树	*Ilex asprella* (Hook. et Arn.) Champ. ex Benth.	双子叶	药用价值
108	无患子科	龙眼属	龙眼	*Dimocarpus longan* Lour.	双子叶	经济、食用、药用价值
109	无患子科	赤才属	赤才	*Erioglossum rubiginosum* (Roxb.) Bl.	双子叶	经济、食用、药用价值
110	无患子科	荔枝属	荔枝	*Litchi chinensis* Sonn.	双子叶	经济、食用、药用价值
111	鼠李科	勾儿茶属	铁包金	*Berchemia lineata* (L.) DC.	双子叶	药用价值

序号	科名	属名	中文名	拉丁学名	植物属性	用途类型
112	鼠李科	雀梅藤属	雀梅藤	*Sageretia thea* (Osbeck) Johnst.	双子叶	食用、药用价值
113	葡萄科	蛇葡萄属	蓝果蛇葡萄	*Ampelopsis bodinieri* (Levl. et Vant.) Rehd.	双子叶	无
114	葡萄科	白粉藤属	白粉藤	*Cissus repens* Lamk.	双子叶	药用价值
115	葡萄科	葡萄属	小果葡萄	*Vitis balanseana* Planch.	双子叶	药用价值
116	葡萄科	葡萄属	葛藟葡萄	*Vitis flexuosa* Thunb.	双子叶	经济、药用价值
117	椴树科	破布叶属	破布叶	*Microcos paniculata* L.	双子叶	药用价值
118	椴树科	刺蒴麻属	刺蒴麻	*Triumfetta rhomboidea* Jack.	双子叶	药用价值
119	锦葵科	赛葵属	赛葵	*Malvastrum coromandelianum* (Linn.) Gurcke	双子叶	药用价值
120	锦葵科	黄花稔属	黄花稔	*Sida acuta* Burm. f.	双子叶	经济、药用价值
121	锦葵科	黄花稔属	白背黄花稔	*Sida rhombifolia* Linn.	双子叶	药用价值
122	锦葵科	黄花稔属	刺黄花稔	*Sida spinosa* Linn.	双子叶	无
123	锦葵科	梵天花属	地桃花	*Urena lobata* Linn. var. *lobata*	双子叶	经济、药用价值
124	锦葵科	梵天花属	梵天花	*Urena procumbens* Linn.	双子叶	无
125	梧桐科	山芝麻属	山芝麻	*Helicteres angustifolia* L.	双子叶	经济、药用价值
126	梧桐科	马松子属	马松子	*Melochia corchorifolia* L.	双子叶	经济、药用价值
127	山茶科	柃木属	米碎花	*Eurya chinensis* R. Br.	双子叶	药用价值
128	山茶科	柃木属	细齿叶柃	*Eurya nitida* Korthals	双子叶	经济价值
129	山茶科	厚皮香属	小叶厚皮香	*Ternstroemia microphylla*	双子叶	无
130	藤黄科	黄牛木属	黄牛木	*Cratoxylum cochinchinense* (Lour.) Bl.	双子叶	经济、药用价值
131	大风子科	刺篱木属	刺篱木	*Flacourtia indica* (Burm. f.) Merr.	双子叶	经济、食用、药用、生态价值
132	大风子科	柞木属	柞木	*Xylosma racemosum* (Sieb. et Zucc.) Miq.	双子叶	经济、药用、观赏价值
133	瑞香科	荛花属	了哥王	*Wikstroemia indica* (Linn.) C. A. Mey	双子叶	经济、药用价值
134	千屈菜科	萼距花属	香膏萼距花	*Cuphea alsamona* Cham. et Schlechtend.	双子叶	无
135	红树科	竹节树属	竹节树	*Carallia brachiata* (Lour.) Merr.	双子叶	经济、药用价值
136	八角枫科	八角枫属	八角枫	*Alangium chinense* (Lour.) Harms	双子叶	经济、药用价值
137	桃金娘科	岗松属	岗松	*Baeckea frutescens* L.	双子叶	药用价值
138	桃金娘科	番石榴属	番石榴	*Psidium guajava* Linn.	双子叶	食用、药用价值
139	桃金娘科	桃金娘属	桃金娘	*Vitis balanseana* Planch.	双子叶	药用、观赏价值
140	野牡丹科	野牡丹属	野牡丹	*Melastoma candidum* D.Don	双子叶	药用、观赏价值
141	野牡丹科	野牡丹属	地菍	*Melastoma dodecandrum* Lour.	双子叶	食用、药用、观赏价值

序号	科名	属名	中文名	拉丁学名	植物属性	用途类型
142	野牡丹科	野牡丹属	毛菍	*Melastoma sanguineum* Sims	双子叶	食用、药用价值
143	野牡丹科	野牡丹属	宽萼毛菍	*Melastoma sanguineum* Sims var. *latisepalum* C. Chen	双子叶	无
144	野牡丹科	谷木属	黑叶谷木	*Memecylon nigrescens* Hook. et Arn.	双子叶	无
145	野牡丹科	金锦香属	金锦香	*Osbeckia chinensis* L.	双子叶	药用价值
146	野牡丹科	锦香草属	海南锦香草	*Phyllagathis hainanensis* (Merr. et Chun) C. Chen	双子叶	无
147	五加科	五加属	白簕	*Acanthopanax trifoliatus* (L.) Merr.	双子叶	食用、药用价值
148	五加科	楤木属	楤木	*Aralia chinensis* L.	双子叶	药用价值
149	五加科	鹅掌柴属	鹅掌柴	*Schefflera octophylla* (Lour.) Harms	双子叶	经济、药用、观赏价值
150	伞形科	积雪草属	积雪草	*Centella asiatica* (L.) Urban	双子叶	药用价值
151	紫金牛科	紫金牛属	雪下红	*Ardisia villosa* Roxb.	双子叶	药用价值
152	紫金牛科	酸藤子属	酸藤子	*Embelia laeta* (L.) Mez	双子叶	食用、药用价值
153	紫金牛科	酸藤子属	长叶酸藤子	*Embelia longifolia* (Benth.) Hemsl.	双子叶	食用、药用价值
154	紫金牛科	杜茎山属	拟杜茎山	*Maesa consanguinea* Merr.	双子叶	无
155	紫金牛科	杜茎山属	鲫鱼胆	*Maesa perlarius* (Lour.) Merr.	双子叶	药用价值
156	紫金牛科	密花树属	密花树	*Rapanea neriifolia* (Sieb. et Zucc.) Mez	双子叶	经济、药用价值
157	白花丹科	白花丹属	白花丹	*Plumbago zeylanica* Linn.	双子叶	药用价值
158	柿科	柿属	毛柿	*Diospyros strigosa* Hemsl.	双子叶	无
159	山矾科	山矾属	华山矾	*Symplocos chinensis* (Lour.) Druce	双子叶	经济、药用价值
160	山矾科	山矾属	白檀	*Symplocos paniculata* (Thunb.) Miq.	双子叶	经济、食用、药用、生态、观赏价值
161	山矾科	山矾属	山矾	*Symplocos sumuntia* Buch.-Ham. ex D. Don	双子叶	经济、药用价值
162	木犀科	素馨属	扭肚藤	*Jasminum elongatum* (Bergius) Willd.	双子叶	药用价值
163	木犀科	素馨属	青藤仔	*Jasminum nervosum* Lour.	双子叶	药用价值
164	夹竹桃科	倒吊笔属	广东倒吊笔	*Wrightia kwangtungensis* Tsiang	双子叶	无
165	旋花科	银背藤属	白鹤藤	*Argyreia acuta* Lour.	双子叶	药用价值
166	旋花科	菟丝子属	菟丝子	*Cuscuta chinensis* Lam.	双子叶	药用价值
167	旋花科	猪菜藤属	猪菜藤	*Hewittia sublobata* (L. f.) O. Ktze.	双子叶	无
168	旋花科	番薯属	小心叶薯	*Ipomoea obscura* (L.) Ker-Gawl.	双子叶	无

续表

序号	科名	属名	中文名	拉丁学名	植物属性	用途类型
169	旋花科	鱼黄草属	山猪菜	*Merremia umbellata* (L.) Hall. f. subsp. *orientalis* (Hall. f.) v. Ooststr.	双子叶	药用价值
170	旋花科	鱼黄草属	掌叶鱼黄草	*Merremia vitifolia* (Burm. f.) Hall. f.	双子叶	药用价值
171	紫草科	基及树属	基及树	*Carmona microphylla* (Lam.) G. Don	双子叶	药用、观赏价值
172	紫草科	厚壳树属	宿苞厚壳树	*Ehretia asperula* Zool. et Mor.	双子叶	无
173	紫草科	天芥菜属	大尾摇	*Heliotropium indicum* L.	双子叶	药用价值
174	马鞭草科	大青属	大青	*Clerodendrum cytophyllum* Turcz.	双子叶	药用价值
175	马鞭草科	大青属	白花灯笼	*Clerodendrum fortunatum* L.	双子叶	药用价值
176	马鞭草科	大青属	赪桐	*Clerodendrum japonicum* (Thunb.) Sweet	双子叶	药用价值
177	马鞭草科	马缨丹属	马缨丹	*Lantana camara* L.	双子叶	经济、药用、生态、观赏价值
178	马鞭草科	豆腐柴属	豆腐柴	*Premna microphylla* Turcz.	双子叶	经济、药用价值
179	唇形科	广防风属	广防风	*Epimeredi indica* (L.) Rothm.	双子叶	药用价值
180	唇形科	紫苏属	紫苏	*Perilla frutescens* (L.) Britt.	双子叶	经济、食用、药用价值
181	茄科	茄属	少花龙葵	*Solanum photeinocarpum* Nakamura et S. Odashima	双子叶	食用、药用价值
182	茄科	茄属	海南茄	*Solanum procumbens* Lour.	双子叶	药用价值
183	茄科	茄属	牛茄子	*Solanum surattense* Burm. f.	双子叶	药用、观赏价值
184	茄科	茄属	水茄	*Solanum torvum* Swartz	双子叶	食用、药用价值
185	玄参科	母草属	母草	*Lindernia crustacea* (L.) F. Muell	双子叶	药用价值
186	玄参科	野甘草属	野甘草	*Scoparia dulcis* L.	双子叶	无
187	玄参科	蝴蝶草属	单色蝴蝶草	*Torenia concolor* Lindl.	双子叶	药用价值
188	紫葳科	菜豆树属	菜豆树	*Radermachera sinica* (Hance) Hemsl.	双子叶	经济、药用、观赏价值
189	爵床科	楠草属	楠草	*Dipteracanthus repens* (L.) Hassk.	双子叶	无
190	爵床科	山牵牛属	海南山牵牛	*Thunbergia fragrans* Roxb. subsp. *hainanensis*	双子叶	无
191	爵床科	山牵牛属	山牵牛	*Thunbergia grandiflora* (Rottl. ex Willd.) Roxb.	双子叶	无
192	茜草科	丰花草属	阔叶丰花草	*Borreria latifolia* (Aubl.) K. Schum.	双子叶	无
193	茜草科	丰花草属	丰花草	*Borreria stricta* (L.f.) G.Mey.	双子叶	无
194	茜草科	耳草属	耳草	*Hedyotis auricularia* L.	双子叶	药用价值
195	茜草科	耳草属	伞房花耳草	*Hedyotis corymbosa* (L.) Lam.	双子叶	药用价值

序号	科名	属名	中文名	拉丁学名	植物属性	用途类型
196	茜草科	耳草属	牛白藤	*Hedyotis hedyotidea* (DC.) Merr.	双子叶	药用价值
197	茜草科	耳草属	长节耳草	*Hedyotis uncinella* Hook. et Arn.	双子叶	无
198	茜草科	龙船花属	龙船花	*Ixora chinensis* Lam.	双子叶	药用、观赏价值
199	茜草科	巴戟天属	鸡眼藤	*Morinda parvifolia* Bartl. ex DC.	双子叶	药用价值
200	茜草科	玉叶金花属	海南玉叶金花	*Mussaenda hainanensis* Merr.	双子叶	无
201	茜草科	鸡矢藤属	白毛鸡矢藤	*Paederia pertomentosa* Merr. ex Li	双子叶	药用价值
202	茜草科	九节属	九节	*Psychotria rubra* (Lour.) Poir.	双子叶	药用价值
203	葫芦科	丝瓜属	丝瓜	*Luffa cylindrica* (L.) Roem.	双子叶	经济、食用、药用价值
204	葫芦科	栝楼属	长萼栝楼	*Trichosanthes laceribractea* Hayata	双子叶	药用价值
205	菊科	藿香蓟属	藿香蓟	*Ageratum conyzoides* L.	双子叶	药用价值
206	菊科	鬼针草属	鬼针草	*Bidens pilosa* L.	双子叶	药用价值
207	菊科	鬼针草属	白花鬼针草	*Bidens pilosa* L. var. *radiata* Sch.-Bip.	双子叶	药用价值
208	菊科	蓟属	蓟	*Cirsium japonicum* Fisch. ex DC.	双子叶	药用价值
209	菊科	白酒草属	小蓬草	*Conyza canadensis* (L.) Cronq.	双子叶	经济、药用价值
210	菊科	白酒草属	苏门白酒草	*Conyza sumatrensis* (Retz.) Walker	双子叶	药用价值
211	菊科	野茼蒿属	野茼蒿	*Crassocephalum crepidioides* (Benth.) S. Moore	双子叶	食用、药用价值
212	菊科	地胆草属	地胆草	*Elephantopus scaber* L.	双子叶	药用价值
213	菊科	地胆草属	白花地胆草	*ELephantopus tomentosus* L.	双子叶	药用价值
214	菊科	一点红属	一点红	*Emilia sonchifolia* (L.) DC.	双子叶	食用、药用、观赏价值
215	菊科	菊芹属	梁子菜	*Erechtites hieracifolia* (L.) Raf. ex DC.	双子叶	食用价值
216	菊科	菊芹属	败酱叶菊芹	*Erechtites valeianifolia* (Link ex Wolf) Less. ex DC.	双子叶	无
217	菊科	泽兰属	假臭草	*Eupatorium catarium* Veldkamp	双子叶	无
218	菊科	泽兰属	飞机草	*Eupatorium odoratum* L.	双子叶	无
219	菊科	菊三七属	山芥菊三七	*Gynura barbareifolia* Gagnep	双子叶	无
220	菊科	假泽兰属	微甘菊	*Mikania micrantha* H. B. K.	双子叶	无
221	菊科	银胶菊属	银胶菊	*Parthenium hysterophorus* L.	双子叶	无
222	菊科	苦苣菜属	苣荬菜	*Sonchus arvensis* L.	双子叶	食用、药用价值
223	菊科	苦苣菜属	苦苣菜	*Sonchus oleraceus* L.	双子叶	经济、食用、药用价值

续表

序号	科名	属名	中文名	拉丁学名	植物属性	用途类型
224	菊科	金钮扣属	金钮扣	*Spilanthes paniculata* Wall. ex DC.	双子叶	药用价值
225	菊科	金腰箭属	金腰箭	*Synedrella nodiflora* (L.) Gaertn.	双子叶	药用价值
226	菊科	斑鸠菊属	夜香牛	*Vernonia cinerea* (L.) Less.	双子叶	药用价值
227	菊科	蟛蜞菊属	蟛蜞菊	*Wedelia chinensis* (Osbeck.) Merr.	双子叶	药用价值
228	菊科	黄鹌菜属	黄鹌菜	*Youngia japonica*	双子叶	食用价值
229	露兜树科	露兜树属	露兜草	*Pandanus austrosinensis* T. L. Wu	单子叶	无
230	禾本科	地毯草属	地毯草	*Axonopus compressus* (Sw.) Beauv.	单子叶	经济、生态价值
231	禾本科	酸模芒属	酸模芒	*Centotheca lappacea*	单子叶	药用价值
232	禾本科	弓果黍属	弓果黍	*Cyrtococcum patens* (L.) A. Camus	单子叶	无
233	禾本科	马唐属	升马唐	*Digitaria ciliaris* (Retz.) Koel.	单子叶	无
234	禾本科	马唐属	红尾翎	*Digitaria radicosa* (Presl) Miq.	单子叶	经济价值
235	禾本科	穇属	牛筋草	*Eleusine indica* (L.) Gaertn.	单子叶	经济、药用、生态价值
236	禾本科	牛鞭草属	扁穗牛鞭草	*Hemarthria compressa* (L. f.) R. Br.	单子叶	经济价值
237	禾本科	淡竹叶属	淡竹叶	*Lophatherum gracile*	单子叶	药用价值
238	禾本科	芒属	芒	*Miscanthus sinensis* Anderss.	单子叶	经济价值
239	禾本科	露籽草属	露籽草	*Ottochloa nodosa* (Kunth) Dandy	单子叶	无
240	禾本科	黍属	短叶黍	*Panicum brevifolium* L.	单子叶	无
241	禾本科	黍属	大黍	*Panicum maximum* Jacq.	单子叶	经济价值
242	禾本科	雀稗属	两耳草	*Paspalum conjugatum* Berg.	单子叶	经济价值
243	禾本科	雀稗属	双穗雀稗	*Paspalum paspaloides* (Michx.) Scribn.	单子叶	无
244	禾本科	雀稗属	雀稗	*Paspalum thunbergii* Kunth ex Steud.	单子叶	无
245	禾本科	红毛草属	红毛草	*Rhynchelytrum repens* (Willd.) Hubb.	单子叶	无
246	禾本科	狗尾草属	棕叶狗尾草	*Setaria palmifolia* (Koen.) Stapf	单子叶	经济、食用、药用、生态价值
247	禾本科	钝叶草属	钝叶草	*Stenotaphrum helferi* Munro ex Hook. f.	单子叶	经济、药用价值
248	禾本科	粽叶芦属	粽叶芦	*Thysanolaena maxima*	单子叶	经济价值
249	莎草科	莎草属	碎米莎草	*Cyperus iria* L.	单子叶	无
250	莎草科	飘拂草属	两歧飘拂草	*Fimbristylis dichotoma* (L.) Vahl	单子叶	无

序号	科名	属名	中文名	拉丁学名	植物属性	用途类型
251	莎草科	水蜈蚣属	单穗水蜈蚣	*Kyllinga monocephala* Rottb.	单子叶	无
252	莎草科	砖子苗属	砖子苗	*Mariscus umbellatus* Vahl	单子叶	无
253	莎草科	珍珠茅属	华珍珠茅	*Scleria chinensis* Kunth	单子叶	无
254	天南星科	海芋属	尖尾芋	*Alocasia cucullata*	单子叶	药用、观赏价值
255	天南星科	海芋属	海芋	*Alocasia macrorrhiza*	单子叶	经济、药用、生态、观赏价值
256	天南星科	磨芋属	磨芋	*Amorphophallus rivieri* Durieu	单子叶	经济、食用、药用价值
257	天南星科	芋属	野芋	*Colocasia antiquorum* Schott	单子叶	药用价值
258	天南星科	芋属	紫芋	*Colocasia tonoimo* Nakai	单子叶	食用、药用、观赏价值
259	天南星科	合果芋属	合果芋	*Syngonium podophyllum* Schott	单子叶	观赏价值
260	天南星科	犁头尖属	犁头尖	*Typhonium divaricatum* (L.) Decne.	单子叶	药用价值
261	鸭跖草科	鸭跖草属	饭包草	*Commelina bengalensis*	单子叶	药用价值
262	鸭跖草科	鸭跖草属	鸭跖草	*Commelina communis* L.	单子叶	药用价值
263	鸭跖草科	水竹叶属	牛轭草	*Murdannia loriformis* (Hassk.) Rolla Rao et Kammathy	单子叶	无
264	百合科	山菅属	山菅	*Dianella ensifolia* (L.) DC.	单子叶	药用价值
265	百合科	沿阶草属	间型沿阶草	*Ophiopogon intermedius*	单子叶	药用价值
266	百合科	菝葜属	菝葜	*Smilax china* L.	单子叶	经济、药用价值
267	百合科	菝葜属	土茯苓	*Smilax glabra*	单子叶	经济、药用价值
268	薯蓣科	薯蓣属	参薯	*Dioscorea alata* L.	单子叶	食用价值
269	薯蓣科	薯蓣属	黄独	*Dioscorea bulbifera* L.	单子叶	药用价值
270	薯蓣科	薯蓣属	山薯	*Dioscorea fordii* Prain et Burkill	单子叶	无
271	姜科	山姜属	红豆蔻	*Alpinia galanga* (L.) Willd.	单子叶	药用价值
272	姜科	豆蔻属	砂仁	*Amomum villosum* Lour.	单子叶	药用价值
273	姜科	闭鞘姜属	闭鞘姜	*Costus speciosus*	单子叶	药用价值
274	姜科	姜属	蘘荷	*Zingiber mioga* (Thunb.) Rosc.	单子叶	食用、药用价值

附录2　各个调查样地中林下植物的分布情况

在广东植胶区林下植物调查中，共设立41个样地，其中包括30个橡胶林样地和11个对照样地。以下为按照样地编号的顺序依次介绍各调查样地植物的具体情况。

（一）1号样地植物组成

1号样地为橡胶林，地点为阳江地区；海拔为21米；坡度＞25°；属老龄林，年龄＞30年。整个样地内共有37个物种，重要值排名前五的物种分别为铁芒萁*Dicranopteris linearis* (Burm.) Underw.，银柴*Aporusa dioica* (Roxb.) Muell. Arg.，野漆*Toxicodendron succedaneum* (L.) O. Kuntze，飞机草*Eupatorium odoratum* L.，山黄麻*Trema tomentosa* (Roxb.) Hara。

1号调查样地的植物信息

序号	中文名	拉丁学名	科名	属名	高度（厘米）	盖度（%）	相对高度（%）	相对盖度（%）	重要值（%）
1	铁芒萁	*Dicranopteris linearis* (Burm.) Underw.	里白科	芒萁属	30	40	1.96	38.83	20.40
2	银柴	*Aporusa dioica* (Roxb.) Muell. Arg.	大戟科	银柴属	180	3	11.76	2.91	7.34
3	野漆	*Toxicodendron succedaneum* (L.) O. Kuntze	漆树科	漆属	180	2	11.76	1.94	6.85
4	飞机草	*Eupatorium odoratum* L.	菊科	泽兰属	100	3	6.54	2.91	4.72
5	山黄麻	*Trema tomentosa* (Roxb.) Hara	榆科	山黄麻属	90	2	5.88	1.94	3.91
6	白檀	*Symplocos paniculata* (Thunb.) Miq.	山矾科	山矾属	70	2	4.58	1.94	3.26
7	厚叶算盘子	*Glochidion hirsutum* (Roxb.) Voigt	大戟科	算盘子属	70	2	4.58	1.94	3.26
8	海金沙	*Lygodium japonicum* (Thunb.) Sw.	海金沙科	海金沙属	20	5	1.31	4.85	3.08
9	光叶山小橘	*Glycosmis craibii* Tanaka var. glabra (Craib) Tanaka	芸香科	山小橘属	70	1	4.58	0.97	2.77
10	乌毛蕨	*Blechnum orientale* L.	乌毛蕨科	乌毛蕨属	40	3	2.61	2.91	2.76
11	藿香蓟	*Ageratum conyzoides* L.	菊科	藿香蓟属	40	2	2.61	1.94	2.28
12	羊乳榕	*Ficus sagittata* Vahl	桑科	榕属	40	2	2.61	1.94	2.28
13	野牡丹	*Melastoma candidum* D.Don	野牡丹科	野牡丹属	40	2	2.61	1.94	2.28
14	阔叶丰花草	*Borreria latifolia* (Aubl.) K. Schum.	茜草科	丰花草属	20	3	1.31	2.91	2.11
15	菝葜	*Smilax china* L.	百合科	菝葜属	30	2	1.96	1.94	1.95
16	海南玉叶金花	*Mussaenda hainanensis* Merr.	茜草科	玉叶金花属	30	2	1.96	1.94	1.95
17	火炭母	*Polygonum chinense* L.	蓼科	蓼属	30	2	1.96	1.94	1.95
18	算盘子	*Glochidion puberum* (L.) Hutch.	大戟科	算盘子属	30	2	1.96	1.94	1.95
19	山菅	*Dianella ensifolia* (L.) DC.	百合科	山菅属	40	1	2.61	0.97	1.79
20	白花灯笼	*Clerodendrum fortunatum* L.	马鞭草科	大青属	20	2	1.31	1.94	1.62
21	地菍	*Melastoma dodecandrum* Lour.	野牡丹科	野牡丹属	20	2	1.31	1.94	1.62

序号	中文名	拉丁学名	科名	属名	高度（厘米）	盖度（%）	相对高度（%）	相对盖度（%）	重要值（%）
22	地毯草	*Axonopus compressus* (Sw.) Beauv.	禾本科	地毯草属	20	2	1.31	1.94	1.62
23	白簕	*Acanthopanax trifoliatus* (L.) Merr.	五加科	五加属	30	1	1.96	0.97	1.47
24	粗叶悬钩子	*Rubus alceaefolius* Poir.	蔷薇科	悬钩子属	30	1	1.96	0.97	1.47
25	大青	*Clerodendrum cytophyllum* Turcz.	马鞭草科	大青属	30	1	1.96	0.97	1.47
26	华珍珠茅	*Scleria chinensis* Kunth	莎草科	珍珠茅属	30	1	1.96	0.97	1.47
27	青藤仔	*Jasminum nervosum* Lour.	木犀科	素馨属	30	1	1.96	0.97	1.47
28	热带鳞盖蕨	*Microlepia speluncae* (Linn.) Moore	姬蕨科	鳞盖蕨属	30	1	1.96	0.97	1.47
29	野茼蒿	*Crassocephalum crepidioides* (Benth.) S. Moore	菊科	野茼蒿属	30	1	1.96	0.97	1.47
30	弓果黍	*Cyrtococcum patens* (L.) A. Camus	禾本科	弓果黍属	10	2	0.65	1.94	1.30
31	白背叶	*Mallotus apelta* (Lour.) Muell. Arg.	大戟科	野桐属	20	1	1.31	0.97	1.14
32	耳草	*Hedyotis auricularia* L.	茜草科	耳草属	20	1	1.31	0.97	1.14
33	华山矾	*Symplocos chinensis* (Lour.) Druce	山矾科	山矾属	20	1	1.31	0.97	1.14
34	单色蝴蝶草	*Torenia concolor* Lindl.	玄参科	蝴蝶草属	10	1	0.65	0.97	0.81
35	杠板归	*Polygonum perfoliatum* L.	蓼科	蓼属	10	1	0.65	0.97	0.81
36	间型沿阶草	*Ophiopogon intermedius*	百合科	沿阶草属	10	1	0.65	0.97	0.81
37	微甘菊	*Mikania micrantha* H. B. K.	菊科	假泽兰属	10	1	0.65	0.97	0.81

注：重要值＝（相对高度＋相对盖度）/2

（二）2号样地植物组成

2号样地为橡胶林，地点为阳江地区；海拔为22米；坡度 2°～15°；属幼龄林，年龄＜8年。整个样地内共有24个物种，重要值排名前五的物种分别为长节耳草*Hedyotis uncinella* Hook. et Arn.，露籽草*Ottochloa nodosa* (Kunth) Dandy，蓟*Cirsium japonicum* Fisch. ex DC.，小蓬草*Conyza canadensis* (L.) Cronq.，飞机草*Eupatorium odoratum* L.。

2号调查样地的植物信息

序号	中文名	拉丁学名	科名	属名	高度（厘米）	盖度（%）	相对高度（%）	相对盖度（%）	重要值（%）
1	长节耳草	*Hedyotis uncinella* Hook. et Arn.	茜草科	耳草属	30	40	2.88	35.09	18.99
2	露籽草	*Ottochloa nodosa* (Kunth) Dandy	禾本科	露籽草属	40	30	3.85	26.32	15.08
3	蓟	*Cirsium japonicum* Fisch. ex DC.	菊科	蓟属	150	3	14.42	2.63	8.53
4	小蓬草	*Conyza canadensis* (L.) Cronq.	菊科	白酒草属	130	3	12.50	2.63	7.57
5	飞机草	*Eupatorium odoratum* L.	菊科	泽兰属	100	2	9.62	1.75	5.68
6	白花鬼针草	*Bidens pilosa* L. var. *radiata* Sch.-Bip.	菊科	鬼针草属	40	5	3.85	4.39	4.12
7	银合欢	*Leucaena leucocephala* (Lam.) de Wit	含羞草科	银合欢属	50	2	4.81	1.75	3.28
8	地菍	*Melastoma dodecandrum* Lour.	野牡丹科	野牡丹属	20	5	1.92	4.39	3.15
9	大青	*Clerodendrum cytophyllum* Turcz.	马鞭草科	大青属	40	2	3.85	1.75	2.80

序号	中文名	拉丁学名	科名	属名	高度（厘米）	盖度（%）	相对高度（%）	相对盖度（%）	重要值（%）
10	微甘菊	*Mikania micrantha* H. B. K.	菊科	假泽兰属	40	2	3.85	1.75	2.80
11	杠板归	*Polygonum perfoliatum* L.	蓼科	蓼属	40	1	3.85	0.88	2.36
12	少花龙葵	*Solanum photeinocarpum* Nakamura et S. Odashima	茄科	茄属	40	1	3.85	0.88	2.36
13	银柴	*Aporusa dioica* (Roxb.) Muell. Arg.	大戟科	银柴属	40	1	3.85	0.88	2.36
14	耳草	*Hedyotis auricularia* L.	茜草科	耳草属	30	2	2.88	1.75	2.32
15	火炭母	*Polygonum chinense* L.	蓼科	蓼属	30	2	2.88	1.75	2.32
16	热带鳞盖蕨	*Microlepia speluncae* (Linn.) Moore	姬蕨科	鳞盖蕨属	30	2	2.88	1.75	2.32
17	乌毛蕨	*Blechnum orientale* L.	乌毛蕨科	乌毛蕨属	30	2	2.88	1.75	2.32
18	白背叶	*Mallotus apelta* (Lour.) Muell. Arg.	大戟科	野桐属	30	1	2.88	0.88	1.88
19	山菅	*Dianella ensifolia* (L.) DC.	百合科	山菅属	30	1	2.88	0.88	1.88
20	雾水葛	*Pouzolzia zeylanica* (L.) Benn.	荨麻科	雾水葛属	30	1	2.88	0.88	1.88
21	藿香蓟	*Ageratum conyzoides* L.	菊科	藿香蓟属	20	2	1.92	1.75	1.84
22	铁芒萁	*Dicranopteris linearis* (Burm.) Underw.	里白科	芒萁属	20	2	1.92	1.75	1.84
23	叶下珠	*Phyllanthus urinaria* L.	大戟科	叶下珠属	20	1	1.92	0.88	1.40
24	积雪草	*Centella asiatica* (L.) Urban	伞形科	积雪草属	10	1	0.96	0.88	0.92

（三）3号样地植物组成

3号样地为橡胶林，地点为阳江地区；海拔为20米；坡度＞25°；属中龄林，年龄8～30年。整个样地内共有35个物种，重要值排名前五的物种分别为阔叶丰花草*Borreria latifolia* (Aubl.) K. Schum.，红背山麻杆*Alchornea trewioides* (Benth.) Muell. Arg.，铁芒萁*Dicranopteris linearis* (Burm.) Underw.，白背叶*Mallotus apelta* (Lour.) Muell. Arg.，热带鳞盖蕨*Microlepia speluncae* (Linn.) Moore。

3号调查样地的植物信息

序号	中文名	拉丁学名	科名	属名	高度（厘米）	盖度（%）	相对高度（%）	相对盖度（%）	重要值（%）
1	阔叶丰花草	*Borreria latifolia* (Aubl.) K. Schum.	茜草科	丰花草属	20	50	1.56	35.46	18.51
2	红背山麻杆	*Alchornea trewioides* (Benth.) Muell. Arg.	大戟科	山麻杆属	80	15	6.23	10.64	8.43
3	铁芒萁	*Dicranopteris linearis* (Burm.) Underw.	里白科	芒萁属	30	20	2.33	14.18	8.26
4	白背叶	*Mallotus apelta* (Lour.) Muell. Arg.	大戟科	野桐属	170	2	13.23	1.42	7.32
5	热带鳞盖蕨	*Microlepia speluncae* (Linn.) Moore	姬蕨科	鳞盖蕨属	45	5	3.50	3.55	3.52
6	白花鬼针草	*Bidens pilosa* L. var. *radiata* Sch.-Bip.	菊科	鬼针草属	70	2	5.45	1.42	3.43
7	野牡丹	*Melastoma candidum* D.Don	野牡丹科	野牡丹属	40	3	3.11	2.13	2.62
8	长叶酸藤子	*Embelia longifolia* (Benth.) Hemsl.	紫金牛科	酸藤子属	50	1	3.89	0.71	2.30
9	白花灯笼	*Clerodendrum fortunatum* L.	马鞭草科	大青属	40	2	3.11	1.42	2.27
10	飞机草	*Eupatorium odoratum* L.	菊科	泽兰属	40	2	3.11	1.42	2.27
11	小蓬草	*Conyza canadensis* (L.) Cronq.	菊科	白酒草属	40	2	3.11	1.42	2.27

序号	中文名	拉丁学名	科名	属名	高度（厘米）	盖度（%）	相对高度（%）	相对盖度（%）	重要值（%）
12	银柴	*Aporusa dioica* (Roxb.) Muell. Arg.	大戟科	银柴属	40	2	3.11	1.42	2.27
13	火炭母	*Polygonum chinense* L.	蓼科	蓼属	30	3	2.33	2.13	2.23
14	短叶黍	*Panicum brevifolium* L.	禾本科	黍属	10	5	0.78	3.55	2.16
15	楤木	*Aralia chinensis* L.	五加科	楤木属	40	1	3.11	0.71	1.91
16	豆腐柴	*Premna microphylla* Turcz.	马鞭草科	豆腐柴属	40	1	3.11	0.71	1.91
17	鹅掌柴	*Schefflera octophylla* (Lour.) Harms	五加科	鹅掌柴属	40	1	3.11	0.71	1.91
18	九节	*Psychotria rubra* (Lour.) Poir.	茜草科	九节属	40	1	3.11	0.71	1.91
19	米碎花	*Eurya chinensis* R. Br.	山茶科	柃木属	40	1	3.11	0.71	1.91
20	牛白藤	*Hedyotis hedyotidea* (DC.) Merr.	茜草科	耳草属	40	1	3.11	0.71	1.91
21	藿香蓟	*Ageratum conyzoides* L.	菊科	藿香蓟属	30	2	2.33	1.42	1.88
22	乌毛蕨	*Blechnum orientale* L.	乌毛蕨科	乌毛蕨属	30	2	2.33	1.42	1.88
23	簕欓花椒	*Zanthoxylum avicennae* (Lam.) DC.	芸香科	花椒属	30	1	2.33	0.71	1.52
24	山菅	*Dianella ensifolia* (L.) DC.	百合科	山菅属	30	1	2.33	0.71	1.52
25	山猪菜	*Merremia umbellata* (L.) Hall. f. subsp. orientalis (Hall. f.) v. Ooststr.	旋花科	鱼黄草属	30	1	2.33	0.71	1.52
26	酸藤子	*Embelia laeta* (L.) Mez	紫金牛科	酸藤子属	30	1	2.33	0.71	1.52
27	海金沙	*Lygodium japonicum* (Thunb.) Sw.	海金沙科	海金沙属	20	2	1.56	1.42	1.49
28	海南玉叶金花	*Mussaenda hainanensis* Merr.	茜草科	玉叶金花属	20	2	1.56	1.42	1.49
29	菝葜	*Smilax china* L.	百合科	菝葜属	20	1	1.56	0.71	1.13
30	粗叶悬钩子	*Rubus alceaefolius* Poir.	蔷薇科	悬钩子属	20	1	1.56	0.71	1.13
31	大青	*Clerodendrum cytophyllum* Turcz.	马鞭草科	大青属	20	1	1.56	0.71	1.13
32	两耳草	*Paspalum conjugatum* Berg.	禾本科	雀稗属	20	1	1.56	0.71	1.13
33	野茼蒿	*Crassocephalum crepidioides* (Benth.) S. Moore	菊科	野茼蒿属	20	1	1.56	0.71	1.13
34	地菍	*Melastoma dodecandrum* Lour.	野牡丹科	野牡丹属	10	2	0.78	1.42	1.10
35	弓果黍	*Cyrtococcum patens* (L.) A. Camus	禾本科	弓果黍属	10	2	0.78	1.42	1.10

（四）4号样地植物组成

4号样地为橡胶林，地点为阳江地区；海拔为30米；坡度 15°～25°；属中龄林，年龄 8～30 年。整个样地内共有31个物种，重要值排名前五的物种分别为阔叶丰花草 *Borreria latifolia* (Aubl.) K. Schum.，水茄 *Solanum torvum* Swartz，短叶黍 *Panicum brevifolium* L.，酸藤子 *Embelia laeta* (L.) Mez，热带鳞盖蕨 *Microlepia speluncae* (Linn.) Moore。

4号调查样地的植物信息

序号	中文名	拉丁学名	科名	属名	高度（厘米）	盖度（%）	相对高度（%）	相对盖度（%）	重要值（%）
1	阔叶丰花草	*Borreria latifolia* (Aubl.) K. Schum.	茜草科	丰花草属	10	70	1.05	40.94	20.99
2	水茄	*Solanum torvum* Swartz	茄科	茄属	170	2	17.80	1.17	9.49

续表

序号	中文名	拉丁学名	科名	属名	高度 （厘米）	盖度 (%)	相对高度 (%)	相对盖度 (%)	重要值 (%)
3	短叶黍	*Panicum brevifolium* L.	禾本科	黍属	10	30	1.05	17.54	9.30
4	弓果黍	*Cyrtococcum patens* (L.) A. Camus	禾本科	弓果黍属	10	20	1.05	11.70	6.37
5	酸藤子	*Embelia laeta* (L.) Mez	紫金牛科	酸藤子属	60	1	6.28	0.58	3.43
6	热带鳞盖蕨	*Microlepia speluncae* (Linn.) Moore	姬蕨科	鳞盖蕨属	30	5	3.14	2.92	3.03
7	火炭母	*Polygonum chinense* L.	蓼科	蓼属	40	3	4.19	1.75	2.97
8	白背叶	*Mallotus apelta* (Lour.) Muell. Arg.	大戟科	野桐属	50	1	5.24	0.58	2.91
9	粗叶悬钩子	*Rubus alceaefolius* Poir.	蔷薇科	悬钩子属	35	3	3.66	1.75	2.71
10	飞机草	*Eupatorium odoratum* L.	菊科	泽兰属	40	2	4.19	1.17	2.68
11	铁芒萁	*Dicranopteris linearis* (Burm.) Underw.	里白科	芒萁属	30	3	3.14	1.75	2.45
12	乌毛蕨	*Blechnum orientale* L.	乌毛蕨科	乌毛蕨属	30	3	3.14	1.75	2.45
13	银柴	*Aporusa dioica* (Roxb.) Muell. Arg.	大戟科	银柴属	40	1	4.19	0.58	2.39
14	白花灯笼	*Clerodendrum fortunatum* L.	马鞭草科	大青属	25	3	2.62	1.75	2.19
15	白花鬼针草	*Bidens pilosa* L. var. *radiata* Sch.-Bip.	菊科	鬼针草属	30	2	3.14	1.17	2.16
16	华南毛蕨	*Cyclosorus parasiticus* (L.) Farwell.	金星蕨科	毛蕨属	30	2	3.14	1.17	2.16
17	假臭草	*Eupatorium catarium* Veldkamp	菊科	泽兰属	30	2	3.14	1.17	2.16
18	算盘子	*Glochidion puberum* (L.) Hutch.	大戟科	算盘子属	30	2	3.14	1.17	2.16
19	野牡丹	*Melastoma candidum* D.Don	野牡丹科	野牡丹属	30	2	3.14	1.17	2.16
20	地胆草	*Elephantopus scaber* L.	菊科	地胆草属	30	1	3.14	0.58	1.86
21	梵天花	*Urena procumbens* Linn.	锦葵科	梵天花属	30	1	3.14	0.58	1.86
22	两耳草	*Paspalum conjugatum* Berg.	禾本科	雀稗属	20	2	2.09	1.17	1.63
23	单色蝴蝶草	*Torenia concolor* Lindl.	玄参科	蝴蝶草属	20	1	2.09	0.58	1.34
24	单穗水蜈蚣	*Kyllinga monocephala* Rottb.	莎草科	水蜈蚣属	20	1	2.09	0.58	1.34
25	含羞草	*Mimosa pudica* Linn.	含羞草科	含羞草属	20	1	2.09	0.58	1.34
26	米碎花	*Eurya chinensis* R. Br.	山茶科	柃木属	20	1	2.09	0.58	1.34
27	野甘草	*Scoparia dulcis* L.	玄参科	野甘草属	20	1	2.09	0.58	1.34
28	丰花草	*Borreria stricta* (L.f.) G.Mey.	茜草科	丰花草属	10	2	1.05	1.17	1.11
29	地桃花	*Urena lobata* Linn. var. *lobata*	锦葵科	梵天花属	15	1	1.57	0.58	1.08
30	菝葜	*Smilax china* L.	百合科	菝葜属	10	1	1.05	0.58	0.82
31	叶下珠	*Phyllanthus urinaria* L.	大戟科	叶下珠属	10	1	1.05	0.58	0.82

（五）5号样地植物组成

5号样地为橡胶林，地点为阳江地区；海拔为34米；坡度 2°～15°；属中龄林，年龄 8～30 年。整个样地内共有28个物种，重要值排名前五的物种分别为阔叶丰花草 *Borreria latifolia* (Aubl.) K. Schum.，葛藟葡萄 *Vitis flexuosa* Thunb.，山菅 *Dianella ensifolia* (L.) DC.，海南玉叶金花 *Mussaenda hainanensis* Merr.，两耳草 *Paspalum conjugatum* Berg.。

5 号调查样地的植物信息

序号	中文名	拉丁学名	科名	属名	高度 （厘米）	盖度 (%)	相对高度 (%)	相对盖度 (%)	重要值 (%)
1	阔叶丰花草	*Borreria latifolia* (Aubl.) K. Schum.	茜草科	丰花草属	20	50	2.61	51.55	27.08
2	葛藟葡萄	*Vitis flexuosa* Thunb.	葡萄科	葡萄属	90	3	11.76	3.09	7.43

续表

序号	中文名	拉丁学名	科名	属名	高度（厘米）	盖度（%）	相对高度（%）	相对盖度（%）	重要值（%）
3	山菅	*Dianella ensifolia* (L.) DC.	百合科	山菅属	40	3	5.23	3.09	4.16
4	海南玉叶金花	*Mussaenda hainanensis* Merr.	茜草科	玉叶金花属	40	2	5.23	2.06	3.65
5	两耳草	*Paspalum conjugatum* Berg.	禾本科	雀稗属	30	3	3.92	3.09	3.51
6	乌毛蕨	*Blechnum orientale* L.	乌毛蕨科	乌毛蕨属	30	3	3.92	3.09	3.51
7	三桠苦	*Evodia lepta*	芸香科	吴茱萸属	35	2	4.58	2.06	3.32
8	白花灯笼	*Clerodendrum fortunatum* L.	马鞭草科	大青属	40	1	5.23	1.03	3.13
9	簕欓花椒	*Zanthoxylum avicennae* (Lam.) DC.	芸香科	花椒属	40	1	5.23	1.03	3.13
10	地桃花	*Urena lobata* Linn. var. *lobata*	锦葵科	梵天花属	30	2	3.92	2.06	2.99
11	算盘子	*Glochidion puberum* (L.) Hutch.	大戟科	算盘子属	30	2	3.92	2.06	2.99
12	野牡丹	*Melastoma candidum* D.Don	野牡丹科	野牡丹属	30	2	3.92	2.06	2.99
13	藿香蓟	*Ageratum conyzoides* L.	菊科	藿香蓟属	25	2	3.27	2.06	2.66
14	铁芒萁	*Dicranopteris linearis* (Burm.) Underw.	里白科	芒萁属	25	2	3.27	2.06	2.66
15	白背叶	*Mallotus apelta* (Lour.) Muell. Arg.	大戟科	野桐属	30	1	3.92	1.03	2.48
16	少花龙葵	*Solanum photeinocarpum* Nakamura et S. Odashima	茄科	茄属	30	1	3.92	1.03	2.48
17	显脉山绿豆	*Desmodium reticulatum* Champ. ex Benth.	蝶形花科	山蚂蝗属	30	1	3.92	1.03	2.48
18	小蓬草	*Conyza canadensis* (L.) Cronq.	菊科	白酒草属	30	1	3.92	1.03	2.48
19	海金沙	*Lygodium japonicum* (Thunb.) Sw.	海金沙科	海金沙属	20	2	2.61	2.06	2.34
20	升马唐	*Digitaria ciliaris* (Retz.) Koel.	禾本科	马唐属	20	2	2.61	2.06	2.34
21	粗叶悬钩子	*Rubus alceaefolius* Poir.	蔷薇科	悬钩子属	15	2	1.96	2.06	2.01
22	火炭母	*Polygonum chinense* L.	蓼科	蓼属	15	2	1.96	2.06	2.01
23	木姜子	*Litsea pungens* Hemsl.	樟科	木姜子属	20	1	2.61	1.03	1.82
24	地菍	*Melastoma dodecandrum* Lour.	野牡丹科	野牡丹属	10	1	1.31	2.06	1.68
25	齿果草	*Salomonia cantoniensis* Lour.	远志科	齿果草属	10	1	1.31	1.03	1.17
26	地胆草	*Elephantopus scaber* L.	菊科	地胆草属	10	1	1.31	1.03	1.17
27	香膏萼距花	*Cuphea alsamona* Cham. et Schlechtend.	千屈菜科	萼距花属	10	1	1.31	1.03	1.17
28	叶下珠	*Phyllanthus urinaria* L.	大戟科	叶下珠属	10	1	1.31	1.03	1.17

（六）6号样地植物组成

6号样地为橡胶林，地点为阳江地区；海拔为65米；坡度 2°～15°；属老龄林，年龄＞30年。整个样地内共有42个物种，重要值排名前五的物种分别为阔叶丰花草*Borreria latifolia* (Aubl.) K. Schum.，乌桕*Sapium sebiferum* (L.) Roxb.，两耳草*Paspalum conjugatum* Berg.，飞机草*Eupatorium odoratum* L.，藿香蓟*Ageratum conyzoides* L.。

6号调查样地的植物信息

序号	中文名	拉丁学名	科名	属名	高度（厘米）	盖度（%）	相对高度（%）	相对盖度（%）	重要值（%）
1	阔叶丰花草	*Borreria latifolia* (Aubl.) K. Schum.	茜草科	丰花草属	20	70	1.75	41.18	21.47

续表

序号	中文名	拉丁学名	科名	属名	高度（厘米）	盖度（%）	相对高度（%）	相对盖度（%）	重要值（%）
2	乌桕	*Sapium sebiferum* (L.) Roxb.	大戟科	乌桕属	150	2	13.16	1.18	7.17
3	两耳草	*Paspalum conjugatum* Berg.	禾本科	雀稗属	10	22	0.88	12.94	6.91
4	飞机草	*Eupatorium odoratum* L.	菊科	泽兰属	80	5	7.02	2.94	4.98
5	藿香蓟	*Ageratum conyzoides* L.	菊科	藿香蓟属	30	8	2.63	4.71	3.67
6	八角枫	*Alangium chinense* (Lour.) Harms	八角枫科	八角枫属	50	3	4.39	1.76	3.08
7	粗叶悬钩子	*Rubus alceaefolius* Poir.	蔷薇科	悬钩子属	30	5	2.63	2.94	2.79
8	大青	*Clerodendrum cytophyllum* Turcz.	马鞭草科	大青属	50	2	4.39	1.18	2.78
9	火炭母	*Polygonum chinense* L.	蓼科	蓼属	25	5	2.19	2.94	2.57
10	白花灯笼	*Clerodendrum fortunatum* L.	马鞭草科	大青属	45	2	3.95	1.18	2.56
11	白檀	*Symplocos paniculata* (Thunb.) Miq.	山矾科	山矾属	40	1	3.51	0.59	2.05
12	弓果黍	*Cyrtococcum patens* (L.) A. Camus	禾本科	弓果黍属	10	5	0.88	2.94	1.91
13	粗叶榕	*Ficus hirta* Vahl	桑科	榕属	30	2	2.63	1.18	1.90
14	鬼针草	*Bidens pilosa* L.	菊科	鬼针草属	30	2	2.63	1.18	1.90
15	黑面神	*Breynia fruticosa* (Linn.) Hook. f.	大戟科	黑面神属	30	2	2.63	1.18	1.90
16	黄牛木	*Cratoxylum cochinchinense* (Lour.) Bl.	藤黄科	黄牛木属	30	2	2.63	1.18	1.90
17	小果葡萄	*Vitis balanseana* Planch.	葡萄科	葡萄属	30	2	2.63	1.18	1.90
18	刺蒴麻	*Triumfetta rhomboidea* Jack.	椴树科	刺蒴麻属	30	1	2.63	0.59	1.61
19	蓟	*Cirsium japonicum* Fisch. ex DC.	菊科	蓟属	30	1	2.63	0.59	1.61
20	银柴	*Aporusa dioica* (Roxb.) Muell. Arg.	大戟科	银柴属	30	1	2.63	0.59	1.61
21	海南玉叶金花	*Mussaenda hainanensis* Merr.	茜草科	玉叶金花属	20	2	1.75	1.18	1.47
22	葫芦茶	*Tadehagi triquetrum* (L.) Ohashi	蝶形花科	葫芦茶属	20	2	1.75	1.18	1.47
23	毛果算盘子	*Glochidion eriocarpum* Champ. ex Benth.	大戟科	算盘子属	20	2	1.75	1.18	1.47
24	野牡丹	*Melastoma candidum* D.Don	野牡丹科	野牡丹属	20	2	1.75	1.18	1.47
25	长萼栝楼	*Trichosanthes laceribractea* Hayata	葫芦科	栝楼属	20	2	1.75	1.18	1.47
26	地桃花	*Urena lobata* Linn. var. *lobata*	锦葵科	梵天花属	25	1	2.19	0.59	1.39
27	梵天花	*Urena procumbens* Linn.	锦葵科	梵天花属	25	1	2.19	0.59	1.39
28	败酱叶菊芹	*Erechtites valeianifolia* (Link ex Wolf) Less. ex DC.	菊科	菊芹属	20	1	1.75	0.59	1.17
29	含羞草	*Mimosa pudica* Linn.	含羞草科	含羞草属	20	1	1.75	0.59	1.17
30	蓝果蛇葡萄	*Ampelopsis bodinieri* (Levl. et Vant.) Rehd.	葡萄科	蛇葡萄属	20	1	1.75	0.59	1.17
31	簕欓花椒	*Zanthoxylum avicennae* (Lam.) DC.	芸香科	花椒属	20	1	1.75	0.59	1.17
32	酸藤子	*Embelia laeta* (L.) Mez	紫金牛科	酸藤子属	20	1	1.75	0.59	1.17
33	小蓬草	*Conyza canadensis* (L.) Cronq.	菊科	白酒草属	20	1	1.75	0.59	1.17

序号	中文名	拉丁学名	科名	属名	高度（厘米）	盖度(%)	相对高度(%)	相对盖度(%)	重要值(%)
34	薄叶碎米蕨	*Cheilosoria tenuifolia* (Burm.) Trev.	中国蕨科	碎米蕨属	10	1	0.88	0.59	0.73
35	地胆草	*Elephantopus scaber* L.	菊科	地胆草属	10	1	0.88	0.59	0.73
36	饭包草	*Commelina bengalensis*	鸭跖草科	鸭跖草属	10	1	0.88	0.59	0.73
37	积雪草	*Centella asiatica* (L.) Urban	伞形科	积雪草属	10	1	0.88	0.59	0.73
38	母草	*Lindernia crustacea* (L.) F. Muell	玄参科	母草属	10	1	0.88	0.59	0.73
39	双穗雀稗	*Paspalum paspaloides* (Michx.) Scribn.	禾本科	雀稗属	10	1	0.88	0.59	0.73
40	叶下珠	*Phyllanthus urinaria* L.	大戟科	叶下珠属	10	1	0.88	0.59	0.73
41	一点红	*Emilia sonchifolia* (L.) DC.	菊科	一点红属	10	1	0.88	0.59	0.73
42	掌叶海金沙	*Lygodium digitatum* Presl	海金沙科	海金沙属	10	1	0.88	0.59	0.73

（七）7 号样地植物组成

7号样地为橡胶林，地点为阳江地区；海拔为69米；坡度 > 25°；属幼龄林，年龄 < 8年。整个样地内共有22个物种，重要值排名前五的物种分别为杠板归*Polygonum perfoliatum* L.，砂仁*Amomum villosum* Lour.，阔叶丰花草*Borreria latifolia* (Aubl.) K. Schum.，枳*Poncirus trifoliata* (L.) Raf.，银柴*Aporusa dioica* (Roxb.) Muell. Arg.。

7 号调查样地的植物信息

序号	中文名	拉丁学名	科名	属名	高度（厘米）	盖度(%)	相对高度(%)	相对盖度(%)	重要值(%)
1	杠板归	*Polygonum perfoliatum* L.	蓼科	蓼属	20	80	3.23	61.54	32.38
2	砂仁	*Amomum villosum* Lour.	姜科	豆蔻属	120	3	19.35	2.31	10.83
3	阔叶丰花草	*Borreria latifolia* (Aubl.) K. Schum.	茜草科	丰花草属	10	20	1.61	15.38	8.50
4	枳	*Poncirus trifoliata* (L.) Raf.	芸香科	枳属	80	2	12.90	1.54	7.22
5	银柴	*Aporusa dioica* (Roxb.) Muell. Arg.	大戟科	银柴属	40	1	6.45	0.77	3.61
6	野牡丹	*Melastoma candidum* D.Don	野牡丹科	野牡丹属	30	2	4.84	1.54	3.19
7	白花灯笼	*Clerodendrum fortunatum* L.	马鞭草科	大青属	30	1	4.84	0.77	2.80
8	地桃花	*Urena lobata* Linn. var. *lobata*	锦葵科	梵天花属	30	1	4.84	0.77	2.80
9	小蓬草	*Conyza canadensis* (L.) Cronq.	菊科	白酒草属	30	1	4.84	0.77	2.80
10	棕叶狗尾草	*Setaria palmifolia* (Koen.) Stapf	禾本科	狗尾草属	30	1	4.84	0.77	2.80
11	海南玉叶金花	*Mussaenda hainanensis* Merr.	茜草科	玉叶金花属	20	2	3.23	1.54	2.38
12	火炭母	*Polygonum chinense* L.	蓼科	蓼属	20	2	3.23	1.54	2.38
13	藿香蓟	*Ageratum conyzoides* L.	菊科	藿香蓟属	20	2	3.23	1.54	2.38
14	热带鳞盖蕨	*Microlepia speluncae* (Linn.) Moore	姬蕨科	鳞盖蕨属	20	2	3.23	1.54	2.38
15	铁芒萁	*Dicranopteris linearis* (Burm.) Underw.	里白科	芒萁属	20	2	3.23	1.54	2.38
16	梁子菜	*Erechtites hieracifolia* (L.) Raf. ex DC.	菊科	菊芹属	20	1	3.23	0.77	2.00

序号	中文名	拉丁学名	科名	属名	高度（厘米）	盖度（%）	相对高度（%）	相对盖度（%）	重要值（%）
17	碎米莎草	*Cyperus iria* L.	莎草科	莎草属	20	1	3.23	0.77	2.00
18	乌毛蕨	*Blechnum orientale* L.	乌毛蕨科	乌毛蕨属	20	1	3.23	0.77	2.00
19	华南毛蕨	*Cyclosorus parasiticus* (L.) Farwell.	金星蕨科	毛蕨属	10	2	1.61	1.54	1.58
20	单色蝴蝶草	*Torenia concolor* Lindl.	玄参科	蝴蝶草属	10	1	1.61	0.77	1.19
21	芒	*Miscanthus sinensis* Anderss.	禾本科	芒属	10	1	1.61	0.77	1.19
22	野芋	*Colocasia antiquorum* Schott	天南星科	芋属	10	1	1.61	0.77	1.19

（八）8号样地植物组成

8号样地为橡胶林，地点为阳江地区；海拔为69米；坡度 > 25°；属幼龄林，年龄 < 8年。整个样地内共有22个物种，重要值排名前五的物种分别为阔叶丰花草*Borreria latifolia* (Aubl.) K. Schum.，山黄麻*Trema tomentosa* (Roxb.) Hara，银合欢*Leucaena leucocephala* (Lam.) de Wit，热带鳞盖蕨*Microlepia speluncae* (Linn.) Moore，藿香蓟*Ageratum conyzoides* L.。

8号调查样地的植物信息

序号	中文名	拉丁学名	科名	属名	高度（厘米）	盖度（%）	相对高度（%）	相对盖度（%）	重要值（%）
1	阔叶丰花草	*Borreria latifolia* (Aubl.) K. Schum.	茜草科	丰花草属	20	50	2.56	38.17	20.37
2	山黄麻	*Trema tomentosa* (Roxb.) Hara	榆科	山黄麻属	110	5	14.10	3.82	8.96
3	银合欢	*Leucaena leucocephala* (Lam.) de Wit	含羞草科	银合欢属	60	13	7.69	9.92	8.81
4	热带鳞盖蕨	*Microlepia speluncae* (Linn.) Moore	姬蕨科	鳞盖蕨属	40	15	5.13	11.45	8.29
5	藿香蓟	*Ageratum conyzoides* L.	菊科	藿香蓟属	20	15	2.56	11.45	7.01
6	楤木	*Aralia chinensis* L.	五加科	楤木属	70	2	8.97	1.53	5.25
7	白背叶	*Mallotus apelta* (Lour.) Muell. Arg.	大戟科	野桐属	50	2	6.41	1.53	3.97
8	杠板归	*Polygonum perfoliatum* L.	蓼科	蓼属	30	5	3.85	3.82	3.83
9	华南毛蕨	*Cyclosorus parasiticus* (L.) Farwell.	金星蕨科	毛蕨属	30	5	3.85	3.82	3.83
10	无刺含羞草	*Mimosa invisa* Mart.ex Colla var. *inermis* Adelh	含羞草科	含羞草属	40	3	5.13	2.29	3.71
11	闭鞘姜	*Costus speciosus*	姜科	闭鞘姜属	50	1	6.41	0.76	3.59
12	地桃花	*Urena lobata* Linn. var. *lobata*	锦葵科	梵天花属	40	1	5.13	0.76	2.95
13	丰花草	*Borreria stricta* (L.f.) G.Mey.	茜草科	丰花草属	20	3	2.56	2.29	2.43
14	山菅	*Dianella ensifolia* (L.) DC.	百合科	山菅属	30	1	3.85	0.76	2.30
15	野芋	*Colocasia antiquorum* Schott	天南星科	芋属	30	1	3.85	0.76	2.30
16	火炭母	*Polygonum chinense* L.	蓼科	蓼属	20	2	2.56	1.53	2.05
17	乌毛蕨	*Blechnum orientale* L.	乌毛蕨科	乌毛蕨属	20	2	2.56	1.53	2.05
18	大花酢浆草	*Oxalis bowiei* Lindl.	酢浆草科	酢浆草属	20	1	2.56	0.76	1.66
19	单色蝴蝶草	*Torenia concolor* Lindl.	玄参科	蝴蝶草属	20	1	2.56	0.76	1.66
20	尖尾芋	*Alocasia cucullata*	天南星科	海芋属	20	1	2.56	0.76	1.66
21	梁子菜	*Erechtites hieracifolia* (L.) Raf. ex DC.	菊科	菊芹属	20	1	2.56	0.76	1.66
22	枳	*Poncirus trifoliata* (L.) Raf.	芸香科	枳属	20	1	2.56	0.76	1.66

（九）9号样地植物组成

9号样地为橡胶林，地点为阳江地区；海拔为72米；坡度 > 25°；属老龄林，年龄 > 30年。整个样地内共有33个物种，重要值排名前五的物种分别为阔叶丰花草 *Borreria latifolia* (Aubl.) K. Schum.，乌毛蕨 *Blechnum orientale* L.，银合欢 *Leucaena leucocephala* (Lam.) de Wit，弓果黍 *Cyrtococcum patens* (L.) A. Camus，银柴 *Aporusa dioica* (Roxb.) Muell. Arg.。

9号调查样地的植物信息

序号	中文名	拉丁学名	科名	属名	高度（厘米）	盖度（%）	相对高度（%）	相对盖度（%）	重要值（%）
1	阔叶丰花草	*Borreria latifolia* (Aubl.) K. Schum.	茜草科	丰花草属	10	80	1.19	45.45	23.32
2	乌毛蕨	*Blechnum orientale* L.	乌毛蕨科	乌毛蕨属	50	15	5.94	8.52	7.23
3	银合欢	*Leucaena leucocephala* (Lam.) de Wit	含羞草科	银合欢属	100	3	11.88	1.70	6.79
4	弓果黍	*Cyrtococcum patens* (L.) A. Camus	禾本科	弓果黍属	12	20	1.43	11.36	6.39
5	银柴	*Aporusa dioica* (Roxb.) Muell. Arg.	大戟科	银柴属	70	3	8.31	1.70	5.01
6	红豆蔻	*Alpinia galanga* (L.) Willd.	姜科	山姜属	60	1	7.13	0.57	3.85
7	飞机草	*Eupatorium odoratum* L.	菊科	泽兰属	50	2	5.94	1.14	3.54
8	灰毛豆	*Tephrosia purpurea* (Linn.) Pers. Syn.	蝶形花科	灰毛豆属	50	2	5.94	1.14	3.54
9	粗叶榕	*Ficus hirta* Vahl	桑科	榕属	50	1	5.94	0.57	3.25
10	蘘荷	*Zingiber mioga* (Thunb.) Rosc.	姜科	姜属	40	3	4.75	1.70	3.23
11	铁芒萁	*Dicranopteris linearis* (Burm.) Underw.	里白科	芒萁属	30	5	3.56	2.84	3.20
12	扭肚藤	*Jasminum elongatum* (Bergius) Willd.	木犀科	素馨属	30	2	3.56	1.14	2.35
13	粗叶悬钩子	*Rubus alceaefolius* Poir.	蔷薇科	悬钩子属	20	3	2.38	1.70	2.04
14	热带鳞盖蕨	*Microlepia speluncae* (Linn.) Moore	姬蕨科	鳞盖蕨属	20	3	2.38	1.70	2.04
15	酸模芒	*Centotheca lappacea*	禾本科	酸模芒属	10	5	1.19	2.84	2.01
16	白花灯笼	*Clerodendrum fortunatum* L.	马鞭草科	大青属	20	2	2.38	1.14	1.76
17	大青	*Clerodendrum cytophyllum* Turcz.	马鞭草科	大青属	20	2	2.38	1.14	1.76
18	海南玉叶金花	*Mussaenda hainanensis* Merr.	茜草科	玉叶金花属	20	2	2.38	1.14	1.76
19	掌叶海金沙	*Lygodium digitatum* Presl	海金沙科	海金沙属	20	2	2.38	1.14	1.76
20	华珍珠茅	*Scleria chinensis* Kunth	莎草科	珍珠茅属	20	1	2.38	0.57	1.47
21	酸藤子	*Embelia laeta* (L.) Mez	紫金牛科	酸藤子属	20	1	2.38	0.57	1.47
22	剑叶凤尾蕨	*Pteris ensiformis* Burm.	凤尾蕨科	凤尾蕨属	15	1	1.78	0.57	1.17
23	菝葜	*Smilax china* L.	百合科	菝葜属	10	2	1.19	1.14	1.16
24	半边旗	*Pteris semipinnata*	凤尾蕨科	凤尾蕨属	10	2	1.19	1.14	1.16
25	短叶黍	*Panicum brevifolium* L.	禾本科	黍属	10	2	1.19	1.14	1.16
26	火炭母	*Polygonum chinense* L.	蓼科	蓼属	10	2	1.19	1.14	1.16
27	扇叶铁线蕨	*Adiantum flabellulatum* L.	铁线蕨科	铁线蕨属	10	2	1.19	1.14	1.16
28	地胆草	*Elephantopus scaber* L.	菊科	地胆草属	10	1	1.19	0.57	0.88

序号	中文名	拉丁学名	科名	属名	高度（厘米）	盖度（%）	相对高度（%）	相对盖度（%）	重要值（%）
29	地桃花	*Urena lobata* Linn. var. *lobata*	锦葵科	梵天花属	10	1	1.19	0.57	0.88
30	黄牛木	*Cratoxylum cochinchinense* (Lour.) Bl.	藤黄科	黄牛木属	10	1	1.19	0.57	0.88
31	积雪草	*Centella asiatica* (L.) Urban	伞形科	积雪草属	10	1	1.19	0.57	0.88
32	母草	*Lindernia crustacea* (L.) F. Muell	玄参科	母草属	10	1	1.19	0.57	0.88
33	地菍	*Melastoma dodecandrum* Lour.	野牡丹科	野牡丹属	5	2	0.59	1.14	0.87

（十）10号样地植物组成

10号样地为橡胶林，地点为茂名地区；海拔为56米；坡度2°～15°；属老龄林，年龄＞30年。整个样地内共有37个物种，重要值排名前五的物种分别为阔叶丰花草 *Borreria latifolia* (Aubl.) K. Schum.，苦苣菜 *Sonchus oleraceus* L.，白花鬼针草 *Bidens pilosa* L. var. *radiata* Sch.-Bip.，潺槁木姜子 *Litsea glutinosa* (Lour.) C. B. Rob.，大管 *Micromelum falcatum* (Lour.) Tanaka。

10号调查样地的植物信息

序号	中文名	拉丁学名	科名	属名	高度（厘米）	盖度（%）	相对高度（%）	相对盖度（%）	重要值（%）
1	阔叶丰花草	*Borreria latifolia* (Aubl.) K. Schum.	茜草科	丰花草属	40	80	3.15	62.50	32.82
2	苦苣菜	*Sonchus oleraceus* L.	菊科	苦苣菜属	80	1	6.29	0.78	3.54
3	白花鬼针草	*Bidens pilosa* L. var. *radiata* Sch.-Bip.	菊科	鬼针草属	70	2	5.51	1.56	3.53
4	潺槁木姜子	*Litsea glutinosa* (Lour.) C. B. Rob.	樟科	木姜子属	70	1	5.51	0.78	3.14
5	大管	*Micromelum falcatum* (Lour.) Tanaka	芸香科	小芸木属	70	1	5.51	0.78	3.14
6	大青	*Clerodendrum cytophyllum* Turcz.	马鞭草科	大青属	70	1	5.51	0.78	3.14
7	算盘子	*Glochidion puberum* (L.) Hutch.	大戟科	算盘子属	70	1	5.51	0.78	3.14
8	露籽草	*Ottochloa nodosa* (Kunth) Dandy	禾本科	露籽草属	10	7	0.79	5.47	3.13
9	梵天花	*Urena procumbens* Linn.	锦葵科	梵天花属	50	2	3.93	1.56	2.75
10	小蓬草	*Conyza canadensis* (L.) Cronq.	菊科	白酒草属	50	1	3.93	0.78	2.36
11	白背叶	*Mallotus apelta* (Lour.) Muell. Arg.	大戟科	野桐属	40	2	3.15	1.56	2.35
12	葛	*Pueraria lobata* (Willd.) Ohwi	蝶形花科	葛属	40	2	3.15	1.56	2.35
13	黑面神	*Breynia fruticosa* (Linn.) Hook. f.	大戟科	黑面神属	40	1	3.15	0.78	1.96
14	黑叶谷木	*Memecylon nigrescens* Hook. et Arn.	野牡丹科	谷木属	40	1	3.15	0.78	1.96
15	全缘凤尾蕨	*Pteris insignis* Mett. ex Kuhn	凤尾蕨科	凤尾蕨属	40	1	3.15	0.78	1.96
16	少花龙葵	*Solanum photeinocarpum* Nakamura et S. Odashima	茄科	茄属	40	1	3.15	0.78	1.96
17	乌毛蕨	*Blechnum orientale* L.	乌毛蕨科	乌毛蕨属	40	1	3.15	0.78	1.96
18	野牡丹	*Melastoma candidum* D.Don	野牡丹科	野牡丹属	40	1	3.15	0.78	1.96
19	梁子菜	*Erechtites hieracifolia* (L.) Raf. ex DC.	菊科	菊芹属	35	1	2.75	0.78	1.77
20	铁芒萁	*Dicranopteris linearis* (Burm.) Underw.	里白科	芒萁属	15	3	1.18	2.34	1.76
21	地桃花	*Urena lobata* Linn. var. *lobata*	锦葵科	梵天花属	30	1	2.36	0.78	1.57
22	海金沙	*Lygodium japonicum* (Thunb.) Sw.	海金沙科	海金沙属	30	1	2.36	0.78	1.57
23	黄鹌菜	*Youngia japonica*	菊科	黄鹌菜属	30	1	2.36	0.78	1.57

序号	中文名	拉丁学名	科名	属名	高度 （厘米）	盖度 （%）	相对高度 （%）	相对盖度 （%）	重要值 （%）
24	扇叶铁线蕨	*Adiantum flabellulatum* L.	铁线蕨科	铁线蕨属	30	1	2.36	0.78	1.57
25	白背黄花稔	*Sida rhombifolia* Linn.	锦葵科	黄花稔属	20	1	1.57	0.78	1.18
26	金腰箭	*Synedrella nodiflora* (L.) Gaertn.	菊科	金腰箭属	20	1	1.57	0.78	1.18
27	全缘琴叶榕	*Ficus pandurata* Hance var. *holo-phylla* Migo	桑科	榕属	20	1	1.57	0.78	1.18
28	热带鳞盖蕨	*Microlepia speluncae* (Linn.) Moore	姬蕨科	鳞盖蕨属	20	1	1.57	0.78	1.18
29	酸藤子	*Embelia laeta* (L.) Mez	紫金牛科	酸藤子属	20	1	1.57	0.78	1.18
30	小果葡萄	*Vitis balanseana* Planch.	葡萄科	葡萄属	20	1	1.57	0.78	1.18
31	叶下珠	*Phyllanthus urinaria* L.	大戟科	叶下珠属	20	1	1.57	0.78	1.18
32	火炭母	*Polygonum chinense* L.	蓼科	蓼属	15	1	1.18	0.78	0.98
33	藿香蓟	*Ageratum conyzoides* L.	菊科	藿香蓟属	15	1	1.18	0.78	0.98
34	飞扬草	*Euphorbia hirta* L.	大戟科	大戟属	10	1	0.79	0.78	0.78
35	两耳草	*Paspalum conjugatum* Berg.	禾本科	雀稗属	10	1	0.79	0.78	0.78
36	酢浆草	*Oxalis corniculata* L.	酢浆草科	酢浆草属	10	1	0.79	0.78	0.78
37	钝叶草	*Stenotaphrum helferi* Munro ex Hook. f.	禾本科	钝叶草属	1	1	0.08	0.78	0.43

（十一）11 号样地植物组成

11号样地为橡胶林，地点为茂名地区；海拔为46米；坡度 2°～15°；属老龄林，年龄 > 30 年。整个样地内共有27个物种，重要值排名前五的物种分别为弓果黍*Cyrtococcum patens* (L.) A. Camus，铁芒萁*Dicranopteris linearis* (Burm.) Underw.，芒*Miscanthus sinensis* Anderss.，火炭母 *Polygonum chinense* L.，白花灯笼*Clerodendrum fortunatum* L.。

11 号调查样地的植物信息

序号	中文名	拉丁学名	科名	属名	高度 （厘米）	盖度 （%）	相对高度 （%）	相对盖度 （%）	重要值 （%）
1	弓果黍	*Cyrtococcum patens* (L.) A. Camus	禾本科	弓果黍属	10	50	1.06	40.00	20.53
2	铁芒萁	*Dicranopteris linearis* (Burm.) Underw.	里白科	芒萁属	40	35	4.26	28.00	16.13
3	芒	*Miscanthus sinensis* Anderss.	禾本科	芒属	80	1	8.51	0.80	4.66
4	火炭母	*Polygonum chinense* L.	蓼科	蓼属	10	10	1.06	8.00	4.53
5	白花灯笼	*Clerodendrum fortunatum* L.	马鞭草科	大青属	70	1	7.45	0.80	4.12
6	细齿叶柃	*Eurya nitida* Korthals	山茶科	柃木属	70	1	7.45	0.80	4.12
7	宿苞厚壳树	*Ehretia asperula* Zool. et Mor.	紫草科	厚壳树属	70	1	7.45	0.80	4.12
8	海南玉叶金花	*Mussaenda hainanensis* Merr.	茜草科	玉叶金花属	50	1	5.32	0.80	3.06
9	毛银柴	*Aporusa villosa* (Lindl.) Baill.	大戟科	银柴属	50	1	5.32	0.80	3.06
10	野甘草	*Scoparia dulcis* L.	玄参科	野甘草属	50	1	5.32	0.80	3.06
11	野牡丹	*Melastoma candidum* D.Don	野牡丹科	野牡丹属	50	1	5.32	0.80	3.06
12	阔叶丰花草	*Borreria latifolia* (Aubl.) K. Schum.	茜草科	丰花草属	10	5	1.06	4.00	2.53
13	大青	*Clerodendrum cytophyllum* Turcz.	马鞭草科	大青属	40	1	4.26	0.80	2.53

序号	中文名	拉丁学名	科名	属名	高度（厘米）	盖度（%）	相对高度（%）	相对盖度（%）	重要值（%）
14	藿香蓟	*Ageratum conyzoides* L.	菊科	藿香蓟属	30	2	3.19	1.60	2.40
15	白背叶	*Mallotus apelta* (Lour.) Muell. Arg.	大戟科	野桐属	30	1	3.19	0.80	2.00
16	白花鬼针草	*Bidens pilosa* L. var. *radiata* Sch.-Bip.	菊科	鬼针草属	30	1	3.19	0.80	2.00
17	半边旗	*Pteris semipinnata*	凤尾蕨科	凤尾蕨属	30	1	3.19	0.80	2.00
18	热带鳞盖蕨	*Microlepia speluncae* (Linn.) Moore	姬蕨科	鳞盖蕨属	30	1	3.19	0.80	2.00
19	扇叶铁线蕨	*Adiantum flabellulatum* L.	铁线蕨科	铁线蕨属	30	1	3.19	0.80	2.00
20	乌毛蕨	*Blechnum orientale* L.	乌毛蕨科	乌毛蕨属	30	1	3.19	0.80	2.00
21	海金沙	*Lygodium japonicum* (Thunb.) Sw.	海金沙科	海金沙属	20	1	2.13	0.80	1.46
22	黄花稔	*Sida acuta* Burm. f.	锦葵科	黄花稔属	20	1	2.13	0.80	1.46
23	酸藤子	*Embelia laeta* (L.) Mez	紫金牛科	酸藤子属	20	1	2.13	0.80	1.46
24	小蓬草	*Conyza canadensis* (L.) Cronq.	菊科	白酒草属	20	1	2.13	0.80	1.46
25	异叶双唇蕨	*Schizoloma heterophyllum* (Dry.) J. Sm.	鳞始蕨科	双唇蕨属	20	1	2.13	0.80	1.46
26	银柴	*Aporusa dioica* (Roxb.) Muell. Arg.	大戟科	银柴属	20	1	2.13	0.80	1.46
27	钝叶草	*Stenotaphrum helferi* Munro ex Hook. f.	禾本科	钝叶草属	10	2	1.06	1.60	1.33

（十二）12号样地植物组成

12号样地为橡胶林，地点为茂名地区；海拔为83米；坡度 2°～15°；属老龄林，年龄＞30年。整个样地内共有27个物种，重要值排名前五的物种分别为弓果黍*Cyrtococcum patens* (L.) A. Camus，铁芒萁*Dicranopteris linearis* (Burm.) Underw.，芒*Miscanthus sinensis* Anderss.，火炭母*Polygonum chinense* L.，白花灯笼*Clerodendrum fortunatum* L.。

12号调查样地的植物信息

序号	中文名	拉丁学名	科名	属名	高度（厘米）	盖度（%）	相对高度（%）	相对盖度（%）	重要值（%）
1	弓果黍	*Cyrtococcum patens* (L.) A. Camus	禾本科	弓果黍属	30	60	2.62	60.00	31.31
2	飞机草	*Eupatorium odoratum* L.	菊科	泽兰属	130	1	11.35	1.00	6.18
3	乌药	*Lindera aggregata* (Sims) Kosterm	樟科	山胡椒属	90	1	7.86	1.00	4.43
4	热带鳞盖蕨	*Microlepia speluncae* (Linn.) Moore	姬蕨科	鳞盖蕨属	40	5	3.49	5.00	4.25
5	白背叶	*Mallotus apelta* (Lour.) Muell. Arg.	大戟科	野桐属	80	1	6.99	1.00	3.99
6	方叶五月茶	*Antidesma ghaesembilla* Gaertn.	大戟科	五月茶属	80	1	6.99	1.00	3.99
7	酸藤子	*Embelia laeta* (L.) Mez	紫金牛科	酸藤子属	50	2	4.37	2.00	3.18
8	菝葜	*Smilax china* L.	百合科	菝葜属	60	1	5.24	1.00	3.12
9	阔叶丰花草	*Borreria latifolia* (Aubl.) K. Schum.	茜草科	丰花草属	10	5	0.87	5.00	2.94
10	假柿木姜子	*Litsea monopetala* (Roxb.) Pers.	樟科	木姜子属	50	1	4.37	1.00	2.68
11	乌毛蕨	*Blechnum orientale* L.	乌毛蕨科	乌毛蕨属	30	2	2.62	2.00	2.31
12	白花灯笼	*Clerodendrum fortunatum* L.	马鞭草科	大青属	40	1	3.49	1.00	2.25

序号	中文名	拉丁学名	科名	属名	高度（厘米）	盖度（%）	相对高度（%）	相对盖度（%）	重要值（%）
13	白花鬼针草	*Bidens pilosa* L. var. *radiata* Sch.-Bip.	菊科	鬼针草属	40	1	3.49	1.00	2.25
14	大青	*Clerodendrum cytophyllum* Turcz.	马鞭草科	大青属	40	1	3.49	1.00	2.25
15	梵天花	*Urena procumbens* Linn.	锦葵科	梵天花属	40	1	3.49	1.00	2.25
16	地桃花	*Urena lobata* Linn. var. *lobata*	锦葵科	梵天花属	30	1	2.62	1.00	1.81
17	海金沙	*Lygodium japonicum* (Thunb.) Sw.	海金沙科	海金沙属	30	1	2.62	1.00	1.81
18	海南玉叶金花	*Mussaenda hainanensis* Merr.	茜草科	玉叶金花属	30	1	2.62	1.00	1.81
19	黑面神	*Breynia fruticosa* (Linn.) Hook. f.	大戟科	黑面神属	30	1	2.62	1.00	1.81
20	黄花稔	*Sida acuta* Burm. f.	锦葵科	黄花稔属	30	1	2.62	1.00	1.81
21	黄牛木	*Cratoxylum cochinchinense* (Lour.) Bl.	藤黄科	黄牛木属	30	1	2.62	1.00	1.81
22	算盘子	*Glochidion puberum* (L.) Hutch.	大戟科	算盘子属	30	1	2.62	1.00	1.81
23	铁芒萁	*Dicranopteris linearis* (Burm.) Underw.	里白科	芒萁属	30	1	2.62	1.00	1.81
24	短叶黍	*Panicum brevifolium* L.	禾本科	黍属	20	1	1.75	1.00	1.37
25	毛菍	*Melastoma sanguineum* Sims	野牡丹科	野牡丹属	15	1	1.31	1.00	1.16
26	单色蝴蝶草	*Torenia concolor* Lindl.	玄参科	蝴蝶草属	10	1	0.87	1.00	0.94
27	地菍	*Melastoma dodecandrum* Lour.	野牡丹科	野牡丹属	10	1	0.87	1.00	0.94
28	火炭母	*Polygonum chinense* L.	蓼科	蓼属	10	1	0.87	1.00	0.94
29	扇叶铁线蕨	*Adiantum flabellulatum* L.	铁线蕨科	铁线蕨属	10	1	0.87	1.00	0.94
30	异叶双唇蕨	*Schizoloma heterophyllum* (Dry.) J. Sm.	鳞始蕨科	双唇蕨属	10	1	0.87	1.00	0.94
31	掌叶海金沙	*Lygodium digitatum* Presl	海金沙科	海金沙属	10	1	0.87	1.00	0.94

（十三）13号样地植物组成

13号样地为橡胶林，地点为茂名地区；海拔为58米；坡度 2°～15°；属幼龄林，年龄＜8年。整个样地内共有23个物种，重要值排名前五的物种分别为弓果黍*Cyrtococcum patens* (L.) A. Camus，白花鬼针草*Bidens pilosa* L. var. *radiata* Sch.-Bip.，光荚含羞草*Mimosa sepiaria* Benth.，飞机草*Eupatorium odoratum* L.，白背黄花稔*Sida rhombifolia* Linn.。

13号调查样地的植物信息

序号	中文名	拉丁学名	科名	属名	高度（厘米）	盖度（%）	相对高度（%）	相对盖度（%）	重要值（%）
1	弓果黍	*Cyrtococcum patens* (L.) A. Camus	禾本科	弓果黍属	10	80	1.45	60.15	30.80
2	白花鬼针草	*Bidens pilosa* L. var. *radiata* Sch.-Bip.	菊科	鬼针草属	50	20	7.25	15.04	11.14
3	光荚含羞草	*Mimosa sepiaria* Benth.	含羞草科	含羞草属	60	2	8.70	1.50	5.10
4	飞机草	*Eupatorium odoratum* L.	菊科	泽兰属	50	3	7.25	2.26	4.75
5	白背黄花稔	*Sida rhombifolia* Linn.	锦葵科	黄花稔属	50	1	7.25	0.75	4.00
6	白花灯笼	*Clerodendrum fortunatum* L.	马鞭草科	大青属	50	1	7.25	0.75	4.00
7	白灰毛豆	*Tephrosia candida* DC.	蝶形花科	灰毛豆属	50	1	7.25	0.75	4.00
8	升马唐	*Digitaria ciliaris* (Retz.) Koel.	禾本科	马唐属	40	1	5.80	0.75	3.27
9	葛	*Pueraria lobata* (Willd.) Ohwi	蝶形花科	葛属	30	2	4.35	1.50	2.93

序号	中文名	拉丁学名	科名	属名	高度（厘米）	盖度（%）	相对高度（%）	相对盖度（%）	重要值（%）
10	藿香蓟	*Ageratum conyzoides* L.	菊科	藿香蓟属	30	2	4.35	1.50	2.93
11	阔叶丰花草	*Borreria latifolia* (Aubl.) K. Schum.	茜草科	丰花草属	10	5	1.45	3.76	2.60
12	大青	*Clerodendrum cytophyllum* Turcz.	马鞭草科	大青属	30	1	4.35	0.75	2.55
13	莲子草	*Alternanthera sessilis* (L.) DC.	苋科	莲子草属	30	1	4.35	0.75	2.55
14	两耳草	*Paspalum conjugatum* Berg.	禾本科	雀稗属	30	1	4.35	0.75	2.55
15	小蓬草	*Conyza canadensis* (L.) Cronq.	菊科	白酒草属	30	1	4.35	0.75	2.55
16	酢浆草	*Oxalis corniculata* L.	酢浆草科	酢浆草属	30	1	4.35	0.75	2.55
17	含羞草	*Mimosa pudica* Linn.	含羞草科	含羞草属	20	2	2.90	1.50	2.20
18	黄花稔	*Sida acuta* Burm. f.	锦葵科	黄花稔属	20	2	2.90	1.50	2.20
19	假臭草	*Eupatorium catarium* Veldkamp	菊科	泽兰属	20	2	2.90	1.50	2.20
20	参薯	*Dioscorea alata* L.	薯蓣科	薯蓣属	20	1	2.90	0.75	1.83
21	地桃花	*Urena lobata* Linn. var. *lobata*	锦葵科	梵天花属	10	1	1.45	0.75	1.10
22	杠板归	*Polygonum perfoliatum* L.	蓼科	蓼属	10	1	1.45	0.75	1.10
23	杭子梢	*Campylotropis macrocarpa* (Bge.) Rehd.	蝶形花科	杭子梢属	10	1	1.45	0.75	1.10

（十四）14号样地植物组成

14号样地为橡胶林，地点为茂名地区；海拔为66米；坡度 2°～15°；属幼龄林，年龄＜8年。整个样地内共有20个物种，重要值排名前五的物种分别为葛*Pueraria lobata* (Willd.) Ohwi，阔叶丰花草*Borreria latifolia* (Aubl.) K. Schum.，光荚含羞草*Mimosa sepiaria* Benth.，显脉山绿豆*Desmodium reticulatum* Champ. ex Benth.，白花鬼针草*Bidens pilosa* L. var. *radiata* Sch.-Bip.。

14号调查样地的植物信息

序号	中文名	拉丁学名	科名	属名	高度（厘米）	盖度（%）	相对高度（%）	相对盖度（%）	重要值（%）
1	葛	*Pueraria lobata* (Willd.) Ohwi	蝶形花科	葛属	80	80	10.00	46.24	28.12
2	阔叶丰花草	*Borreria latifolia* (Aubl.) K. Schum.	茜草科	丰花草属	50	40	6.25	23.12	14.69
3	光荚含羞草	*Mimosa sepiaria* Benth.	含羞草科	含羞草属	40	30	5.00	17.34	11.17
4	显脉山绿豆	*Desmodium reticulatum* Champ. ex Benth.	蝶形花科	山蚂蝗属	70	1	8.75	0.58	4.66
5	白花鬼针草	*Bidens pilosa* L. var. *radiata* Sch.-Bip.	菊科	鬼针草属	50	2	6.25	1.16	3.70
6	梁子菜	*Erechtites hieracifolia* (L.) Raf. ex DC.	菊科	菊芹属	50	2	6.25	1.16	3.70
7	白背叶	*Mallotus apelta* (Lour.) Muell. Arg.	大戟科	野桐属	50	1	6.25	0.58	3.41
8	少花龙葵	*Solanum photeinocarpum* Nakamura et S. Odashima	茄科	茄属	50	1	6.25	0.58	3.41
9	白灰毛豆	*Tephrosia candida* DC.	蝶形花科	灰毛豆属	40	2	5.00	1.16	3.08
10	飞机草	*Eupatorium odoratum* L.	菊科	泽兰属	40	2	5.00	1.16	3.08
11	假臭草	*Eupatorium catarium* Veldkamp	菊科	泽兰属	40	2	5.00	1.16	3.08
12	马松子	*Melochia corchorifolia* L.	梧桐科	马松子属	40	1	5.00	0.58	2.79
13	芒	*Miscanthus sinensis* Anderss.	禾本科	芒属	40	1	5.00	0.58	2.79

序号	中文名	拉丁学名	科名	属名	高度（厘米）	盖度(%)	相对高度(%)	相对盖度(%)	重要值(%)
14	碎米莎草	*Cyperus iria* L.	莎草科	莎草属	40	1	5.00	0.58	2.79
15	地桃花	*Urena lobata* Linn. var. *lobata*	锦葵科	梵天花属	30	2	3.75	1.16	2.45
16	大青	*Clerodendrum cytophyllum* Turcz.	马鞭草科	大青属	30	1	3.75	0.58	2.16
17	飞扬草	*Euphorbia hirta* L.	大戟科	大戟属	20	1	2.50	0.58	1.54
18	两耳草	*Paspalum conjugatum* Berg.	禾本科	雀稗属	20	1	2.50	0.58	1.54
19	含羞草	*Mimosa pudica* Linn.	含羞草科	含羞草属	10	1	1.25	0.58	0.91
20	母草	*Lindernia crustacea* (L.) F. Muell	玄参科	母草属	10	1	1.25	0.58	0.91

（十五）15号样地植物组成

15号样地为橡胶林，地点为茂名地区；海拔为85米；坡度 2°～15°；属中龄林，年龄 8～30年。整个样地内共有22个物种，重要值排名前五的物种分别为阔叶丰花草*Borreria latifolia* (Aubl.) K. Schum.，热带鳞盖蕨*Microlepia speluncae* (Linn.) Moore，乌毛蕨*Blechnum orientale* L.，白背叶*Mallotus apelta* (Lour.) Muell. Arg.，海南玉叶金花*Mussaenda hainanensis* Merr.。

15号调查样地的植物信息

序号	中文名	拉丁学名	科名	属名	高度（厘米）	盖度(%)	相对高度(%)	相对盖度(%)	重要值(%)
1	阔叶丰花草	*Borreria latifolia* (Aubl.) K. Schum.	茜草科	丰花草属	10	80	1.49	58.82	30.16
2	热带鳞盖蕨	*Microlepia speluncae* (Linn.) Moore	姬蕨科	鳞盖蕨属	50	15	7.46	11.03	9.25
3	乌毛蕨	*Blechnum orientale* L.	乌毛蕨科	乌毛蕨属	30	15	4.48	11.03	7.75
4	白背叶	*Mallotus apelta* (Lour.) Muell. Arg.	大戟科	野桐属	50	5	7.46	3.68	5.57
5	海南玉叶金花	*Mussaenda hainanensis* Merr.	茜草科	玉叶金花属	50	1	7.46	0.74	4.10
6	黑面神	*Breynia fruticosa* (Linn.) Hook. f.	大戟科	黑面神属	50	1	7.46	0.74	4.10
7	盐肤木	*Rhus chinensis* Mill.	漆树科	盐肤木属	50	1	7.46	0.74	4.10
8	银柴	*Aporusa dioica* (Roxb.) Muell. Arg.	大戟科	银柴属	50	1	7.46	0.74	4.10
9	华南毛蕨	*Cyclosorus parasiticus* (L.) Farwell.	金星蕨科	毛蕨属	40	2	5.97	1.47	3.72
10	地桃花	*Urena lobata* Linn. var. *lobata*	锦葵科	梵天花属	40	1	5.97	0.74	3.35
11	红尾翎	*Digitaria radicosa* (Presl) Miq.	禾本科	马唐属	40	1	5.97	0.74	3.35
12	大青	*Clerodendrum cytophyllum* Turcz.	马鞭草科	大青属	30	2	4.48	1.47	2.97
13	水蓼	*Polygonum hydropiper* L.	蓼科	蓼属	30	1	4.48	0.74	2.61
14	火炭母	*Polygonum chinense* L.	蓼科	蓼属	20	1	2.99	1.47	2.23
15	半边旗	*Pteris semipinnata*	凤尾蕨科	凤尾蕨属	20	1	2.99	0.74	1.86
16	短叶黍	*Panicum brevifolium* L.	禾本科	黍属	20	1	2.99	0.74	1.86
17	钝叶草	*Stenotaphrum helferi* Munro ex Hook. f.	禾本科	钝叶草属	20	1	2.99	0.74	1.86
18	两耳草	*Paspalum conjugatum* Berg.	禾本科	雀稗属	20	1	2.99	0.74	1.86
19	酸藤子	*Embelia laeta* (L.) Mez	紫金牛科	酸藤子属	20	1	2.99	0.74	1.86
20	地菍	*Melastoma dodecandrum* Lour.	野牡丹科	野牡丹属	10	1	1.49	0.74	1.11
21	海金沙	*Lygodium japonicum* (Thunb.) Sw.	海金沙科	海金沙属	10	1	1.49	0.74	1.11
22	叶下珠	*Phyllanthus urinaria* L.	大戟科	叶下珠属	10	1	1.49	0.74	1.11

（十六）16号样地植物组成

16号样地为橡胶林，地点为茂名地区；海拔为85米；坡度 2°～15°；属中龄林，年龄 8～30年。整个样地内共有26个物种，重要值排名前五的物种分别为阔叶丰花草Borreria latifolia (Aubl.) K. Schum.，山芝麻Helicteres angustifolia L.，粗叶榕Ficus hirta Vahl，杭子梢Campylotropis macrocarpa (Bge.) Rehd.，飞机草Eupatorium odoratum L.。

16号调查样地的植物信息

序号	中文名	拉丁学名	科名	属名	高度（厘米）	盖度（%）	相对高度（%）	相对盖度（%）	重要值（%）
1	阔叶丰花草	Borreria latifolia (Aubl.) K. Schum.	茜草科	丰花草属	10	80	1.23	68.97	35.10
2	山芝麻	Helicteres angustifolia L.	梧桐科	山芝麻属	80	1	9.88	0.86	5.37
3	粗叶榕	Ficus hirta Vahl	桑科	榕属	60	1	7.41	0.86	4.13
4	杭子梢	Campylotropis macrocarpa (Bge.) Rehd.	蝶形花科	杭子梢属	50	1	6.17	0.86	3.52
5	飞机草	Eupatorium odoratum L.	菊科	泽兰属	40	2	4.94	1.72	3.33
6	芒	Miscanthus sinensis Anderss.	禾本科	芒属	30	3	3.70	2.59	3.14
7	乌毛蕨	Blechnum orientale L.	乌毛蕨科	乌毛蕨属	30	3	3.70	2.59	3.14
8	败酱叶菊芹	Erechtites valeianifolia (Link ex Wolf) Less. ex DC.	菊科	菊芹属	40	1	4.94	0.86	2.90
9	牛茄子	Solanum surattense Burm. f.	茄科	茄属	40	1	4.94	0.86	2.90
10	野牡丹	Melastoma candidum D.Don	野牡丹科	野牡丹属	40	1	4.94	0.86	2.90
11	假臭草	Eupatorium catarium Veldkamp	菊科	泽兰属	30	2	3.70	1.72	2.71
12	热带鳞盖蕨	Microlepia speluncae (Linn.) Moore	姬蕨科	鳞盖蕨属	30	2	3.70	1.72	2.71
13	铁芒萁	Dicranopteris linearis (Burm.) Underw.	里白科	芒萁属	30	2	3.70	1.72	2.71
14	白背叶	Mallotus apelta (Lour.) Muell. Arg.	大戟科	野桐属	30	1	3.70	0.86	2.28
15	半边旗	Pteris semipinnata	凤尾蕨科	凤尾蕨属	30	1	3.70	0.86	2.28
16	垂穗石松	Palhinhaea cernua (L.) Vasc. et Franco	石松科	垂穗石松属	30	1	3.70	0.86	2.28
17	大青	Clerodendrum cytophyllum Turcz.	马鞭草科	大青属	30	1	3.70	0.86	2.28
18	少花龙葵	Solanum photeinocarpum Nakamura et S. Odashima	茄科	茄属	30	1	3.70	0.86	2.28
19	小蓬草	Conyza canadensis (L.) Cronq.	菊科	白酒草属	30	1	3.70	0.86	2.28
20	银柴	Aporusa dioica (Roxb.) Muell. Arg.	大戟科	银柴属	30	1	3.70	0.86	2.28
21	火炭母	Polygonum chinense L.	蓼科	蓼属	20	2	2.47	1.72	2.10
22	弓果黍	Cyrtococcum patens (L.) A. Camus	禾本科	弓果黍属	10	3	1.23	2.59	1.91
23	光荚含羞草	Mimosa sepiaria Benth.	含羞草科	含羞草属	20	1	2.47	0.86	1.67
24	酸藤子	Embelia laeta (L.) Mez	紫金牛科	酸藤子属	20	1	2.47	0.86	1.67
25	地桃花	Urena lobata Linn. var. lobata	锦葵科	梵天花属	10	1	1.23	0.86	1.05
26	叶下珠	Phyllanthus urinaria L.	大戟科	叶下珠属	10	1	1.23	0.86	1.05

（十七）17号样地植物组成

17号样地为橡胶林，地点为茂名地区；海拔为50米；坡度 0°～2°；属老龄林，年龄 > 30

年。整个样地内共有31个物种，重要值排名前五的物种分别为阔叶丰花草*Borreria latifolia* (Aubl.) K. Schum.，紫芋*Colocasia tonoimo* Nakai，山芝麻*Helicteres angustifolia* L.，了哥王*Wikstroemia indica* (Linn.) C. A. Mey，鬼针草*Bidens pilosa* L.，藿香蓟*Ageratum conyzoides* L.。

17号调查样地的植物信息

序号	中文名	拉丁学名	科名	属名	高度（厘米）	盖度（%）	相对高度（%）	相对盖度（%）	重要值（%）
1	阔叶丰花草	*Borreria latifolia* (Aubl.) K. Schum.	茜草科	丰花草属	10	80	1.00	65.04	33.02
2	紫芋	*Colocasia tonoimo* Nakai	天南星科	芋属	70	3	6.97	2.44	4.70
3	了哥王	*Wikstroemia indica* (Linn.) C. A. Mey	瑞香科	荛花属	60	1	5.97	0.81	3.39
4	鬼针草	*Bidens pilosa* L.	菊科	鬼针草属	50	2	4.98	1.63	3.30
5	藿香蓟	*Ageratum conyzoides* L.	菊科	藿香蓟属	50	2	4.98	1.63	3.30
6	热带鳞盖蕨	*Microlepia speluncae* (Linn.) Moore	姬蕨科	鳞盖蕨属	50	2	4.98	1.63	3.30
7	白背叶	*Mallotus apelta* (Lour.) Muell. Arg.	大戟科	野桐属	50	1	4.98	0.81	2.89
8	黑面神	*Breynia fruticosa* (Linn.) Hook. f.	大戟科	黑面神属	50	1	4.98	0.81	2.89
9	黄牛木	*Cratoxylum cochinchinense* (Lour.) Bl.	藤黄科	黄牛木属	50	1	4.98	0.81	2.89
10	马缨丹	*Lantana camara* L.	马鞭草科	马缨丹属	50	1	4.98	0.81	2.89
11	弓果黍	*Cyrtococcum patens* (L.) A. Camus	禾本科	弓果黍属	10	5	1.00	4.07	2.53
12	半边旗	*Pteris semipinnata*	凤尾蕨科	凤尾蕨属	40	1	3.98	0.81	2.40
13	单穗水蜈蚣	*Kyllinga monocephala* Rottb.	莎草科	水蜈蚣属	40	1	3.98	0.81	2.40
14	对叶榕	*Ficus hispida* Linn.	桑科	榕属	40	1	3.98	0.81	2.40
15	飞机草	*Eupatorium odoratum* L.	菊科	泽兰属	30	2	2.99	1.63	2.31
16	假臭草	*Eupatorium catarium* Veldkamp	菊科	泽兰属	30	2	2.99	1.63	2.31
17	大青	*Clerodendrum cytophyllum* Turcz.	马鞭草科	大青属	30	1	2.99	0.81	1.90
18	禾串树	*Bridelia insulana* Hance	大戟科	土蜜树属	30	1	2.99	0.81	1.90
19	水蓼	*Polygonum hydropiper* L.	蓼科	蓼属	30	1	2.99	0.81	1.90
20	酸藤子	*Embelia laeta* (L.) Mez	紫金牛科	酸藤子属	30	1	2.99	0.81	1.90
21	银柴	*Aporusa dioica* (Roxb.) Muell. Arg.	大戟科	银柴属	30	1	2.99	0.81	1.90
22	火炭母	*Polygonum chinense* L.	蓼科	蓼属	20	2	1.99	1.63	1.81
23	白花地胆草	*ELephantopus tomentosus* L.	菊科	地胆草属	20	1	1.99	0.81	1.40
24	地桃花	*Urena lobata* Linn. var. *lobata*	锦葵科	梵天花属	20	1	1.99	0.81	1.40
25	两耳草	*Paspalum conjugatum* Berg.	禾本科	雀稗属	20	1	1.99	0.81	1.40
26	破布叶	*Microcos paniculata* L.	椴树科	破布叶属	20	1	1.99	0.81	1.40
27	小蓬草	*Conyza canadensis* (L.) Cronq.	菊科	白酒草属	20	1	1.99	0.81	1.40
28	叶下珠	*Phyllanthus urinaria* L.	大戟科	叶下珠属	20	1	1.99	0.81	1.40
29	短叶黍	*Panicum brevifolium* L.	禾本科	黍属	10	2	1.00	1.63	1.31
30	酸模芒	*Centotheca lappacea*	禾本科	酸模芒属	15	1	1.49	0.81	1.15
31	地胆草	*Elephantopus scaber* L.	菊科	地胆草属	10	1	1.00	0.81	0.90

（十八）18号样地植物组成

18号样地为橡胶林，地点为茂名地区；海拔为68米；坡度 2°～15°；属老龄林，年龄＞30年。整个样地内共有30个物种，重要值排名前五的物种分别为铁芒萁*Dicranopteris linearis* (Burm.) Underw.，弓果黍*Cyrtococcum patens* (L.) A. Camus，白背叶*Mallotus apelta* (Lour.) Muell. Arg.，山芝麻*Helicteres angustifolia* L.，海南玉叶金花*Mussaenda hainanensis* Merr.。

18 号调查样地的植物信息

序号	中文名	拉丁学名	科名	属名	高度（厘米）	盖度（%）	相对高度（%）	相对盖度（%）	重要值（%）
1	铁芒萁	*Dicranopteris linearis* (Burm.) Underw.	里白科	芒萁属	30	50	3.28	35.97	19.63
2	弓果黍	*Cyrtococcum patens* (L.) A. Camus	禾本科	弓果黍属	10	35	1.09	25.18	13.14
3	白背叶	*Mallotus apelta* (Lour.) Muell. Arg.	大戟科	野桐属	90	3	9.85	2.16	6.00
4	山芝麻	*Helicteres angustifolia* L.	梧桐科	山芝麻属	100	1	10.94	0.72	5.83
5	海南玉叶金花	*Mussaenda hainanensis* Merr.	茜草科	玉叶金花属	40	10	4.38	7.19	5.79
6	假臭草	*Eupatorium catarium* Veldkamp	菊科	泽兰属	60	3	6.56	2.16	4.36
7	假柿木姜子	*Litsea monopetala* (Roxb.) Pers.	樟科	木姜子属	70	1	7.66	0.72	4.19
8	阔叶丰花草	*Borreria latifolia* (Aubl.) K. Schum.	茜草科	丰花草属	30	5	3.28	3.60	3.44
9	野牡丹	*Melastoma candidum* D.Don	野牡丹科	野牡丹属	40	3	4.38	2.16	3.27
10	大青	*Clerodendrum cytophyllum* Turcz.	马鞭草科	大青属	40	2	4.38	1.44	2.91
11	方叶五月茶	*Antidesma ghaesembilla* Gaertn.	大戟科	五月茶属	40	2	4.38	1.44	2.91
12	粗叶榕	*Ficus hirta* Vahl	桑科	榕属	40	1	4.38	0.72	2.55
13	梵天花	*Urena procumbens* Linn.	锦葵科	梵天花属	40	1	4.38	0.72	2.55
14	禾串树	*Bridelia insulana* Hance	大戟科	土蜜树属	40	1	4.38	0.72	2.55
15	白花鬼针草	*Bidens pilosa* L. var. *radiata* Sch.-Bip.	菊科	鬼针草属	20	3	2.19	2.16	2.17
16	白花灯笼	*Clerodendrum fortunatum* L.	马鞭草科	大青属	30	1	3.28	0.72	2.00
17	地桃花	*Urena lobata* Linn. var. *lobata*	锦葵科	梵天花属	30	1	3.28	0.72	2.00
18	两歧飘拂草	*Fimbristylis dichotoma* (L.) Vahl	莎草科	飘拂草属	15	2	1.64	1.44	1.54
19	小蓬草	*Conyza canadensis* (L.) Cronq.	菊科	白酒草属	15	2	1.64	1.44	1.54
20	杭子梢	*Campylotropis macrocarpa* (Bge.) Rehd.	蝶形花科	杭子梢属	20	1	2.19	0.72	1.45
21	两耳草	*Paspalum conjugatum* Berg.	禾本科	雀稗属	20	1	2.19	0.72	1.45
22	丰花草	*Borreria stricta* (L.f.) G.Mey.	茜草科	丰花草属	10	2	1.09	1.44	1.27
23	火炭母	*Polygonum chinense* L.	蓼科	蓼属	12	1	1.31	0.72	1.02
24	乌毛蕨	*Blechnum orientale* L.	乌毛蕨科	乌毛蕨属	12	1	1.31	0.72	1.02
25	齿果草	*Salomonia cantoniensis* Lour.	远志科	齿果草属	10	1	1.09	0.72	0.91
26	垂穗石松	*Palhinhaea cernua* (L.) Vasc. et Franco	石松科	垂穗石松属	10	1	1.09	0.72	0.91
27	地菍	*Melastoma dodecandrum* Lour.	野牡丹科	野牡丹属	10	1	1.09	0.72	0.91
28	母草	*Lindernia crustacea* (L.) F. Muell	玄参科	母草属	10	1	1.09	0.72	0.91
29	算盘子	*Glochidion puberum* (L.) Hutch.	大戟科	算盘子属	10	1	1.09	0.72	0.91
30	掌叶海金沙	*Lygodium digitatum* Presl	海金沙科	海金沙属	10	1	1.09	0.72	0.91

（十九）19 号样地植物组成

19 号样地为橡胶林，地点为高州地区；海拔为 76 米；坡度 15°~25°；属老龄林，年龄 > 30 年。整个样地内共有 34 个物种，重要值排名前五的物种分别为短叶黍 *Panicum brevifolium* L.，海金沙 *Lygodium japonicum* (Thunb.) Sw.，粗叶榕 *Ficus hirta* Vahl，对叶榕 *Ficus hispida* Linn.，火炭母 *Polygonum chinense* L.。

19 号调查样地的植物信息

序号	中文名	拉丁学名	科名	属名	高度（厘米）	盖度（%）	相对高度（%）	相对盖度（%）	重要值（%）
1	短叶黍	*Panicum brevifolium* L.	禾本科	黍属	10	30	0.69	18.18	9.44
2	海金沙	*Lygodium japonicum* (Thunb.) Sw.	海金沙科	海金沙属	40	20	2.76	12.12	7.44
3	粗叶榕	*Ficus hirta* Vahl	桑科	榕属	60	15	4.14	9.09	6.61
4	对叶榕	*Ficus hispida* Linn.	桑科	榕属	60	15	4.14	9.09	6.61
5	火炭母	*Polygonum chinense* L.	蓼科	蓼属	30	18	2.07	10.91	6.49
6	鹅掌柴	*Schefflera octophylla* (Lour.) Harms	五加科	鹅掌柴属	170	2	11.72	1.21	6.47
7	长叶酸藤子	*Embelia longifolia* (Benth.) Hemsl.	紫金牛科	酸藤子属	130	2	8.97	1.21	5.09
8	乌毛蕨	*Blechnum orientale* L.	乌毛蕨科	乌毛蕨属	80	5	5.52	3.03	4.27
9	热带鳞盖蕨	*Microlepia speluncae* (Linn.) Moore	姬蕨科	鳞盖蕨属	40	7	2.76	4.24	3.50
10	潺槁木姜子	*Litsea glutinosa* (Lour.) C. B. Rob.	樟科	木姜子属	70	2	4.83	1.21	3.02
11	飞机草	*Eupatorium odoratum* L.	菊科	泽兰属	70	2	4.83	1.21	3.02
12	野牡丹	*Melastoma candidum* D.Don	野牡丹科	野牡丹属	40	5	2.76	3.03	2.89
13	楤木	*Aralia chinensis* L.	五加科	楤木属	50	3	3.45	1.82	2.63
14	菝葜	*Smilax china* L.	百合科	菝葜属	50	2	3.45	1.21	2.33
15	大青	*Clerodendrum cytophyllum* Turcz.	马鞭草科	大青属	50	2	3.45	1.21	2.33
16	海南玉叶金花	*Mussaenda hainanensis* Merr.	茜草科	玉叶金花属	40	3	2.76	1.82	2.29
17	白花灯笼	*Clerodendrum fortunatum* L.	马鞭草科	大青属	40	2	2.76	1.21	1.99
18	两耳草	*Paspalum conjugatum* Berg.	禾本科	雀稗属	30	3	2.07	1.82	1.94
19	掌叶海金沙	*Lygodium digitatum* Presl	海金沙科	海金沙属	30	3	2.07	1.82	1.94
20	琴叶榕	*Ficus pandurata* Hance	桑科	榕属	20	4	1.38	2.42	1.90
21	半边旗	*Pteris semipinnata*	凤尾蕨科	凤尾蕨属	30	2	2.07	1.21	1.64
22	杠板归	*Polygonum perfoliatum* L.	蓼科	蓼属	30	2	2.07	1.21	1.64
23	乌蕨	*Stenoloma chusanum* Ching	鳞始蕨科	乌蕨属	30	2	2.07	1.21	1.64
24	丰花草	*Borreria stricta* (L.f.) G.Mey.	茜草科	丰花草属	25	2	1.72	1.21	1.47
25	酸藤子	*Embelia laeta* (L.) Mez	紫金牛科	酸藤子属	25	2	1.72	1.21	1.47
26	海南锦香草	*Phyllagathis hainanensis* (Merr. et Chun) C. Chen	野牡丹科	锦香草属	30	1	2.07	0.61	1.34
27	华珍珠茅	*Scleria chinensis* Kunth	莎草科	珍珠茅属	30	1	2.07	0.61	1.34
28	黄牛木	*Cratoxylum cochinchinense* (Lour.) Bl.	藤黄科	黄牛木属	30	1	2.07	0.61	1.34
29	酸模芒	*Centotheca lappacea*	禾本科	酸模芒属	30	1	2.07	0.61	1.34
30	芒	*Miscanthus sinensis* Anderss.	禾本科	芒属	20	2	1.38	1.21	1.30
31	地桃花	*Urena lobata* Linn. var. *lobata*	锦葵科	梵天花属	20	1	1.38	0.61	0.99
32	梵天花	*Urena procumbens* Linn.	锦葵科	梵天花属	20	1	1.38	0.61	0.99
33	地胆草	*Elephantopus scaber* L.	菊科	地胆草属	10	1	0.69	0.61	0.65
34	金钮扣	*Spilanthes paniculata* Wall. ex DC.	菊科	金钮扣属	10	1	0.69	0.61	0.65

（二十）20号样地植物组成

20号样地为橡胶林，地点为高州地区；海拔为94米；坡度 15°~25°；属老龄林，年龄 > 30 年。整个样地内共有31个物种，重要值排名前五的物种分别为粗叶榕Ficus hirta Vahl，短叶黍 Panicum brevifolium L.，热带鳞盖蕨Microlepia speluncae (Linn.) Moore，弓果黍Cyrtococcum patens (L.) A. Camus，对叶榕Ficus hispida Linn.。

20号调查样地的植物信息

序号	中文名	拉丁学名	科名	属名	高度（厘米）	盖度（%）	相对高度（%）	相对盖度（%）	重要值（%）
1	粗叶榕	Ficus hirta Vahl	桑科	榕属	170	15	15.60	10.49	13.04
2	短叶黍	Panicum brevifolium L.	禾本科	黍属	20	25	1.83	17.48	9.66
3	热带鳞盖蕨	Microlepia speluncae (Linn.) Moore	姬蕨科	鳞盖蕨属	30	20	2.75	13.99	8.37
4	弓果黍	Cyrtococcum patens (L.) A. Camus	禾本科	弓果黍属	20	15	1.83	10.49	6.16
5	对叶榕	Ficus hispida Linn.	桑科	榕属	70	8	6.42	5.59	6.01
6	鹅掌柴	Schefflera octophylla (Lour.) Harms	五加科	鹅掌柴属	90	2	8.26	1.40	4.83
7	阔叶丰花草	Borreria latifolia (Aubl.) K. Schum.	茜草科	丰花草属	20	10	1.83	6.99	4.41
8	海南玉叶金花	Mussaenda hainanensis Merr.	茜草科	玉叶金花属	50	5	4.59	3.50	4.04
9	白花灯笼	Clerodendrum fortunatum L.	马鞭草科	大青属	50	2	4.59	1.40	2.99
10	长叶酸藤子	Embelia longifolia (Benth.) Hemsl.	紫金牛科	酸藤子属	50	2	4.59	1.40	2.99
11	火炭母	Polygonum chinense L.	蓼科	蓼属	20	5	1.83	3.50	2.67
12	楤木	Aralia chinensis L.	五加科	楤木属	40	2	3.67	1.40	2.53
13	琴叶榕	Ficus pandurata Hance	桑科	榕属	40	2	3.67	1.40	2.53
14	越南叶下珠	Phyllanthus cochinchinensis (Lour.) Spreng.	大戟科	叶下珠属	40	1	3.67	0.70	2.18
15	大青	Clerodendrum cytophyllum Turcz.	马鞭草科	大青属	30	2	2.75	1.40	2.08
16	黄牛木	Cratoxylum cochinchinense (Lour.) Bl.	藤黄科	黄牛木属	30	2	2.75	1.40	2.08
17	芒	Miscanthus sinensis Anderss.	禾本科	芒属	30	2	2.75	1.40	2.08
18	异叶双唇蕨	Schizoloma heterophyllum (Dry.) J. Sm.	鳞始蕨科	双唇蕨属	30	2	2.75	1.40	2.08
19	海金沙	Lygodium japonicum (Thunb.) Sw.	海金沙科	海金沙属	20	3	1.83	2.10	1.97
20	淡竹叶	Lophatherum gracile	禾本科	淡竹叶属	30	1	2.75	0.70	1.73
21	山矾	Symplocos sumuntia Buch.-Ham. ex D. Don	山矾科	山矾属	30	1	2.75	0.70	1.73
22	圆果算盘子	Glochidion sphaerogynum (Muell. Arg.)	大戟科	算盘子属	30	1	2.75	0.70	1.73
23	半边旗	Pteris semipinnata	凤尾蕨科	凤尾蕨属	20	2	1.83	1.40	1.62
24	酸模芒	Centotheca lappacea	禾本科	酸模芒属	20	2	1.83	1.40	1.62
25	野牡丹	Melastoma candidum D.Don	野牡丹科	野牡丹属	20	2	1.83	1.40	1.62

序号	中文名	拉丁学名	科名	属名	高度 (厘米)	盖度 (%)	相对高度 (%)	相对盖度 (%)	重要值 (%)
26	地菍	*Melastoma dodecandrum* Lour.	野牡丹科	野牡丹属	10	3	0.92	2.10	1.51
27	两耳草	*Paspalum conjugatum* Berg.	禾本科	雀稗属	15	2	1.38	1.40	1.39
28	白背叶	*Mallotus apelta* (Lour.) Muell. Arg.	大戟科	野桐属	20	1	1.83	0.70	1.27
29	银柴	*Aporusa dioica* (Roxb.) Muell. Arg.	大戟科	银柴属	20	1	1.83	0.70	1.27
30	菝葜	*Smilax china* L.	百合科	菝葜属	15	1	1.38	0.70	1.04
31	地桃花	*Urena lobata* Linn. var. *lobata*	锦葵科	梵天花属	10	1	0.92	0.70	0.81

（二十一）21 号样地植物组成

21号样地为橡胶林，地点为高州地区；海拔为88米；坡度 2°～15°；属幼龄林，年龄 < 8 年。整个样地内共有31个物种，重要值排名前五的物种分别为阔叶丰花草*Borreria latifolia* (Aubl.) K. Schum.，丰花草*Borreria stricta* (L.f.) G.Mey.，铁芒萁*Dicranopteris linearis* (Burm.) Underw.，铁包金*Berchemia lineata* (L.) DC.，飞机草*Eupatorium odoratum* L.。

21 号调查样地的植物信息

序号	中文名	拉丁学名	科名	属名	高度 (厘米)	盖度 (%)	相对高度 (%)	相对盖度 (%)	重要值 (%)
1	阔叶丰花草	*Borreria latifolia* (Aubl.) K. Schum.	茜草科	丰花草属	20	30	3.33	31.25	17.29
2	丰花草	*Borreria stricta* (L.f.) G.Mey.	茜草科	丰花草属	15	12	2.50	12.50	7.50
3	铁芒萁	*Dicranopteris linearis* (Burm.) Underw.	里白科	芒萁属	20	5	3.33	5.21	4.27
4	铁包金	*Berchemia lineata* (L.) DC.	鼠李科	勾儿茶属	40	1	6.67	1.04	3.85
5	飞机草	*Eupatorium odoratum* L.	菊科	泽兰属	30	2	5.00	2.08	3.54
6	杭子梢	*Campylotropis macrocarpa* (Bge.) Rehd.	蝶形花科	杭子梢属	30	2	5.00	2.08	3.54
7	假臭草	*Eupatorium catarium* Veldkamp	菊科	泽兰属	30	2	5.00	2.08	3.54
8	酸藤子	*Embelia laeta* (L.) Mez	紫金牛科	酸藤子属	30	2	5.00	2.08	3.54
9	银柴	*Aporusa dioica* (Roxb.) Muell. Arg.	大戟科	银柴属	30	2	5.00	2.08	3.54
10	火炭母	*Polygonum chinense* L.	蓼科	蓼属	20	3	3.33	3.13	3.23
11	山菅	*Dianella ensifolia* (L.) DC.	百合科	山菅属	25	2	4.17	2.08	3.13
12	菝葜	*Smilax china* L.	百合科	菝葜属	20	2	3.33	2.08	2.71
13	白花灯笼	*Clerodendrum fortunatum* L.	马鞭草科	大青属	20	2	3.33	2.08	2.71
14	藿香蓟	*Ageratum conyzoides* L.	菊科	藿香蓟属	20	2	3.33	2.08	2.71
15	两耳草	*Paspalum conjugatum* Berg.	禾本科	雀稗属	20	2	3.33	2.08	2.71
16	芒	*Miscanthus sinensis* Anderss.	禾本科	芒属	20	2	3.33	2.08	2.71
17	野牡丹	*Melastoma candidum* D.Don	野牡丹科	野牡丹属	20	2	3.33	2.08	2.71
18	短叶黍	*Panicum brevifolium* L.	禾本科	黍属	10	3	1.67	3.13	2.40
19	海金沙	*Lygodium japonicum* (Thunb.) Sw.	海金沙科	海金沙属	15	2	2.50	2.08	2.29
20	热带鳞盖蕨	*Microlepia speluncae* (Linn.) Moore	姬蕨科	鳞盖蕨属	15	2	2.50	2.08	2.29
21	黑面神	*Breynia fruticosa* (Linn.) Hook. f.	大戟科	黑面神属	20	1	3.33	1.04	2.19
22	野茼蒿	*Crassocephalum crepidioides* (Benth.) S. Moore	菊科	野茼蒿属	20	1	3.33	1.04	2.19

序号	中文名	拉丁学名	科名	属名	高度（厘米）	盖度（%）	相对高度（%）	相对盖度（%）	重要值（%）
23	异叶双唇蕨	*Schizoloma heterophyllum* (Dry.) J. Sm.	鳞始蕨科	双唇蕨属	20	1	3.33	1.04	2.19
24	樟	*Cinnamomum camphora* (L.) presl	樟科	樟属	20	1	3.33	1.04	2.19
25	半边旗	*Pteris semipinnata*	凤尾蕨科	凤尾蕨属	10	2	1.67	2.08	1.88
26	地菍	*Melastoma dodecandrum* Lour.	野牡丹科	野牡丹属	10	2	1.67	2.08	1.88
27	掌叶海金沙	*Lygodium digitatum* Presl	海金沙科	海金沙属	10	2	1.67	2.08	1.88
28	单色蝴蝶草	*Torenia concolor* Lindl.	玄参科	蝴蝶草属	10	1	1.67	1.04	1.35
29	积雪草	*Centella asiatica* (L.) Urban	伞形科	积雪草属	10	1	1.67	1.04	1.35
30	母草	*Lindernia crustacea* (L.) F. Muell	玄参科	母草属	10	1	1.67	1.04	1.35
31	叶下珠	*Phyllanthus urinaria* L.	大戟科	叶下珠属	10	1	1.67	1.04	1.35

（二十二）22号样地植物组成

22号样地为橡胶林，地点为高州地区；海拔为69米；坡度 2°～15°；属幼龄林，年龄＜8年。整个样地内共有20个物种，重要值排名前五的物种分别为阔叶丰花草*Borreria latifolia* (Aubl.) K. Schum.，短叶黍*Panicum brevifolium* L.，热带鳞盖蕨*Microlepia speluncae* (Linn.) Moore，芒*Miscanthus sinensis* Anderss.，铁芒萁*Dicranopteris linearis* (Burm.) Underw.。

22 号调查样地的植物信息

序号	中文名	拉丁学名	科名	属名	高度（厘米）	盖度（%）	相对高度（%）	相对盖度（%）	重要值（%）
1	阔叶丰花草	*Borreria latifolia* (Aubl.) K. Schum.	茜草科	丰花草属	30	80	5.56	52.98	29.27
2	短叶黍	*Panicum brevifolium* L.	禾本科	黍属	20	15	3.70	9.93	6.82
3	热带鳞盖蕨	*Microlepia speluncae* (Linn.) Moore	姬蕨科	鳞盖蕨属	20	15	3.70	9.93	6.82
4	芒	*Miscanthus sinensis* Anderss.	禾本科	芒属	40	3	7.41	1.99	4.70
5	铁芒萁	*Dicranopteris linearis* (Burm.) Underw.	里白科	芒萁属	30	5	5.56	3.31	4.43
6	飞机草	*Eupatorium odoratum* L.	菊科	泽兰属	40	2	7.41	1.32	4.37
7	野牡丹	*Melastoma candidum* D.Don	野牡丹科	野牡丹属	40	2	7.41	1.32	4.37
8	银柴	*Aporusa dioica* (Roxb.) Muell. Arg.	大戟科	银柴属	40	2	7.41	1.32	4.37
9	火炭母	*Polygonum chinense* L.	蓼科	蓼属	30	3	5.56	1.99	3.77
10	乌毛蕨	*Blechnum orientale* L.	乌毛蕨科	乌毛蕨属	30	3	5.56	1.99	3.77
11	大青	*Clerodendrum cytophyllum* Turcz.	马鞭草科	大青属	30	2	5.56	1.32	3.44
12	山菅	*Dianella ensifolia* (L.) DC.	百合科	山菅属	30	2	5.56	1.32	3.44
13	黄牛木	*Cratoxylum cochinchinense* (Lour.) Bl.	藤黄科	黄牛木属	30	1	5.56	0.66	3.11
14	半边旗	*Pteris semipinnata*	凤尾蕨科	凤尾蕨属	20	3	3.70	1.99	2.85
15	海南玉叶金花	*Mussaenda hainanensis* Merr.	茜草科	玉叶金花属	20	3	3.70	1.99	2.85
16	两耳草	*Paspalum conjugatum* Berg.	禾本科	雀稗属	20	3	3.70	1.99	2.85
17	掌叶海金沙	*Lygodium digitatum* Presl	海金沙科	海金沙属	20	2	3.70	1.32	2.51
18	地桃花	*Urena lobata* Linn. var. *lobata*	锦葵科	梵天花属	20	1	3.70	0.66	2.18
19	小叶厚皮香	*Ternstroemia microphylla*	山茶科	厚皮香属	20	1	3.70	0.66	2.18
20	地菍	*Melastoma dodecandrum* Lour.	野牡丹科	野牡丹属	10	3	1.85	1.99	1.92

（二十三）23 号样地植物组成

23号样地为橡胶林，地点为化州地区；海拔为51米；坡度 15°～25°；属幼龄林，年龄＜8年。整个样地内共有30个物种，重要值排名前五的物种分别为阔叶丰花草*Borreria latifolia* (Aubl.) K. Schum.，热带鳞盖蕨*Microlepia speluncae* (Linn.) Moore，黄牛木*Cratoxylum cochinchinense* (Lour.) Bl.，银合欢*Leucaena leucocephala* (Lam.) de Wit，弓果黍*Cyrtococcum patens* (L.) A. Camus。

23 号调查样地的植物信息

序号	中文名	拉丁学名	科名	属名	高度（厘米）	盖度(%)	相对高度(%)	相对盖度(%)	重要值(%)
1	阔叶丰花草	*Borreria latifolia* (Aubl.) K. Schum.	茜草科	丰花草属	20	30	1.67	21.90	11.78
2	热带鳞盖蕨	*Microlepia speluncae* (Linn.) Moore	姬蕨科	鳞盖蕨属	30	20	2.50	14.60	8.55
3	黄牛木	*Cratoxylum cochinchinense* (Lour.) Bl.	藤黄科	黄牛木属	170	3	14.17	2.19	8.18
4	银合欢	*Leucaena leucocephala* (Lam.) de Wit	含羞草科	银合欢属	150	3	12.50	2.19	7.34
5	弓果黍	*Cyrtococcum patens* (L.) A. Camus	禾本科	弓果黍属	30	15	2.50	10.95	6.72
6	飞机草	*Eupatorium odoratum* L.	菊科	泽兰属	120	3	10.00	2.19	6.09
7	短叶黍	*Panicum brevifolium* L.	禾本科	黍属	10	12	0.83	8.76	4.80
8	掌叶海金沙	*Lygodium digitatum* Presl	海金沙科	海金沙属	80	2	6.67	1.46	4.06
9	马缨丹	*Lantana camara* L.	马鞭草科	马缨丹属	70	3	5.83	2.19	4.01
10	参薯	*Dioscorea alata* L.	薯蓣科	薯蓣属	30	5	2.50	3.65	3.07
11	白花灯笼	*Clerodendrum fortunatum* L.	马鞭草科	大青属	50	2	4.17	1.46	2.81
12	海芋	*Alocasia macrorrhiza*	天南星科	海芋属	50	2	4.17	1.46	2.81
13	水茄	*Solanum torvum* Swartz	茄科	茄属	40	2	3.33	1.46	2.40
14	华南毛蕨	*Cyclosorus parasiticus* (L.) Farwell.	金星蕨科	毛蕨属	30	3	2.50	2.19	2.34
15	山牵牛	*Thunbergia grandiflora* (Rottl. ex Willd.) Roxb.	爵床科	山牵牛属	30	3	2.50	2.19	2.34
16	露籽草	*Ottochloa nodosa* (Kunth) Dandy	禾本科	露籽草属	10	5	0.83	3.65	2.24
17	大青	*Clerodendrum cytophyllum* Turcz.	马鞭草科	大青属	30	2	2.50	1.46	1.98
18	扇叶铁线蕨	*Adiantum flabellulatum* L.	铁线蕨科	铁线蕨属	30	2	2.50	1.46	1.98
19	鬼针草	*Bidens pilosa* L.	菊科	鬼针草属	30	1	2.50	0.73	1.61
20	半边旗	*Pteris semipinnata*	凤尾蕨科	凤尾蕨属	20	2	1.67	1.46	1.56
21	杠板归	*Polygonum perfoliatum* L.	蓼科	蓼属	20	2	1.67	1.46	1.56
22	含羞草	*Mimosa pudica* Linn.	含羞草科	含羞草属	20	2	1.67	1.46	1.56
23	金腰箭	*Synedrella nodiflora* (L.) Gaertn.	菊科	金腰箭属	20	2	1.67	1.46	1.56
24	两耳草	*Paspalum conjugatum* Berg.	禾本科	雀稗属	20	2	1.67	1.46	1.56
25	铁包金	*Berchemia lineata* (L.) DC.	鼠李科	勾儿茶属	20	2	1.67	1.46	1.56
26	地菍	*Melastoma dodecandrum* Lour.	野牡丹科	野牡丹属	10	3	0.83	2.19	1.51
27	火炭母	*Polygonum chinense* L.	蓼科	蓼属	20	1	1.67	0.73	1.20
28	叶下珠	*Phyllanthus urinaria* L.	大戟科	叶下珠属	20	1	1.67	0.73	1.20
29	地桃花	*Urena lobata* Linn. var. lobata	锦葵科	梵天花属	10	1	0.83	0.73	0.78
30	积雪草	*Centella asiatica* (L.) Urban	伞形科	积雪草属	10	1	0.83	0.73	0.78

（二十四）24 号样地植物组成

24号样地为橡胶林，地点为化州地区；海拔为57米；坡度 2°～15°；属幼龄林，年龄＜8年。整个样地内共有25个物种，重要值排名前五的物种分别为阔叶丰花草*Borreria latifolia* (Aubl.) K.

Schum.，楝*Melia azedarach* L.，两耳草*Paspalum conjugatum* Berg.，地菍*Melastoma dodecandrum* Lour.，魔芋*Amorphophallus rivieri* Durieu。

24 号调查样地的植物信息

序号	中文名	拉丁学名	科名	属名	高度（厘米）	盖度（%）	相对高度（%）	相对盖度（%）	重要值（%）
1	阔叶丰花草	*Borreria latifolia* (Aubl.) K. Schum.	茜草科	丰花草属	20	30	2.58	24.39	13.49
2	楝	*Melia azedarach* L.	楝科	楝属	170	2	21.94	1.63	11.78
3	两耳草	*Paspalum conjugatum* Berg.	禾本科	雀稗属	15	20	1.94	16.26	9.10
4	地菍	*Melastoma dodecandrum* Lour.	野牡丹科	野牡丹属	10	20	1.29	16.26	8.78
5	磨芋	*Amorphophallus rivieri* Durieu	天南星科	魔芋属	80	5	10.32	4.07	7.19
6	铁芒萁	*Dicranopteris linearis* (Burm.) Underw.	里白科	芒萁属	30	8	3.87	6.50	5.19
7	少花龙葵	*Solanum photeinocarpum* Nakamura et S. Odashima	茄科	茄属	50	2	6.45	1.63	4.04
8	华南毛蕨	*Cyclosorus parasiticus* (L.) Farwell.	金星蕨科	毛蕨属	30	5	3.87	4.07	3.97
9	白花鬼针草	*Bidens pilosa* L. var. *radiata* Sch.-Bip.	菊科	鬼针草属	40	3	5.16	2.44	3.80
10	乌毛蕨	*Blechnum orientale* L.	乌毛蕨科	乌毛蕨属	40	2	5.16	1.63	3.39
11	鬼针草	*Bidens pilosa* L.	菊科	鬼针草属	30	3	3.87	2.44	3.15
12	大青	*Clerodendrum cytophyllum* Turcz.	马鞭草科	大青属	30	2	3.87	1.63	2.75
13	火炭母	*Polygonum chinense* L.	蓼科	蓼属	30	2	3.87	1.63	2.75
14	山黄麻	*Trema tomentosa* (Roxb.) Hara	榆科	山黄麻属	30	2	3.87	1.63	2.75
15	半边旗	*Pteris semipinnata*	凤尾蕨科	凤尾蕨属	20	2	2.58	1.63	2.10
16	傅氏凤尾蕨	*Pteris fauriei*	凤尾蕨科	凤尾蕨属	20	2	2.58	1.63	2.10
17	藿香蓟	*Ageratum conyzoides* L.	菊科	藿香蓟属	20	2	2.58	1.63	2.10
18	蟛蜞菊	*Wedelia chinensis* (Osbeck.) Merr.	菊科	蟛蜞菊属	20	2	2.58	1.63	2.10
19	微甘菊	*Mikania micrantha* H. B. K.	菊科	假泽兰属	20	2	2.58	1.63	2.10
20	掌叶海金沙	*Lygodium digitatum* Presl	海金沙科	海金沙属	20	2	2.58	1.63	2.10
21	饭包草	*Commelina bengalensis*	鸭跖草科	鸭跖草属	10	1	1.29	0.81	1.05
22	积雪草	*Centella asiatica* (L.) Urban	伞形科	积雪草属	10	1	1.29	0.81	1.05
23	母草	*Lindernia crustacea* (L.) F. Muell	玄参科	母草属	10	1	1.29	0.81	1.05
24	叶下珠	*Phyllanthus urinaria* L.	大戟科	叶下珠属	10	1	1.29	0.81	1.05
25	酢浆草	*Oxalis corniculata* L.	酢浆草科	酢浆草属	10	1	1.29	0.81	1.05

（二十五）25 号样地植物组成

25号样地为橡胶林，地点为雷州地区；海拔为52米；坡度 0°～2°；属中龄林，年龄 8～30年。整个样地内共有19个物种，重要值排名前五的物种分别为鬼针草*Bidens pilosa* L.，长叶肾蕨*Nephrolepis biserrata* (Sw.) Schott，白背叶*Mallotus apelta* (Lour.) Muell. Arg.，白楸*Mallotus paniculatus* (Lam.)Muell.Arg.，土蜜树*Bridelia tomentosa* Bl.。

25 号调查样地的植物信息

序号	中文名	拉丁学名	科名	属名	高度（厘米）	盖度（%）	相对高度（%）	相对盖度（%）	重要值（%）
1	鬼针草	*Bidens pilosa* L.	菊科	鬼针草属	30	62	2.52	35.23	18.87
2	长叶肾蕨	*Nephrolepis biserrata* (Sw.) Schott	肾蕨科	肾蕨属	80	53	6.72	30.11	18.42
3	白背叶	*Mallotus apelta* (Lour.) Muell. Arg.	大戟科	野桐属	170	15	14.29	8.52	11.40
4	白楸	*Mallotus paniculatus* (Lam.)Muell.Arg.	大戟科	野桐属	170	8	14.29	4.55	9.42

序号	中文名	拉丁学名	科名	属名	高度（厘米）	盖度（%）	相对高度（%）	相对盖度（%）	重要值（%）
5	土蜜树	*Bridelia tomentosa* Bl.	大戟科	土蜜树属	170	5	14.29	2.84	8.56
6	黑面神	*Breynia fruticosa* (Linn.) Hook. f.	大戟科	黑面神属	120	3	10.08	1.70	5.89
7	银柴	*Aporusa dioica* (Roxb.) Muell. Arg.	大戟科	银柴属	70	2	5.88	1.14	3.51
8	山鸡椒	*Litsea cubeba* (Lour.) Pers.	樟科	木姜子属	60	2	5.04	1.14	3.09
9	梵天花	*Urena procumbens* Linn.	锦葵科	梵天花属	50	2	4.20	1.14	2.67
10	菝葜	*Smilax china* L.	百合科	菝葜属	40	2	3.36	1.14	2.25
11	白花灯笼	*Clerodendrum fortunatum* L.	马鞭草科	大青属	40	2	3.36	1.14	2.25
12	两耳草	*Paspalum conjugatum* Berg.	禾本科	雀稗属	30	3	2.52	1.70	2.11
13	含羞草	*Mimosa pudica* Linn.	含羞草科	含羞草属	30	2	2.52	1.14	1.83
14	扭肚藤	*Jasminum elongatum* (Bergius) Willd.	木犀科	素馨属	30	2	2.52	1.14	1.83
15	短叶黍	*Panicum brevifolium* L.	禾本科	黍属	20	3	1.68	1.70	1.69
16	火炭母	*Polygonum chinense* L.	蓼科	蓼属	20	3	1.68	1.70	1.69
17	露籽草	*Ottochloa nodosa* (Kunth) Dandy	禾本科	露籽草属	20	3	1.68	1.70	1.69
18	半边旗	*Pteris semipinnata*	凤尾蕨科	凤尾蕨属	20	2	1.68	1.14	1.41
19	马缨丹	*Lantana camara* L.	马鞭草科	马缨丹属	20	2	1.68	1.14	1.41

（二十六）26号样地植物组成

26号样地为橡胶林，地点为雷州地区；海拔为55米；坡度0°～2°；属老龄林，年龄＞30年。整个样地内共有21个物种，重要值排名前五的物种分别为弓果黍*Cyrtococcum patens* (L.) A. Camus，白花灯笼*Clerodendrum fortunatum* L.，酒饼簕*Atalantia buxifolia* (Poir.) Oliv.，酸藤子*Embelia laeta* (L.) Mez，银柴*Aporusa dioica* (Roxb.) Muell. Arg.。

26号调查样地的植物信息

序号	中文名	拉丁学名	科名	属名	高度（厘米）	盖度（%）	相对高度（%）	相对盖度（%）	重要值（%）
1	弓果黍	*Cyrtococcum patens* (L.) A. Camus	禾本科	弓果黍属	10	70	1.96	65.42	33.69
2	白花灯笼	*Clerodendrum fortunatum* L.	马鞭草科	大青属	40	2	7.84	1.87	4.86
3	酒饼簕	*Atalantia buxifolia* (Poir.) Oliv.	芸香科	酒饼簕属	40	2	7.84	1.87	4.86
4	酸藤子	*Embelia laeta* (L.) Mez	紫金牛科	酸藤子属	40	2	7.84	1.87	4.86
5	银柴	*Aporusa dioica* (Roxb.) Muell. Arg.	大戟科	银柴属	40	2	7.84	1.87	4.86
6	飞机草	*Eupatorium odoratum* L.	菊科	泽兰属	30	3	5.88	2.80	4.34
7	大青	*Clerodendrum cytophyllum* Turcz.	马鞭草科	大青属	30	2	5.88	1.87	3.88
8	崖县叶下珠	*Phyllanthus annamensis* Beille	大戟科	叶下珠属	30	2	5.88	1.87	3.88
9	地胆草	*Elephantopus scaber* L.	菊科	地胆草属	20	3	3.92	2.80	3.36
10	短叶黍	*Panicum brevifolium* L.	禾本科	黍属	20	3	3.92	2.80	3.36
11	菝葜	*Smilax china* L.	百合科	菝葜属	20	2	3.92	1.87	2.90
12	白背黄花稔	*Sida rhombifolia* Linn.	锦葵科	黄花稔属	20	2	3.92	1.87	2.90
13	白花鬼针草	*Bidens pilosa* L. var. *radiata* Sch.-Bip.	菊科	鬼针草属	20	2	3.92	1.87	2.90
14	梵天花	*Urena procumbens* Linn.	锦葵科	梵天花属	20	2	3.92	1.87	2.90
15	火炭母	*Polygonum chinense* L.	蓼科	蓼属	20	2	3.92	1.87	2.90
16	白楸	*Mallotus paniculatus* (Lam.)Muell. Arg.	大戟科	野桐属	20	1	3.92	0.93	2.43
17	地桃花	*Urena lobata* Linn. var. *lobata*	锦葵科	梵天花属	20	1	3.92	0.93	2.43
18	黑面神	*Breynia fruticosa* (Linn.) Hook. f.	大戟科	黑面神属	20	1	3.92	0.93	2.43

序号	中文名	拉丁学名	科名	属名	高度（厘米）	盖度（%）	相对高度（%）	相对盖度（%）	重要值（%）
19	扭肚藤	*Jasminum elongatum* (Bergius) Willd.	木犀科	素馨属	20	1	3.92	0.93	2.43
20	蚊母树	*Distylium racemosum*	金缕梅科	蚊母树属	20	1	3.92	0.93	2.43
21	粪箕笃	*Stephania longa* Lour.	防己科	千金藤属	10	1	1.96	0.93	1.45

（二十七）27号样地植物组成

27号样地为橡胶林，地点为雷州地区；海拔为103米；坡度 0°～2°；属老龄林，年龄＞30年。整个样地内共有26个物种，重要值排名前五的物种分别为假蒟*Piper sarmentosum* Roxb.，大青*Clerodendrum cytophyllum* Turcz.，曲轴海金沙*Lygodiunm flexuosum* (L.)Sw.，弓果黍*Cyrtococcum patens* (L.) A. Camus，含羞草*Mimosa pudica* Linn.。

27 号调查样地的植物信息

序号	中文名	拉丁学名	科名	属名	高度（厘米）	盖度（%）	相对高度（%）	相对盖度（%）	重要值（%）
1	假蒟	*Piper sarmentosum* Roxb.	胡椒科	胡椒属	30	80	4.17	61.07	32.62
2	大青	*Clerodendrum cytophyllum* Turcz.	马鞭草科	大青属	50	2	6.94	1.53	4.24
3	曲轴海金沙	*Lygodiunm flexuosum* (L.)Sw.	海金沙科	海金沙属	40	2	5.56	1.53	3.54
4	弓果黍	*Cyrtococcum patens* (L.) A. Camus	禾本科	弓果黍属	20	5	2.78	3.82	3.30
5	含羞草	*Mimosa pudica* Linn.	含羞草科	含羞草属	30	3	4.17	2.29	3.23
6	白花灯笼	*Clerodendrum fortunatum* L.	马鞭草科	大青属	30	2	4.17	1.53	2.85
7	地桃花	*Urena lobata* Linn. var. *lobata*	锦葵科	梵天花属	30	2	4.17	1.53	2.85
8	光滑黄皮	*Clausena lenis* Drake	芸香科	黄皮属	30	2	4.17	1.53	2.85
9	华南毛蕨	*Cyclosorus parasiticus* (L.) Farwell.	金星蕨科	毛蕨属	30	2	4.17	1.53	2.85
10	黄牛木	*Cratoxylum cochinchinense* (Lour.) Bl.	藤黄科	黄牛木属	30	2	4.17	1.53	2.85
11	鲫鱼胆	*Maesa perlarius* (Lour.) Merr.	紫金牛科	杜茎山属	30	2	4.17	1.53	2.85
12	剑叶凤尾蕨	*Pteris ensiformis* Burm.	凤尾蕨科	凤尾蕨属	30	2	4.17	1.53	2.85
13	芒	*Miscanthus sinensis* Anderss.	禾本科	芒属	30	2	4.17	1.53	2.85
14	扭肚藤	*Jasminum elongatum* (Bergius) Willd.	木犀科	素馨属	30	2	4.17	1.53	2.85
15	赛葵	*Malvastrum coromandelianum* (Linn.) Gurcke	锦葵科	赛葵属	30	2	4.17	1.53	2.85
16	银柴	*Aporusa dioica* (Roxb.) Muell. Arg.	大戟科	银柴属	30	2	4.17	1.53	2.85
17	菝葜	*Smilax china* L.	百合科	菝葜属	20	3	2.78	2.29	2.53
18	海金沙	*Lygodium japonicum* (Thunb.) Sw.	海金沙科	海金沙属	20	3	2.78	2.29	2.53
19	刺篱木	*Flacourtia indica* (Burm. f.) Merr.	大风子科	刺篱木属	30	1	4.17	0.76	2.47
20	鸡眼藤	*Morinda parvifolia* Bartl. ex DC.	茜草科	巴戟天属	30	1	4.17	0.76	2.47
21	海南茄	*Solanum procumbens* Lour.	茄科	茄属	20	2	2.78	1.53	2.15
22	犁头尖	*Typhonium divaricatum* (L.) Decne.	天南星科	犁头尖属	20	2	2.78	1.53	2.15
23	掌叶海金沙	*Lygodium digitatum* Presl	海金沙科	海金沙属	20	2	2.78	1.53	2.15
24	海南山牵牛	*Thunbergia fragrans* Roxb. subsp. *hainanensis*	爵床科	山牵牛属	20	1	2.78	0.76	1.77
25	细基丸	*Polyalthia cerasoides*	番荔枝科	暗罗属	20	1	2.78	0.76	1.77
26	小心叶薯	*Ipomoea obscura* (L.) Ker-Gawl.	旋花科	番薯属	20	1	2.78	0.76	1.77

（二十八）28 号样地植物组成

28号样地为橡胶林，地点为雷州地区；海拔为132米；坡度 0°～2°；属老龄林，年龄＞30年。整个样地内共有22个物种，重要值排名前五的物种分别为假蒌*Piper sarmentosum* Roxb.，弓果黍*Cyrtococcum patens* (L.) A. Camus，鬼针草*Bidens pilosa* L.，短叶黍*Panicum brevifolium* L.，白毛鸡矢藤*Paederia pertomentosa* Merr. ex Li。

28 号调查样地的植物信息

序号	中文名	拉丁学名	科名	属名	高度（厘米）	盖度(%)	相对高度(%)	相对盖度(%)	重要值(%)
1	假蒌	*Piper sarmentosum* Roxb.	胡椒科	胡椒属	40	80	7.27	55.56	31.41
2	弓果黍	*Cyrtococcum patens* (L.) A. Camus	禾本科	弓果黍属	10	20	1.82	13.89	7.85
3	鬼针草	*Bidens pilosa* L.	菊科	鬼针草属	30	5	5.45	3.47	4.46
4	短叶黍	*Panicum brevifolium* L.	禾本科	黍属	20	5	3.64	3.47	3.55
5	白毛鸡矢藤	*Paederia pertomentosa* Merr. ex Li	茜草科	鸡矢藤属	30	2	5.45	1.39	3.42
6	藿香蓟	*Ageratum conyzoides* L.	菊科	藿香蓟属	30	2	5.45	1.39	3.42
7	簕欓花椒	*Zanthoxylum avicennae* (Lam.) DC.	芸香科	花椒属	30	2	5.45	1.39	3.42
8	马缨丹	*Lantana camara* L.	马鞭草科	马缨丹属	30	2	5.45	1.39	3.42
9	扭肚藤	*Jasminum elongatum* (Bergius) Willd.	木犀科	素馨属	30	2	5.45	1.39	3.42
10	酸藤子	*Embelia laeta* (L.) Mez	紫金牛科	酸藤子属	30	2	5.45	1.39	3.42
11	银柴	*Aporusa dioica* (Roxb.) Muell. Arg.	大戟科	银柴属	30	2	5.45	1.39	3.42
12	掌叶鱼黄草	*Merremia vitifolia* (Burm. f.) Hall. f.	旋花科	鱼黄草属	30	2	5.45	1.39	3.42
13	珠子草	*Phyllanthus niruri* L.	大戟科	叶下珠属	30	2	5.45	1.39	3.42
14	光滑黄皮	*Clausena lenis* Drake	芸香科	黄皮属	30	1	5.45	0.69	3.07
15	白花灯笼	*Clerodendrum fortunatum* L.	马鞭草科	大青属	20	2	3.64	1.39	2.51
16	参薯	*Dioscorea alata* L.	薯蓣科	薯蓣属	20	2	3.64	1.39	2.51
17	地桃花	*Urena lobata* Linn. var. *lobata*	锦葵科	梵天花属	20	2	3.64	1.39	2.51
18	含羞草	*Mimosa pudica* Linn.	含羞草科	含羞草属	20	2	3.64	1.39	2.51
19	鸡眼藤	*Morinda parvifolia* Bartl. ex DC.	茜草科	巴戟天属	20	2	3.64	1.39	2.51
20	小蓬草	*Conyza canadensis* (L.) Cronq.	菊科	白酒草属	20	2	3.64	1.39	2.51
21	酢浆草	*Oxalis corniculata* L.	酢浆草科	酢浆草属	20	2	3.64	1.39	2.51
22	叶下珠	*Phyllanthus urinaria* L.	大戟科	叶下珠属	10	1	1.82	0.69	1.26

（二十九）29 号样地植物组成

29号样地为橡胶林，地点为雷州地区；海拔为110米；坡度 0°～2°；属老龄林，年龄＞30年。整个样地内共有19个物种，重要值排名前五的物种分别为蟛蜞菊*Wedelia chinensis* (Osbeck.) Merr.，台湾相思*Acacia confusa* Merr.，假蒌*Piper sarmentosum* Roxb.，喙果皂帽花*Dasymaschalon rostratum* Merr. et Chun，鹊肾树*Streblus asper* Lour.。

29 号调查样地的植物信息

序号	中文名	拉丁学名	科名	属名	高度（厘米）	盖度(%)	相对高度(%)	相对盖度(%)	重要值(%)
1	蟛蜞菊	*Wedelia chinensis* (Osbeck.) Merr.	菊科	蟛蜞菊属	20	60	2.90	54.05	28.48
2	台湾相思	*Acacia confusa* Merr.	含羞草科	金合欢属	170	2	24.64	1.80	13.22

序号	中文名	拉丁学名	科名	属名	高度（厘米）	盖度（%）	相对高度（%）	相对盖度（%）	重要值（%）
3	假蒟	*Piper sarmentosum* Roxb.	胡椒科	胡椒属	30	20	4.35	18.02	11.18
4	喙果皂帽花	*Dasymaschalon rostratum* Merr. et Chun	番荔枝科	皂帽花属	100	3	14.49	2.70	8.60
5	鹊肾树	*Streblus asper* Lour.	桑科	鹊肾树属	40	2	5.80	1.80	3.80
6	大青	*Clerodendrum cytophyllum* Turcz.	马鞭草科	大青属	30	3	4.35	2.70	3.53
7	弓果黍	*Cyrtococcum patens* (L.) A. Camus	禾本科	弓果黍属	30	3	4.35	2.70	3.53
8	白花灯笼	*Clerodendrum fortunatum* L.	马鞭草科	大青属	30	2	4.35	1.80	3.07
9	马缨丹	*Lantana camara* L.	马鞭草科	马缨丹属	30	2	4.35	1.80	3.07
10	银柴	*Aporusa dioica* (Roxb.) Muell. Arg.	大戟科	银柴属	30	2	4.35	1.80	3.07
11	黄牛木	*Cratoxylum cochinchinense* (Lour.) Bl.	藤黄科	黄牛木属	30	1	4.35	0.90	2.62
12	基及树	*Carmona microphylla* (Lam.) G. Don	紫草科	基及树属	30	1	4.35	0.90	2.62
13	白鹤藤	*Argyreia acuta* Lour.	旋花科	银背藤属	20	2	2.90	1.80	2.35
14	扭肚藤	*Jasminum elongatum* (Bergius) Willd.	木犀科	素馨属	20	2	2.90	1.80	2.35
15	刺篱木	*Flacourtia indica* (Burm. f.) Merr.	大风子科	刺篱木属	20	1	2.90	0.90	1.90
16	大管	*Micromelum falcatum* (Lour.) Tanaka	芸香科	小芸木属	20	1	2.90	0.90	1.90
17	地桃花	*Urena lobata* Linn. var. *lobata*	锦葵科	梵天花属	20	1	2.90	0.90	1.90
18	酢浆草	*Oxalis corniculata* L.	酢浆草科	酢浆草属	10	2	1.45	1.80	1.63
19	合果芋	*Syngonium podophyllum* Schott	天南星科	合果芋属	10	1	1.45	0.90	1.18

（三十）30号样地植物组成

30号样地为橡胶林，地点为雷州地区；海拔为121米；坡度 0°～2°；属老龄林，年龄＞30年。整个样地内共有28个物种，重要值排名前五的物种分别为假蒟*Piper sarmentosum* Roxb.，弓果黍*Cyrtococcum patens* (L.) A. Camus，银柴*Aporusa dioica* (Roxb.) Muell. Arg.，马缨丹*Lantana camara* L.，鬼针草*Bidens pilosa* L.。

30号调查样地的植物信息

序号	中文名	拉丁学名	科名	属名	高度（厘米）	盖度（%）	相对高度（%）	相对盖度（%）	重要值（%）
1	假蒟	*Piper sarmentosum* Roxb.	胡椒科	胡椒属	30	55	3.75	39.01	21.38
2	弓果黍	*Cyrtococcum patens* (L.) A. Camus	禾本科	弓果黍属	15	30	1.88	21.28	11.58
3	银柴	*Aporusa dioica* (Roxb.) Muell. Arg.	大戟科	银柴属	130	4	16.25	2.84	9.54
4	马缨丹	*Lantana camara* L.	马鞭草科	马缨丹属	130	3	16.25	2.13	9.19
5	鬼针草	*Bidens pilosa* L.	菊科	鬼针草属	30	5	3.75	3.55	3.65
6	紫苏	*Perilla frutescens* (L.) Britt.	唇形科	紫苏属	30	5	3.75	3.55	3.65
7	凹头苋	*Amaranthus lividus*	苋科	苋属	30	2	3.75	1.42	2.58
8	菝葜	*Smilax china* L.	百合科	菝葜属	30	2	3.75	1.42	2.58
9	白楸	*Mallotus paniculatus* (Lam.)Muell. Arg.	大戟科	野桐属	30	2	3.75	1.42	2.58

序号	中文名	拉丁学名	科名	属名	高度 (厘米)	盖度 (%)	相对高度 (%)	相对盖度 (%)	重要值 (%)
10	刺篱木	*Flacourtia indica* (Burm. f.) Merr.	大风子科	刺篱木属	30	2	3.75	1.42	2.58
11	地桃花	*Urena lobata* Linn. var. *lobata*	锦葵科	梵天花属	30	2	3.75	1.42	2.58
12	赛葵	*Malvastrum coromandelianum* (Linn.) Gurcke	锦葵科	赛葵属	30	2	3.75	1.42	2.58
13	单穗水蜈蚣	*Kyllinga monocephala* Rottb.	莎草科	水蜈蚣属	20	2	2.50	1.42	1.96
14	海金沙	*Lygodium japonicum* (Thunb.) Sw.	海金沙科	海金沙属	20	2	2.50	1.42	1.96
15	紫茉莉	*Mirabilis jalapa* L.	紫茉莉科	紫茉莉属	20	2	2.50	1.42	1.96
16	猪菜藤	*Hewittia sublobata* (L. f.) O. Ktze.	旋花科	猪菜藤属	10	3	1.25	2.13	1.69
17	酢浆草	*Oxalis corniculata* L.	酢浆草科	酢浆草属	10	3	1.25	2.13	1.69
18	饭包草	*Commelina bengalensis*	鸭跖草科	鸭跖草属	15	2	1.88	1.42	1.65
19	假臭草	*Eupatorium catarium* Veldkamp	菊科	泽兰属	15	2	1.88	1.42	1.65
20	丰花草	*Borreria stricta* (L.f.) G.Mey.	茜草科	丰花草属	20	1	2.50	0.71	1.60
21	小蓬草	*Conyza canadensis* (L.) Cronq.	菊科	白酒草属	20	1	2.50	0.71	1.60
22	鸭趾草	*Commelina communis* L.	鸭跖草科	鸭跖草属	20	1	2.50	0.71	1.60
23	夜香牛	*Vernonia cinerea* (L.) Less.	菊科	斑鸠菊属	20	1	2.50	0.71	1.60
24	银胶菊	*Parthenium hysterophorus* L.	菊科	银胶菊属	20	1	2.50	0.71	1.60
25	水茄	*Solanum torvum* Swartz	茄科	茄属	13	2	1.63	1.42	1.52
26	含羞草	*Mimosa pudica* Linn.	含羞草科	含羞草属	12	2	1.50	1.42	1.46
27	丝瓜	*Luffa cylindrica* (L.) Roem.	葫芦科	丝瓜属	10	1	1.25	0.71	0.98
28	叶下珠	*Phyllanthus urinaria* L.	大戟科	叶下珠属	10	1	1.25	0.71	0.98

（三十一）31号样地植物组成

31号样地为桉树林，地点为阳江地区；海拔为23米；坡度 2°～15°；属幼龄林，年龄 5～10 年。整个样地内共有28个物种，重要值排名前五的物种分别为野牡丹*Melastoma candidum* D.Don，露籽草*Ottochloa nodosa* (Kunth) Dandy，碎米莎草*Cyperus iria* L.，无根藤*Cassytha filiformis* L.，海南玉叶金花*Mussaenda hainanensis* Merr.。

31号调查样地的植物信息

序号	中文名	拉丁学名	科名	属名	高度 (厘米)	盖度 (%)	相对高度 (%)	相对盖度 (%)	重要值 (%)
1	野牡丹	*Melastoma candidum* D.Don	野牡丹科	野牡丹属	180	38	14.17	26.03	20.10
2	露籽草	*Ottochloa nodosa* (Kunth) Dandy	禾本科	露籽草属	10	40	0.79	27.40	14.09
3	碎米莎草	*Cyperus iria* L.	莎草科	莎草属	20	20	1.57	13.70	7.64
4	无根藤	*Cassytha filiformis* L.	樟科	无根藤属	140	2	11.02	1.37	6.20
5	海南玉叶金花	*Mussaenda hainanensis* Merr.	茜草科	玉叶金花属	70	10	5.51	6.85	6.18
6	白背叶	*Mallotus apelta* (Lour.) Muell. Arg.	大戟科	野桐属	100	2	7.87	1.37	4.62
7	乌毛蕨	*Blechnum orientale* L.	乌毛蕨科	乌毛蕨属	100	2	7.87	1.37	4.62

续表

序号	中文名	拉丁学名	科名	属名	高度（厘米）	盖度（%）	相对高度（%）	相对盖度（%）	重要值（%）
8	山菅	*Dianella ensifolia* (L.) DC.	百合科	山菅属	100	1	7.87	0.68	4.28
9	桃金娘	*Vitis balanseana* Planch.	桃金娘科	桃金娘属	70	2	5.51	1.37	3.44
10	簕欓花椒	*Zanthoxylum avicennae* (Lam.) DC.	芸香科	花椒属	70	1	5.51	0.68	3.10
11	铁芒萁	*Dicranopteris linearis* (Burm.) Underw.	里白科	芒萁属	30	4	2.36	2.74	2.55
12	两歧飘拂草	*Fimbristylis dichotoma* (L.) Vahl	莎草科	飘拂草属	20	5	1.57	3.42	2.50
13	算盘子	*Glochidion puberum* (L.) Hutch.	大戟科	算盘子属	40	2	3.15	1.37	2.26
14	木薯	*Manihot esculenta* Crantz	大戟科	木薯属	40	1	3.15	0.68	1.92
15	扭肚藤	*Jasminum elongatum* (Bergius) Willd.	木犀科	素馨属	40	1	3.15	0.68	1.92
16	白花灯笼	*Clerodendrum fortunatum* L.	马鞭草科	大青属	30	1	2.36	0.68	1.52
17	梵天花	*Urena procumbens* Linn.	锦葵科	梵天花属	30	1	2.36	0.68	1.52
18	酸藤子	*Embelia laeta* (L.) Mez	紫金牛科	酸藤子属	30	1	2.36	0.68	1.52
19	粗叶悬钩子	*Rubus alceaefolius* Poir.	蔷薇科	悬钩子属	20	2	1.57	1.37	1.47
20	海金沙	*Lygodium japonicum* (Thunb.) Sw.	海金沙科	海金沙属	20	1	1.57	0.68	1.13
21	金锦香	*Osbeckia chinensis* L.	野牡丹科	金锦香属	20	1	1.57	0.68	1.13
22	山芝麻	*Helicteres angustifolia* L.	梧桐科	山芝麻属	20	1	1.57	0.68	1.13
23	一点红	*Emilia sonchifolia* (L.) DC.	菊科	一点红属	20	1	1.57	0.68	1.13
24	地菍	*Melastoma dodecandrum* Lour.	野牡丹科	野牡丹属	10	2	0.79	1.37	1.08
25	积雪草	*Centella asiatica* (L.) Urban	伞形科	积雪草属	10	1	0.79	0.68	0.74
26	母草	*Lindernia crustacea* (L.) F. Muell	玄参科	母草属	10	1	0.79	0.68	0.74
27	蜈蚣草	*Pteris vittata* L.	凤尾蕨科	凤尾蕨属	10	1	0.79	0.68	0.74
28	酢浆草	*Oxalis corniculata* L.	酢浆草科	酢浆草属	10	1	0.79	0.68	0.74

（三十二）32 号样地植物组成

32 号样地为桉树林，地点为茂名地区；海拔为 23 米；坡度 2°～15°；属幼龄林，年龄 5～10 年。整个样地内共有 15 个物种，重要值排名前五的物种分别为飞机草 *Eupatorium odoratum* L.，马缨丹 *Lantana camara* L.，弓果黍 *Cyrtococcum patens* (L.) A. Camus，潺槁木姜子 *Litsea glutinosa* (Lour.) C. B. Rob.，黑面神 *Breynia fruticosa* (Linn.) Hook. f.。

32 号调查样地的植物信息

序号	中文名	拉丁学名	科名	属名	高度（厘米）	盖度（%）	相对高度（%）	相对盖度（%）	重要值（%）
1	飞机草	*Eupatorium odoratum* L.	菊科	泽兰属	150	60	13.89	52.63	33.26
2	马缨丹	*Lantana camara* L.	马鞭草科	马缨丹属	130	20	12.04	17.54	14.79
3	弓果黍	*Cyrtococcum patens* (L.) A. Camus	禾本科	弓果黍属	10	20	0.93	17.54	9.23

序号	中文名	拉丁学名	科名	属名	高度（厘米）	盖度（%）	相对高度（%）	相对盖度（%）	重要值（%）
4	潺槁木姜子	*Litsea glutinosa* (Lour.) C. B. Rob.	樟科	木姜子属	170	1	15.74	0.88	8.31
5	黑面神	*Breynia fruticosa* (Linn.) Hook. f.	大戟科	黑面神属	150	2	13.89	1.75	7.82
6	大青	*Clerodendrum cytophyllum* Turcz.	马鞭草科	大青属	100	2	9.26	1.75	5.51
7	酸藤子	*Embelia laeta* (L.) Mez	紫金牛科	酸藤子属	80	1	7.41	0.88	4.14
8	半边旗	*Pteris semipinnata*	凤尾蕨科	凤尾蕨属	70	1	6.48	0.88	3.68
9	荔枝	*Litchi chinensis* Sonn.	无患子科	荔枝属	70	1	6.48	0.88	3.68
10	鸡眼藤	*Morinda parvifolia* Bartl. ex DC.	茜草科	巴戟天属	50	1	4.63	0.88	2.75
11	乌毛蕨	*Blechnum orientale* L.	乌毛蕨科	乌毛蕨属	30	1	2.78	0.88	1.83
12	海金沙	*Lygodium japonicum* (Thunb.) Sw.	海金沙科	海金沙属	20	1	1.85	0.88	1.36
13	含羞草	*Mimosa pudica* Linn.	含羞草科	含羞草属	20	1	1.85	0.88	1.36
14	热带鳞盖蕨	*Microlepia speluncae* (Linn.) Moore	姬蕨科	鳞盖蕨属	20	1	1.85	0.88	1.36
15	薄叶碎米蕨	*Cheilosoria tenuifolia* (Burm.) Trev.	中国蕨科	碎米蕨属	10	1	0.93	0.88	0.90

（三十三）33号样地植物组成

33号样地为桉树林，地点为茂名地区；海拔为62米；坡度 2°～15°；属中龄林，年龄 15～20 年。整个样地内共有22个物种，重要值排名前五的物种分别为银合欢 *Leucaena leucocephala* (Lam.) de Wit，弓果黍 *Cyrtococcum patens* (L.) A. Camus，铁芒萁 *Dicranopteris linearis* (Burm.) Underw.，飞机草 *Eupatorium odoratum* L.，白花鬼针草 *Bidens pilosa* L. var. *radiata* Sch.-Bip.。

33号调查样地的植物信息

序号	中文名	拉丁学名	科名	属名	高度（厘米）	盖度（%）	相对高度（%）	相对盖度（%）	重要值（%）
1	银合欢	*Leucaena leucocephala* (Lam.) de Wit	含羞草科	银合欢属	500	3	28.09	2.59	15.34
2	弓果黍	*Cyrtococcum patens* (L.) A. Camus	禾本科	弓果黍属	10	30	0.56	25.86	13.21
3	铁芒萁	*Dicranopteris linearis* (Burm.) Underw.	里白科	芒萁属	70	25	3.93	21.55	12.74
4	飞机草	*Eupatorium odoratum* L.	菊科	泽兰属	70	15	3.93	12.93	8.43
5	白花鬼针草	*Bidens pilosa* L. var. *radiata* Sch.-Bip.	菊科	鬼针草属	70	13	3.93	11.21	7.57
6	马缨丹	*Lantana camara* L.	马鞭草科	马缨丹属	210	3	11.80	2.59	7.19
7	大叶相思	*Acacia auriculaeformis* A.Cunn. ex Benth	含羞草科	金合欢属	150	3	8.43	2.59	5.51
8	乌毛蕨	*Blechnum orientale* L.	乌毛蕨科	乌毛蕨属	100	3	5.62	2.59	4.10
9	芒	*Miscanthus sinensis* Anderss.	禾本科	芒属	80	3	4.49	2.59	3.54
10	白背叶	*Mallotus apelta* (Lour.) Muell. Arg.	大戟科	野桐属	90	2	5.06	1.72	3.39
11	灰毛豆	*Tephrosia purpurea* (Linn.) Pers. Syn.	蝶形花科	灰毛豆属	90	1	5.06	0.86	2.96
12	白花灯笼	*Clerodendrum fortunatum* L.	马鞭草科	大青属	70	2	3.93	1.72	2.83

序号	中文名	拉丁学名	科名	属名	高度 （厘米）	盖度 (%)	相对高度 (%)	相对盖度 (%)	重要值 (%)
13	葫芦茶	*Tadehagi triquetrum* (L.) Ohashi	蝶形花科	葫芦茶属	40	2	2.25	1.72	1.99
14	短叶黍	*Panicum brevifolium* L.	禾本科	黍属	10	3	0.56	2.59	1.57
15	海南玉叶金花	*Mussaenda hainanensis* Merr.	茜草科	玉叶 金花属	40	1	2.25	0.86	1.55
16	地桃花	*Urena lobata* Linn. var. *lobata*	锦葵科	梵天花属	30	1	1.69	0.86	1.27
17	华南毛蕨	*Cyclosorus parasiticus* (L.) Farwell.	金星蕨科	毛蕨属	30	1	1.69	0.86	1.27
18	尖尾芋	*Alocasia cucullata*	天南星科	海芋属	30	1	1.69	0.86	1.27
19	两耳草	*Paspalum conjugatum* Berg.	禾本科	雀稗属	30	1	1.69	0.86	1.27
20	参薯	*Dioscorea alata* L.	薯蓣科	薯蓣属	20	1	1.12	0.86	0.99
21	大青	*Clerodendrum cytophyllum* Turcz.	马鞭草科	大青属	20	1	1.12	0.86	0.99
22	含羞草	*Mimosa pudica* Linn.	含羞草科	含羞草属	20	1	1.12	0.86	0.99

（三十四）34号样地植物组成

34号样地为桉树林，地点为高州地区；海拔为102米；坡度＞25°；属幼龄林，年龄5-10年。整个样地内共有11个物种，重要值排名前五的物种分别为乌毛蕨*Blechnum orientale* L.，鸦胆子*Brucea javanica* (L.) Merr.，长叶酸藤子*Embelia longifolia* (Benth.) Hemsl.，铁芒萁*Dicranopteris linearis* (Burm.) Underw.，密花树*Rapanea neriifolia* (Sieb. et Zucc.) Mez。

34号调查样地的植物信息

序号	中文名	拉丁学名	科名	属名	高度 （厘米）	盖度 (%)	相对高度 (%)	相对盖度 (%)	重要值 (%)
1	乌毛蕨	*Blechnum orientale* L.	乌毛蕨科	乌毛蕨属	40	25	3.77	32.05	17.91
2	鸦胆子	*Brucea javanica* (L.) Merr.	苦木科	鸦胆子属	300	2	28.30	2.56	15.43
3	长叶酸藤子	*Embelia longifolia* (Benth.) Hemsl.	紫金牛科	酸藤子属	270	3	25.47	3.85	14.66
4	铁芒萁	*Dicranopteris linearis* (Burm.) Underw.	里白科	芒萁属	30	20	2.83	25.64	14.24
5	密花树	*Rapanea neriifolia* (Sieb. et Zucc.) Mez	紫金牛科	密花树属	270	2	25.47	2.56	14.02
6	野牡丹	*Melastoma candidum* D.Don	野牡丹科	野牡丹属	15	15	1.42	19.23	10.32
7	海南玉叶金花	*Mussaenda hainanensis* Merr.	茜草科	玉叶金花属	50	5	4.72	6.41	5.56
8	白花灯笼	*Clerodendrum fortunatum* L.	马鞭草科	大青属	30	2	2.83	2.56	2.70
9	山菅	*Dianella ensifolia* (L.) DC.	百合科	山菅属	30	1	2.83	1.28	2.06
10	地菍	*Melastoma dodecandrum* Lour.	野牡丹科	野牡丹属	10	2	0.94	2.56	1.75
11	地桃花	*Urena lobata* Linn. var. *lobata*	锦葵科	梵天花属	15	1	1.42	1.28	1.35

（三十五）35号样地植物组成

35号样地为桉树林，地点为雷州地区；海拔为110米；坡度0°～2°；属幼龄林，年龄5～10年。整个样地内共有23个物种，重要值排名前五的物种分别为乌毛蕨*Blechnum orientale* L.，鸦胆子*Brucea javanica* (L.) Merr.，长叶酸藤子*Embelia longifolia* (Benth.) Hemsl.，铁芒萁*Dicranopteris *linearis* (Burm.) Underw.，密花树*Rapanea neriifolia* (Sieb. et Zucc.) Mez。

35 号调查样地的植物信息

序号	中文名	拉丁学名	科名	属名	高度（厘米）	盖度（%）	相对高度（%）	相对盖度（%）	重要值（%）
1	马缨丹	*Lantana camara* L.	马鞭草科	马缨丹属	220	10	12.50	10.20	11.35
2	毛柿	*Diospyros strigosa* Hemsl.	柿科	柿属	270	2	15.34	2.04	8.69
3	芒	*Miscanthus sinensis* Anderss.	禾本科	芒属	30	15	1.70	15.31	8.51
4	假蒟	*Piper sarmentosum* Roxb.	胡椒科	胡椒属	20	15	1.14	15.31	8.22
5	白树	*Suregada glomerulata* (Bl.) Baill.	大戟科	白树属	210	3	11.93	3.06	7.50
6	鸦胆子	*Brucea javanica* (L.) Merr.	苦木科	鸦胆子属	200	2	11.36	2.04	6.70
7	细基丸	*Polyalthia cerasoides*	番荔枝科	暗罗属	140	5	7.95	5.10	6.53
8	光滑黄皮	*Clausena lenis* Drake	芸香科	黄皮属	120	3	6.82	3.06	4.94
9	山薯	*Dioscorea fordii* Prain et Burkill	薯蓣科	薯蓣属	80	5	4.55	5.10	4.82
10	弓果黍	*Cyrtococcum patens* (L.) A. Camus	禾本科	弓果黍属	20	8	1.14	8.16	4.65
11	赤才	*Erioglossum rubiginosum* (Roxb.) Bl.	无患子科	赤才属	100	3	5.68	3.06	4.37
12	牛筋果	*Harrisonia perforata* (Blanco) Merr.	苦木科	牛筋果属	40	5	2.27	5.10	3.69
13	海南玉叶金花	*Mussaenda hainanensis* Merr.	茜草科	玉叶金花属	40	2	2.27	2.04	2.16
14	藿香蓟	*Ageratum conyzoides* L.	菊科	藿香蓟属	40	2	2.27	2.04	2.16
15	鸡眼藤	*Morinda parvifolia* Bartl. ex DC.	茜草科	巴戟天属	40	2	2.27	2.04	2.16
16	银柴	*Aporusa dioica* (Roxb.) Muell. Arg.	大戟科	银柴属	40	2	2.27	2.04	2.16
17	鬼针草	*Bidens pilosa* L.	菊科	鬼针草属	20	3	1.14	3.06	2.10
18	假臭草	*Eupatorium catarium* Veldkamp	菊科	泽兰属	20	3	1.14	3.06	2.10
19	大青	*Clerodendrum cytophyllum* Turcz.	马鞭草科	大青属	30	2	1.70	2.04	1.87
20	含羞草	*Mimosa pudica* Linn.	含羞草科	含羞草属	30	2	1.70	2.04	1.87
21	绒毛山蚂蝗	*Desmodium velutinum* (Willd.) DC.	蝶形花科	山蚂蝗属	30	2	1.70	2.04	1.87
22	地桃花	*Urena lobata* Linn. var. *lobata*	锦葵科	梵天花属	10	1	0.57	1.02	0.79
23	掌叶鱼黄草	*Merremia vitifolia* (Burm. f.) Hall. f.	旋花科	鱼黄草属	10	1	0.57	1.02	0.79

（三十六）36 号样地植物组成

36号样地为松林，地点为阳江地区；海拔为102米；坡度 2°～15°；属中龄林，年龄 20～30 年。整个样地内共有16个物种，重要值排名前五的物种分别为铁芒萁*Dicranopteris linearis* (Burm.) Underw.，长叶酸藤子*Embelia longifolia* (Benth.) Hemsl.，白背叶*Mallotus apelta* (Lour.) Muell. Arg.，野漆*Toxicodendron succedaneum* (L.) O. Kuntze，桃金娘*Vitis balanseana* Planch.。

36 号调查样地的植物信息

序号	中文名	拉丁学名	科名	属名	高度（厘米）	盖度（%）	相对高度（%）	相对盖度（%）	重要值（%）
1	铁芒萁	*Dicranopteris linearis* (Burm.) Underw.	里白科	芒萁属	80	90	3.81	78.95	41.38

序号	中文名	拉丁学名	科名	属名	高度（厘米）	盖度(%)	相对高度(%)	相对盖度(%)	重要值(%)
2	长叶酸藤子	*Embelia longifolia* (Benth.) Hemsl.	紫金牛科	酸藤子属	300	3	14.29	2.63	8.46
3	白背叶	*Mallotus apelta* (Lour.) Muell. Arg.	大戟科	野桐属	300	2	14.29	1.75	8.02
4	野漆	*Toxicodendron succedaneum* (L.) O. Kuntze	漆树科	漆属	250	1	11.90	0.88	6.39
5	桃金娘	*Vitis balanseana* Planch.	桃金娘科	桃金娘属	200	2	9.52	1.75	5.64
6	鸡眼藤	*Morinda parvifolia* Bartl. ex DC.	茜草科	巴戟天属	200	1	9.52	0.88	5.20
7	圆果算盘子	*Glochidion sphaerogynum* (Muell. Arg.)	大戟科	算盘子属	120	2	5.71	1.75	3.73
8	飞机草	*Eupatorium odoratum* L.	菊科	泽兰属	100	2	4.76	1.75	3.26
9	八角枫	*Alangium chinense* (Lour.) Harms	八角枫科	八角枫属	100	1	4.76	0.88	2.82
10	簕欓花椒	*Zanthoxylum avicennae* (Lam.) DC.	芸香科	花椒属	100	1	4.76	0.88	2.82
11	山胡椒	*Lindera glauca* (Sieb. et Zucc.) Bl	樟科	山胡椒属	100	1	4.76	0.88	2.82
12	海南玉叶金花	*Mussaenda hainanensis* Merr.	茜草科	玉叶金花属	50	3	2.38	2.63	2.51
13	菝葜	*Smilax china* L.	百合科	菝葜属	70	1	3.33	0.88	2.11
14	无根藤	*Cassytha filiformis* L.	樟科	无根藤属	70	1	3.33	0.88	2.11
15	白花灯笼	*Clerodendrum fortunatum* L.	马鞭草科	大青属	30	2	1.43	1.75	1.59
16	垂穗石松	*Palhinhaea cernua* (L.) Vasc. et Franco	石松科	垂穗石松属	30	1	1.43	0.88	1.15

（三十七）37号样地植物组成

37号样地为灰竹林，地点为阳江地区；海拔为74米；坡度 2°～15°。整个样地内共有38个物种，重要值排名前五的物种分别为柞木*Xylosma racemosum* (Sieb. et Zucc.) Miq.，破布叶*Microcos paniculata* L.，米碎花*Eurya chinensis* R. Br.，藤构*Broussonetia kaempferi* Sieb. var. australis Suzuki，杭子梢*Campylotropis macrocarpa* (Bge.) Rehd.。

37号调查样地的植物信息

序号	中文名	拉丁学名	科名	属名	高度（厘米）	盖度(%)	相对高度(%)	相对盖度(%)	重要值(%)
1	柞木	*Xylosma racemosum* (Sieb. et Zucc.) Miq.	大风子科	柞木属	230	2	12.78	3.33	8.06
2	破布叶	*Microcos paniculata* L.	椴树科	破布叶属	220	2	12.22	3.33	7.78
3	米碎花	*Eurya chinensis* R. Br.	山茶科	柃木属	200	2	11.11	3.33	7.22
4	藤构	*Broussonetia kaempferi* Sieb. var. australis Suzuki	桑科	构属	170	2	9.44	3.33	6.39
5	杭子梢	*Campylotropis macrocarpa* (Bge.) Rehd.	蝶形花科	杭子梢属	50	3	2.78	5.00	3.89
6	对叶榕	*Ficus hispida* Linn.	桑科	榕属	60	2	3.33	3.33	3.33
7	黑面神	*Breynia fruticosa* (Linn.) Hook. f.	大戟科	黑面神属	50	2	2.78	3.33	3.06
8	黄牛木	*Cratoxylum cochinchinense* (Lour.) Bl.	藤黄科	黄牛木属	50	2	2.78	3.33	3.06

序号	中文名	拉丁学名	科名	属名	高度（厘米）	盖度（%）	相对高度（%）	相对盖度（%）	重要值（%）
9	野牡丹	*Melastoma candidum* D.Don	野牡丹科	野牡丹属	40	2	2.22	3.33	2.78
10	大青	*Clerodendrum cytophyllum* Turcz.	马鞭草科	大青属	30	2	1.67	3.33	2.50
11	海芋	*Alocasia macrorrhiza*	天南星科	海芋属	30	2	1.67	3.33	2.50
12	拟杜茎山	*Maesa consanguinea* Merr.	紫金牛科	杜茎山属	60	1	3.33	1.67	2.50
13	排钱树	*Phyllodium pulchellum* (L.) Desv.	蝶形花科	排钱树属	60	1	3.33	1.67	2.50
14	小果葡萄	*Vitis balanseana* Planch.	葡萄科	葡萄属	60	1	3.33	1.67	2.50
15	半边旗	*Pteris semipinnata*	凤尾蕨科	凤尾蕨属	20	2	1.11	3.33	2.22
16	粗叶悬钩子	*Rubus alceaefolius* Poir.	蔷薇科	悬钩子属	20	2	1.11	3.33	2.22
17	丰花草	*Borreria stricta* (L.f.) G.Mey.	茜草科	丰花草属	20	2	1.11	3.33	2.22
18	华南毛蕨	*Cyclosorus parasiticus* (L.) Farwell.	金星蕨科	毛蕨属	20	2	1.11	3.33	2.22
19	火炭母	*Polygonum chinense* L.	蓼科	蓼属	20	2	1.11	3.33	2.22
20	扭肚藤	*Jasminum elongatum* (Bergius) Willd.	木犀科	素馨属	20	2	1.11	3.33	2.22
21	掌叶海金沙	*Lygodium digitatum* Presl	海金沙科	海金沙属	20	2	1.11	3.33	2.22
22	葛	*Pueraria lobata* (Willd.) Ohwi	蝶形花科	葛属	10	2	0.56	3.33	1.94
23	弓果黍	*Cyrtococcum patens* (L.) A. Camus	禾本科	弓果黍属	10	2	0.56	3.33	1.94
24	毛菍	*Melastoma sanguineum* Sims	野牡丹科	野牡丹属	40	1	2.22	1.67	1.94
25	扇叶铁线蕨	*Adiantum flabellulatum* L.	铁线蕨科	铁线蕨属	10	2	0.56	3.33	1.94
26	银柴	*Aporusa dioica* (Roxb.) Muell. Arg.	大戟科	银柴属	40	1	2.22	1.67	1.94
27	半月形铁线蕨	*Adiantum philippense* L.	铁线蕨科	铁线蕨属	30	1	1.67	1.67	1.67
28	尖尾芋	*Alocasia cucullata*	天南星科	海芋属	30	1	1.67	1.67	1.67
29	龙眼	*Dimocarpus longan* Lour.	无患子科	龙眼属	30	1	1.67	1.67	1.67
30	粗叶榕	*Ficus hirta* Vahl	桑科	榕属	20	1	1.11	1.67	1.39
31	单穗水蜈蚣	*Kyllinga monocephala* Rottb.	莎草科	水蜈蚣属	20	1	1.11	1.67	1.39
32	地桃花	*Urena lobata* Linn. var. *lobata*	锦葵科	梵天花属	20	1	1.11	1.67	1.39
33	剑叶凤尾蕨	*Pteris ensiformis* Burm.	凤尾蕨科	凤尾蕨属	20	1	1.11	1.67	1.39
34	簕欓花椒	*Zanthoxylum avicennae* (Lam.) DC.	芸香科	花椒属	20	1	1.11	1.67	1.39
35	砖子苗	*Mariscus umbellatus* Vahl	莎草科	砖子苗属	20	1	1.11	1.67	1.39
36	菝葜	*Smilax china* L.	百合科	菝葜属	10	1	0.56	1.67	1.11
37	两耳草	*Paspalum conjugatum* Berg.	禾本科	雀稗属	10	1	0.56	1.67	1.11
38	叶下珠	*Phyllanthus urinaria* L.	大戟科	叶下珠属	10	1	0.56	1.67	1.11

（三十八）38号样地植物组成

38号样地为松林，地点为阳江地区；海拔为79米；坡度 15°～25°；属中龄林，年龄 25～30年。整个样地内共有17个物种，重要值排名前五的物种分别为铁芒萁*Dicranopteris linearis* (Burm.) Underw.，银柴*Aporusa dioica* (Roxb.) Muell. Arg.，桃金娘*Vitis balanseana* Planch.，白花灯笼 *Clerodendrum fortunatum* L.，岗松*Baeckea frutescens* L.。

38 号调查样地的植物信息

序号	中文名	拉丁学名	科名	属名	高度（厘米）	盖度（%）	相对高度（%）	相对盖度（%）	重要值（%）
1	铁芒萁	*Dicranopteris linearis* (Burm.) Underw.	里白科	芒萁属	20	70	3.08	66.67	34.87
2	银柴	*Aporusa dioica* (Roxb.) Muell. Arg.	大戟科	银柴属	170	5	26.15	4.76	15.46
3	桃金娘	*Vitis balanseana* Planch.	桃金娘科	桃金娘属	70	6	10.77	5.71	8.24
4	白花灯笼	*Clerodendrum fortunatum* L.	马鞭草科	大青属	70	2	10.77	1.90	6.34
5	岗松	*Baeckea frutescens* L.	桃金娘科	岗松属	50	2	7.69	1.90	4.80
6	大青	*Clerodendrum cytophyllum* Turcz.	马鞭草科	大青属	40	2	6.15	1.90	4.03
7	芒	*Miscanthus sinensis* Anderss.	禾本科	芒属	20	5	3.08	4.76	3.92
8	野牡丹	*Melastoma candidum* D.Don	野牡丹科	野牡丹属	30	2	4.62	1.90	3.26
9	海金沙	*Lygodium japonicum* (Thunb.) Sw.	海金沙科	海金沙属	20	3	3.08	2.86	2.97
10	山菅	*Dianella ensifolia* (L.) DC.	百合科	山菅属	30	1	4.62	0.95	2.78
11	菝葜	*Smilax china* L.	百合科	菝葜属	20	1	3.08	0.95	2.01
12	单色蝴蝶草	*Torenia concolor* Lindl.	玄参科	蝴蝶草属	20	1	3.08	0.95	2.01
13	地菍	*Melastoma dodecandrum* Lour.	野牡丹科	野牡丹属	20	1	3.08	0.95	2.01
14	雀稗	*Paspalum thunbergii* Kunth ex Steud.	禾本科	雀稗属	20	1	3.08	0.95	2.01
15	酸藤子	*Embelia laeta* (L.) Mez	紫金牛科	酸藤子属	20	1	3.08	0.95	2.01
16	碎米莎草	*Cyperus iria* L.	莎草科	莎草属	20	1	3.08	0.95	2.01
17	阔叶丰花草	*Borreria latifolia* (Aubl.) K. Schum.	茜草科	丰花草属	10	1	1.54	0.95	1.25

（三十九）39 号样地植物组成

39号样地为荔枝林，地点为茂名地区；海拔为50米；坡度 0°～2°；属中龄林，年龄 5～10 年。整个样地内共有18个物种，重要值排名前五的物种分别为阔叶丰花草*Borreria latifolia* (Aubl.) K. Schum.，白花鬼针草*Bidens pilosa* L. var. *radiata* Sch.-Bip.，白背黄花稔*Sida rhombifolia* Linn.，黄花稔*Sida acuta* Burm. f.，苣荬菜*Sonchus arvensis* L.。

9 号调查样地的植物信息

序号	中文名	拉丁学名	科名	属名	高度（厘米）	盖度（%）	相对高度（%）	相对盖度（%）	重要值（%）
1	阔叶丰花草	*Borreria latifolia* (Aubl.) K. Schum.	茜草科	丰花草属	30	50	6.67	56.82	31.74
2	白花鬼针草	*Bidens pilosa* L. var. *radiata* Sch.-Bip.	菊科	鬼针草属	30	20	6.67	22.73	14.70
3	白背黄花稔	*Sida rhombifolia* Linn.	锦葵科	黄花稔属	30	1	6.67	1.14	3.90
4	黄花稔	*Sida acuta* Burm. f.	锦葵科	黄花稔属	30	1	6.67	1.14	3.90
5	苣荬菜	*Sonchus arvensis* L.	菊科	苦苣菜属	30	1	6.67	1.14	3.90
6	牛轭草	*Murdannia loriformis* (Hassk.) Rolla Rao et Kammathy	鸭跖草科	水竹叶属	30	1	6.67	1.14	3.90
7	牛筋草	*Eleusine indica* (L.) Gaertn.	禾本科	穇属	30	1	6.67	1.14	3.90
8	伞房花耳草	*Hedyotis corymbosa* (L.) Lam.	茜草科	耳草属	30	1	6.67	1.14	3.90
9	升马唐	*Digitaria ciliaris* (Retz.) Koel.	禾本科	马唐属	30	1	6.67	1.14	3.90
10	夜香牛	*Vernonia cinerea* (L.) Less.	菊科	斑鸠菊属	30	1	6.67	1.14	3.90
11	假臭草	*Eupatorium catarium* Veldkamp	菊科	泽兰属	20	2	4.44	2.27	3.36
12	叶下珠	*Phyllanthus urinaria* L.	大戟科	叶下珠属	20	2	4.44	2.27	3.36

序号	中文名	拉丁学名	科名	属名	高度（厘米）	盖度(%)	相对高度(%)	相对盖度(%)	重要值(%)
13	飞扬草	*Euphorbia hirta* L.	大戟科	大戟属	20	1	4.44	1.14	2.79
14	鬼针草	*Bidens pilosa* L.	菊科	鬼针草属	20	1	4.44	1.14	2.79
15	含羞草	*Mimosa pudica* Linn.	含羞草科	含羞草属	20	1	4.44	1.14	2.79
16	山芥菊三七	*Gynura barbareifolia* Gagnep	菊科	菊三七属	20	1	4.44	1.14	2.79
17	小蓬草	*Conyza canadensis* (L.) Cronq.	菊科	白酒草属	20	1	4.44	1.14	2.79
18	母草	*Lindernia crustacea* (L.) F. Muell	玄参科	母草属	10	1	2.22	1.14	1.68

（四十）40 号样地植物组成

40号样地为台湾相思林，地点为茂名地区；海拔为55米；坡度 0°～2°；属中龄林，年龄15～20年。整个样地内共有26个物种，重要值排名前五的物种分别为白背叶*Mallotus apelta* (Lour.) Muell. Arg.，赪桐*Clerodendrum japonicum* (Thunb.) Sweet，小果叶下珠*Phyllanthus reticulatus* Poir.，八角枫*Alangium chinense* (Lour.) Harms，飞机草*Eupatorium odoratum* L.。

40 号调查样地的植物信息

序号	中文名	拉丁学名	科名	属名	高度（厘米）	盖度(%)	相对高度(%)	相对盖度(%)	重要值(%)
1	白背叶	*Mallotus apelta* (Lour.) Muell. Arg.	大戟科	野桐属	170	5	11.81	10.87	11.34
2	赪桐	*Clerodendrum japonicum* (Thunb.) Sweet	马鞭草科	大青属	110	5	7.64	10.87	9.25
3	小果叶下珠	*Phyllanthus reticulatus* Poir.	大戟科	叶下珠属	200	2	13.89	4.35	9.12
4	八角枫	*Alangium chinense* (Lour.) Harms	八角枫科	八角枫属	120	2	8.33	4.35	6.34
5	飞机草	*Eupatorium odoratum* L.	菊科	泽兰属	80	3	5.56	6.52	6.04
6	白簕	*Acanthopanax trifoliatus* (L.) Merr.	五加科	五加属	70	3	4.86	6.52	5.69
7	鸦胆子	*Brucea javanica* (L.) Merr.	苦木科	鸦胆子属	130	1	9.03	2.17	5.60
8	尖尾芋	*Alocasia cucullata*	天南星科	海芋属	70	2	4.86	4.35	4.60
9	九节	*Psychotria rubra* (Lour.) Poir.	茜草科	九节属	50	2	3.47	4.35	3.91
10	扭肚藤	*Jasminum elongatum* (Bergius) Willd.	木犀科	素馨属	40	2	2.78	4.35	3.56
11	大青	*Clerodendrum cytophyllum* Turcz.	马鞭草科	大青属	70	1	4.86	2.17	3.52
12	华南毛蕨	*Cyclosorus parasiticus* (L.) Farwell.	金星蕨科	毛蕨属	30	2	2.08	4.35	3.22
13	热带鳞盖蕨	*Microlepia speluncae* (Linn.) Moore	姬蕨科	鳞盖蕨属	30	2	2.08	4.35	3.22
14	弓果黍	*Cyrtococcum patens* (L.) A. Camus	禾本科	弓果黍属	10	2	0.69	4.35	2.52
15	黄牛木	*Cratoxylum cochinchinense* (Lour.) Bl.	藤黄科	黄牛木属	30	1	2.08	2.17	2.13
16	鸡眼藤	*Morinda parvifolia* Bartl. ex DC.	茜草科	巴戟天属	30	1	2.08	2.17	2.13
17	枳	*Poncirus trifoliata* (L.) Raf.	芸香科	枳属	30	1	2.08	2.17	2.13
18	半边旗	*Pteris semipinnata*	凤尾蕨科	凤尾蕨属	20	1	1.39	2.17	1.78
19	单穗水蜈蚣	*Kyllinga monocephala* Rottb.	莎草科	水蜈蚣属	20	1	1.39	2.17	1.78
20	海金沙	*Lygodium japonicum* (Thunb.) Sw.	海金沙科	海金沙属	20	1	1.39	2.17	1.78
21	簕欓花椒	*Zanthoxylum avicennae* (Lam.) DC.	芸香科	花椒属	20	1	1.39	2.17	1.78
22	楠草	*Dipteracanthus repens* (L.) Hassk.	爵床科	楠草属	20	1	1.39	2.17	1.78

序号	中文名	拉丁学名	科名	属名	高度（厘米）	盖度(%)	相对高度(%)	相对盖度(%)	重要值(%)
23	伞房花耳草	*Hedyotis corymbosa* (L.) Lam.	茜草科	耳草属	20	1	1.39	2.17	1.78
24	叶下珠	*Phyllanthus urinaria* L.	大戟科	叶下珠属	20	1	1.39	2.17	1.78
25	掌叶海金沙	*Lygodium digitatum* Presl	海金沙科	海金沙属	20	1	1.39	2.17	1.78
26	酢浆草	*Oxalis corniculata* L.	酢浆草科	酢浆草属	10	1	0.69	2.17	1.43

（四十一）41号样地植物组成

41号样地为龙眼林，地点为高州地区；海拔为95米；坡度 0°～2°；属中龄林，年龄 5～10年。整个样地内共有13个物种，重要值排名前五的物种分别为阔叶丰花草 *Borreria latifolia* (Aubl.) K. Schum.，黄牛木 *Cratoxylum cochinchinense* (Lour.) Bl.，大青 *Clerodendrum cytophyllum* Turcz.，鬼针草 *Bidens pilosa* L.，火炭母 *Polygonum chinense* L.。

41号调查样地的植物信息

序号	中文名	拉丁学名	科名	属名	高度（厘米）	盖度(%)	相对高度(%)	相对盖度(%)	重要值(%)
1	阔叶丰花草	*Borreria latifolia* (Aubl.) K. Schum.	茜草科	丰花草属	20	50	6.67	73.53	40.10
2	黄牛木	*Cratoxylum cochinchinense* (Lour.) Bl.	藤黄科	黄牛木属	50	1	16.67	1.47	9.07
3	大青	*Clerodendrum cytophyllum* Turcz.	马鞭草科	大青属	30	2	10.00	2.94	6.47
4	鬼针草	*Bidens pilosa* L.	菊科	鬼针草属	20	2	6.67	2.94	4.80
5	火炭母	*Polygonum chinense* L.	蓼科	蓼属	20	2	6.67	2.94	4.80
6	两耳草	*Paspalum conjugatum* Berg.	禾本科	雀稗属	20	2	6.67	2.94	4.80
7	小蓬草	*Conyza canadensis* (L.) Cronq.	菊科	白酒草属	20	2	6.67	2.94	4.80
8	银柴	*Aporusa dioica* (Roxb.) Muell. Arg.	大戟科	银柴属	20	2	6.67	2.94	4.80
9	杠板归	*Polygonum perfoliatum* L.	蓼科	蓼属	20	1	6.67	1.47	4.07
10	藿香蓟	*Ageratum conyzoides* L.	菊科	藿香蓟属	20	1	6.67	1.47	4.07
11	金腰箭	*Synedrella nodiflora* (L.) Gaertn.	菊科	金腰箭属	20	1	6.67	1.47	4.07
12	山菅	*Dianella ensifolia* (L.) DC.	百合科	山菅属	20	1	6.67	1.47	4.07
13	一点红	*Emilia sonchifolia* (L.) DC.	菊科	一点红属	20	1	6.67	1.47	4.07